AF784348

N. Getoff

Wasserstoff als Energieträger

Herstellung, Lagerung, Transport

mit Beiträgen von
K. J. Hartig, G. Kittel, G. A. Peschek, S. Solar

Springer-Verlag
Wien New York

o. Univ.-Prof. Dipl.-Ing. Dr. techn. Nikola Getoff
Karl Johann Hartig · Günther Kittel · Dr. Sonja Solar
Institut für Theoretische Chemie und Strahlenchemie, Universität Wien, Österreich

Dr. Günter A. Peschek
Institut für Physikalische Chemie, Universität Wien, Österreich

Das Werk ist urheberrechtlich geschützt.
Die dadurch begründeten Rechte, insbesondere die der Übersetzung, des Nachdruckes, der Entnahme von Abbildungen, der Funksendung, der Wiedergabe auf photomechanischem oder ähnlichem Wege und der Speicherung in Datenverarbeitungsanlagen, bleiben, auch bei nur auszugsweiser Verwertung, vorbehalten.

© 1977 by Springer-Verlag/Wien

Mit 166 Abbildungen

Library of Congress Cataloging in Publication Data

Getoff, Nikola, 1922-
Wasserstoff als Energieträger.

Includes bibliographies and index.
1. Hydrogen as fuel. I. Title.
TP359.H8G48 665'.81 77-14968

ISBN-13: 978-3-7091-7695-5 e-ISBN-13: 978-3-7091-7694-8
DOI: 10.1007/978-3-7091-7694-8

VORWORT

Der sprunghafte Anstieg des Erdölpreises in den letzten Jahren hat erst drastisch die Tatsache der Verschwendung fossiler Brennstoffe und darüber hinaus der Begrenztheit aller Ressourcen allgemein ins Bewußtsein gerufen. In Westeuropa wird der Bedarf an Primärenergie zum größten Teil durch Erdöl, zum geringeren Teil durch Kohle und Wasserkraft und nur zu wenigen Prozenten durch Kernenergie gedeckt. Tatsächlich ist die Energieproblematik schon lange bekannt. Bereits 1961 haben die Vereinten Nationen eine internationale Konferenz über dieses Thema veranstaltet. In allen Ländern der Welt ist mittlerweile die in Zukunft noch steigende Bedeutung dieses Problems deutlich geworden.

Berücksichtigt man die nötige Steigerung der Lebensqualität v.a. in den Entwicklungsländern und den enormen Anstieg der Weltbevölkerung, kann mit Sicherheit eine Vergrößerung des Energieverbrauchs angenommen werden. Dabei sollte die Aufmerksamkeit nicht nur auf Primärenergiequellen, sondern auch auf die Entwicklung geeigneter Systeme zur Energieübertragung gerichtet werden. Bei der Diskussion der einzelnen Primärenergiequellen v.a. hinsichtlich ihrer Reserven, Umweltbelastung, Ökonomie etc. zeigt sich die Bedeutung von Sonnenenergie und Fusionsreaktoren für die fernere Zukunft. In gewissem Umfang kommen daneben Wasser-, Wind- und Gezeitenkraftwerke sowie die Ausnutzung geothermischer Effekte und des thermischen Gradienten der Ozeane in Betracht. Als Überbrückung könnten Kernkraftwerke konventioneller Art erwogen werden, wobei ihr Einsatz in großem Umfang noch einige Probleme aufwirft. Der Verbrauch von fossilen Brennstoffen sollte nach Möglichkeit reduziert werden, da diese als praktisch einziges Ausgangsmaterial für eine Vielzahl von pharmazeutischen und chemischen Synthesen kommenden Generationen zur Verfügung stehen sollten.

Offensichtlich kann eine zukünftige Energieversorgung nur auf einem multifaktoriellen Energiesystem beruhen, d.h. auf der Anwendung einer Vielzahl von Primärenergiequellen, die über verschiedene Energieträger ausgenutzt werden. Um eine derartige Entwicklung zu gewährleisten, sind die Maßnahmen, die schon heute national und international getroffen werden müssen, von entscheidender Bedeutung.

Im Rahmen der Energieplanung wird Wasserstoff allgemein als ein möglicher Energieträger der Zukunft angesehen: er kann z.B. aus Wasser durch Anwendung verschiedener Primärenergiequellen gewonnen werden, bei seiner Verbrennung entsteht wiederum Wasser, was einen kurzen und sauberen geschlossenen Rohstoffzyklus gewährleistet. Wasserstoff läßt sich im Gegensatz zu elektrischem Strom fast verlustfrei speichern und transportieren. Sicherlich sind - abgesehen von der Suche nach geeigneten Herstellungsverfahren - noch eine Reihe technologischer Probleme zu lösen, bevor Wasserstoff großtechnisch eingesetzt werden kann. Seine Bedeutung für die Zukunft muß aber schon heute betont werden. Nicht zuletzt werden für den Einsatz von Wasserstoff natürlich die Kostenentwicklung von Primärenergie und Herstellungsmethoden ausschlaggebend sein. Diesbezüglich ist eine Angabe konkreter Zahlenwerte bei den geltenden Marktmechanismen nicht möglich. Es ist aber zu beachten, daß ein Vergleich mit jetzigen Energiepreisen unzulässig ist, da einerseits die Ressourcen begrenzt sind und die Energiekosten laufend steigen, andererseits das Auffinden günstigerer Verfahren einen sinkenden Wasserstoffpreis voraussagen läßt.

Unter diesen Voraussetzungen wurde der Versuch unternommen, eine Darstellung der wesentlichen Faktoren einer Wasserstoffwirtschaft, und zwar von Herstellung, Lagerung und Transport zu geben. Um eine bessere Übersicht des Materials zu erreichen, werden zuerst die Herstellungsverfahren (Elektrolyse, offene und geschlossene thermochemische Verfahren, photochemische und photobiologische Methoden sowie die Anwendung von hochenergetischer Strahlung) behandelt. Dabei wurde - soweit möglich - versucht, kritische Vergleiche zwischen den einzelnen Verfahren durch Gegenüberstellung technologischer Entwicklungen, Realisierbarkeit und ökonomischer Effizienz zu geben. Da sich in Hinblick auf die oben angeführte Notwendigkeit, fossile Brennstoffe langfristig zu ersetzen, neben dem Einsatz von Fusionsreaktoren v.a. die Sonne als Primärenergiequelle anbietet, wurden die darauf basierenden Methoden in eigenen Kapiteln zusammengefaßt. Um den Rahmen des Buches nicht zu sprengen, sind eine Reihe wichtiger Parameter wie Materialanforderungen, Sicherheitsprobleme, Anwendungsmöglichkeit des Wasserstoffs sowie soziologische, politische und ökologische Aspekte nicht diskutiert worden. Bei dem Umfang und der Heterogenität der dargestellten Thematik ist es durchaus möglich, daß einige Teilaspekte vielleicht nicht ihrer Bedeutung entsprechend gewürdigt werden konnten. Für entsprechende Anregungen wären wir sehr dankbar.

Wien, August 1977 Die Autoren

Die Vorlage dieses Buches waren zwei Studien: "Studie über die Möglichkeiten der Wasserstoffgewinnung mit Hilfe von Sonnenenergie und hochenergetischer Strahlung" (von N.Getoff, K.J.Hartig, G.Kittel, G.A.Peschek und S.Solar) und "Bestandsaufnahme und Literaturübersicht nationaler und internationaler Forschungen zur Erzeugung von Wasserstoff" (von N.Getoff, K.J.Hartig und G.Kittel), die im Auftrag des

BUNDESMINISTERIUMS FÜR

WISSENSCHAFT UND FORSCHUNG

DER REPUBLIK ÖSTERREICH

erstellt wurden.An dieser Stelle möchten wir daher dem Bundesministerium für die Genehmigung, den Inhalt der Berichte für diese Veröffentlichung verwenden zu dürfen, unseren besonderen Dank aussprechen.

Außerdem sei allen Persönlichkeiten, Forschungs- und Entwicklungsinstitutionen gedankt,die uns bei der Beschaffung von Fachliteratur behilflich waren, insbesondere Professor Dr. T.N.Veziroglu (Int.Assoc.for Hydrogen Energy, Miami, USA) und Dr. C.Marchetti (Int.Institute for Applied Systems Analysis, Laxenburg, Österreich)

INHALTSVERZEICHNIS Seite

Seite

ZEICHENERKLÄRUNG

Es wurde bei diesem Buch darauf Wert gelegt,daß die Kapitel 1 bis 8 in sich abgeschlossen sind und auch einzeln betrachtet werden können.Die Numerierung der Punkte (Pkt.), Abbildungen (Abb.) und Tabellen (Tab.) erfolgt innerhalb eines Kapitels fortlaufend.Das gilt auch für die Reaktionsgleichungen,mathematischen Formeln etc.: (...), und für Literaturhinweise: /.../, die am Schluß des jeweiligen Kapitels angeführt werden.

Verzeichnis häufig verwendeter Abkürzungen:

A	Ampere	eV	Elektronvolt
Å	Ångström	F	Faraday-Konstante
a	Jahr	g	Gramm (Gewicht)
a/m	air/mass-ratio	G	Gauß
atm	Atmosphäre	ΔG	freie Energie
Btu	British thermal unit	(g)	gasförmig
c	Lichtgeschwindigkeit	G_i	G-Wert der Komponente i
c_i	Konzentration der Komponente i	h	Stunde
°C	Grad Celsius	h	Planck'sches Wirkungsquantum
cal	Kalorien	$h\nu$	Photonenenergie
D	Dampf	ΔH	Enthalpie
DM	Deutsche Mark	HHV	höherer Verbrennungswert
DSK	Doppelskelettkonstruktion	HL	Halbleiter
e	elektronische Einheitsladung	HTGR	Hochtemperatur-gasgekühlter Reaktor
E	Energie	i	Stromdichte
E_b	Hilfsspannung	I	Stromstärke
E_{el}	elektrische Energie	IC	internal conversion
E_F	Fermienergie	IR	Infrarot
E_{FB}	Flachbandpotential	ISC	intersystem crossing
E_g	Grenzenergie	J	Joule
E_G	Halbleiterbandbreite	k	Geschwindigkeitskonstante
E_o	Elektrodenpotential	K	Gleichgewichtskonstante
$E^{\ddagger}$	Anregungsenergie	°K	Grad Kelvin
EMK	elektromotorische Kraft	l	Liter

(l)	flüssig
LET	linear energy transfer
LHV	niedrigerer Verbrennungswert
log	Logarithmus zur Basis 1o
m	Meter
M	Molarität
min	Minute
N	Loschmidt'sche Zahl
$\bar{N}$	Newton
öS	österreichische Schilling
p	Druck
PEC	photoelektrochemisch
Pfd	Pfund (Gewicht)
Pfg	deutsche Pfennig
pH	neg.dekadischer Logarithmus der Wasserstoffionenkonzentr.
pK	neg.dekadischer Logarithmus der Gleichgewichtskonstante
ppm	parts per million
psi	pound per square inch
Q	Wärme
R	allgemeine Gaskonstante
R	Ohm'scher Widerstand
rev	reversibel
ΔS	Entropie
SCE	Standardpotential der ges.Kalomel-Elektrode
sec	Sekunde
t	Zeit
T	Temperatur
th	thermisch
thel	thermoelektrisch
U	Spannung
US$	US-Dollar
UV	Ultraviolett
V	Volt
V_{SC}	Bandbeugung
VUV	Vakuum-Ultraviolett
W	Watt
η	Wirkungsgrad
η_{ges}	Gesamtwirkungsgrad
η_{PEC}	Gesamtwirkungsgrad für PEC-Halbzellen
$\bar{\eta}_A$	Überspannung an der Anode
$\bar{\eta}_K$	Überspannung an der Kathode
λ	Wellenlänge
ν	Frequenz
τ	Lebensdauer
Φ	Quantenausbeute
Ω	Ohm
$<$	kleiner
$>$	größer
*	angeregter Zustand

1. Einleitung

1.1. Bedeutung von Wasserstoff

Wasserstoff wird vielfach als Energieträger der Zukunft angesprochen /1-3/. Wegen des weiten Entflammbereichs ist Wasserstoff als Treibstoff sehr gut geeignet. Wasserstoffenergie als sekundärer Energiekreislauf besitzt viele Vorteile, die dafür sprechen, H_2 allmählich neben konventionellen Energieträgern einzusetzen /4-11/. Abb. 1 zeigt schematisch den Wasserstoff-Zyklus /3/.

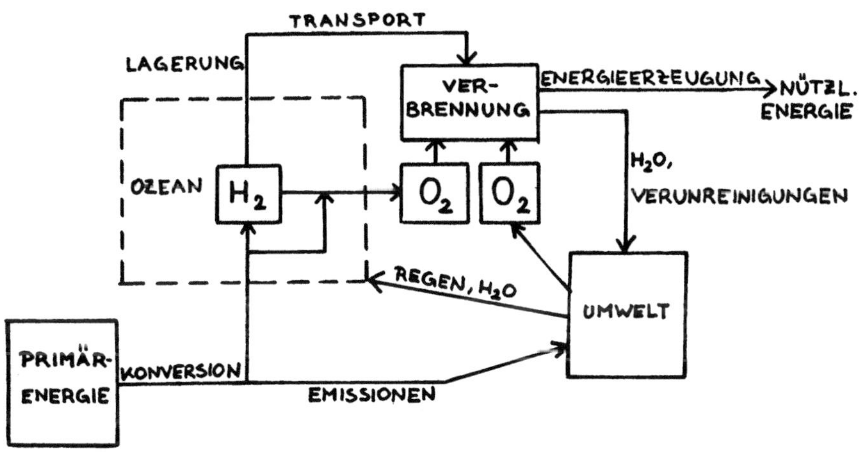

Abb. 1: Wasserstoff-Zyklus /3/.

- Erstens ist Wasserstoff der bislang umweltfreundlichste Treibstoff /8, 12/. Während alle fossilen Brennstoffe CO_2, CO, NO_x und SO_x in die Atmosphäre abgeben und deren Gleichgewicht stören, verbrennt Wasserstoff mit reinem Sauerstoff mit theoretisch 1oo %iger Ausbeute zu Wasser bzw. Dampf /3/.

$$H_2 + 1/2O_2 \longrightarrow H_2O \qquad (1)$$

  Bei Verbrennung in Gegenwart von Luft entstehen mit sehr geringer Ausbeute auch Stickoxide. Auch Peroxide können in Spuren auftreten. Diese Verunreinigungen können jedoch leicht unter Kontrolle gehalten und abgetrennt werden. Umweltbelastungen treten bei einem Wasserstoff-Energiesystem nur in bezug auf die Primärenergiequelle auf.

- Zweitens ist Wasserstoff sehr vielseitig verwendbar /6-8/. Energiegewinnung durch Verbrennung zu Wasser wurde bereits erwähnt, H_2 kann somit in Verbrennungsmotoren Verwendung finden. H_2 kann aber auch sehr leicht in andere Formen von chemischer Energie (z.B. NH_3, CH_4, CH_3OH) transformiert werden und ist auch eine wichtige Ausgangssubstanz in der chemischen Industrie /13/.

  Wasserstoff kann ebenfalls in elektrischen Strom umgewandelt werden /13,14/. Der praktische Wirkungsgrad von Brennstoffzellen ist zwar noch relativ gering (um 6o %), die Chancen einer Verbesserung werden aber allgemein als gut eingeschätzt /8,15/.

- Drittens kann Wasserstoff aus Wasser bzw. Wasserdampf wiedergewonnen werden, sodaß keine Rohstoffverknappung zu befürchten ist /3/. Wasser steht praktisch in unbegrenzter Menge in den Ozeanen zur Verfügung/16/, während die konventionellen Ressourcen von vorneherein begrenzt sind.

- Viertens kann Wasserstoff relativ einfach, gefahrlos und verlustlos gespeichert werden /3,17/, und zwar in gasförmigem /18/, verflüssigtem /19/ oder festem (in Form von Metallhydriden /7,13,2o,21/) Zustand, was bei elektrischer Energie sehr schwierig und aufwendig ist /1,3,6/. Die Lagerung ist dennoch auch für Wasserstoff ziemlich kapitalintensiv und deswegen von der Kostenseite her den fossilen Brennstoffen unterlegen.

- Fünftens kann Wasserstoff in Pipelines unter hohem Druck flüssig oder gasförmig praktisch verlustlos transportiert werden /15,22/. Das ist ein großer Vorteil gegenüber der elektrischen Energieübertragung /1/. Der niedrige Heizwert im Vergleich zu Erdgas wird durch die Möglichkeit größeren Durchsatzes wettgemacht /1,11/. Zwar existiert noch keine Pipeline über größere Distanzen, jedoch für kurzen H_2-Transport ist das Problem großtechnisch bereits gelöst /1,3,6,23/.

Die Probleme einer Wasserstoff-Energiewirtschaft liegen in der Kostenfrage, dem Strukturwandel /3/, den Primärenergiequellen und in den Sicherheitsfragen /3,8/. Die letztgenannten bieten kein technologisch unüberwindliches Hindernis, da diese Probleme nicht viel komplexer als die für konventionelle Brennstoffe sind. Aber die Produktion von Wasserstoff-Energie ist sicherlich teurer als der momentane Energiepreis. Da dieser jedoch auf der einen Seite ständig im Steigen begriffen ist, auf der anderen Seite die Wasserstoff-Produktionskosten durch neue Technologien gesenkt werden können, wird Wasserstoff-Wirtschaft bald konkurrenzfähig sein/1,8,1o,24/.

1.2. Rohstoffe

Zum Zeitpunkt der gegenwärtigen Technologie wird Wasserstoff nur zu einem geringfügigen Teil aus Wasser gewonnen, zumeist mit festen fossilen Brennstoffen (Kohle,Koks)/3/. Der Großteil der Wasserstoffproduktion erfolgt aus Kohlenwasserstoffen, d.h. aus herkömmlichem Treibstoff zum Zwekke der chemischen Verwertung /11/. Wasserstoff wird dazu meist hochrein benötigt, was bei den Kosten sehr ins Gewicht fällt. Auch verliert man bei dieser Methode einige der Vorteile, die die Wasserstoff-Energiewirtschaft so attraktiv machen (z.B. Umweltschutz). Deshalb wird Wasser bzw. Wasserdampf eine immer größere Rolle bei der H_2-Produktion spielen, aber auch Abfälle, Faulschlamm und Abwässer (vor allem städtische Abwässer) sind als Rohstoffe ins Auge zu fassen /8,25/.

Der ideale Rohstoff zur H_2-Gewinnung ist Wasser. Dieses steht in beinahe unbegrenzter Menge in den Ozeanen zur Verfügung und kann zumeist nach wenig aufwendigen Reinigungsschritten direkt verwendet werden. Bei der Verbrennung des Wasserstoffs entsteht wieder nur Wasser, sodaß damit ein perfektes und umweltschonendes Recycling gegeben wäre. Da dabei dieses H_2O in praktisch reinster Form wieder ensteht, kann es zur Versorgung mit Trinkwasser, dessen Verknappung absehbar ist, beitragen /26/.

1.3. Primärenergiequellen

Um aus diesen Rohstoffen Wasserstoff,d.h. eine höhere Stufe von chemischer Energie zu erzeugen,muß Energie aufgewendet werden.Das geschieht mit Hilfe von Primär-Energiequellen /8/. Die Differenz zwischen investierter Energie und der in Form von H_2 gespeicherten Energie muß möglichst gering sein,um ökonomisch vertretbar zu produzieren. Nahezu alle möglichen Primärenergiesysteme können zur H_2-Gewinnung benützt werden /8/. Die Auswahl der jeweils günstigen Primärenergiequelle ist eng mit der Auswahl des Wasserstoff-Gewinnungsverfahrens verbunden.Dieser Zusammenhang ist in Abb.2 schematisch dargestellt.

Elektrischer Strom aus Wasserkraftwerken,Dampfkraftwerken,Kernkraftwerken und Gezeitenkraftwerken wird in allen Elektrolyseverfahren,in Kombination mit photochemischen Verfahren und geschlossenen Systemen verwendet.Besonders gut eignen sich diese Verfahren zur Ausnutzung des Grundlaststroms /3,13,27,29/.

Die konventionellen Anlagen verbrennen die fossilen Brennstoffe zur Energiegewinnung, aus denen auch gleichzeitig der Wasserstoff gewonnen wird /11/. Die gegenwärtigen Konzepte geschlossener Systeme sind aufs engste mit der Prozeßwärme von Kernreaktoren (meist Hochtemperatur-gasgekühlte Reaktoren) verknüpft /7,13,28-31/. Kernreaktorwärme kann auch in modernen Entwicklungen konventioneller Verfahren verwendet werden. Es gibt auch Bemühungen, die an sich ungenutzte Reaktorstrahlung bzw. γ-Strahlung von Reaktorabfällen usw. zur H_2-Gewinnung nutzbar zu machen. Die Entwicklung der Brüterreaktoren verspricht Unabhängigkeit von Spaltmaterialverknappung /32,33/. Es ist allerdings - ohne näher darauf einzugehen - auf die Problematik eines forcierten Kernspaltungsreaktorausbaus vor der Lösung aller technologischen Probleme (radioaktive Abfälle, Abwärme) hinzuweisen /34,35/.

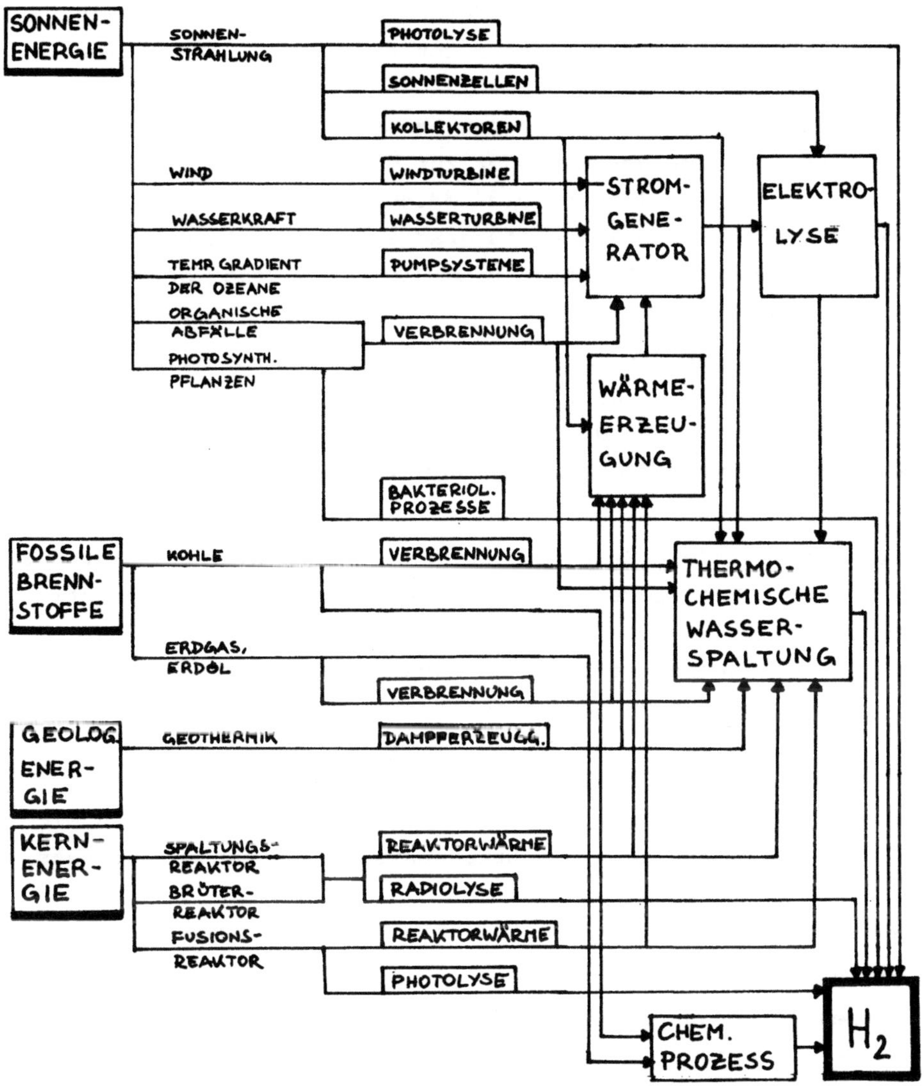

Abb. 2: Zusammenhang zwischen Primärenergiequellen, Rohstoffen und Wasserstoff-Gewinnungsverfahren /3/.

Als Primärenergiequellen der Zukunft werden Fusionsreaktoren, geothermische und hydrothermale Energie, Windenergie und v.a. Sonnenenergie dienen /34/. Fusionsreaktoren, deren technologische Hindernisse noch nicht endgültig

überwunden sind /36,37/, liefern sowohl Wärmeenergie als auch UV-Strahlung des Plasmas zur Wasserstoff-Produktion /38/.
Geothermische Energieerzeugung benützt die Wärme des Erdinneren in Bohrungen entweder zur direkten Wasserspaltung oder zur Wärmegewinnung /3,34,39,4o/. Hydrothermale Kraftwerke benützen den Temperaturgradienten in Ozeanen zur Energiegewinnung. Momentan sind die technischen Schwierigkeiten enorm groß /32/.

Die Nutzung der Windenergie durch Windturbinen oder Turbinen, die von den Wellen der Ozeane betrieben werden, wird zwar nie ein Hauptträger der Energieproduktion sein, als Nebenquelle zur Stromerzeugung ist der Wind jedoch ausgezeichnet /13,41/.

Für die besondere Bedeutung der Sonnenenergie - v.a. für die zukünftige Energieversorgung - sind mehrere Gründe verantwortlich:

1. Die Sonnenenergie ist praktisch unerschöpflich (zumindest in vorstellbaren Zeiträumen).
2. Diese Energie steht völlig kostenlos zur Verfügung und ist auf der Erdoberfläche allgemein verteilt.
3. Die Ausnutzung der Sonnenenergie erfordert eine Technologie, die, von heutigen Erkenntnissen ausgehend, durchaus realisierbar erscheint.
4. Die Sonnenenergie - Technologie ist umweltfreundlich.

Die Sonnenenergie muß in andere Energieformen umgewandelt werden, um transportier- und speicherbar zu sein /39/. Mit Hilfe von Spiegeln, absorbierenden Platten, Kollektoren, Fokussierung etc. erfolgt die direkte Umwandlung in Wärmeenergie, die dann entweder am Ort selbst verwendet bzw. als Heißwasser (Dampf) oder Elektrizität (Dampfgeneratoren) weiter transportiert wird /4o-46/.

Eine weitere Möglichkeit ist die direkte Umwandlung von Sonnenenergie in elektrische Energie mit Hilfe von Sonnenzellen, die den Photoeffekt ausnützen. Diese Technologie wird auf breitester Basis vorangetrieben.

Die durchgeführten Forschungen und Versuchprogramme (z.B. ERDA-USA) sind in vielen Büchern und Zeitschriften publiziert. Es wird hier darauf verzichtet, bestimmte Arbeiten hervorzuheben. Von entscheidender Bedeutung zur direkten H_2-Erzeugung ist die Umwandlung der Sonnenenergie, d.h. des Sonnenlichts mittels photochemischer und photoelektrochemischer Prozesse /2,5o/.

1.4. Literaturverzeichnis

/1/ D.P.Gregory, Inst.Gas Technol., Ann.Nat.Meeting of the Am.Chem.Soc.,Symp. on non fossil-fuels, Boston (1972)
/2/ C.Marchetti, A.S.Manne , IIASA-Paper "Hydrogen, Mechanisms and Strategies of Market Penetration" (1973)
/3/ Rep., NASA/ASEE, "Hydrogenergy Carrier", I,II (1973)
/4/ S.Ihara, S.Wakamatsu, THEME Conf.Proc.,Miami Energy Conf. S 5-31, Miami (1974)
/5/ T.N.Veziroglu in "Hydrogen Energy", ed. T.N.Veziroglu, Part B, 13o9, Plenum Press, N.Y. (1975)
/6/ C.H.Fabjan, "Nichtkonventionelle Energie-Erzeugungsmethoden", Arbeitsunterlage AC-11, TU Wien (1975)
/7/ C.Marchetti, Chem.Econ.& Eng.Rev., 5, 7 (1973)
/8/ Rep., "Hydrogen and other synthetic fuels", US/AEC, Summary Report on the work of the Synth.Fuels Panel (1972)
/9/ C.M.Summers in "Hydrogen Energy", ed.T.N.Veziroglu, Part B, 1251, Plenum Press, N.Y. (1975)
/1o/ D.P.Gregory, THEME Conf.Proc., Miami Energy Conf. S 15-13, Miami (1974)
/11/ N.Weyss, "Energie", Brown Boveri Mitt., 26 (1/2), (1974)
/12/ H.J.Plass, THEME Conf.Proc., Miami Energy Conf. S 17-47, Miami (1974)
/13/ K.Tobisch, Brown Boveri Mitt., 59,(1972)
/14/ Rep., Chem.Eng.News, (6), 14 (1972)
/15/ W.Hausz, G.Leeth, D.Lueck, C.Meyer, Gen.Electric Comp., Rep., 72-TMP-15 (1972)
/16/ T.Ohta, THEME Conf.Proc., Miami Energy Conf. S 15-69, Miami (1974)
/17/ F.J.Salzano, E.A.Cherniavsky, K.C.Hoffmann in "Hydrogen Energy", ed. T.N.Veziroglu, Part B, 915, Plenum Press, N.Y. (1975)
/18/ E.W.Justi, Phys.Blätter, 1/2,(1973)
/19/ L.Lessing, Fortune , 11,(1972)
/2o/ L.C.Beavis et al., THEME Conf.Proc., Miami Energy Conf. S 4-38, Miami (1974)
/21/ B.Jouville, H.Stöhr, R.Funk, M.Kornman, THEME Conf.Proc. Miami Energy Conf. S 8-25, Miami (1975)
/22/ A.Langley, S.T.Picraux, F.L.Vook in "Hydrogen Energy", ed. T.N.Veziroglu, Part B,1o89, Plenum Press, N.Y. (1975)
/23/ G.Beghi, J.Dejace, C.Massaro, B.Ciborra, in "Hydrogen Energy", ed. T.N.Veziroglu, Part A, 545, Plenum Press, N.Y. (1975)

/24/ J.E.Johnson in "Hydrogen Energy", ed. T.N.Veziroglu, Part A, 299, Plenum Press, N.Y. (1975)
/25/ R.E.Hannemann, H.Vakil, R.H.Wentorf, Gen.Electric Comp., Corp.Res.& Dev., Schenectady, N.Y. (1973)
/26/ J.O'M.Bockris, Pure & Appl.Chem., 47 (1), 25 (1976)
/27/ W.R.Parrish in "Hydrogen Energy", ed.T.N.Veziroglu, Part B, 949, Plenum Press, N.Y. (1975)
/28/ S.Förster, G.Hewing, B.Sack, Brennstoff-Wärme-Kraft, 29 (2), 59 (1977)
/29/ W.J.D.Escher, T.D.Donakowski, Int.J.Hydrogen Energy, 1 (4), 389 (1977)
/3o/ H.Barnert, R.Schulten, THEME Conf.Proc., Miami Energy Conf., S 3-1, Miami (1974)
/31/ R.N.Quade, A.T.McMain, THEME Conf.Proc., Miami Energy Conf., S 3-21, Miami (1974)
/32/ W.Seifritz, Chimia, 28 (7), 323 (1974)
/33/ D.J.Rose, Science, 184 (4134), 278 (1974)
/34/ G.A.Peschek, Photochemische Nutzbarmachung der Sonnenenergie, Studie des BMWF Wien (1975)
/35/ E.Broda, "Remarks about nuclear and solar energy", 24th Pugwash Conf. on Science and World Aff., Baden (1974)
/36/ P.F.Post, F.L.Ribe, Science, 186 (4162), 397 (1974)
/37/ J.G.Hirschberg, THEME Conf.Proc., Miami Energy Conf., S 1-43, Miami (1974)
/38/ B.Eastlund, W.C.Gough, 163th Nat.Meet. of the Am.Chem. Soc., Boston (1972)
/39/ G.R.Robson, Science, 184 (4134), 371 (1974)
/4o/ F.Maslan, T.J.Gordon, THEME Conf.Proc., Miami Energy Conf., S 1-25, Miami (1974)
/41/ T.E.Base in "Hydrogen Energy", ed.T.N.Veziroglu, Part A, 87, Plenum Press, N.Y. (1975)
/42/ J.Keeney, H.Weinstein, G.M.Haas, Nature, 253, 719 (1975)
/43/ J.O'M.Bockris in "Hydrogen Energy", ed. T.N.Veziroglu, Part A, 371, Plenum Press, N.Y. (1975)
/44/ A.L.Hammond, Science, 184 (4134), 278 (1974)
/45/ M.Wolf, Science, 184 (4134), 382 (1974)
/46/ J.A.Kelley, E.A.Laumann, "H_2-Tomorrow, Demands & Technology Requirements", NASA Study, Jet Propulsion Lab., Calif.Inst.Technol., Dec. (1975)
/47/ D.M.Gross, J.L.Meylen, "Thermal Solar Energy Conversion", Battelle Inst., Genève (197o)
/48/ J.Courvoisier, "Solar energy limitations and possibilities", Vortrag, Wien (1976)
/49/ Rep., "Wärmegewinnung durch Sonnenenergie", ISTA-Solartechn., Mannheim (1976)
/5o/ M.Calvin, Science, 184 (4134), 375 (1974)

2. Wasserstofferzeugung durch Elektrolyse

von K.J.Hartig und G.Kittel

Es werden zunächst die Grundlagen der Wasser-Elektrolyse, der Stand gegenwärtiger Technologie von Elektrolyten, Elektroden, Membranen etc. diskutiert, und schließlich werden einzelne Verfahren zur Herstellung von H_2 im Detail besprochen. Zum Schluß werden wirtschaftliche und technologische Betrachtungen angestellt.

2.1. Allgemeine Einleitung

Die Methode der Wasserstofferzeugung durch Elektrolyse von Wasser ist schon seit dem 19. Jhdt. bekannt /1/. Sie verläuft prinzipiell durch Anlegen einer Gleichspannung an zwei Elektroden, die in einen Elektrolyten eintauchen. Hierbei bildet sich Wasserstoff an der Kathode und Sauerstoff an der Anode nach folgenden Reaktionsgleichungen:

$$2H_2O + 2e^- \longrightarrow H_2\uparrow + 2\,OH^- \qquad \text{Kathodenreaktion} \qquad (1)$$

$$2\,OH^- \longrightarrow 1/2O_2\uparrow + H_2O + 2e^- \qquad \text{Anodenreaktion} \qquad (2)$$

$$H_2O \longrightarrow H_2 + 1/2O_2 \qquad \text{Summenreaktion} \qquad (3)$$

Diese Methode wurde schon seit langem zur Erzeugung von <u>reinem</u> Wasserstoff verwendet /2,3/, war ziemlich energieintensiv und deshalb unökonomisch und für großtechnische Zwecke ungeeignet. Erst seit 196o wurde die Entwicklung wieder vorangetrieben, v.a. in Hinblick auf die Energieproblematik und die damit verbundene wirtschaftliche Erzeugung von Wasserstoff durch Elektrolyse.

Es wurden einige Verfahren entwickelt, die schon heute eine deutliche Verbesserung gegenüber den herkömmlichen Methoden darstellen, und die v.a. für die nähere Zukunft Perspektiven weisen.

2.2. Thermodynamische Betrachtungen

2.2.1. Grundprinzipien

Für die Reaktion (3):

$$H_2O(l) \rightleftharpoons H_2(g) + 1/2\ O_2(g) \qquad (3)$$

(g)...gasförmiger Zustand

(l)...flüssiger Zustand

benötigt man bei 25^oC (298^oK) eine freie Energie

ΔG^{298} von 56,7 kcal/Mol /4,5/

und eine Enthalpie

ΔH^{298} von 68,3 kcal/Mol /4,5/

wobei über die Gleichung:

$$\Delta G = \Delta H - T.\Delta S \quad /4/ \qquad (4)$$

die Entropie ΔS = 39,13 Cl beträgt.

Dieser Energiebetrag (ΔH^{298} von 68,3 kcal/Mol) müßte in Form von Wärmeenergie dem System zugeführt werden, damit die Wasserspaltung eintritt. Dies würde einer Temperatur von 4700^oK entsprechen /4,5/.

Für die Umwandlung dieser thermischen Energie in elektrische Energie einer Elektrolysezelle gilt folgende Gleichung /6/:

$\Delta G = -n.F.E_{rev}$ (5)

n....Zahl der Elektronen, die an der Reaktion beteiligt sind.

F....Faraday-Konstante (96.847 Coulomb)

E_{rev}.reversible Zellspannung

Gemäß diesem Gesetz entspricht der freien Energie eine Zellspannung von:

- 1,23 V, Zersetzungsspannung /1,7/,

und der Enthalpie eine Zellspannung von:

- 1,48 V /7/.

Schon bei 1,23 V angelegter Spannung kann also die H_2O-Elektrolyse ablaufen, jedoch wird wegen des $T\Delta S$-Gliedes der Zelle dabei ständig Wärme (Q) entzogen, die zugeführt werden muß (endothermer Prozeß, $E_{el} < \Delta H$).

Ferner gilt:

$$Q = T\Delta S = \Delta H - \Delta G \quad (6)$$

d.h. bei 298°K entspricht dies einer Wärme von 11,6 kcal/Mol.

Erst eine Spannung von 1,48 V, die also der Enthalpie der Reaktion (3) entspricht, erfordert keine Wärmezufuhr. Diese Spannung wird als thermoneutrale definiert ($E_{el} = \Delta H$). Die reversiblen Zellspannungen stellen Idealwerte dar und sind in der Praxis wegen Überspannungen, Ohmschen Verlusten usw. (siehe Pkt. 2.3.) nicht ausreichend. Spannungen von 1,7 - 2,5 V werden in konventionellen Zellen verwendet, die dabei zusätzlich freiwerdende Energie wird in Form von Wärme an die Umgebung abgegeben (exothermer Prozeß) ($E_{el} > \Delta H$) /5-7/.

Nach den Faraday'schen Gesetzen der Elektrolyse erzeugt

1 F ($\sim 9{,}6.10^4$ A.sec) ... 1,008 g H_2 /3,8/,

und für $1 m^3 H_2$ benötigt man $2{,}39.10^3$ A/h.

Bei Anlegen der thermoneutralen Spannung an die Elektrolysezellen verbraucht man also $3{,}54\ kWh/m^3 H_2 = 254\ kWh/10^9 J$ und bei Anlegen der Zersetzungsspannung (E_{rev}) $2{,}94\ kWh/m^3 H_2$, in der Praxis allerdings meist über $4{,}2\ kWh/m^3 H_2$; 4,8 kWh sind gebräuchlich /9/.

2.2.2. Temperatureffekte

Wie aus Gleichung (4) ersichtlich, beeinflußt die Temperatur sehr stark die freie Energie. Bei steigender Temperatur sinkt ΔG, damit geht die reversible Zersetzungsspannung (Gleichung (5)) gegen 0 und das Gleichgewicht der Zersetzungsreaktion von Wasser (Reaktion (3)) verschiebt sich nach rechts /5-7,10/.

Zur Illustration dieses Zusammenhangs sind in Abb. 1 die Werte von $\Delta H_{(l)}$, $\Delta H_{(g)}$, $\Delta G_{(l)}$ und $\Delta G_{(g)}$ als Funktion der Temperatur graphisch dargestellt.

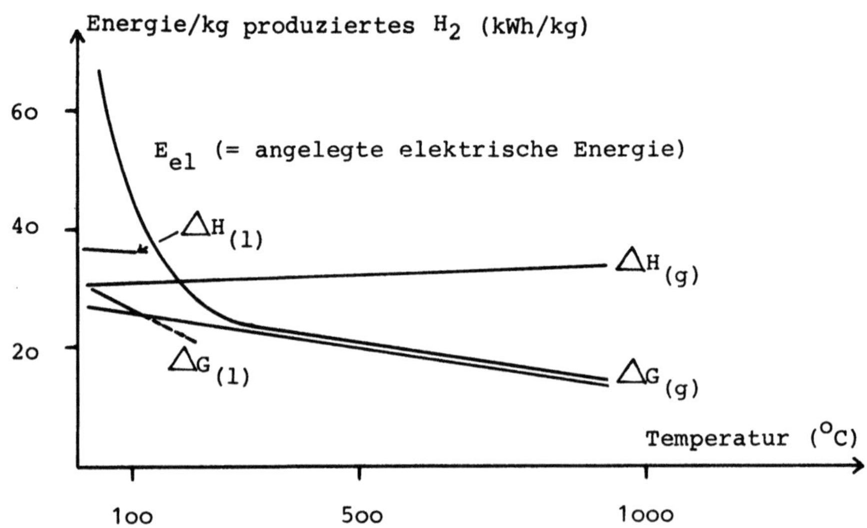

Abb. 1: Energieaufwand für H_2-Produktion in Abhängigkeit von der Temperatur /4/.

Der Zusammenhang ist im Blockschema (Abb. 2) durch einen Anstieg des Anteils der zugeführten Wärme (Q) gegenüber dem Anteil der elektrischen Energie (E_{el}) dargestellt /4/:

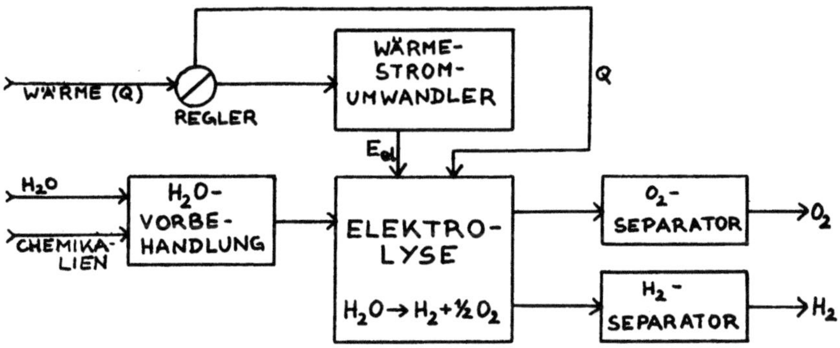

Abb. 2: Blockschema einer elektrolytischen Grundeinheit /4/.

Bei einer Temperatur von $448^{o}K$ gilt:

$$\Delta G^{448} = 52{,}99 \text{ kcal/Mol} \quad /5/,$$
$$\Delta H^{448} = 58{,}14 \text{ kcal/Mol},$$
$$\Delta S^{448} = 12{,}29 \text{ kcal/Mol},$$
$$E^{448}_{rev} = -1{,}146 \text{ V}$$

Da elektrische Energie zumeist durch Umwandlung aus thermischer Energie gewonnen wird - wobei natürlich Verluste unvermeidbar sind -, bedingt der steigende Anteil an thermischer Energie steigende Effizienz (s.Abb. 3) /6/.

Der Temperaturerhöhung sind bei wäßrigen Elektrolyten Grenzen gesetzt, da - selbst bei höheren Drucken - der Elektrolyt verdampft.

Bei wäßrigen Elektrolyten sind bis zu $100^{o}C$ gebräuchlich /7,9/. Temperaturen, die darüber hinausgehen, werden in fortgeschritteneren Elektrolysetechniken verwendet, wobei das Wasser gasförmig vorliegt /11/. Bei $2000^{o}K$ ist bereits 1 % H_2 im Gleichgewicht mit H_2O-Dampf /5/.

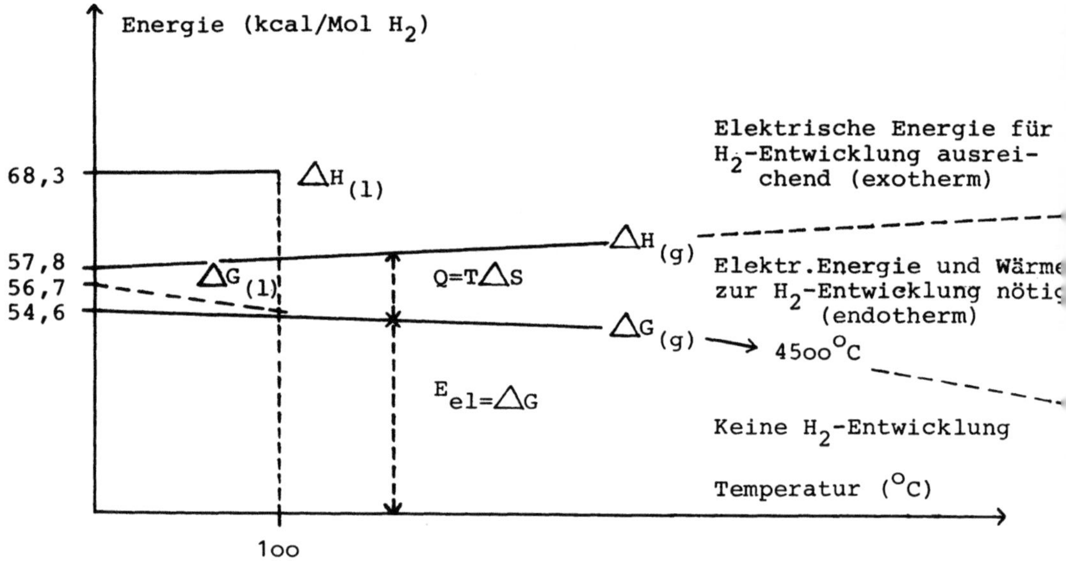

Abb. 3: Energie-Temperaturdiagramm der thermodynamischen Grundgrößen der H_2O-Spaltung /5/.

2.2.3. Druckeffekte

Erhöhung des Druckes führt zu einer Vergrößerung des nötigen Zersetzungspotentials. Diese Effekte sind jedoch sehr klein. Bei 100 atm Druck erhöht sich die Zersetzungsspannung nur um 0,086 V /7/. Druckerhöhung ist darum ein geeignetes Mittel, um bei Temperaturerhöhung Kochen des Elektrolyten zu verhindern.

In Hochdruck-Elektrolysekammern sind ca. 20 atm gebräuchlich; bis zu 200 atm wurden untersucht /10,12/.

2.2.4. Wirkungsgrad und Energiebilanz

Bei der Definition des Wirkungsgrades ist es notwendig, genau jene Art der Energie zu bestimmen, die in den Prozeß hineingesteckt worden ist /6/.

Als nützliche Energie wird die chemische Energie der Wasserstoffverbrennung genommen. Auch hier gibt es zwei Möglichkeiten der Definition /6/:

a) Hochtemperaturverbrennung, Endprodukt $H_2O_{(g)}$ $(\Delta H_{(g)})$
b) Tieftemperaturverbrennung, Endprodukt $H_2O_{(l)}$ $(\Delta H_{(l)})$

Der Unterschied von etwa 2o % zwischen a) und b) entspricht der Kondensationswärme.

Ein Blockschema soll diese Möglichkeiten veranschaulichen /4/, wobei η_{th}, η_{thel}, η_{el} und η_{ech} die Wirkungsgrade der verschiedenen Prozesse darstellen (s.Abb. 4).

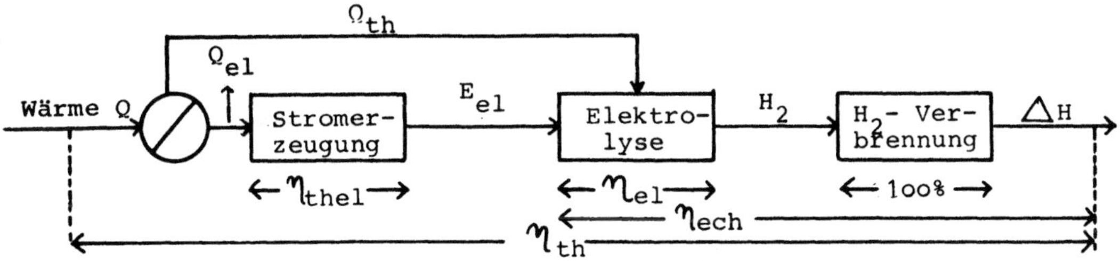

Abb. 4: Blockschema der Energieumwandlung und der Wirkungsgrade der Wasserelektrolyse /4/.

Die folgenden Ableitungen beziehen sich auf $\Delta H_{(1)}$:

a) Als elektrischer Wirkungsgrad (η_{el}) wird definiert /4/:

$$\eta_{el} = \frac{\Delta G}{E_{el}} \qquad (7)$$

ΔG... freie Energie der H_2O-Spaltung (Gl.(4))

E_{el}... investierte elektrische Energie für H_2O-Spaltung.

Da ΔG nach Gleichung (5) mit der reversiblen Zersetzungsspannung zusammenhängt, kann der elektrische Wirkungsgrad auch als Verhältnis von theoretisch hineingesteckter zu praktisch investierter Energie angesehen werden.

$$\eta_{el} = \frac{E_{rev}}{E_{eff}} \qquad (8)$$

E_{rev}...theoret.reversible Zellspannung

E_{eff}...effektiv notwendige Zellspannung

b) Als thermischer Wirkungsgrad (η_{th}) wird definiert /4/:

$$\eta_{th} = \frac{\Delta H}{Q} \qquad (9)$$

ΔH ...Enthalpie der H_2O-Spaltung, bzw. H_2O-Verbrennung

Q......investierte Wärmeenergie

c) Als thermoelektrischer Wirkungsgrad wird definiert /4/:

$$\eta_{thel} = \frac{E_{el}}{Q_{el}} \qquad (1o)$$

Q_{el}....investierte therm. Energie

E_{el}....produzierte elektr. Energie

Dies ist der Wirkungsgrad der Stromerzeugung aus Wärmeenergie /5/ (in der Praxis 33-4o % wegen des Carnot-Faktors).
Der Zusammenhang zwischen diesen Gleichungen besteht bei der Elektrolyse wie folgt:

$$Q = Q_{th} + Q_{el} \quad (11)$$ wobei Q_{th} dem Entropieglied in Beziehung (4) entspricht.

$$Q = Q_{th} + E_{el}/\eta_{thel} \quad \text{...prakt. Energiebilanz} \quad (12)$$

$$\triangle H = T\triangle S + \triangle G \quad \text{.........theoret. Energiebilanz:} \quad (13)$$

da E_{el} in der Praxis zumeist $> \triangle H$ ist, wird Q_{th} in Form von Wärme frei.

Im thermononeutralen Zustand ist:

$$E_{el} = \triangle H \quad /4,5/ \quad (14)$$

und daraus folgt, daß $Q_{th} = 0$ ist und

$$\eta_{th} = \eta_{thel} \cdot \frac{\triangle G}{E_{el}} \quad (15)$$

$$\eta_{th} = \eta_{el} \cdot \eta_{thel} \quad (16)$$

In Abb. 5 ist η_{th} als Funktion von Q_{el} für verschiedene η_{thel}-Werte dargestellt.

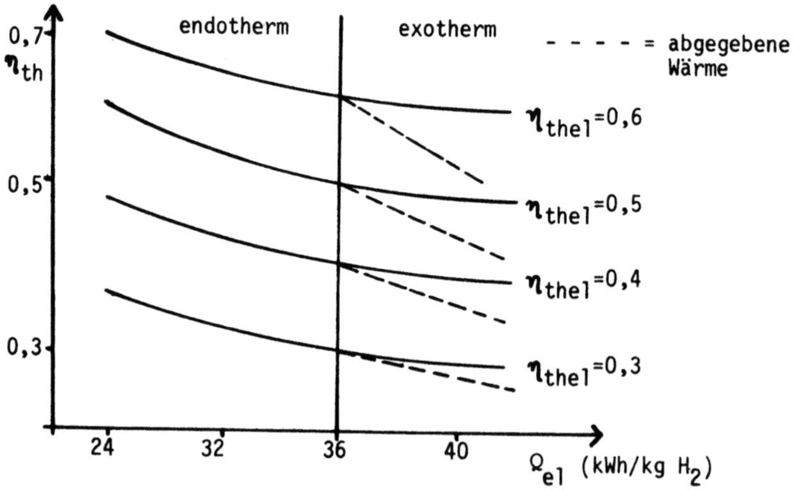

Abb. 5: Thermischer Wirkungsgrad in Abhängigkeit von der in elektr. Energie umgewandelten Wärme (Q_{el}), sowie die abgegebene Wärme im exothermen Bereich /4/.

d) als Elektrolyse-oder elektrochemischer Wirkungsgrad (η_{ech}) wird definiert /5/:

$$\eta_{ech} = \frac{\Delta H}{E_{el}} \tag{17}$$

Wenn man nur die verbrauchte elektrische Energie in Relation setzt zur Verbrennungsenthalpie, d.h. der Verbrennungswärme von H_2, und die Zellspannung der theoretischen Zersetzungsspannung einsetzt, d.h. im endothermen Bereich arbeitet, so kann ein theoretischer elektrochemischer Wirkungsgrad von 12o % erreicht werden /5,6/.

In der Praxis sind elektrochemische Wirkungsgrade für konventionelle Zellen knapp unter 85 %, die elektrischen Wirkungsgrade bei ca. 65 % /4/ und die thermischen Wirkungsgrade bei etwa 25-3o % /7,13-17/.

Für fortgeschrittene Zellen liegen die Werte etwa 1o % darüber. In der folgenden Abb. 6 sind die Zellspannungen und Wirkungsgrade in Abhängigkeit von der Stromdichte gezeigt.

Der Wirkungsgrad ist stark von der Stromdichte abhängig (s.Pkt.2.3.), sodaß Verbesserungen v.a. dabei ansetzen müssen.

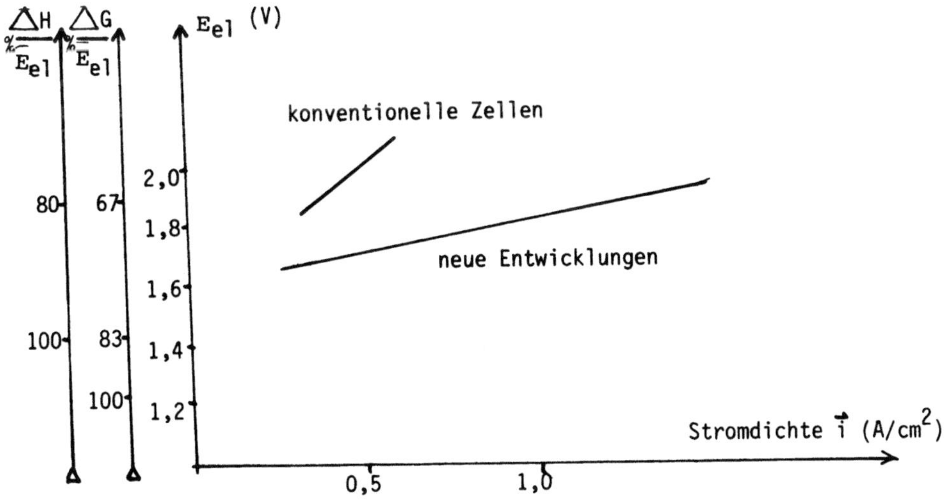

Abb. 6: Zellspannungen und Wirkungsgrade in Abhängigkeit von der Stromdichte /4/.

2.3. Mechanismen der Elektrodenreaktionen, Elektrodenkinetik

Wie schon vorhin erwähnt, ist in der Praxis nie die Zersetzungsspannung ausreichend zur Elektrolyse des Wassers. Es werden höhere Spannungen angewendet, um Überspannungen an den Elektroden zu überwinden. Diese Störeffekte im einzelnen aufzuzählen und deren Mechanismus aufzuzeigen, soll im Folgenden versucht werden.

2.3.1. Ohm'sche Verluste

Diese rühren daher, daß die Elektrolysezelle einen bestimmten inneren Widerstand (R) hat, der überwunden werden muß. Die hierbei nötige Überspannung ist /18/:

$$\bar{\eta}_e = I.R, \text{ wobei } I = \text{Stromstärke} \qquad (18)$$

Die hierbei aufgewendete elektrische Energie ist

$$E_e = I^2.R \qquad (19)$$

und wird als Wärme an die Umgebung abgegeben /7/.

Damit diese Verluste niedrig gehalten werden können, sollte mit kleinen Stromstärken gearbeitet werden, was aber wegen der erwünschten großen Ausbeute an H_2 nicht möglich ist. Es gibt jedoch eine Anzahl von Faktoren, die diese Verluste gering halten können:

- die Verhinderung von Gasblasen zwischen den Elektroden,
- die Verringerung des Abstands der Elektroden voneinander /19/,
- das Design der Elektroden in Lamellen oder in ähnlicher Form,
- die Verwendung poröser Elektrodenmaterialien,
- die Verwendung von Hilfselektroden,
- die Konzentration an Ionen im Elektrolyten,
- die Verwendung von geeigneten Diaphragmen,
- Temperaturerhöhungen /2o/.

2.3.2. Konzentrationspolarisation

Diese entsteht dadurch, daß der Elektrolyt in der Umgebung der jeweiligen Elektrode an der Substanz bzw. dem Ion verarmt, das dort abgeschieden wird. Hierbei entsteht ein Konzentrationsgradient, der gegen den elektrischen Gradienten wirkt, und so eine zusätzliche Spannung ($\overline{\eta}_c$) erforderlich macht /18/.

Bei wäßrigen Lösungen ist dieser Effekt für H^+ und OH^- vernachlässigbar klein. Als weitere Gegenmaßnahmen lassen sich ständiges Umrühren oder Vorbeibewegen der Lösung und Temperaturerhöhung (weil diese die Ionendiffusion beschleunigt) anwenden /5,9/.

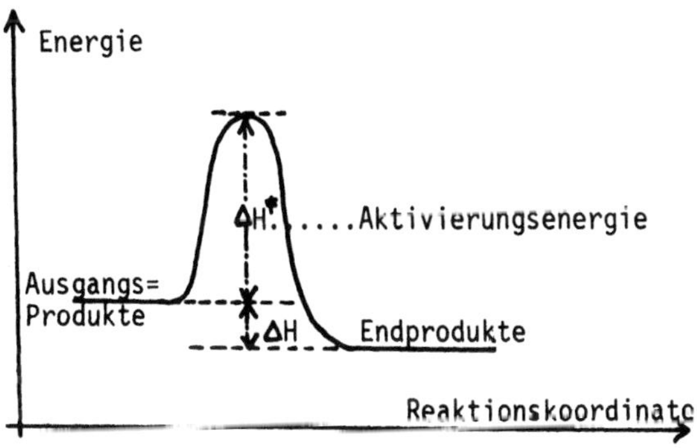

Abb. 7: Schematische Darstellung der Aktivierungsenergie /18/.

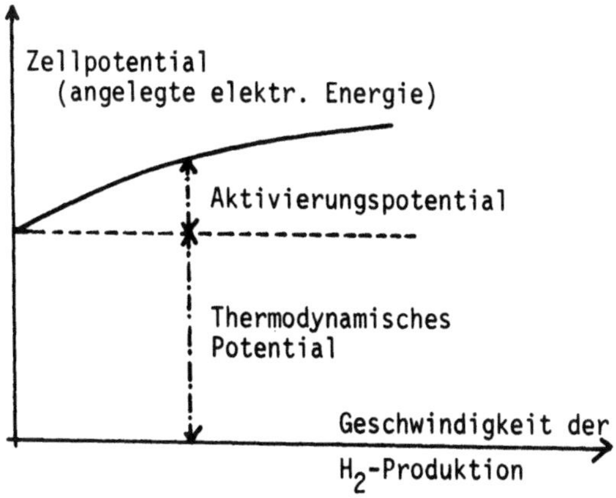

Abb. 8: Zellpotentialverstärkung durch das Aktivierungspotential an der Kathode /5/.

2.3.3. Aktivierungspolarisation

Aktivierungspolarisation entsteht dadurch, daß eine zusätzliche Aktivierungsenergie ΔH^{+} notwendig ist, um die Reaktion in Gang zu bringen /5,18/.

Abb. 7 zeigt eine schematische Darstellung der Aktivierungsenergie, Abb. 8 die durch sie verursachte Zellpotentialverstärkung an der Kathode.

Die Aktivierungsenergie muß in Form von elektrischer Energie, d.h. durch Spannungsvergrößerungen in das System investiert werden, und wird dann als Wärme an die Umgebung abgegeben.

Gerade bei der Erzeugung von Wasserstoff und Sauerstoff sind diese Überspannungen ($\overline{\eta}_{H_2}$, $\overline{\eta}_{O_2}$) sehr hoch /18/. Die Größe der Überspannung hängt vom Mechanismus der Abscheidung und der damit zusammenhängenden Parameter ab.

2.3.3.1. Wasserstoffüberspannung

Für die Wasserstoffentwicklung an der Kathode gibt es vier prinzipielle Möglichkeiten des Mechanismus und damit des geschwindigkeitsbestimmenden Schrittes /21-23/:

$$\text{I:}\quad H_2O + M + e^- \xrightleftharpoons{\text{langsam}} M - H \qquad (2o)$$

$$2M - H \xrightarrow{\text{rasch}} M + H_2\ (ads) \qquad (21)$$

M... Metalloberfläche der Elektrode

$$\text{II:}\quad H_2O + M + e^- \xrightleftharpoons{\text{rasch}} M - H \qquad (2o)$$

$$2M - H \xrightarrow{\text{langsam}} M + H_2(ads) \qquad (21)$$

$$\text{III:}\quad H_2O + M + e^- \xrightleftharpoons{\text{langsam}} M - H \qquad (2o)$$

$$M - H + H_2O + e^- \xrightarrow{\text{rasch}} H_2(ads) + OH^- + M \qquad (22)$$

$$\text{IV:}\quad H_2O + M + e^- \xrightleftharpoons{\text{rasch}} M - H \qquad (2o)$$

$$M - H + H_2O + e^- \xrightarrow{\text{langsam}} H_2(ads) + OH^- + M \qquad (22)$$

Die gesamte Reaktion der H_2- Abscheidung läßt sich in folgende vier Einzelschnitte zerlegen /24/:

1. Transport eines Protonendonators (H_3O^+, H_2O, RH) an die Phasengrenzfläche,
2. Entladung eines H^+ an der Metalloberfläche:
   Reaktion (2o): Vollmer-Reaktion,
3. Bildung von Wasserstoff:
   Reaktion (21): Tafel-Reaktion,
   Reaktion (22): Horiuti-Reaktion,bzw.Heyrovsky-Reaktion
4. Desorption des H_2 von der Metalloberfläche.

Die Überspannung ($\bar{\eta}_{H_2}$) hängt jetzt allein davon ab, welcher Schritt der langsamste, d.h. der geschwindigkeitsbestimmende ist.

Empirisch läßt sich folgendes, von Tafel gefundenes Gesetz anwenden:

$$\bar{\eta}(H_2) = a + b \log \vec{i} \qquad (23)$$

a...Konstante, abhängig vom Elektrodenmaterial und deren Oberflächenbeschaffenheit,

b...Konstante, abhängig vom geschwindigkeitsbestimmenden Schritt der Reaktion,

$\vec{i}$...Stromdichte

Für die Vollmer-Reaktion als geschwindigkeitsbestimmenden Schritt gilt:

$$\vec{i}_V = (1-\vartheta) \cdot \vec{i}_{V_0} \; e^{-b_V \cdot \frac{\bar{\eta}_V \cdot F}{RT}} \qquad (24)$$

Das gilt z.B. für Hg-Elektroden.

$\vec{i}_{V_0}$...Austauschstromdichte bei Gleichgewichtspotential ($\bar{\eta}_V = 0$),

$\bar{\eta}_V$...Überspannung der Vollmer-Reaktion,

ϑ ...Bedeckungsgrad der Elektrodenoberfläche

b_V...Konstante aus Gleichung (23),

R ...Allgemeine Gaskonstante,

F ...Faraday-Konstante

Für die Tafel-Reaktion als geschwindigkeitsbestimmenden Schritt gilt:

$$\vec{i}_T = \vec{i}_{T_0} \cdot q^2 \tag{25}$$

Das gilt z.B. für Pt-Elektroden.

Und für die Horiuti-Reaktion als geschwindigkeitsbestimmenden Schritt gilt:

$$\vec{i}_H = q \cdot \vec{i}_{H_0} \cdot e^{-b_H \frac{\bar{\eta}_H \cdot F}{RT}} \tag{26}$$

Das gilt z.B. für Cu-Elektroden.

Mit der Gleichung (17) läßt sich folgende allgemeine Kurve aufzeichnen, die sog. Tafel-Gerade /18/ (s.Abb.9):

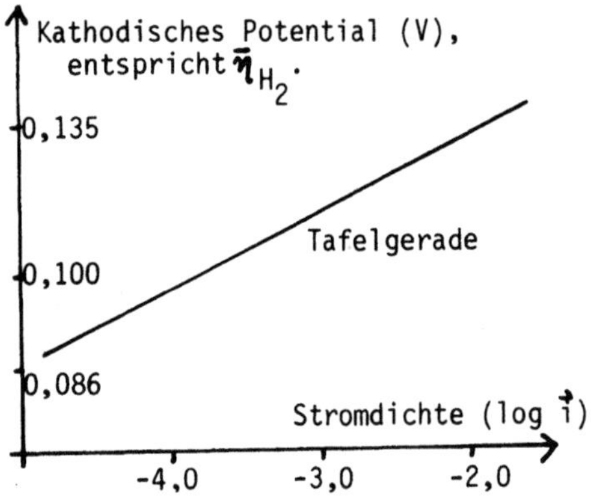

Abb. 9: Tafelgerade (Logarithmus der Stromdichte gegenüber der kathodischen Polarisation) /18/.

Abweichungen von dieser Geraden deuten auf verlangsamende oder beschleunigende katalytische Effekte hin und müssen für jedes Elektrodenmaterial aufgestellt werden. Die Überspannungen einiger Metalle, bezogen auf Stromdichte 0, sind hier aufgestellt /18/:

Plat.	Pt	o,oo5 V	Ni	o,21 V
	Au	o,o2 V	Cu	o,23 V
	Fe	o,o8 V	Pb	o,64 V
glattes	Pt	o,o9 V	Zn	o,7o V
	Ag	o,15 V	Hg	o,78 V

Um diese H_2-Überspannung möglichst gering zu halten, d.h. die investierte Energie zu minimalisieren, können zusammenfassend folgende Parameter beeinflußt werden:

a) Elektrodenmaterialien:
Es werden Metalle, Legierungen und Metallkomplexe gesucht, an denen die H_2-Überspannung möglichst gering ist. Es werden Elektrodenmaterialien untersucht, die katalytische Wirkung auf die geschwindigkeitsbestimmende Reaktion haben oder das Zersetzungspotential selbst nach positiveren Werten verschieben /5,7/.

b) Elektrodenoberfläche:
Die Oberfläche der Elektrode soll möglichst groß sein, denn ihre Größe geht sowohl in den Bedeckungsgrad (φ) als auch in die Stromdichte ($\vec{i}$) ein. Man verwendet poröse Elektroden, Lamellen-Elektroden u.v.a. Die Oberflächenvergrößerung bewirkt auch eine Vergrößerung des katalytisch aktiven Anteils.
Ebenso wird der Einfluß von passivierenden oder aktivierenden Filmen untersucht, die meistens aus einer Oxidschichte bestehen und den Adsorptionsmechanismus entscheidend verändern können /23/ (s.Abb.1o).

c) Elektrolytzusammensetzung:
Um genügende Leitfähigkeit zu gewährleisten, muß das H_2O genügend Salzkonzentration durch Zusätze erreichen. Der pH wird entweder ins saure, was sehr hohe Leitfähigkeit, aber große Korrosionsprobleme bedingt, oder - wie zumeist - ins alkalische Gebiet verschoben /18/.
Katalysatorzusätze, die durch Oberflächen-Komplexbindungen mit den Elektrodenmaterialien die Wasserstoffadsorption erleichtern, werden untersucht.

d) Stromdichte:
Hierbei wird ein Optimalwert gesucht, der zwar genügende Wasserstoffentwicklung gewährleistet, andererseits die Überspannung nicht zu groß werden läßt. Nützlich

dabei sind große Elektrodenoberflächen, geringe Elektrodenabstände und geeignete Diaphragmen /7/.

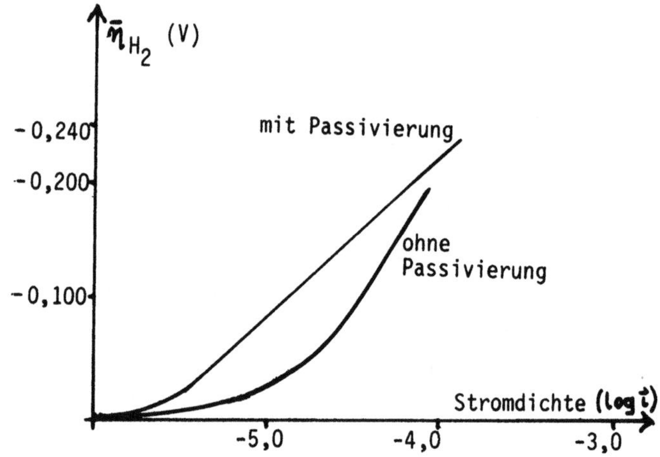

Abb. 1o: Passivierungseffekte auf die Stromdichteabhängigkeit der H_2-Überspannung /23/.

In Abb. 11 ist $\bar{\eta}_{H_2}$ als Funktion der Temperatur dargestellt:

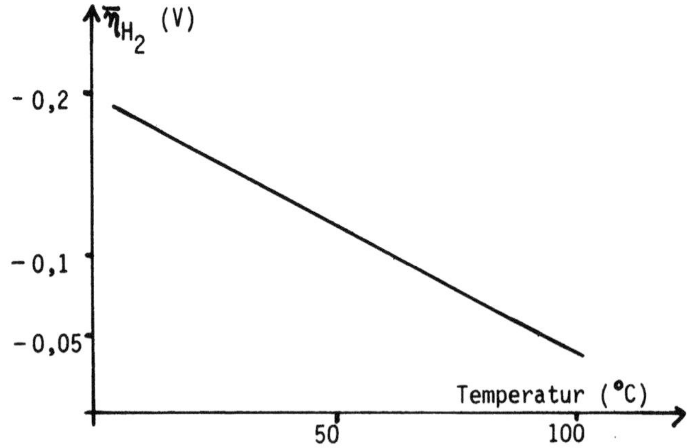

Abb. 11: Temperaturabhängigkeit der Überspannung /25/.

e) Temperatur:

Auch hier bedingt Temperaturerhöhung eine Beschleunigung des Prozesses, durch Beschleunigung der Ionenbewegung zusätzlich zur thermodynamischen Begünstigung der Reaktion /25/.

2.3.3.2. Sauerstoffüberspannung

Für die Sauerstoffentwicklung an der Anode gilt prinzipiell das gleiche, wie bereits unter Punkt 2.3.3.1. erwähnt.

Es sei hervorgehoben, daß zur Herabsetzung der Überspannung an der Anode katalytische Oberflächen, Oxidbildung und die Verhinderung der O_2-Blasenbildung eine wichtigere Rolle als an der Kathode spielen /26/.

Die gesamte Zellspannung einer Elektrolysezelle, d.h. der Strombedarf setzt sich aus diesen einzelnen Überspannungsanteilen zusammen. Bei geringeren Stromdichten steigt die Zellspannung (wegen der Überspannungsanteile) sehr stark mit der Stromdichte, bei hohen Stromdichten aber linear (wegen des überwiegend Ohm'schen Spannungsabfalls in der Zelle).

2.4. Elektrolyte

2.4.1. Wäßrige Elektrolyte

Reines Wasser selbst hat eine zu geringe Leitfähigkeit. Erst Salzzusätze bewirken einen ausreichenden Stromfluß.

2.4.1.1. Saure Elektrolyte

Versuche mit Schwefelsäure /22/ und phosphorigsauren Lösungen wurden unternommen, wobei sich phosphorige Säure als ungeeignet erwies /25/. Im allgemeinen zeigen sich saure Elektrolyten zwar als günstig in bezug auf die H_2-Ausbeute, jedoch konnten die dabei auftretenden Korrosions- und Materialprobleme nicht zufriedenstellend gelöst werden.

2.4.1.2. Basische Elektrolyte

Der am häufigsten gebrauchte Elektrolyt ist 25-3o % KOH (~6 M) /1,9/. KOH ist gegenüber NaOH wegen der höheren spezifischen Leitfähigkeit des K^+-Ions gegenüber dem Na^+-Ion bevorzugt.
Auch ist der Gleichgewichtsdampfdruck des Wassers über der Lösung (Raoult'sches Gesetz) geringer, d.h. die Endprodukte H_2 und O_2 enthalten weniger H_2O-Dampf /17/.
Die Konzentration der KOH entspricht optimalen Werten der Strom-

dichte und der H^+-Aktivität. Zusätze diverser Salze stören in geringen Mengen nicht (z.B. NO_3^- bis 3oo ppm) /25/.
Diese Elektrolytzusammensetzung wird in den meisten konventionellen Anlagen großtechnisch verwendet.

2.4.1.3. Meerwasser als Elektrolyt

Bei der Elektrolyse von Meerwasser können die teuren und energieaufwendigen Verfahren zu Wasser-Reinigung (z.B. Entsalzung) eingespart werden. Es sind keine weiteren Zusätze erforderlich, um bei relativ kleiner Stromdichte kontinuierlich kleinere Mengen H_2O zu elektrolysieren /28/.
Der entscheidende Nachteil ist das Entstehen von Cl_2-Gas statt O_2 an der Anode, das Vergiftungs- und Korrosionsprobleme aufwirft, die noch nicht gelöst werden konnten /29/.
Außerdem entsteht an der Kathode ein unlöslicher Niederschlag, der zwar durchaus zur Gewinnung wertvoller Metalle (Ag, Au, Cu, Hg) herangezogen werden kann, der aber andererseits eine kontinuierliche H_2O-Elektrolyse verhindert /29/.
Es wurde ein Konzept entwickelt, um auch Meerwasser elektrolysieren zu können. Konzentrationszellen arbeiten mit semipermeablen Membranen (Details siehe Pkt. 2.7.2.3.).

2.4.1.4. Katalysatorzusätze

Einige Forschungsarbeiten befassen sich mit der Rolle bestimmter Zusätze zum Elektrolyten, die als Katalysatoren der H_2O-Elektrolyse wirken /3o,31/.
Vorstellungen über den Mechanismus laufen dahin, daß mit dem Elektrodenmetall an der Oberfläche Komplexe gebildet werden, die die H^+-Adsorption erleichtern und das Zersetzungspotential verringern.
Zusatz von Ca-Ligninsulfonat verringert die Wasserstoffüberspannung an einigen Metallen (Pb, Pt, Hg), wenn die Oberfläche entsprechend vorbehandelt worden ist /32/.
S-Verbindungen sind aktiv wirksam, indem sie nullvalente Metallkomplexe bilden, in deren Bindung H^+-Reduktion vor sich geht.
Ein Protonendonator wie NH_4^+ erneuert die SH-Bindung, die in der Elektrodenreaktion verbraucht worden ist (Regeneration

des Katalysators) /33/:

z.B. Thiolgruppen,

$$M\langle{}^{RSH}_{RSH} + 2e^- \longrightarrow M + H_2 + 2RS^- \quad (27)$$

$$RS^- + NH_4^+ \longrightarrow RSH + NH_3 \quad (28)$$

Gleiche Eigenschaften zeigen auch organische Disulfide wie Cystin und Cystamin.
Organische N-Verbindungen sind zumeist unwirksam, da sie zwar Metallkomplexe eingehen, aber keine H^+-Ionen an ihr freies Elektronenpaar binden.
Untersucht wurden noch /33/:

- Triphenylamin o,o55 V Potentialverschiebung ($1{,}2.1o^{-3}$M Lösung)
- Triphenylphosphin o,19o V Potentialverschiebung ($5.1o^{-3}$ M Lösung)

2.4.2. Adsorbierte Elektrolyte

Um bei höheren Stromdichten arbeiten zu können, und um die Gasblasenentwicklung und die Ohm'schen Verluste hintanzuhalten, wird in modernen Technologien der Elektrolyt an Trägermembranen adsorbiert. Diese Membranen können sehr dünn gehalten werden, sodaß auch der Elektrodenabstand extrem gering wird, wodurch eine Leistungssteigerung erreicht wird. Je nach Membranmaterialien ermöglicht diese Technik auch die Anwendung höherer Temperaturen und Drucke. Als Trägermaterialien werden derzeit Asbest /3,7/ und Kaliumtitanat /34/ verwendet.
Das sogenannte "static feed concept" ermöglicht auch die Elektrolyse von Meerwasser /35-37/. Das durch die Elektrolyse in der Membran verbrauchte Wasser wird über dem Gasraum mit Hilfe des Dampfdruckunterschiedes aus einem Vorratsgefäß nachgeliefert (Details, s.Pkt. 2.7.2.2.). Da immer nur reines H_2O über den Gasraum in die Membran diffundiert, kann im Vorrat auch Meerwasser verwendet werden. Der Reinigungsschritt erfolgt gewissermaßen in situ /38/.
Andere Methoden verwenden feste organische Polymere als Adsorbens, so z.B. Nafion, d.h. polymeres sulfoniertes Tetra-

fluoräthylen (sulfoniertes Teflon), die etwa o,12 mm stark sind /39/. Diese werden H_2O-gesättigt und bilden so einen exzellenten elektronischen und Ionenleiter (Kationenaustauscher). Der spezifische Widerstand ist kleiner als 15 $\Omega.cm^{-1}$. Die Ionenleitung erfolgt durch H^+-Ionen, die von Trägermolekül zu Trägermolekül transferiert werden, und zwar von der Sulfon-Säuregruppierung. Diese Sulfonsäuregruppen sind fixiert und stellen im hydratisierten Zustand einen sauren Elektrolyten dar, der aber wegen der Fixierung während des ganzen Elektrolysevorgangs eine konstante Konzentration behält. In diesem System benötigt man keine sauren oder alkalischen Zusätze /4o/.

2.4.3. Feststoff-Wasserdampf-Elektrolyte

Angesichts der Notwendigkeit, bei höheren Temperaturen und Drucken zu arbeiten, d.h. mit H_2O-Dampf als Elektrolyt, wurden Technologien entwickelt, die mit H_2O-Dampf und Feststoffen arbeiten, die als Leiter für O^{2-} fungieren /41,42/.

Eine schematische Darstellung dieser Methode zeigt Abb. 12:

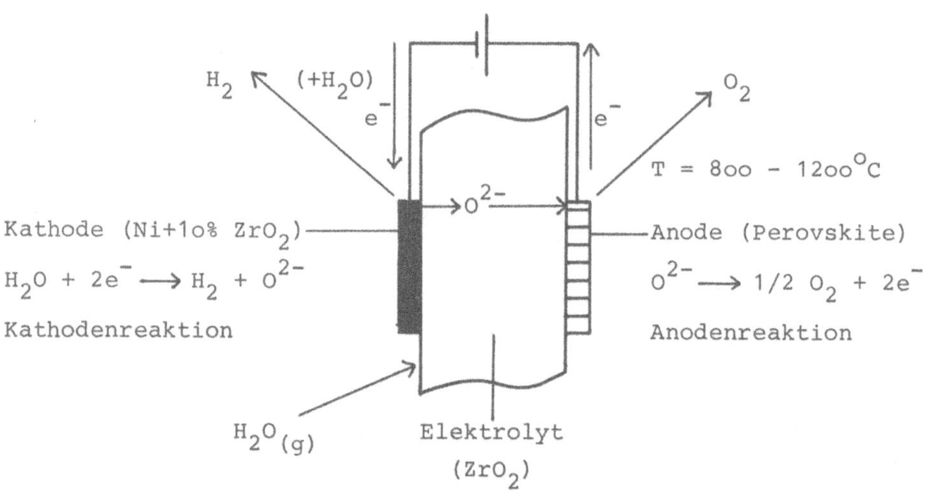

Abb. 12: Schematische Darstellung der Wasserdampf/ Feststoff-Elektrolyse und der Anoden- und Kathoden-Reaktionen /41/.

Die Wasserdampfspaltung erfolgt an der Kathode, das dabei gebildete O^{2-}-Ion wandert aufgrund des Potentialfeldes und der Durchlässigkeit des Feststoffelektrolyten zur Anode und wird dort zu Sauerstoff oxidiert oder anderweitig verbraucht (s.Pkt. 2.7.2.5.).

Die Anforderungen, die an den Feststoff gestellt werden, sind daher hoch:

- er muß die O^{2}-Ionen als Ladungsträger durchlassen, und zwar mit hoher Ionenleitfähigkeit,
- er soll eine möglichst geringe Elektronenleitfähigkeit besitzen, damit die Potentialdifferenz aufrechterhalten bleibt,
- seine Struktur soll unverändert bleiben,
- er muß gasundurchlässig sein,
- er muß alle diese Eigenschaften auch bei Temperaturen bis 2ooo^{o} K behalten.

Zu diesem Zweck wurden verschiedene keramische Materialien untersucht. Als geeignet erwiesen sich v.a. ZrO_2 (Zirkon) /7/ und yttriumdotiertes ThO_2, bzw. Ce-dotiertes LaO_2 /43/. Die kubische Fluorit-Struktur wird durch Zusatz von CaO, MgO, Y_2O_3 oder Seltenen Erd-Oxiden (13-14 %) stabilisiert. Außerdem besetzen diese niedervalenten Kationen Gitterstellen des Zr^{4+}-Ionengitters und erzeugen so Anionenleerstellen wegen der Gleichgewichtsbedingungen der elektrischen Ladung. Die Konzentration der Leerstellen ist direkt proportional der O^{2-}-Leitfähigkeit. Zumeist werden noch Fe-Oxide als Schutz gegen aggressive Gase und zur Herabsetzung der Sintertemperatur zugegeben und alles zusammen gesintert /44/.

Andere untersuchte Materialien sind Mischoxide, wie:

$$(ZrO_2)_{o,85} \cdot (CaO)_{o,15} \cdot (CeO_2)_{o,9} \cdot (Y_2O_3)_{o,1} \quad /45/$$

oder Materialien mit genügender O^{2-}-Leitfähigkeit, wie Oxide des Perovskittyps ABO_3 /45/, wo die O^{2-}-Leitfähigkeit größer als o,9 $\Omega^{-1} \cdot cm^{-1}$ ist.

Mögliche Ionen für A bzw. B sind:

$A_1 = M^{2+}$ (Sr, Ca , Ba, Mg) $\quad B_1 = M^{3+}$ (Al, Ti)

$A_2 = M^{3+}$ (Al, Bi, Ti) $\quad B_2 = M^{4+}$ (Zr, Ce, Ti)

Wenn A oder B durch ein Kation niederer Valenz teilweise substituiert wird, entsteht eine relativ große Zahl von O^{2-}-

Leerstellen und damit große O^{2-}-Leitfähigkeit. Mögliche Ladungsträger sind Elektronen, Löcher, O^{2-}-Ionen und Kationen. Nur bei niederen O_2-Partialdrucken ist die O^{2-}-Leitung groß, (reiner Ionenleiter), bei höheren O_2-Partialdrucken fungieren auch Elektronen und Löcher als Leiter (gemischter Leiter).

Als besonders geeignet erwiesen sich /45/:

$Ca \cdot Ti_{o,95} \cdot Mg_{o,5} \cdot O_{3-\alpha}$

$Ca \cdot Ti_{o,7} \cdot Al_{o,3} \cdot O_{3-\alpha}$ α... Zahl der Leerstellen

$Sr \cdot Ti_{o,9} \cdot Al_{o,1} \cdot O_{3-\alpha}$

Bei diesen Substanzen existiert zwar anodische Polarisation (=Überspannung), diese ist aber relativ klein im Vergleich zu anderen Zellen (v.a. in Gegenwart von Mg), die kathodische Polarisation verschwindet fast völlig. Ca bewirkt geringen Ohm'schen Widerstand.

Für einige Perovskite ist das Tafelverhalten in Abb. 13 gezeigt:

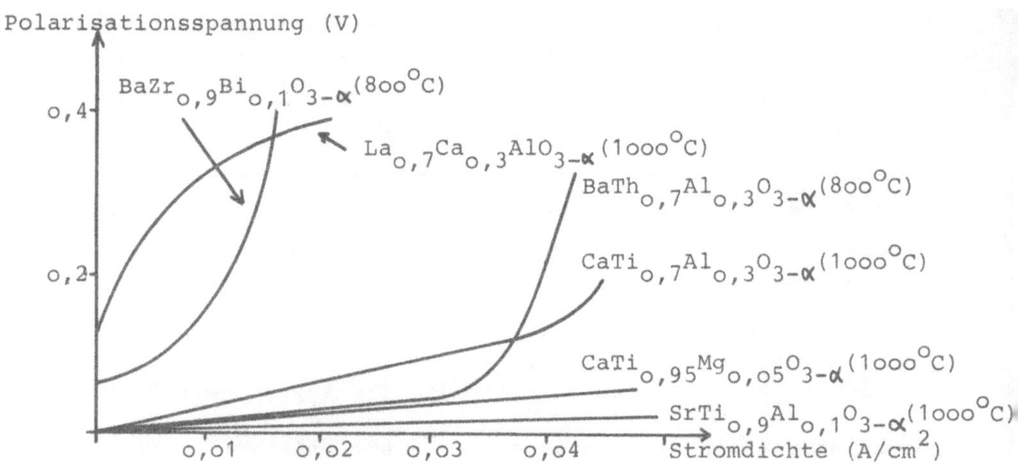

Abb. 13: Tafelverhalten einiger untersuchter Perovskite /45/.

Diese Perovskite sind leichter und billiger zu präparieren und zu bearbeiten als ZrO_2, aber noch nicht so ausgereift.

Auch an der Entwicklung organischer Polymere, die analoge Eigenschaften haben, wird gearbeitet; auch gemischte Polymere mit Tonerde –(β-Al_2O_3)-Zusatz sind in Entwicklung /4o/.

2.5. Elektroden

Untersuchungen an verschiedenen Elektrodenmaterialien gehen dahin, die Überspannungen zu verringern, aktive Oberflächen zu schaffen, katalytisch aktive Substanzen zu finden und die Materialkosten durch Verwendung billiger und unedler Metalle zu senken /26/.
Die hierbei angewendeten Methoden können auf die sehr ausgedehnten Forschungen über Brennstoffzellen (Wasserstoff-Sauerstoffzellen) zurückgreifen /5,6,44,46,47/.
Die Anforderungen, die an die Elektroden gestellt werden, sind folgende:

- geringe Überspannungen
- große Oberflächen
- katalytische Wirksamkeit
- Korrosionsbeständigkeit und lange Lebensdauer

2.5.1. Kathode

Als Metall mit der niedrigsten H_2-Überspannung bietet sich plat. Pt /18/ an; da es aber ebenso wie Au, Ag, Ru /48/ und Pd sehr teuer ist, wird nach anderen Materialien geforscht /22-24,49-56/. Die Tafel-Beziehungen einiger gängiger Metalle seien in Abb. 14 graphisch dargestellt /57/.

2.5.1.1. Saure Elektrolytlösungen

Für diese werden auch Pt-Ta- oder reine Ta-Elektroden gebraucht, auch Ir-Schichten auf Ta sind geeignet /27/58-6o/.

Die vorteilhafteste Eigenschaft dieser Materialien ist ihre Beständigkeit gegenüber Säuren. Oxidfreie Al-Elektroden können bei hoher kathodischer Polarisation, wo die Korrosion des Al praktisch gleich Null ist, verwendet werden. Der geschwindigkeitsbestimmende Schritt ist die anfängliche Entladung (2o)/61,62/.

Pt-Filme zeigen in sauren Lösungen ein zweistufiges Potential. Die desorptive Rekombination von atomarem Wasserstoff erfolgt nach einer Geschwindigkeitskonstante 2. Ordnung/63/.

2.5.1.2. Alkalische Elektrolytlösungen

In alkalischen Elektrolyten wurden Pt-, Rh-, Ir-, Pt-Rh-und

Pt-Ir-Überzüge /27/ erfolgreich verwendet, auch kommerzieller austenitischer Stahl /21/ zeigt geringe Überspannung, hohe Stromdichte und Beständigkeit gegenüber Alkalien /7/. Passivierende Oxidschichten verschwinden während der H_2-Entwicklung, beim Einschalten ist das Potential jedoch relativ hoch /64-66/.

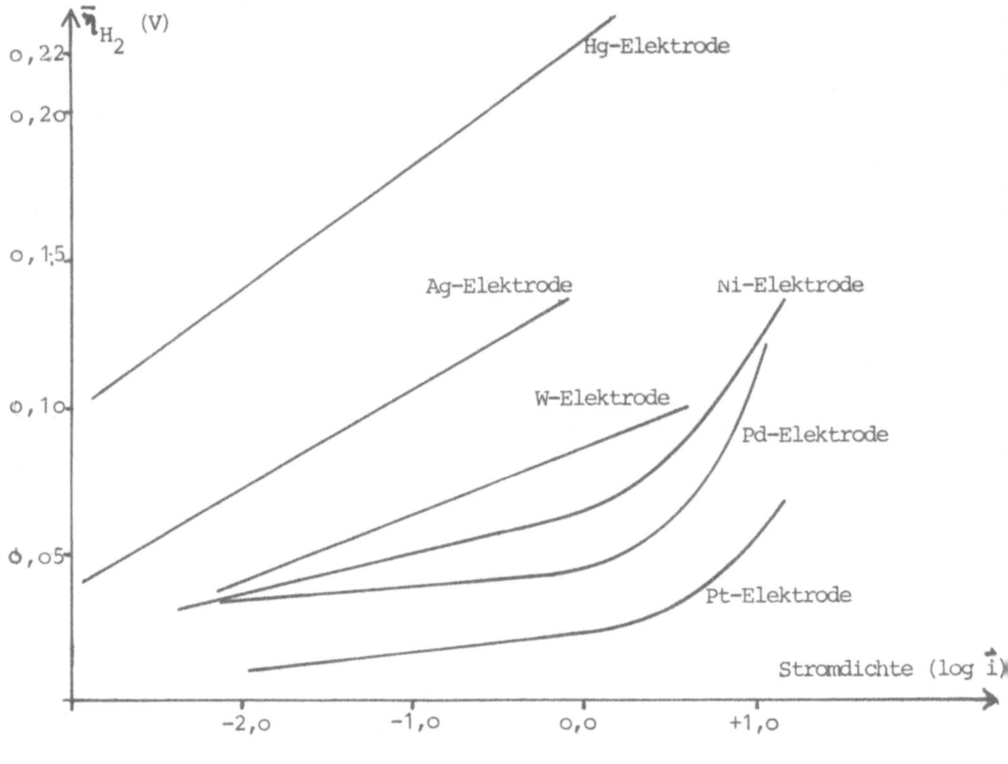

Abb. 14: Tafelverhalten einiger häufig gebrauchter Kathodenmaterialien /57/.

Weitere Untersuchungen befassen sich mit Zn als Elektrodenmaterial in konzentrierten alkalischen Elektrolyten /67-69/. Zn ist das aktivste Metall, dessen oxidierte Form mit guten Ausbeuten in wäßriger Lösung zur metallischen Form rückreduziert werden kann. Das Gleichgewichtspotential beträgt + o,4 V gegenüber der Standardelektrode (Normal-Wasserstoff-Elektrode) in KOH-Lösung, sodaß die Oxidation von Zn ein spontaner Prozeß ist:

$$Zn^{o} \longrightarrow Zn^{2+} + 2e^{-} \quad (29)$$

Der komplementäre e^{-}-Aufnahmeprozeß ist die H^{+}-Reduktion.

$$2H^{+} + 2e^{-} \longrightarrow H_2 \quad (3o)$$

Unter Normalbedingungen ist diese H_2-Entwicklung stark behindert, sodaß sie nur sehr langsam abläuft. Sie wird allerdings einfach katalysiert.

Als Katalysatoren sind geeignet:

- Metalle, die edler als Zn sind und in elektrischem und elektronischem Kontakt mit der Zn-Oberfläche katalytisch aktiv sind: Fe, Ni, Pt.
  Hg und Tl erhöhen die Überspannung (η_{H_2}) so stark, daß sie hemmend wirken.
  Pb, Sn zeigen keine Effekte /7o/.
- Anodische ZnO-Filme /71/.
  ZnO ist als Katalysator der H_2-Entwicklung schon lange in der organischen Chemie bekannt.

Die wirksamsten ZnO-Filme haben zwei verschiedene Strukturen, man spricht von Typ I und Typ II. In der Praxis haben sich für die H_2-Ausbeute Kombinationen dieser Typen am besten bewährt /67/. Die Technologie der Filmbildung ist ziemlich komplex; es gibt Maximalwerte der Filmdicke, darüberhinaus findet Passivierung statt.

Das am häufigsten verwendete und wohl auch geeignetste Material sind Ni-Elektroden, die mit Raney-Ni als Katalysator oberflächenaktiviert sind /5-7,72-74/. Die Technik der Oberflächenaktivierung ist soweit entwickelt, daß solche Elektroden praktisch die gleichen Eigenschaften wie plat. Pt-Elektroden aufweisen, zusätzlich kommen noch Effekte großer Oberfläche und Verhinderung von Gasblasen hinzu /75/. Eine spezielle Technik wurde von Justi et al. /76/ entwickelt, wonach s.g. "Valve Electrodes" oder "Porenelektroden" hergestellt werden, die die unten näher beschriebenen günstigen Eigenschaften aufweisen (s.Abb. 15).

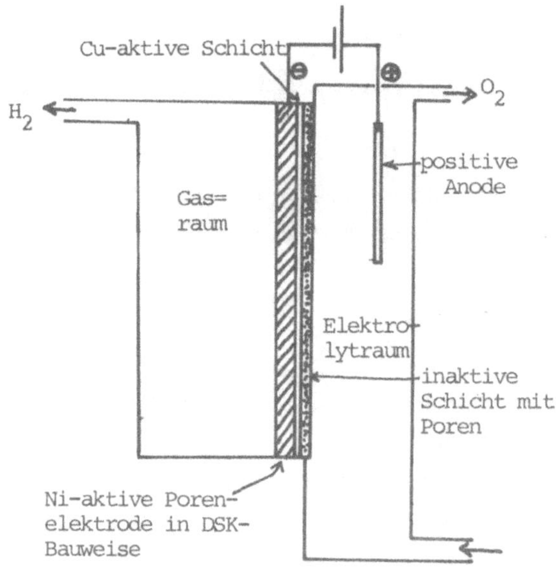

Abb. 15: Schematische Darstellung einer Elektrolysezelle mit Porenelektroden /76/.

Diese Elektroden sind Doppelskelettelektroden; in einem Makroskelett aus Carbonyl-Ni, das mit K_2CO_3 formiert wurde, wird ein katalytisch aktives Mikroskelett aus Raney-Ni eingebettet, und zwar in Form von Körnern bestimmter Korngröße /76,77/. Die Raney-Ni-Partikel sind der geometrische Ort eines 3-Phasen-Gleichgewichts zwischen Gas, Elektrolyt und Katalysator. Innerhalb dieser Gleichgewichts-Poren läuft die Reaktion schon knapp oberhalb des Zersetzungspotentials ab. Das Gas diffundiert durch die Elektrode durch - wegen der Kapillaraktivität der Poren - und so wird eine Blasenentwicklung vermieden.

Für die Herstellung der Poren-Elektroden kann man auch Metalle mit größerer Wasserstoffüberspannung (wie z.B. Cu) in körniger Form verwenden. Auch Filme können auf poröse Elektroden aufgetragen werden und einige Metallegierungen wie Ti-Ni-, $LaNi_5$- und La-Ni-Al-Verbindungen zeigen sehr gute Eigenschaften als H_2-Speicher /78,79/. Diese Elektroden lassen sich auch umgekehrt verwenden (Verbrennung von H_2) was besonders bei kleinen Anlagen und Brennstoffzellen von Vorteil ist. Eine Leistungsminderung kann durch Überladung der Elektrode, durch Altern der $Ni(OH)_2$-Schichten und durch Zuwachsen der Poren auftreten.

2.5.2. Anode

Die Entwicklung von Sauerstoff an der positiven Anode stellt an die Elektrode große Anforderungen in Hinsicht auf die Resistenz gegen Oxidation. Ein zweites Problem stellt die Herabsetzung der Sauerstoffüberspannung (η_{O_2}) dar, die sich schwieriger bewerkstelligen läßt als beim Wasserstoff /26,8o-82/. Auch hier hat die Forschung nach aktiven Oberflächen und Anwendung von Depolarisatoren vielversprechende Ergebnisse gezeigt. Die Technik der Brennstoffelemente und deren Weiterentwicklungen haben diese Forschungen fruchtbar beeinflußt.

2.5.2.1. Saure Elektrolyte

Metalle der Gruppe VIII zeigen katalytische Effekte, besonders Pt und Pd /5/. Wgen der hohen Kosten wurden Untersuchungen angestellt, Pt nur als Spuren in anderen Trägermaterialien zu verwenden. Als Trägermaterial eignen sich Na-W-Bronzen /83,84/ Na_xWO_3 $(0 < x < 1)$.

Das Gitter bildet eine WO_3^--Matrix mit interstitiären Na^+-Ionen, welche äquivalent der Zahl der quasifreien Elektronen sind. Wenn $x > 0,25$ ist, wird das Leitfähigkeitsband mit Elektronen besetzt, es entsteht quasimetallische Leitfähigkeit. 1oo ppm Pt-Zusatz gewähren die gleichen Eigenschaften wie eine reine Pt-Anode ($\eta_{O_2} < 10$ mV für 1oo mA/cm^2).

Durch langsame Auflösung des Na wird außerdem eine dünne Halbleiterschichte an der Elektrodenoberfläche gebildet, die Bandbreite beträgt etwa 2eV, und das Potential o,5-o,6 V für die Halbleiterschicht. Alle diese Untersuchungen dienen zur Herabsetzung der Materialkosten und sind noch nicht abgeschlossen.

2.5.2.2. Alkalische Elektrolyte

Pd, Pt wirken auch in diesem Medium katalytisch. Cu, Ag und Au-Oxide ebenfalls /47/. Der Zusatz von Radionukliden (z.B. durch in die Elektrode eingebettete Reaktorabfallstoffe) führt zu einer Reduktion der Polarisationsspannung /85-87/.

Ni erweist sich in alkalischer Lösung als häufigst verwendete Elektrode. Die Überspannung ist relativ niedrig, und Oberflächenaktivierung mit Raney-Ni einfach zu bewerkstelligen /7,19/. Poröse Elektroden, auch in Doppelskelettbauweise, können mit Ag, Pt, Ni und C hergestellt werden /76/. Diese Elektroden können zwar nicht reversibel verwendet werden, wie die Doppelskelett-Wasserstoffelektrode, sind aber für die H_2O-Elektrolyse sehr geeignet.

Der Mechanismus der O_2-Reduktion, des O_2-Transfers und eine temporäre Filmbildung in alkalischer Lösung gehen folgendermaßen vor sich /88/:

$$O_2 + H_2O + 2e^- \rightleftharpoons HO_2^- + OH^- \qquad (31)$$

$$HO_2^- \longrightarrow OH^- + 1/2\ O_2 \qquad \text{Dismutationsreaktion} \qquad (32)$$

$$HO_2^- + H^+ \rightleftharpoons H_2O_2 \qquad (33)$$

$$H_2O_2 + M \longrightarrow H_2O + MO \qquad \text{Filmbildung} \qquad (34)$$

$$MO + H_2O + 2e^- \rightleftharpoons 2OH^- + M \qquad (35)$$

$$2\ MO \longrightarrow O_2 + 2M \qquad (36)$$

Bei kleinen Stromdichten (d.h. auch kleineren η_{O_2}) ist der geschwindigkeitsbestimmende Schritt die Dismutation der Peroxidionen, bei hohen Stromdichten ist es die Diffusion der O_2-Moleküle durch den Elektrolytfilm an der Elektrodenoberfläche /89/.

Die hohe elektrische Leitfähigkeit von Seltenen Erd-Kobaltiten (Perovskit-Typ) wie $La_{1-x}Sr_xCoO_3$ ($10^4\,\Omega^{-1}cm^{-1}$) /9o/ oder $Nd_{1-x}Sr_xCoO_3$ und ihre elektrokatalytische Aktivität machen diese neben Hochtemperatur-Elektrolyse auch zum Anodenmaterial in alkalischen Lösungen geeignet. Die Diffusität des O^{2-}-Ions im Kristall ist sehr hoch. Die Resistenz gegenüber der anodischen Oxidation ist gewährleistet. Durch Austausch des Sr im

Gitter gegen Ba oder Ca lassen sich gänzlich andere Charakteristika erreichen (steigende Leitfähigkeit, Änderung der Kristallstruktur). Ähnliche Effekte bewirkt teilweiser Ersatz des Co-Ions durch Al, V, Cr, Mn, Fe oder Ni /91/.

2.5.2.3. Anwendung von Depolarisatoren

Die Wirkung von Depolarisatoren beruht darauf, daß sie mit dem gebildeten Sauerstoff oder auch einer Vorstufe (z.B. dem O^{2-}-Anion) an der Anode reagieren. Als Folge davon wird einerseits das Polarisationspotential herabgesetzt und andererseits das Gleichgewicht durch dauernden Entzug des Sauerstoffs auf die Seite der Produkte (H_2, O_2) verschoben (Gleichung (3)). Als Depolarisatoren werden SO_2, NO_2, CO, organische Kohlenwasserstoffe und organische Abfälle verwendet /7/ (s.Vergleich in Abb. 16).

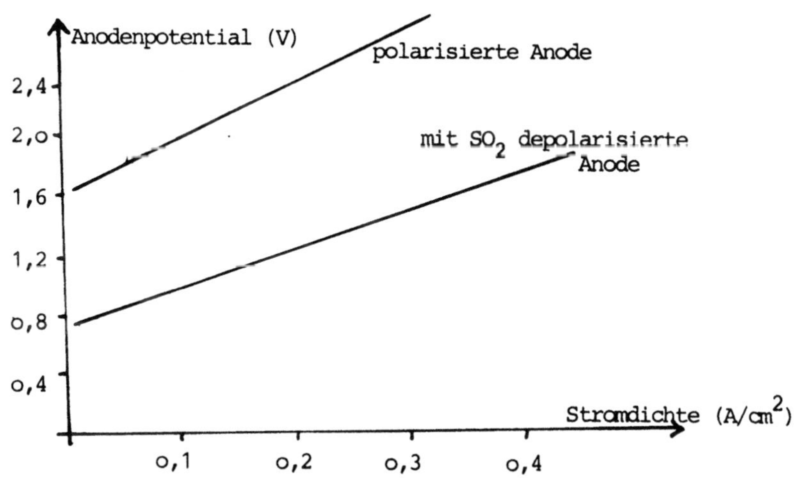

Abb. 16: Stromdichte-Spannungskurven von depolarisierten und polarisierten Anoden im Vergleich /92/.

In saurer Lösung reagiert z.B. SO_2 wie folgt /84/:

$$SO_2 + 2H_2O \longrightarrow H_2SO_4 + H_2 \quad (37)$$

Dadurch wird an der Anode anstatt des O_2 das SO_2 zum SO_4^{2-} oxidiert.

CO reagiert mit dem O^{2-}-Anion in porösen Anoden oder Feststoffelektrolysezellen /41,43,93/:

$$CO + O^{2-} \longrightarrow CO_2 + 2e^- \qquad (38)$$

Das Zersetzungspotential wird dadurch um o,o5 bis o,o6 V herabgesetzt.

Eine schematische Darstellung der H_2-Bildung unter Beteiligung von CO als Fänger für O^{2-}-Ionen an der Anode ist in Abb. 17 gezeigt:

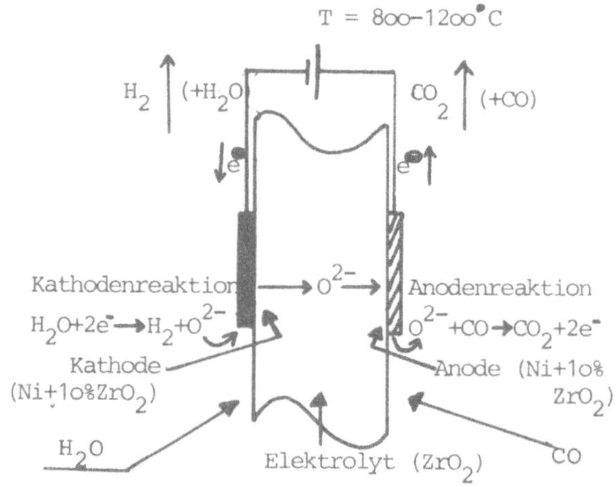

Abb. 17: Schematische Darstellung der Elektrodenreaktion und der O^{2-}-Wanderung an einer Feststoff-Wasserdampfelektrolyse-Anlage /41/.

Die Gesamtreaktion

$$CO + H_2O \longrightarrow H_2 + CO_2 \qquad \Delta G^{1000} = -4o \text{ kcal/Mol} \qquad (39)$$

verläuft bei 1ooo°K endotherm, sodaß theoretisch nur sehr wenig elektrische Energie zusätzlich aufgebracht werden muß. Die Verbrennung fossiler Brennstoffe, z.B. CO, liefert gleichzeitig auch die benötigte Betriebstemperatur. Der theoretisch mögliche thermische Wirkungsgrad beträgt 6o - 7o % /93/.

2.6. Diaphragmen

Zur Trennung der gebildeten Gase H_2 und O_2 werden der Elektrolyt- und der Gasraum durch gasundurchlässige Diaphragmen geteilt (in einen Anodenraum und einen Kathodenraum). Diese relativ einfache und nichtaufwendige Trennung von H_2 und O_2 ist einer der großen Vorteile der Elektrolyse. Es wird praktisch in einem Schritt Wasserstoff mit einer Reinheit >99,5 % hergestellt /3,7/. Diese Diaphragmen müssen die H^+ und OH^--Ionen durchlassen, den Elektrolyten adsorbieren und den Innenwiderstand der Zelle möglichst wenig beeinflussen. Temperatur- und Druckbeständigkeit, chemische Resistenz und kleine Porengröße sind weitere Bedingungen. Die heute fast ausschließlich verwendeten Diaphragmen bestehen aus Asbest. Bei Temperaturen über 2oo°C beginnt allerdings der Elektrolyt, den Asbest anzugreifen. Metalldiaphragmen, z.B. K-Titanat, sind insofern möglich, als der Spannungsabfall an der Membran geringer sein muß als die Zersetzungsspannung /7/. Wenn diese Bedingung nicht erfüllt ist, wirkt die Membran als Elektrode. Auch Plastikmembranen wurden konstruiert, wie poröses PTFE (mit CeO_2 oder mit perfluorierten Sulfonsäuren copolymerisiert) /94/. Langzeitstabilität gegenüber hohen Temperaturen ist noch nicht ausreichend untersucht worden.

2.7. Einzelne Verfahren im Detail

Eine Elektrolyseanlage besteht im allgemeinen aus drei Grundeinheiten /9/:

1. Das elektrische System mit Spannungsgenerator, Gleichrichtungen etc.
2. Die Elektrolyseeinheit mit den Einzelzellen und deren Bauteilen (Elektroden, Diaphragmen etc.).
3. Zusätzliche Prozeßeinheiten, wie Pumpen, Wärmeaustauscher, Druckregler, Kompressoren etc.

In jedem Verfahren müssen all diese Einheiten optimiert und aufeinander abgestimmt werden, um ein optimales Verhältnis von investierter zu nützlicher Energie zu erreichen. Dieses Kapitel befaßt sich hauptsächlich mit Punkt 2 der obigen Aufstellung, d.h. mit den Details und den technischen Daten bereits ausgereifter H_2O-Elektrolyseeinheiten und den Möglichkeiten und Perspektiven neuerer Entwicklungen. Hinzuzufügen ist noch, daß an die Materialien, die zum Bau der Elektrolyseeinheiten verwendet werden, sehr hohe Anforderungen in bezug auf Resistenz und Korrosionsfestigkeit gestellt sind. Dafür gilt analog das unter Pkt. 2.6. Erwähnte. Letzterer Faktor trägt sehr zur Verteuerung der Anschaffungskosten der Anlagen bei.

2.7.1. Konventionelle Zellen

2.7.1.1. Unipolare Tankzellen

Die Elektrolyseeinheit besteht aus einem Stahltank für den Elektrolyten. Die Zellen sind in Serie zum Strom geschaltet. Anoden bestehen aus Ni oder Fe, die Kathoden ebenfalls, die Diaphragmen aus Asbest (s.Abb. 18) /95/.

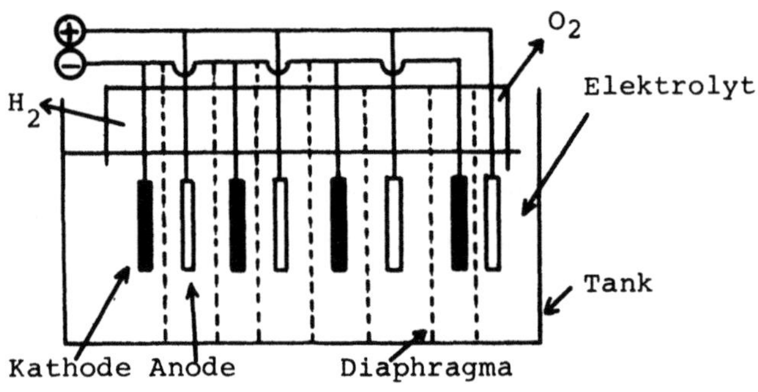

Abb. 18: Schema einer unipolaren Tankzelle /95/.

Ein Blockschema soll den Aufbau einer solchen Anlage veranschaulichen /96,97/ (Abb. 19).

Derartige oder ähnliche Anlagen sind Typen wie Trail, Fauser, Knowles, Stuart, Kent, Cassale und Holmboe /6,7,98-1o2/. Solche Anlagen bauen z.B. Electrolyser Corp. /Canada, Cominco/ Canada, Oerlikon /Zürich oder Electric Heating Equipment Co. USA /8/.

Einige durchschnittliche technische Daten seien angeführt /6/:

Stromdichte: o,1-o,2 A/cm^2.
Betriebsspannung: 2,o4-2,14 V/Zelle,
H_2-Output/Einzelzelle: 4o $m^3 H_2/h$,
H_2-Output der Anlage: bis zu 8o.ooo $m^3 H_2/h$,
Energieverbrauch: 5kWh/$m^3 H_2$,
Druck: o1,-1 atm,
Temperatur: 8o-1oo°C,
Elektrochemischer Wirkungsgrad: 87,2 % /1o3/.

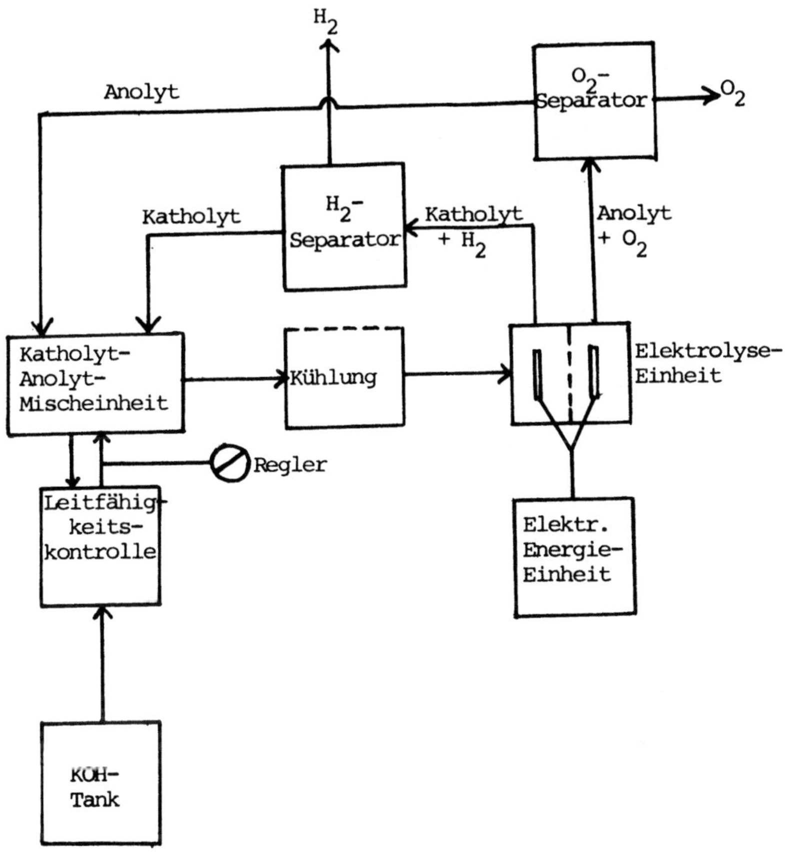

Abb. 19: Blockschema einer Elektrolyseanlage /96/.

2.7.1.2. Bipolare Zellen

In dieser Anordnung, die auch als Filterpressen-Bautyp bezeichnet wird, sind die beiden Seiten ein und derselben Elektrode auf gleichem Potential, aber entgegengesetzter Polarität. Jedes Elektrodenpaar, das eine Zelle bildet, wird durch ein Diaphragma abgetrennt /6-9,1o4-1o6/. In Abb. 2o ist eine bipolare Zelle schematisch dargestellt:

Mehrere solcher Einzelzellen werden aneinandergereiht und ergeben, wiederum in Serie geschaltet, eine Elektrolyseeinheit der Anlage. Zusätzliche Hilfselektroden können in die Zelle eingeführt werden, sodaß bei höheren Stromdichten gearbeitet werden kann (s.Abb. 21).

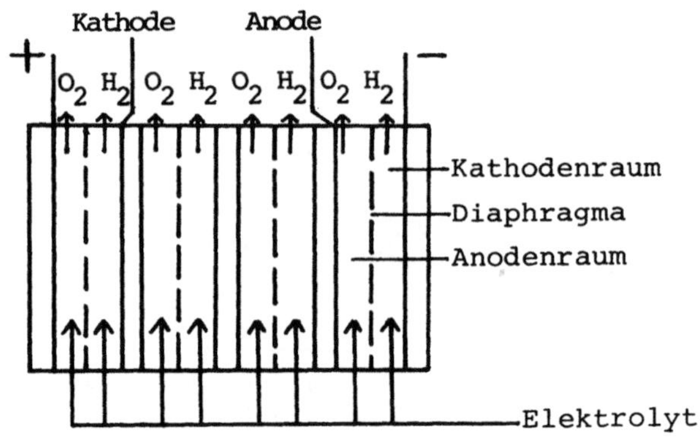

Abb. 2o: Schema einer bipolaren Zelle /1o4,1o5/.

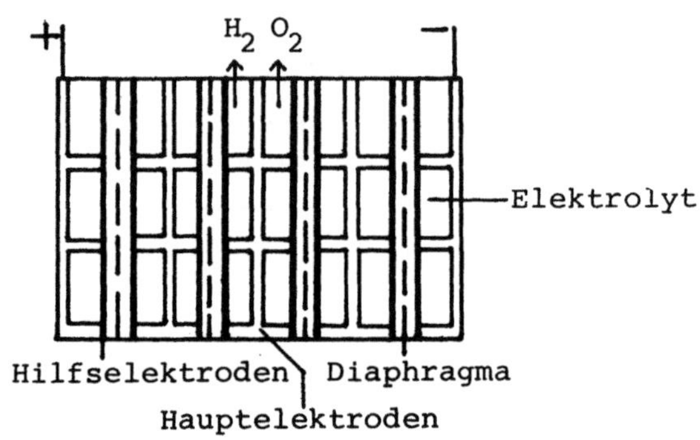

Abb. 21: Schema einer bipolaren Zelle mit zusätzlichen Hilfselektroden /7/.

Solche Anlagen sind heute die gebräuchlichsten bei der elektrolytischen Wasserspaltung. Bautypen sind gewöhnlich Hydro-Pechkranz, De Nora, Bamag, Demag, Oerlikon und EGCS (Teledyne)/7/. Einige der Erzeugerfirmen /6/ sind: Norsk Hydro/Norwegen, Lurgi/Frankfurt /12/, De Nora/Italien, Pintsch-Bamag/BRD, Teledyne Isotopes/USA, Demag Ges.m.b.H./Duisburg, Brown-Boveri /Schweiz /8/.

Gebräuchliche technische Daten seien hier angeführt /6/:

Stromdichte: o,2-o4 A/cm^2
Betriebsspannung: 1,87-2,1 V/Zelle,
H_2-Output/Einzelzelle: 1ooo-4ooo $m^3 H_2/h$,
H_2-Output der Anlage: bis zu 2oo.ooo $m^3 H_2/h$,
Energieverbrauch: 4,3-4,6 $kWh/m^3 H_2$,
Druck: o,1-1 atm
Elektrochemischer Wirkungsgrad: 78,6 % /1o3/.

2.7.1.3. Hochdruckelektrolysezellen

Dabei handelt es sich um modifizierte bipolare Zellen, die unter Drucken bis zu 3o atm arbeiten und deshalb Temperaturen bis zu 11o°C verkraften können. Die Elektroden sind vernickelte Waffelbleche; vernickelte Drahtgeflechte dienen als Hilfselektroden /1o7-1o9/. Eine Anlage vom Typ Zdansky-Lonza /12/ wird von Lurgi/Frankfurt gebaut. Teledyne Isotopes/USA /96/, Brown-Boveri /3/ haben eine eigene Entwicklung anzubieten.

Einige technische Daten /6,9/:

Stromdichte: o,4 A/cm^2,
Betriebsspannung: 1,65-1,85 V/Zelle,
H_2-Output/Einzelzelle: bis zu 45oo m^3 H_2/h,
H_2-Output der Anlage: 25.ooo m^3 H_2/h,
Energieverbrauch incl. Kompressionsarbeit: 4,5 kWh/m^3 H_2,
Energieverbrauch ohne Kompressionsarbeit: 4,2 kWh/m^3 H_2,
Druck: bis 3o atm,
Temperatur: 11o°C.

2.7.2. Neuere Entwicklungen

2.7.2.1. Hochdruckanlage mit porösen Elektroden

Jede Einzelzelle besteht aus zwei porösen Ni-Elektroden mit Pt-Katalysatoren, die durch eine dünne Asbestmatrix getrennt sind. Der Elektrolyt (25 % KOH) wird durch die Elektroden in die Matrix aufgenommen (s.Pkt. 2.5.1.2.). Im Gegenstrom dazu werden die Produktgase durch die Elektroden in den Gasraum abgeschieden /11o/ (s.Abb. 22).

Diese Arbeitsweise ermöglicht die Verwendung hoher Stromdichten und damit hohe H_2-Ausbeuten bei geringen Leistungsverlusten. Die Stromdichte/Zellspannungs-Charakteristik /111/ und das Stromdichte/Temperatur-Verhalten der Zellen wurde untersucht /111/ (s.Abb. 23, 24).

Temperatur bis zu 35o°C und Drucke bis zu 2oo atm erlauben Stromdichten von 3,5 A/cm^2. So hohe Drucke verteuern jedoch die Anschaffungskosten enorm. Unter Optimierung all dieser Werte wurde eine Versuchszelle entwickelt und diese bis zur technischen Anlage ausgereift. Die Entwicklung der Anlage die-

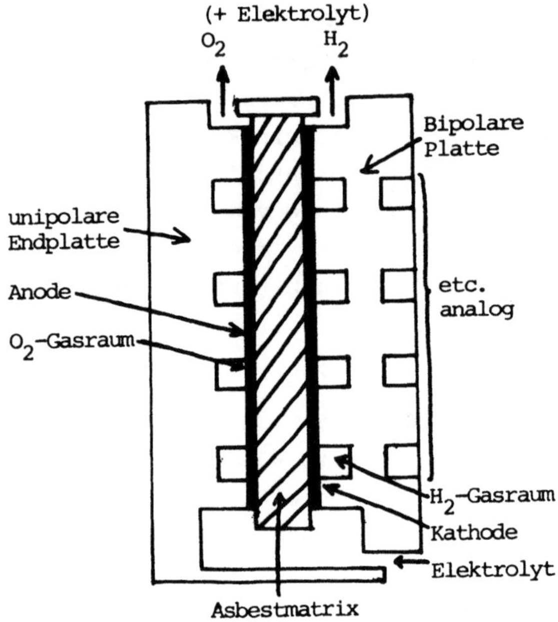

Abb. 22: Schema einer Elektrolysezelle mit porösen Elektroden /11o,27/.

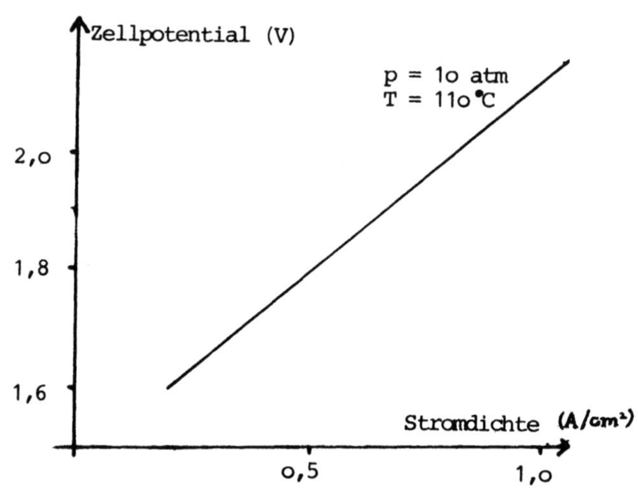

Abb. 23: Stromdichte/Spannungskurve einer Hochdruckzelle mit porösen Elektroden /111/.

ses Bautyps wurde von Allis Chalmers/USA /27/ durchgeführt. Auch Brown-Boveri/Schweiz /13/ baut ähnliche Elektrolyseeinheiten mit porösen Ni-Elektroden (EBN-Anlagen).

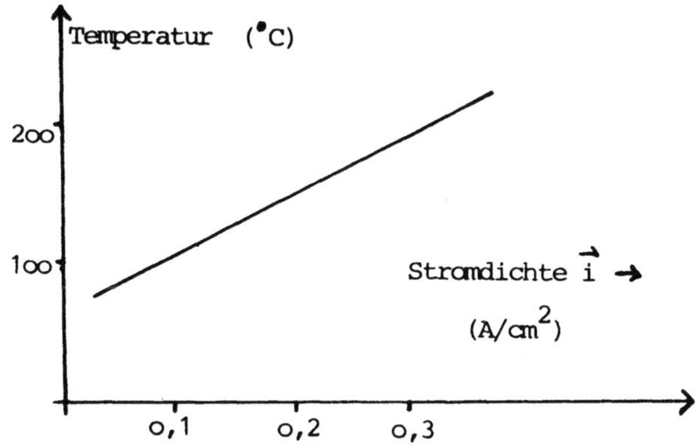

Abb. 24: Stromdichte/Temperaturverhalten bei konstanter Leistung /111/.

Einige Charakteristika der Anlagen /111/:

Stromdichte:	o,9 A/cm^2	1,8 A/cm^2
Betriebsspannung:	1,78 V/Zelle	1,99/Zelle
H_2Output/Einzelzelle:	95o m$^3H_2$/	1725 m$^3H_2$/h
Temperatur:	15o°C	15o°C
Druck:	2o atm	2o atm
Aktive Oberfläche der Einzelzelle:	15o cm^2	15o cm^2
Zellen/Einheit:	56o	48o
Zellen/cm:	2,2	2,2
Länge einer Einheit:	36o cm	33o cm
Endspannung einer Einheit:	1ooo V	955 V
Strom-Input einer Einheit:	4o3o A	811o A
Gewicht einer Einheit:	94oo kg	93oo kg
Energieverbrauch:	4,1 kWh/m$^3H_2$	4,5 kWh/m$^3H_2$

2.7.2.2. "Static feed" - Elektrolyseanlagen

Jede Zelle wird in drei Kompartimente unterteilt:

H_2O-Vorratsraum

H_2 -Gasraum

O_2 -Gasraum

Diese Kompartimente sind durch Asbest-Diaphragmen voneinander getrennt, die Elektroden sind aus porösem Ni und beiderseits einer Asbest-Matrix angebracht /35,112/.

Eine schematische Darstellung ist in Abb. 25 gezeigt:

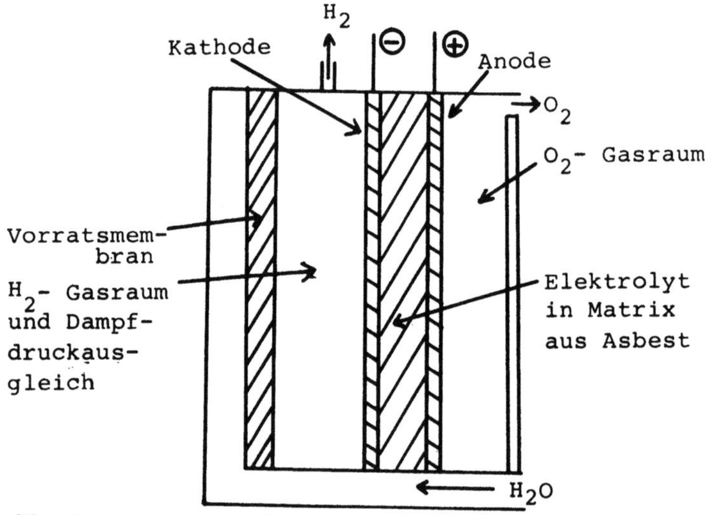

Abb. 25: Schema einer "Static feed"-Elektrolysezelle /112/.

Die eingestellte Elektrolytkonzentration (35 % KOH) in der Asbest-Matrix wird über dem Gasraum immer aufrechterhalten /37/. Wenn H_2O in der Matrix durch Elektrolyse verbraucht wird, so entsteht ein Dampfdruckunterschied zur H_2O-Vorratsmembran. Dieser Dampfdruckunterschied bewirkt das Verdampfen des notwendigen H_2O-Anteils aus der Vorratsmembran. Der H_2O-Dampf diffundiert dann in die Asbest-Matrix /36,38/.

Der große Vorteil solcher Anlagen ist die mögliche Verwendung von halbgereinigtem Meerwasser oder sogar Meerwasser als Vorrat, da immer nur reines H_2O über den Gasraum diffundiert und die Verunreinigungen im Vorratsraum zurückbleiben. Das bedeutet allerdings, daß die Poren der Vorratsmembran öfters gereinigt werden müssen.

Die technischen Daten einer "static feed"-Anlage seien kurz angeführt /35/:

Stromdichte:	1,oo-1,5 A/cm^2,
Betriebsspannung:	1,97-2,o1 V/Zelle,
Energieverbrauch:	4,36-4,76 $kWh/m^3 H_2$,
Druck:	4o-6o atm,
Temperatur:	11o-16o°C.

2.7.2.3. Konzentrationszellen

Die Zellen sind durch zwei Membranen in drei Kompartimente unterteilt. In den beiden äußeren Abschnitten befindet sich Meerwasser, im mittleren Abschnitt reines H_2O /113/. Die Membranen sind auf der einen Seite Kationenaustauscher mit einer Durchlässigkeit für Kationen, (M^+), auf der anderen Anionenaustauscher, durchlässig für Anionen (M^-) (s.Abb. 26):

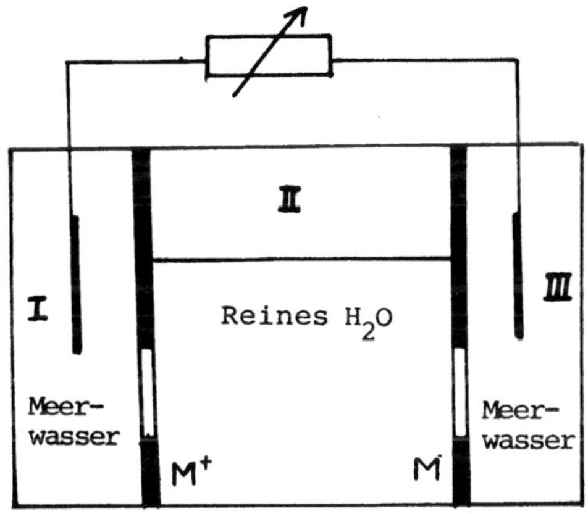

Abb. 26: Schema einer Konzentrationszelle für Meerwasserelektrolyse /113/.

Wenn jetzt auf der einen Seite Kationen (M^+) die Membran passieren, so überwiegen in dem äußeren Kompartiment die negativen Ionen, d.h. die negative Ladung steigt an. Auf der anderen Seite steigt aus demselben Grund die positive Ladung. So entsteht eine Spannung (V).

$$V = 2 \cdot \frac{RT}{F} \cdot \ln \frac{a_1}{a_2} \qquad (4o)$$

a_1... thermodyn.Akt. in Meerwasser (~o,45 N)

a_2... thermodyn.Akt. in reinem Wasser (~o,12 N)

Diese Spannung beträgt also o,o6 V für eine Zelle. Durch Zusammenschließen vieler Zellen läßt sich eine Spannung aufbauen, die bei einer Stromstärke von 26 A (je nach Membranstärke und Membranoberfläche) ausreicht, H_2O elektrolytisch zu spalten. Die Elektrolyse erfolgt in derselben Zelle, die Produktgase werden abgefangen und weitergeleitet.

Solche Anlagen sind erst in der Entwicklung und können nur kleine Mengen H_2 erzeugen, allerdings kontinuierlich und ohne äußere Stromzufuhr. Da der Transport der entstehenden elektrischen Energie viel zu verlustreich wäre, bietet sich allerdings die angeschlossene H_2O-Elektrolyse notwendig an. Die Forschung an sogenannten osmotischen Druckpumpen versucht, die H_2-Ausbeute zu verbessern /114-116/.

2.7.2.4. Elektrolysezellen mit Polymermembranen

Die Funktionsweise und der Mechanismus der Elektrolyse von an Polymeren adsorbierten Elektrolyten wird in Pkt. 2.4.2. beschrieben. Eine Elektrolysezelle sieht schematisch so aus /39,4o,117/:

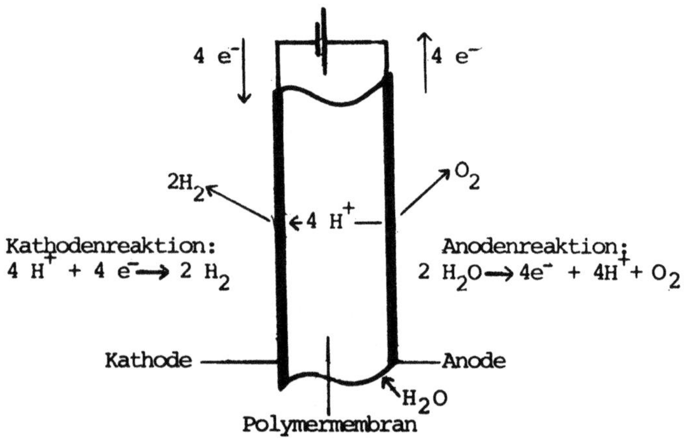

Abb. 27: Schematische Darstellung der Elektrodenreaktionen an einer Polymermembran /39/.

Wasser wird auf der Anodenseite der Zelle zugeführt und liefert O_2, Elektronen und H^+-Ionen, nach Gleichung:

$$2H_2O \longrightarrow 4H^+ + 4e^- + O_2 \qquad (41)$$

An der Kathode werden die Elektronen verbraucht, nach Gleichung:

$$4H^{+} + 4e^{-} \longrightarrow 2H_2 \qquad (42)$$

Die Elektroden müssen nicht resistent gegen Säuren und Basen sein, da der Elektrolyt ja im Polymer adsorbiert wird. Für die Kathode sind Pt-Schwarz-Filme am besten geeignet, für die Anode Metalloxidkatalysatoren in geringer Dicke. Möglichst dünne Polymerschichten müssen verwendet werden, denn diese halbieren nahezu die Neigung der Polarisationskurve. Die Forschungen auf diesem Gebiet werden von General Electric/USA durchgeführt. Stromdichte/Temperatur/Spannungskurven wurden für einen Prototyp aufgenommen (s.Abb. 28) /39/.

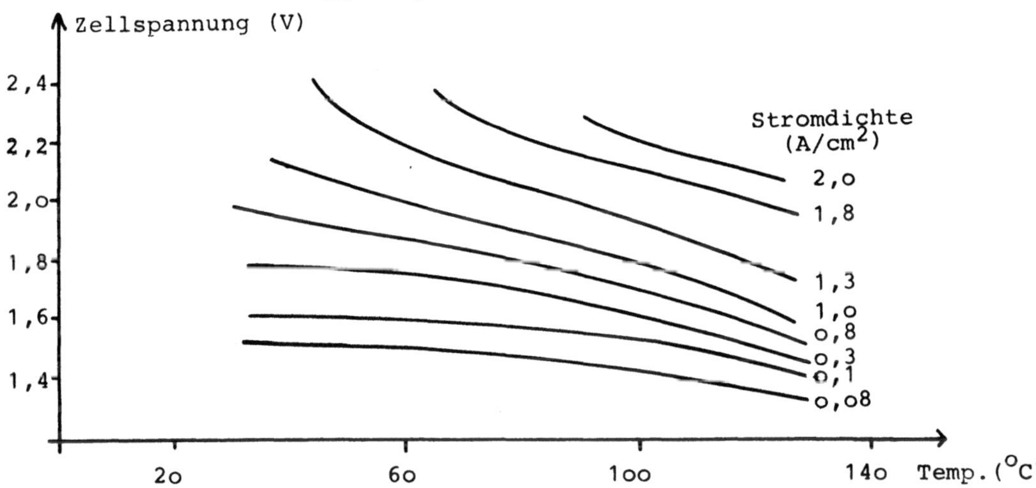

Abb. 28: Stromdichte/Temperatur/Spannungsprofile einer Polymermembrananlage /39,118/.

Es wurden technische Daten veröffentlicht:

Stromdichte: 1,1A/cm^2,
Betriebsspannung: 1,78-1,85 V/Zelle,
Energieverbrauch: 1,9-4,o kWh/m^3 H_2,
Temperatur: 12o°C,
Druck: 2 atm,
Elektrochemischer Wirkungsgrad: 86,3 % /1o3/.

Wenn die Technologie verbessert werden kann, sind Stromdichten von 2,2 A/cm^2, 1,58 V/Zelle Betriebsspannung und damit ein

Energiebedarf von 3,27 kWh/$m^3 H_2$ möglich.
Diese Berechnungen gelten v.a. für die Möglichkeit, die Temperatur zu erhöhen und Polymere zu finden, die gegen höhere Temperaturen resistent sind.

Die Vorteile der Polymermembran-Elektrolyse sind folgende:

- Die Zelle kann mit hohen Drucken betrieben werden (bis zu 6o atm).
- Die Elektrolytkonzentration bleibt konstant, der Elektrolyt ist fixiert und deshalb unbeweglich.
- Kein Säureaustritt in den Gasraum, sodaß keine korrodierenden Effekte auftreten können.
- Wasser ist die einzige zirkulierende Flüssigkeit, sodaß auch vom Elektrolyten her keine Korrosion stattfinden kann.
- Die Zelle läßt Arbeiten bei relativ hoher Stromdichte zu (bis zu 2 A/cm^2).
- Minimaler Energieaufwand pro Volumseinheit Produktgase (O_2, H_2).

2.7.2.5. Wasserdampf-Feststoff-Elektrolyseanlagen

Über den Mechanismus und die Wirkungsweise von Feststoffelektrolyten siehe Kap. 2.4.3. /41 , 45/.
Die Kathode besteht aus Ni oder Co (+ 1o % ZrO_2), das dem keramischen Material zugesintert wird, die Anode aus elektronisch leitenden Oxiden. Die einzigen Materialien, die Temperaturen über 1ooo°C aushalten, sind Perovskit-Oxide wie $LaCoO_3$, $LaNiO_3$ und $PrCoO_3$, wobei nur letzteres nicht mit ZrO_2 reagiert. Diese Oxide werden in o,2-o,3 mm starken Schichten auf den Feststoffelektrolyten aufgetragen.

In Abb. 29 ist die Anlage einer Wasserdampf-Feststoff-Elektrolyse schematisch dargestellt.

Bei Verwendung von depolarisierten Anoden (Pkt. 2.5.2.3.) sind Kathode und Anode aus demselben Material, da die Umgebung reduzierend wirkt. Abb. 3o stellt den Zusammenhang zwischen CO-Oxidation und H_2-Ausbeute für verschiedene Zellspannungen dar.

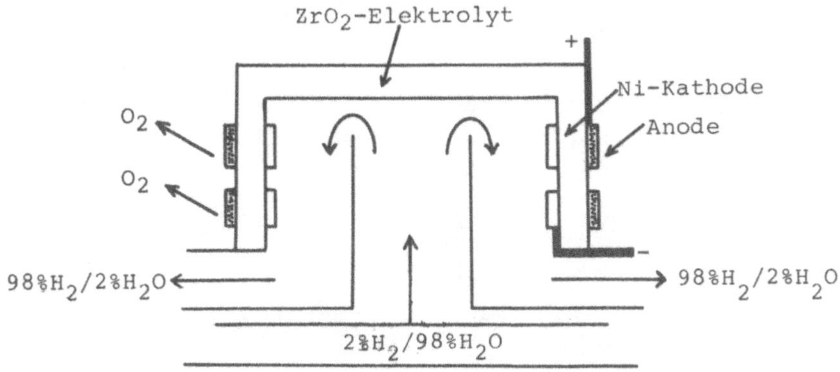

Abb. 29: Schema einer Wasserdampf-Feststoff-Elektrolyseanlage /44/.

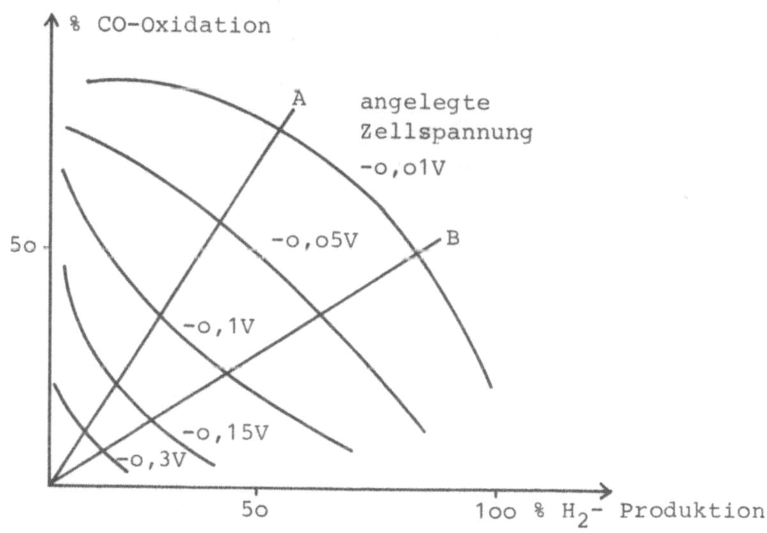

Abb. 3o: H_2-Ausbeuteprofil in Abhängigkeit von erfolgter Depolarisation an der Anode (die Hilfslinien A und B sind zwei Darstellungen aus einer Schar von Linien, die ein konstantes Verhältnis von H_2-Produktion zu CO-Oxidation angeben) /41/.

Feststoffzellen werden von General Electric/USA mit Hilfe der Erfahrung an H_2-Brennstoffzellen entwickelt. Sie sind weitaus günstiger in bezug auf die H_2-Ausbeute. Die Umsetzung beträgt 95 % des Dampfes, der Rest wird durch Kondensation abgetrennt. Wegen der hohen Temperaturen sind hohe Stromdichten relativ leicht erreichbar (geringe Überspannung).

Es folgen noch einige technische Daten der General Electric-Anlage:

Stromdichte bis: 3,76 A/cm^2,

Betriebsspannung: 1,2-1,8 V/Zelle,

H_2Output/Einzelzelle: 1o-4o m^3H_2/h,

aktive Oberfläche einer Einheit: 6oo cm^2,

Temperatur: 11oo°C,

Druck: 1 atm,

Endspannung einer Einheit mit Sauerstoff-Anoden: 15-35 V,

Endspannung einer Einheit mit depolarisierten Anoden: 5-15 V,

Strom-Input einer Einheit: 1o.ooo A,

Energieverbrauch mit Sauerstoff-Anoden: 3,2 kWh/m^3H_2,

En Energieverbrauch mit depolarisierten Anoden: 2,5 kWh/m^3H_2.

Die Elektrolyse von H_2O-Dampf ist somit die Methode, mit der die meiste elektrische Energie gespart werden könnte. Dies ist durch Abb. 31 illustriert:

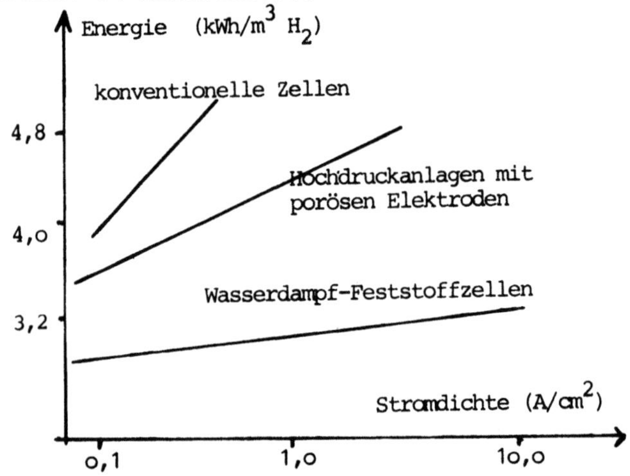

Abb. 31: Verhältnis von Stromdichte zu aufgebrachter Energie: Vergleich verschiedener Methoden /119/.

Die Betriebstemperaturen sind allerdings ziemlich hoch (11oo°C), erfordern also auch einen nicht unbeträchtlichen Energieaufwand, und bringen v.a. schwere Materialprobleme mit sich. Das Verfahren wird derzeit noch weiterentwickelt und ist noch nicht ausgereift /41/.

2.8. Kostenabschätzungen der H_2O-Elektrolyse

Der Aufwand, der nötig ist, eine Anlage zur H_2O-Elektrolyse zu installieren,wird als Anlagekosten bezeichnet; die Kosten, die nötig sind, um im laufenden Betrieb eine Volumenseinheit H_2 herzustellen, werden als Betriebskosten angesehen (s.Tab.1).

	¢/$Nm^3 H_2$	%
Kapitalkosten (2o% Annuität)	1,46	14,9
Betriebsmittelkosten		
el.Strom (4,76 kWh/$Nm^3 H_2$)	7,7o7	78,6
Kühlwasser	o,367	3,7
Sonstiges	o,o83	o,9
Personalkosten	o,o39	o,4
Wartungskosten	o,144	1,5
Gesamt	9,8	1oo %

Tab. 1: Geschätzte H_2-Produktionskosten für große Elektrolyse-Anlagen ($> 1o^5 Nm^3 H_2/h$) /12o/.

2.8.1 Anlagekosten

Die Kosten einer Elektrolyseanlage schlüsseln sich wie folgt auf /9/:

- Elektrolyseeinheit 55-65 %
- Gleichrichteranlage 25-32 %
- Nebenaggregate 3-6 %
- Montagekosten 5-9 %

Diese Kosten variieren je nach Verfahren, Bautyp und Kapazität der Anlage.
Um die Anlagekosten möglichst gering zu halten, werden die Elektrolyseeinheiten bei möglichst großen Stromdichten betrieben, dies bedingt aber höhere Betriebskosten (s.Pkt.2.8.2.).
Heutige Anlagen mittlerer Größe benötigen einen Kapitalaufwand von 53o-7oo US\$/$m^3 H_2$.

Für neuere Entwicklungen auf dem Anlagesektor gibt es nur Kostenabschätzungen, da deren großtechnische Anwendung noch nicht erfolgt ist. Für Hochdruckelektrolysezellen mit porösen

Elektroden werden etwa 125 US$/m^3 H_2 und für Wasserdampf-Feststoffanlagen etwa 85 US$/m^3 H_2 erwartet /9/. Diese Werte gelten für große Anlagen mit einem H_2-Output von über 10.000 m^3 H_2/h. Die Materialkosten für Elektrolyseanlagen sind relativ hoch, da sehr große Korrosionsbeständigkeit (zumeist gegenüber Alkalien und O_2) verlangt wird. Dennoch gibt es Probleme mit der Lebensdauer dieser Anlagen, die meist nicht 10 Jahre überschreitet /119/.

2.8.2. Betriebskosten

Beim Betrieb von Elektrolyseanlagen wird als Primärenergie elektrische Energie verbraucht. Das ist ein entscheidender Nachteil jedes Elektrolyseverfahrens, denn elektrische Energie wird erst durch irgendeine Art von Energieumwandlung erzeugt, und die dabei auftretenden Verluste sind unvermeidbar (η_{thel} = 33-40 % Carnot-Faktor)/121/.
Darum bemüht man sich, den Anteil an elektrischer Energie durch Anwendung höherer Temperatur (d.h. von thermischer Energie direkt) möglichst gering zu halten.

In diese Betriebskosten gehen die Kosten für die primäre elektrische Energie zu 75-85 % ein /5/. Es ist deshalb nur dann möglich, Elektrolyse von H_2O zu H_2 ökonomisch sinnvoll durchzuführen, wenn der Preis für den Strom niedrig ist (s.Abb. 32).

Für konventionelle Anlagen kann der Betriebskostenaufwand folgendermaßen berechnet werden /5,122/:

$$C_{H_2} = 930 \cdot E \cdot C + 3{,}6 \cdot F \cdot C \qquad (43)$$

C_{H_2} ... Kosten für 1 kWh, gewonnen aus H_2-Verbrennung.
E .... Potentialdifferenz zwischen den Elektroden.
C .... Kosten für die elektrische Energie (US$/kWh).
F .... fixe Kosten bei Betrieb der Anlage.

Eine Vielzahl von Kostenberechnungen wurde auf der Basis verschiedener Strompreise und Verfahren sowohl für heutige als auch zukünftige Technologien angestellt /4,5,9,13,27,39,41,119,123-130/. Abb. 33 zeigt eine graphische Darstellung solcher Abschätzungen.

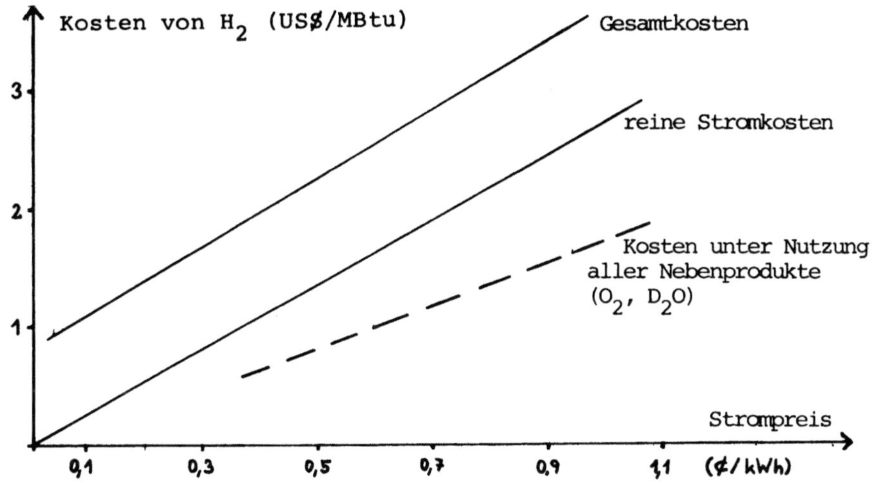

Abb. 32: Abhängigkeit der H_2-Kostenentwicklung von der Entwicklung des Strompreises /119/.

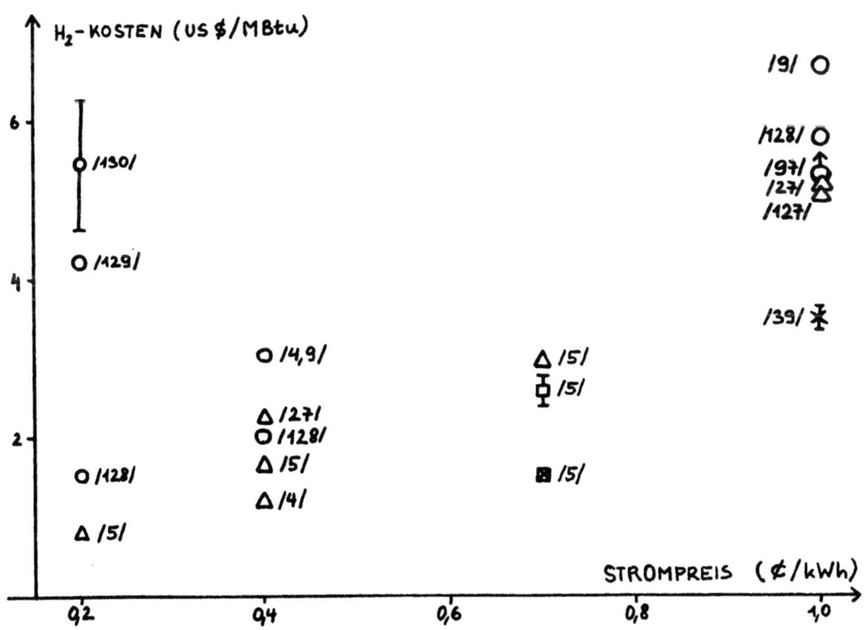

Abb. 33: H_2-Kostenabschätzungen für verschiedene Elektrolyseverfahren (O = konventionelle Verfahren, △ = Hochdruckzellen mit porösen Elektroden, X = Polymermembran-Elektrolyse, □ = Wasserdampf-Feststoff-Elektrolyse, ⊠ = Wasserdampf-Feststoff-Elektrolyse mit Depolarisatoren).

2.9. Zusammenfassung

Die Elektrolyse von Wasser ist eine einfache und saubere Methode zur H_2-Gewinnung. H_2O-Elektrolyseanlagen sind umweltfreundlich, langlebig und robust. Die Produkte H_2 und O_2 müssen nicht mehr voneinander getrennt werden. Bisher ist diese Methode aber immer noch ein relativ zu teures und aufwendiges Verfahren. Durch die Verwendung neuerer Forschungsergebnisse, die sich mit verschiedenen Elektrolyten, Katalysatoren und Elektrodenmaterialien befassen, ist es gelungen, einige Methoden zu entwickeln, die den herkömmlichen Verfahren (Kap.3.1.) ebenbürtig sind.

H_2O-Elektrolyse wird dann eine echte Alternative darstellen, wenn es einerseits gelingt, elektrische Energie billig zu produzieren (Kernkraftwerke, Sonnenenergie, Ausnützung der Grundlastelektrizität etc.) /131/, andererseits die Möglichkeiten voll ausgeschöpft werden, die in der Entwicklung von Technologien zur Herabsetzung der aufgewendeten Energie liegen. Solche Entwicklungen umfassen:

- Wasserdampf-Feststoffelektrolyse (Pkt. 2.7.2.5.)
- Polymermembranzellen (Pkt. 2.7.2.4.)
- Hochdruckzellen mit porösen Elektroden (Pkt. 2.7.2.1.)
- Photoelektrochemische Zellen (Pkt. 4.3.)
- kombiniert elektrochemisch-thermochemisch geschlossene Zyklen (Pkt. 3.2.8.).

Auf dem Anlagensektor sind Entwicklungen vielversprechend, die in direktem Kontakt mit Primärenergie-Anlagen arbeiten, die Elektrizität abseits der Spitzenbelastungen flexibel ausnützen können und die durch größere Auslegung und Lebensdauer die unmittelbaren Anlagekosten einschränken. Die Vorstellungen gehen dahin, daß es bis 1985 gelingen kann, die herkömmlichen Methoden zumindest teilweise durch H_2O-Elektrolyse zu ersetzen.

2.1o. Literaturverzeichnis

/1/ Kirk-Othmer, Encyclopedia of Chem. Techn., 7, 679 (1966)
/2/ J.E.Nöggerath, Zeitschr.VDI, 72 (11), (1928)
/3/ K.Tobisch, Brown Boveri Mitt., 59 (2/3), 113 (1972)
/4/ G.P.Kerns, Rep.General Motors, GE-72-TMP-53 (1972)
/5/ J.O'M.Bockris in "Hydrogen Energy", ed.T.N.Veziroglu, Part A, 371, Plenum Press N.Y. (1975)

/6/ Rep. "Hydrogen and other synthetic fuels", US-AEC, ORNL-DWG 72-6725 R, September (1972)
/7/ J.Singh, M.G.Nayar, Chem.Proc.Eng., Chem. Ind.Dev., 31, Feb. (1972)
/8/ N.Weyss, Energie, 26 (1/2), 5 (1974)
/9/ H.Schenck, F.R.Block et al., Rep. EUR-4916 d (1973)
/1o/ W.Seifritz, Chimia, 28 (7), 323 (1974)
/11/ K.F.Knoche, J.Schubert, VDI-Forschungsheft, 549 (1972)
/12/ A.F.Zdansky, Lurgi-Schnellinf., T 1o73/5 (1973)
/13/ D.P.Gregory, "A Hydrogen Energy System", ACS Symp. on non-fossil chemical fuels, Boston (1972)
/14/ W.Hausz, G.Leeth, "Eco-Energy", Intersoc.Energy Conversion Engineering Conf. P-596, San Diego (1972)
/15/ C.Marchetti, Chem.Econ. & Eng.Rev., 5 (1), 7 (1973)
/16/ Ch.Fabjan, "Nichtkonventionelle Energie-Erzeugungsmethoden", AC-11 (1975), ÖZWP
/17/ J.O.Mingle, N.D.Eckhoff in "Hydrogen Energy", ed.T.N. Veziroglu, Part B, 1241, Plenum Press N.Y. (1975)
/18/ W.G.Moore, "Phys.Chemistry", 4o2, Longman (1972)
/19/ "Electrochemical Processes in Chemical Industries", 213, Artia-Prague (1957)
/2o/ Rep.NASA/ASEE, "Hydrogenergy Carrier", I, 13 (1973)
/21/ R.N.O'Brien, P.Seto, J.Elchem.Soc., 117 (1), 32 (197o)
/22/ E.J.Kelley, J.Elchem.Soc., 112 (2), 124 (1965)
/23/ A.C.Makrides, J.Elchem.Soc, 113 (11), 1158 (1966)
/24/ H.Gerischer, W.Mehl, Z.Elektrochemie, 49, 1o49 (1955)
/25/ C.W.Schade et al.,Final Rep. TID-2o441, Vol.I (1964)
/26/ J.O'M.Bockris, THEME Conf.Proc., Miami Energy Conf. S 9-1, Miami (1974)
/27/ Rep."Design study of H_2-production by electrolysis", TID-23439, Allis-Chalmers, Milwaukee (1966)
/28/ L.O.Williams in "Hydrogen Energy", ed.T.N.Veziroglu, Part A, 417, Plenum Press N.Y. (1975)
/29/ L.O.Williams, THEME Conf.Proc., Miami Energy Conf. S 9-15, Miami (1974)
/3o/ T.Takahashi, Denki Kagaku, 39 (1), 18 (1971)
/31/ K.Priem, Chem.Eng.Progr., 66 (4), 61 (197o)
/32/ H.Metzler, W.Schwarz, Elchim.Acta, 15, 97 (197o)
/33/ A.M.Shams el Din, T.M.H.Shaber, Elchim.Acta, 15, 711(197o)
/34/ R.B.Costa, P.G.Grimes, Chem.Eng.Progr., 63 (4), 56 (1967)
/35/ F.C.Jensen, F.H.Schubert, THEME Conf.Proc., Miami Engery Conf. S 9-17, Miami (1974)
/36/ F.H.Schubert, J.D.Powell, Life Syst.Quart.Rep., ER-178-2
/37/ F.H.Schubert, ASME Publ. 7o-Av/SPT-14 (197o)
/38/ F.H.Schubert, ASME Publ. 71-Av-25 (1971)
/39/ L.J.Nuttall, A.P.Fickett, W.A.Titterington, THEME Conf. Proc., Miami Energy Conf. S 9-33, Miami (1974)
/4o/ W.A.Titterington, Chem.Eng.News, 51 (35), 15 (1973)
/41/ H.S.Spacil, C.S.Tedmon, J.Elchem.Soc., 116 (12), 1618 (1969)
/42/ M.N.Hull, Energy Conversion, 1o (4), 215 (197o)
/43/ D.W.White, H.S.Spacil, Chem.Eng.News, 46 (47), 48 (1968)
/44/ D.W.White, Rep."Electrolyte Cell Technology", General Electric, 68-C-254 (1968)
/45/ T.Takahashi, H.Iwahara, Energy Conv., 11 (3), 1o5 (1971)
/46/ J.Miles, J.Elchem.Soc., 115, 1225 (1968)
/47/ G.Young, R.B.Rozells, Ind.Eng.Chem., 52, 298 (196o)
/48/ V.S.Bagotsky, A.M.Skundin, E.V.Tuseeva, Elchim.Acta, 21 (1), 29 (1976)

/49/ G.Tember, V.P.Gladishev, Poluch.Anal.Veshchestr.Osoboi Chist., Mater.Vses.Konf.Gorki (USSR), 27 (1963)
/5o/ E.Keller, Chemistry, 42 (1o), 19 (1969)
/51/ W.Mehl, F.Lohmann, J.Elanal.Chem.Interfacial Elchem., 24 (2/3), 468 (197o)
/52/ G.Neumann, J.Elanal.Chem.Interfacial Elchem., 24, 471 (197o)
/53/ D.Lenkis et al., Adsorbtsiya Dvoinoi Elek.Sloi Elkhim., 5 (1972)
/54/ G.Salomon, J.Phys.Chem., 7o (12) 3853 (1966)
/55/ M.Butler, J.D.Meehan, Trans.Faraday Soc., 62, 3524 (1966)
/56/ V.A.Speranskaya et al., Elektrokhim., 3 (1o), 1212 (1967)
/57/ J.O'M.Bockris, A.M.Azzan, Trans.Faraday Soc., 48 (1), 145 (1952)
/58/ A.Tenno, K.Palm, Elektrokhim., 8 (9), 1381 (1972)
/59/ V.Dubova, A.Grigoriev, Elektrokhim., 8 (9), 1395 (1972)
/6o/ M.Brynza, V.M.Danilova, Elektrokhim., 9 (3), 352 (1973)
/61/ A.K.Vijh, Elchim.Acta, 13 (9), 1965 (1968)
/62/ A.K.Vijh, J.Phys.Chem., 73 (3), 5o6 (1969)
/63/ H.Shimizu, Elchim.Acta, 13 (1), 27 (1968)
/64/ M.Okuyama et al., Denki Kagaku, 39 (1), 8 (1971)
/65/ G.Abbiati, Corsi Semin.Chim, (12), 1o8 (1968)
/66/ M.N.Hull, J.Elchem.Soc., 124 (3), 332 (1977)
/67/ R.W.Powers, J.Elchem.Soc., 118 (5), 685 (1971)
/68/ H.Kaesche, Elchim.Acta, 9, 383 (1964)
/69/ R.Sanghi, E.Fleischmann, Elchim.Acta, 1, 161 (1959)
/7o/ A.B.Garrett et al., J.Am.Chem.Soc., 61, 367 (1939)
/71/ J.W.Diggle, J.Elchem.Soc., 117 (1), 65 (197o)
/72/ I.Paseka et al., Chem.Prum., 2o (4), 149 (197o)
/73/ E.Palibroda, J.Elanal.Chem.Interfacial Elchem., 21 (3), 41o (1969)
/74/ K.Mund, G.Richter, F.Sturm, J.Elchem.Soc., 124 (1), 1 (1977)
/75/ Rep.General Motors, Allison Division, EDR-3714, Vol.I, Indianapolis (1964)
/76/ E.W.Justi, H.H.Ewe, A.W.Kalberlah, Energy Conv., 11 (4), 149 (1971)
/77/ Y.Okinaka, D.R.Turner, Elchem.Techn., 5, 67 (197o)
/78/ F.G.Will, J.Elchem.Soc., 11o (2), 145 (1963)
/79/ G.Bronoel, J.Sarradin, M.Bonnemay, Int.J.of Hydrogen Energy, 1 (3), 251 (1976)
/8o/ T.Engel, T.v.d.Hagen, E.Bauer, Surface Sci., 62, 361 (1977)
/81/ J.K.Gimzewski et al., Surface Sci., 62 (2) 386 (1977)
/82/ J.W.Schultze, M.Haga, Z.Phys.Chem.NF., 1o4 (1-3), 73 (1977)
/83/ J.McHardy, J.O'M.Bockris, J.Elchem.Soc., 12o, 53 (1973)
/84/ T.Tseung, J.Elanal.Chem., 45, 429 (1973)
/85/ K.Schwabe in "Fuel Cells", ed.G.J.Young, Vol. II, Reinhold Publ. Co. N.Y. (1963)
/86/ J.Euler, Chem.Ing.Techn., 38, 631 (1966)
/87/ M.Lang, Trans.Military Electron., 6, 58 (1962)
/88/ K.Micka, Energy Conversion, 8 (1), 29 (1968)
/89/ K.Ito, T.Takahashi, Denki Kagaku, 33, 44 (1965)
/9o/ H.Obayashi, T.Kudo, T.Gejo, Jap.J.Appl.Phys., 13, 1 (1974)
/91/ T.Kudo, H.Obayashi, M.Yoshida, J.Elchem.Soc., 124, 321 (1977)
/92/ W.Juda, D.M.Moulton, Chem.Eng.Progr.Symp.Ser., 17, 59 (1973)
/93/ K.W.Browall, R.E.Hanneman, Gen.Electric Technical Inf. Ser.Cl.1, 75-CRD-o12 (1975)
/94/ D.Gershberg, W.P.Colman, Rep.NASA-CR-54759 (1969)
/95/ B.P.Sutherland, Trans.Elchem.Soc., 85, 183 (1944)

/96/ J.B.Laskin, THEME Conf.Proc., Miami Energy Conf. S 9-3, Miami (1974)
/97/ J.B.Laskin in "Hydrogen Energy", ed. T.N.Veziroglu, Part A, 4o5,Plenum Press, N.Y. (1975)
/98/ S.Mukherjee, Petrol Hydrocarb. 21 (1), 166 (197o)
/99/ R.Chapman, Chem.Proc.Eng., 46, 391 (1965)
/1oo/ P.Osteroth, Chemie, (6), 258 (197o)
/1o1/ J.P.Stuart, ACS-Symp.on non-fossil chemical fuels, Boston (1972)
/1o2/ P.Newton, Chem.Proc.Eng., 48 (12), 51 (1967)
/1o3/ W.J.D.Escher, T.D.Donakowski, Int.J.of Hydrogen Energy, 1 (4), 389 (1977)
/1o4/ H.Dähling, Chem.Industrie, 13, 56o (1961)
/1o5/ A.Pichler, Demag-Nachrichten, 174, 32 (1962)
/1o6/ L.Yakumenko et al., Zh.Prikl.Khim., 44 (6), 129o (1971)
/1o7/ F.A.Henglein, in "Grundriß der chem.Technik", ed. F.A. Henglein, Weinheim, 359 (1963)
/1o8/ V.Palikarov, Nauch.Tr.Vissh.Inst.Khranit.Vkusova Prom., 13 (3), 95 (1966)
/1o9/ K.Tobisch, Metalloberfläche-Angew.Elchem., 27, 332 (1973)
/11o/ M.Silvestri, Energia Nucl., 15 (1), 38 (1968)
/111/ US-Army Eng.Res. and Development Lab., Rep. on USA/ ERDA-Program DA-44oo9-AMC-827
/112/ F.C.Jensen, F.H.Schubert, in "Hydrogen Energy", ed. T.N.Veziroglu, Part A, 425, Plenum Press, N.Y. (1975)
/113/ T.Ohta, Bussei, 15 (7), 32o (1974)
/114/ O.Levenspiel, N.de Nevers, Science, 183, 157 (1974)
/115/ R.Nakamura, Kyushu Daigaku Kogaku Shuho, 42, 682 (1969)
/116/ R.Fukada, T.Kurata, Euka Bin. To Porima, 11 (11), 28 (1971)
/117/ D.Russel, Proc.of 116th ACS-Meeting, Chicago (1973)
/118/ S.Srinivasan, Proc.of the Intersoc.Energy Conv.Eng. Conf., 1194, Wilmington (1975)
/119/ W.Hausz et al, Gen.Electric Co.Rep.GE-72-TMP-15 (1972)
/12o/ W.Dönitz, Chem.Ing.Techn, 48, 159 (1976)
/121/ J.E.Funk, R.M.Reinstrom, Rep.General Motors, Allison Division, TID-2o441, Vol. II, Indianapolis (1974)
/122/ S.Ihara, S.Wakamatsu, THEME Conf.Proc., Miami Energy Conf. S 5-31, Miami (1974)
/123/ J.E.Mrochek, "Abundant Nuclear Energy", ed. W.W.Grigorieff, USAEC, Washington, D.C. (1969)
/124/ N.C.Hallett,Rep.NASA-CR-73-226 (1968)
/125/ C.Michel, Rep.Synth.Fuel Panel, TID-26136 (1972)
/126/ J.R.Powell F.J.Salzano, W.A.Savian in "Hydrogen Energy", ed. T.N.Veziroglu, Part A, 255, Plenum Press N.Y. (1975)
/127/ J.Vanderyn, F.J.Salzano, M.G.Bowman, Int.J.Hydrogen Energy 1,(4), 357 (1977)
/128/ J.O'M.Bockris, Pure & Appl.Chem., 47 (1), 25 (1976)
/129/ J.M.Burger, Int.J.Hydrogen Energy, 1 (1) 55 (1976)
/13o/ R.E.Chao, K.E.Cox in "Hydrogen Energy", ed.T.N.Veziroglu, Part A, 317, Plenum Press, N.Y. (1975)
/131/ Rep.72-CHO 726-OPWR, Inst.of electrical and electronical Engineering (1973)

2.11. Patentverzeichnis

Das folgende Verzeichnis enthält Patentschriften für einige Elektrolyseverfahren:

Milton Roy Co., Fr. 1,472 697 (1967) konventionelle Zelle
H.Spengler, T.Kemptner, Br. 1,139 615 (1969) adsorbierte Elektrolyte
Allis Chalmers, US 3,41o 77o (1968) bipolare Zelle
V.Zizin, US 3,433 729 (1969) Hochdruckzelle
Siemens Varta AG, Fr. 1,548 347 (1968) poröse Elektroden
Varta AG, Fr. 1,536 877 (1969) Hochdruckzelle
O.Pesin, N.Pechuko, US 3,519 551 (197o) Elektrolyse von flüssigen Kohlenwasserstoffen
G.Vinogradov, Ger. Offen. 1,944 967 (1971) poröse Elektroden
I.Shiratoriy, Jap. 71.o5,561 (1971) poröse Elektroden
W.Schulz, Ger. Offen. 1,949 691 (1971) Hochdruckzelle
J.Reynolds, US. 3,652.431 (1972) "static feed"-Zelle
M.Jaquier, Fr. 2,o81 o67 (1972) Elektrolyse von Kohlenwasserstoffen
VEB Schwedt, Ger. Offen. 2,1o5.643 (1972) Feststoffelektrolyse
J.Reynolds, Ger. Offen. 2,214.92o (1973) Hochdruckzelle

3. Thermochemische Methoden zur Wasserstofferzeugung

von G.Kittel und K.J.Hartig

3.1. Thermochemisch offene Systeme

Es werden zunächst einige allgemeine Gesichtspunkte offener Systeme, die Möglichkeiten der Wasserstofferzeugung und die Rohstoffprobleme diskutiert. Dann werden einzelne Verfahren zur Herstellung von Wasserstoff detailliert besprochen, und zum Schluß einige ökonomische Betrachtungen angestellt.

3.1.1. Einleitung

Dieses Kapitel behandelt alle jene Systeme und Verfahren, in denen durch Zufuhr von Primärenergie (zumeist in Form von Wärme) aus wasserstoffhaltigen Rohstoffen H_2 gewonnen wird. Aus diesen Rohstoffen entstehen neben Wasserstoff noch andere Nebenprodukte, die nur mehr beschränkt verwertbar sind. Um möglichst ökonomisch zu arbeiten, muß der erzeugte Wasserstoff einen möglichst großen Teil der hineingesteckten Primärenergie decken. Das bedeutet, daß diese Primärenergie möglichst gering sein, die Rohstoffe möglichst viel H_2 enthalten und möglichst billig sein müssen.

Die in diesem Kapitel aufgezeigten Methoden, Wasserstoff zu produzieren, umfassen die heute ausgereiften und zum Großteil angewandten Verfahren. Trotz rapiden Preissteigerungen auf dem Rohstoffsektor konnten bis Mitte der 60er Jahre die Kosten der H_2-Produktion gesenkt werden. Das geht v.a. auf Verfahrensverbesserungen, wie Druckerhöhung, Automation, größere Anlagen und effektivere und billigere Katalysatoren zurück /1/.

3.1.2. Möglichkeiten der Wasserstofferzeugung

Es gibt sehr viele theoretische Methoden, Wasserstoff zu erzeugen. Die meisten beruhen auf einer Reduktion von Wasser bzw. Dampf mit einem reduzierendem Agens. Hiervon seien einige aufgezählt /2/:

1. Metall und Wasser:
   - mit Alkalimetallen:

$$Na(Li,K) + H_2O \longrightarrow NaOH(LiOH,KOH) + 1/2H_2 \quad (1)$$

   - oder über Aluminiumsilizide:

$$4\,Na + AlSi_4 + 18\,H_2O \longrightarrow 4NaSiO_3 + Al(OH)_6 + 15H_2\uparrow \quad (2)$$

   - mit Erdalkalimetallen und Dampf:

$$Mg(Ca,Sr,Ba) + 2H_2O_D \longrightarrow Mg(OH)_2((Ca(OH)_2,Sr(OH)_2, Ba(OH)_2) + H_2\uparrow \quad (3)$$

   - aktivierten Metallen und Dampf:

$$Zn(Cu) + 2H_2O_D \longrightarrow Zn(OH)_2 + H_2\uparrow \quad (4)$$

   Cu-Beigabe als Aktivator.

$$2Fe + 3H_2O_D \xrightarrow{3oo^{o}C} Fe_2O_3 + 3H_2\uparrow \quad (5)$$

$$3Fe + 4H_2O_D \xrightarrow{65o^{o}C} Fe_3O_4 + 4H_2\uparrow \quad (6)$$

2. Metalle und Säuren /3/:

$$Zn + H_2SO_4\ (\text{verdünnt}) \longrightarrow ZnSO_4 + H_2\uparrow \quad (7)$$

3. Metalle und Laugen /3/:

$$Zn + 2KOH \xrightarrow{1oo^{o}C} Zn(OK)_2 + H_2\uparrow \quad (8)$$

   das geht auch mit Al,Sn,Mg und Fe

4. Metallhydride und Wasser /3/:

$$Li_4H_2 + 4H_2O \longrightarrow 4LiOH + 3H_2\uparrow (\text{Hydrolithprozeß}) \quad (9)$$

$$Ca_2H_2 + 4H_2O \longrightarrow 2Ca(OH)_2 + 3H_2\uparrow \quad (1o)$$

5. Nichtmetalle und Wasser bei hoher Temperatur:

Liljenrothprozeß:

$$2P + 5H_2O_D \xrightarrow{500^oC} P_2O_5 + 5H_2\uparrow \qquad (11)$$

mit Schwefeldampf:

$$S_{(g)} + 2H_2O_D \xrightarrow{800^oC} SO_2 + 2H_2\uparrow \qquad (12)$$

6. Sulfide, Wasser und Sauerstoff:

$$2ZnS + 4H_2O + O_2 \xrightarrow{Luft} 2ZnO + 2SO_2 + 4H_2\uparrow \qquad (13)$$

7. Silizium, Lauge und Wasser:

$$Si + 2NaOH + H_2O \xrightarrow{100^oC} Na_2SiO_3 + 2H_2\uparrow \qquad (14)$$

$$Si + Ca(OH)_2 + 2NaOH \xrightarrow[\Delta]{} Na_2SiO_3 \cdot CaO + 2H_2\uparrow \qquad (15)$$

Diese Prozesse laufen auch mit Ferrosilicium unter Druck ab (Silicolprozeß) /3, P1,P2/.

8. Organische Salze mit Laugen:

$$Na_2C_2O_4 + 2NaOH \longrightarrow 2Na_2CO_3 + H_2\uparrow \qquad (16)$$

(auch mit Formiat, Succinat, etc.)

9. Aus Kohle, Holz oder Koks:

- Kohleentgasung, bzw. Verkokung:
  Das entstehende Gas enthält Wasserstoff, Kohlenwasserstoffe, CO, CO_2, etc. (Koksofengas).
- Kohlevergasung mit Dampf:

  es entsteht unter Luftabschluß Wassergas; wird Luft zugeblasen, so entsteht Generatorgas (enthält auch N_2).

$$C + H_2O_D \rightleftharpoons CO + H_2 \qquad (17)$$

$$C + 2H_2O_D \rightleftharpoons CO_2 + 2H_2 \qquad (18)$$

$$CO + H_2O_D \rightleftharpoons CO_2 + H_2 \text{ (Wassergasgleichgewicht)} \qquad (19)$$

- Kohleoxidation in der Schmelze:

$$4NaOH + C \xrightarrow{Schmelze} Na_2CO_3 + Na_2O + 2H_2\uparrow \qquad (20)$$

1o. Aus Erdgas und Reformgas:

diese Gase enthalten hauptsächlich CH_4 und gasförmige Kohlenwasserstoffe, aber auch Wasserstoff.

— Trennung durch Tieftemperaturverfahren.

— Thermisches, bzw. katalytisches Cracken bei hohen Temperaturen:

$$CH_4 \longrightarrow C + 2H_2\uparrow \qquad (21)$$

— Reformieren mit Wasserdampf bei 5oo bis 1ooo°C:

$$CH_4 + H_2O \longrightarrow CO + 3H_2\uparrow \qquad (22)$$

11. Aus Erdöl /4/:

— Pyrolyse bzw. katalytisches Cracken flüssiger oder gasförmiger Kohlenwasserstoffe.

— Reformieren mit Wasserdampf (manchmal unter Sauerstoffzusatz) leicht-flüchtiger bis schwerflüchtiger Kohlenwasserstoffe. Es entsteht dabei Reformgas.

$$\text{z.B.:}\quad C_5H_{12} + 10H_2O_D \longrightarrow 5CO_2 + 16H_2 \qquad (23)$$

— Partielle Oxidation leicht flüchtiger bis schwerflüchtiger Kohlenwasserstoffe.

12. Aus Methanol /5/:

$$CH_3OH \xrightarrow[\Delta]{} CO + 2H_2\uparrow \qquad (24)$$

13. Aus Ammoniak durch Dissoziation:

$$2NH_3 \xrightarrow{900^\circ C} N_2 + 3H_2\uparrow \qquad (25)$$

14. Als Nebenprodukt bei bakteriologischen Prozessen:

z. B. bei der Erzeugung von Aceton und Butylalkohol aus Stärkegel durch Fernbachbakterien.

Von diesen Methoden werden nur jene, die Erdöl, Ergas, Kohle und Koks als Ausgangssubstanzen haben, großtechnisch verwendet. Der Eisen-Dampf-, Phosphor-Dampf-und Schwefel-Dampf-Prozeß und die Dissoziation von Methanol und Ammoniak sind zur technischen Reife entwickelt worden.

Das folgende Schema soll diese Reaktionswege verdeutlichen /6/:

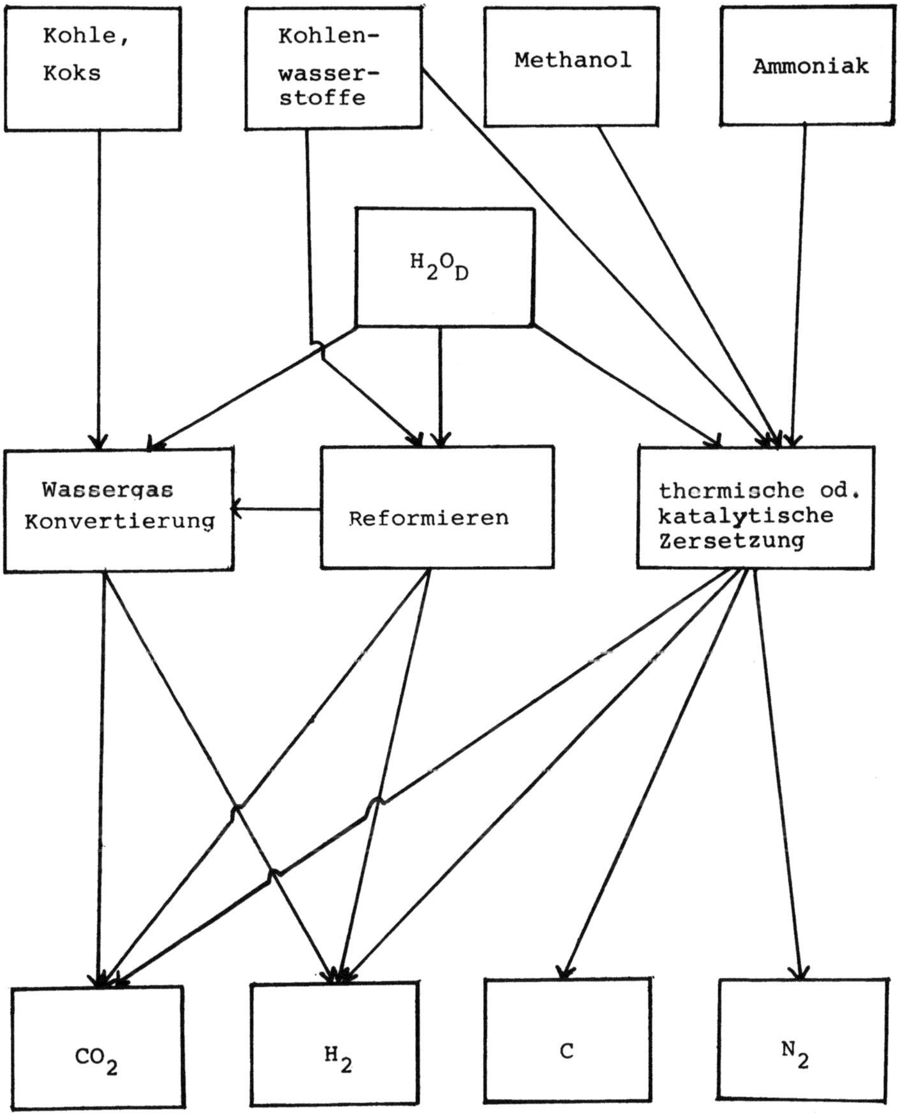

Abb. 1: Rohstoffe, Reaktionswege und Endprodukte der technisch relevanten Methoden, Wasserstoff zu erzeugen /6/.

Die einzelnen Verfahrensschritte sind prinzipiell einander ähnlich. Unabhängig davon, von welchem Rohstoff ausgegangen wird, entsteht primär ein wasserstoffreiches Gas, das erst weiterbehandelt werden muß (Abb. 2.).

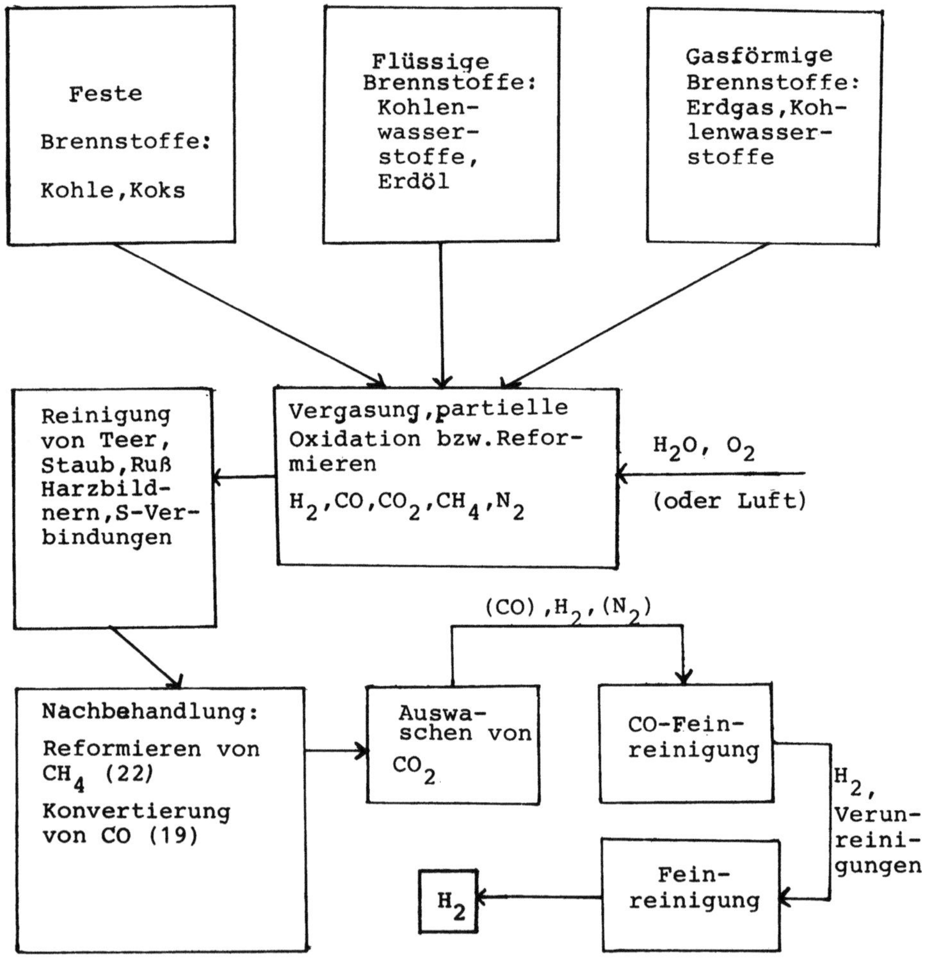

Abb. 2: Grundschritte der Wasserstofferzeugungsverfahren /7/.

3.1.3. Primärenergiequellen

Zur Erzeugung der benötigten Wärme (meistens 1.000 °C) werden am günstigsten die jeweils zur Wasserstofferzeugung verwendeten fossilen Brennstoffe verheizt (Kohle dient z.B. auch als Brennstoff bei der Kohlevergasung). Deswegen sind diese als Rohstoffe auch so vorteilhaft. Der Verbrauch an fossilen Brennstoffen ist darum immer größer als die Erzeugung neuer Brennstoffe, Gase, Wasserstoff etc.

Es gibt jedoch auch schon Verfahren, die mit Nuklearenergie als Primärquelle funktionieren /12/. Das ist jedoch ökonomisch nur dann sinnvoll, wenn die Kernenergie billiger ist als die durch Kohleverbrennung erzeugte /13/.

Auch Wärmegewinnung nach dem Prinzip der Magnethydrodynamik mit parallel laufender Wasserstofferzeugung wird in Erwägung gezogen /14/. Ein Schema soll die Kombination verschiedener Primärenergiequellen mit dem chemischen Prozeß verdeutlichen /15/.

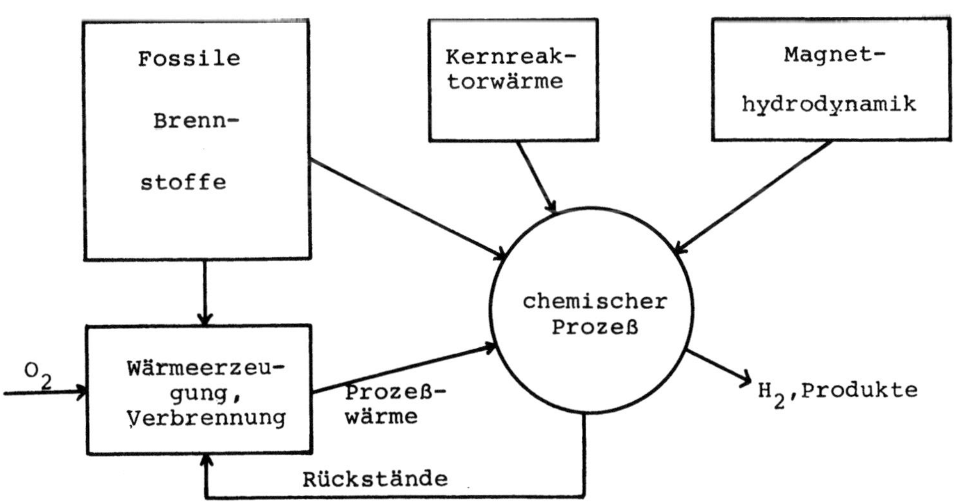

Abb. 3: Kombination verschiedener Primärenergiequellen mit dem chemischen Prozeß der Wasserstofferzeugung /15/.

3.1.4. Einzelne Verfahren im Detail

3.1.4.1. Die Erzeugung von Wasserstoff aus Wasserdampf

3.1.4.1.1. Direkte Verfahren

Wasser kann direkt durch Anwendung sehr hoher Temperaturen (ab 2ooo°C) gespalten werden /16/.

$$2H_2O \xrightarrow[\Delta]{} 2H_2 + O_2 \qquad (26)$$

Tabelle 1 zeigt den Temperaturverlauf der Gleichgewichtskonstante, der Wasserspaltung (%) und der Molprozent entstandenen H_2 bei einer atm Druck (Normaldruck).

T in °C	K	Wasserspaltung (in %)	Mol % H_2
73o	$6{,}75 \cdot 10^{-10}$	$1{,}21 \cdot 10^{-6}$	$1{,}21 \cdot 10^{-6}$
173o	$3{,}75 \cdot 10^{-3}$	$3{,}64 \cdot 10^{-2}$	$3{,}58 \cdot 10^{-2}$
273o	o,684	o,955	o,646
373o	9,53	1,o	o,667

Tabelle 1: Temperaturverlauf der Gleichgewichtskonstante (K), der Wasserspaltung und des Prozentanteils entstandenen Wasserstoffs /17/.

Die Gleichgewichtskonstante (K) entspricht folgendem Ausdruck:

$$K = \frac{c_{H_2}^2 \cdot c_{O_2}}{c_{H_2O}^2} \qquad (27)$$

c_i ..... Konzentration der jeweiligen Komponente i (z.B. i = H_2)

Bei so hohen Temperaturen treten unerwünschte Nebenreaktionen (v.a. durch atomaren H) auf. Druckveränderungen bewirken keine nennenswerte Veränderung der Wasserspaltung /18/. Die Nachteile der direkten Wasserspaltung sind die Anwendung von höheren Temperaturen, die große Zahl von Nebenprodukten, die bei dieser Temperatur auftreten, und die Probleme, die sich aus der Trennung von O_2 und H_2 voneinander und aus dem Reaktionsgemisch ergeben.

Es gibt ein Verfahrenskonzept, das mit Nuklearenergie zur Erzeugung der Reaktionstemperatur arbeitet /16/ und H_2-permeable Pd-Membranen /19/ zur kontinuierlichen Abtrennung des Wasserstoffs aus dem Dampf/O_2/H_2-Gemisch verwendet. Diese Anlage ist in Abb. 4 schematisch dargestellt:

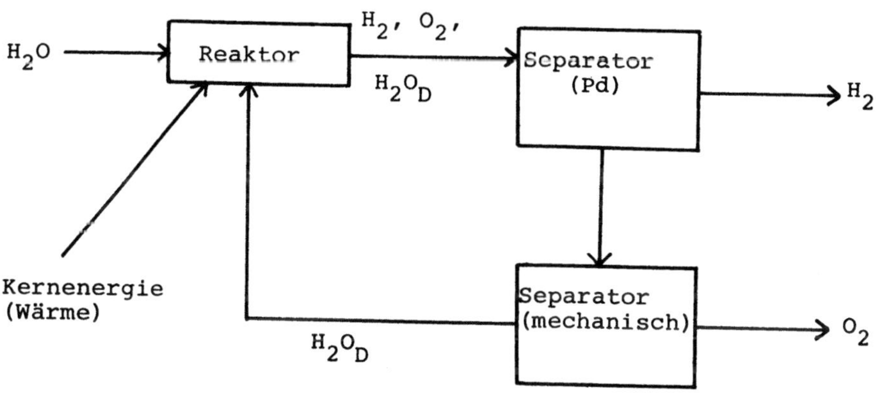

Abb. 4: Blockschema einer Anlage zur direkten Dampfspaltung mit Nuklearenergie /2o/.

Für die großtechnische Wasserstofferzeugung sind solche Konzepte bis jetzt noch viel zu unausgereift, die Materialprobleme (z.B. Trennmembrane) noch nicht ausreichend gelöst, und auch die Wirtschaftlichkeit solcher Verfahren noch nicht gegeben.

3.1.4.1.2. Kohlenmonoxidkonvertierung

1. Rohstoffe:

Bei allen Verfahren, die auf der Basis von Kohle, Koks, Erdgas oder Kohlenwasserstoffen arbeiten, entsteht teilweise Kohlenmonoxid (CO) und fallweise auch Wasserdampf. Die genaue Zusammensetzung dieser Reaktiongase hängt von der Art und der Behandlung des Rohstoffs ab. Reformgase aus reformiertem Erdgas haben eine andere Zusammensetzung als Generatorgas aus der Behandlung von Steinkohle mit Luft und Wasserdampf. Einige typische Zusammensetzungen von Reaktionsgasen oder Rohgasen seien hier erwähnt (Angaben in Volumsprozenten):

- Kokereigas nach Kohleverkokung /21/:
  - 5o % H_2
  - 25 % CH_4
  - 1o % CO
  - 5 % CO_2
  - 1o % N_2, gasförmige Kohlenwasserstoffe
- Generatorgas nach Kohlevergasung mit Wasserdampf und Luft /2/:
  - 13 % H_2
  - 24 % CO
  - 1,7 % gesättigte Kohlenwasserstoffe (hauptsächlich CH_4)
  - o,2 % ungesättigte Kohlenwasserstoffe
  - 5,5 % CO_2
  - o,3 % O_2, Schwefelverbindungen
  - 55,3 % N_2
- Wassergas nach Steinkohlevergasung mit Wasserdampf /22/:
  - 47 % H_2
  - 43 % CO
  - o,3 % gesättigte Kohlenwasserstoffe (hauptsächlich CH_4)
  - 3,7 % CO_2
  - o,3 % O_2, Schwefelverbindungen
  - o,7 % N_2
  - 5,o % Wasserdampf

- Wassergas nach Braunkohlenkoksvergasung mit Wasserdampf /22/:

  41 % H_2
  32 % CO
  1 % gesättigte Kohlenwasserstoffe (hauptsächlich CH_4)
  23 % CO_2
  1 % N_2
  2 % O_2, Schwefelverbindungen

- Rohgas nach thermischem Cracken von Erdgas /23-25/:

  61 % H_2
  35 % CO
  3 % CO_2
  1 % N_2, Kohlenwasserstoffe, Schwefelverbindungen

- Rohgas nach Reformieren von Erdgas /23-25/:

  57 % H_2
  12 % CO
  9 % CO_2
  22 % N_2, Kohlenwasserstoffe, Schwefelverbindungen

- Reformgas nach Reformieren von leichtflüchtigen Kohlenwasserstoffen (Benzin, Naphtha) /23-25/:

  53 % H_2
  15 % CO
  9 % CO_2
  23 % N_2, Kohlenwasserstoffe, Schwefelverbindungen

- Rohgas nach partieller Oxidation leichtflüchtiger Kohlenwasserstoffe /23-26/:

  51 % H_2
  3o % CO
  3 % CO_2
  16 % N_2, Kohlenwasserstoffe, Schwefelverbindungen

- Rohgas nach partieller Oxidation von schwerflüchtigen Kohlenwasserstoffen(Schweröl, Bunker-C-Öl) / 27/:

  22 % H_2
  51 % CO
  5 % CO_2
  22 % N_2, Kohlenwasserstoffe, Schwefelverbindungen

2. Thermodynamik:

Die Konvertierung von CO mit Hilfe von Wasserdampf erfolgt gemäß Reaktion (28)

$$H_2O_D + CO \rightleftharpoons CO_2 + H_2 \qquad (28)$$

und wird auch Wassergasgleichgewicht genannt /28,29/. Das Gleichgewicht (28) ist sehr stark temperaturabhängig, und diese Tatsache wird zur Konvertierung ausgenützt. Die Gleichgewichtskonstante (K)

$$K = \frac{c_{CO_2} \cdot c_{H_2}}{c_{CO} \cdot c_{H_2O}} \qquad (29)$$

hat folgenden Temperaturverlauf /3o-35/:

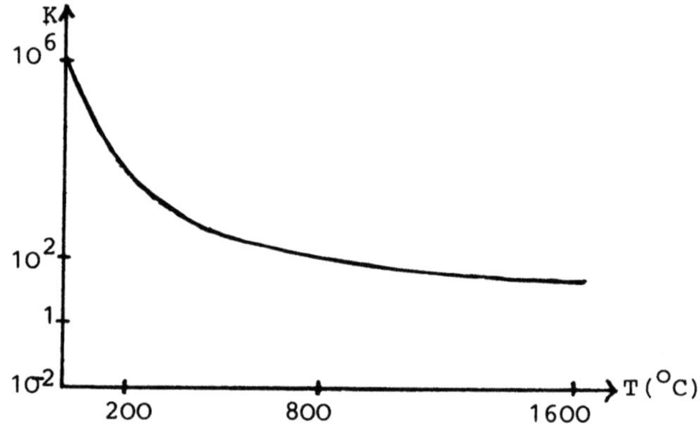

Abb. 5: Temperaturverlauf der Gleichgewichtskonstante (K) des Wassergasgleichgewichts /36/.

Druckerhöhung beeinflußt das Gleichgewicht etwas. Bei höheren Drucken verschiebt sich das Gleichgewicht in Richtung des Ausgangsgemisches /36/(siehe Abb. 6 und 7).

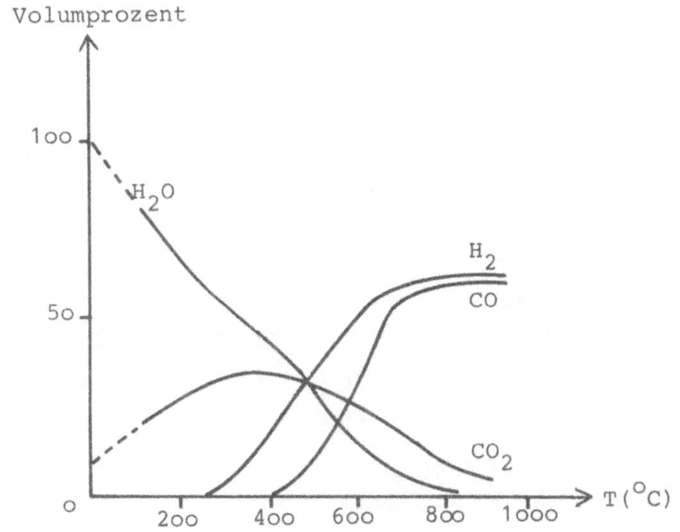

Abb. 6: Temperaturabhängigkeit der Zusammensetzung des Wassergasgleichgewichtes bei einer atm Druck /35,36/.

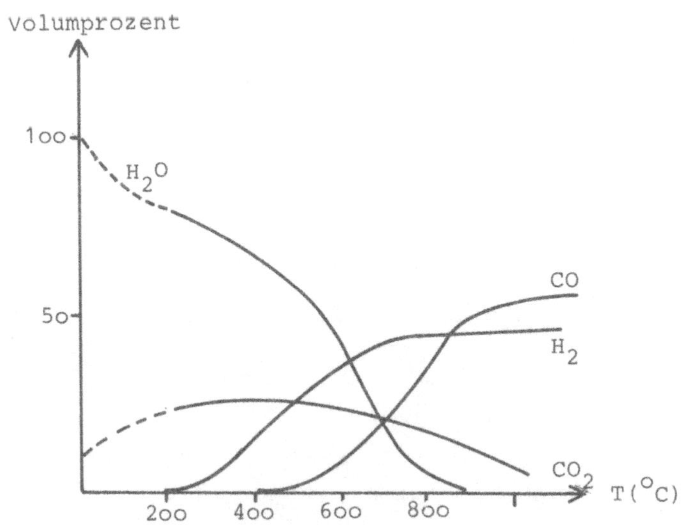

Abb. 7: Temperaturabhängigkeit der Zusammensetzung des Wassergasgleichgewichtes bei 2o atm Druck /35,36/.

Die Reaktion (3o), d.h. das Wassergasgleichgewicht in Richtung der Produkte

$$H_2O_D + CO \longrightarrow CO_2 + H_2 \qquad (3o)$$

verläuft exotherm /32-35/:

$$\Delta H_{298} = -9{,}9 \text{ kcal/Mol}$$

$$\Delta H_{15oo} = -7{,}199 \text{ kcal/Mol}$$

Die entstehende Wärme behindert den weiteren Ablauf der Reaktion und muß deshalb abgeführt werden. Auch der gebildete Wasserstoff behindert die Weiterreaktion und muß dauernd aus dem Gleichgewicht entfernt werden /31/.

Das Verhältnis Wasserdampf zu CO hängt sehr stark von der Zusammensetzung des Rohgases und damit von der Art und Behandlung der Rohstoffe ab /37/ (s.Abb.8).

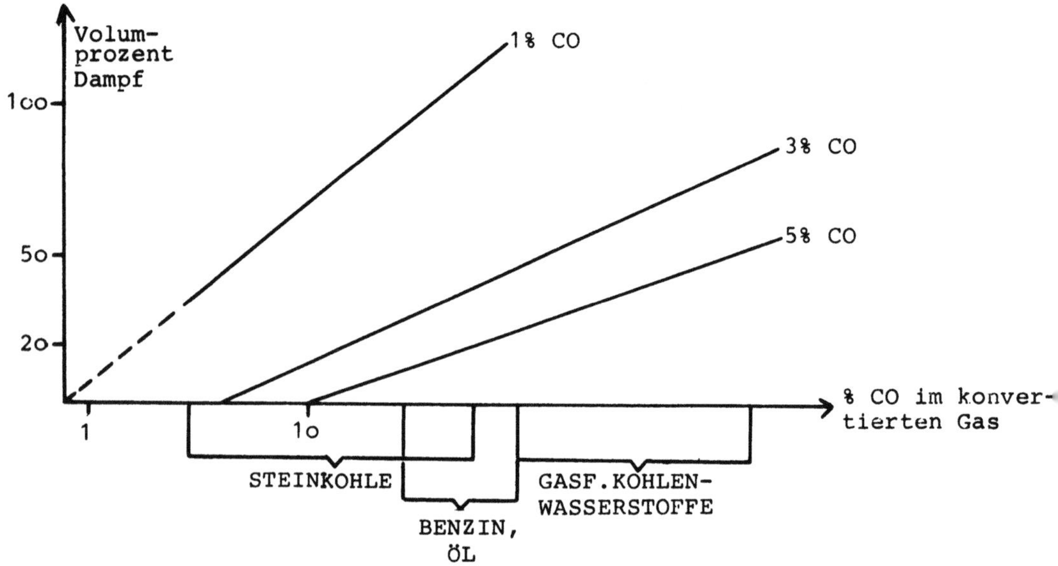

Abb. 8: Das Verhältnis von Wasserdampf zu CO (in Volumprozent Dampf zum Gesamtvolumen des Rohgases)für eine Konvertierung auf 5 %, 3 % bzw. 1 % CO-Gehalt im konvertierten Gas /37/.

Die folgende Abbildung zeigt die notwendige Reaktionstemperatur für einen CO-Gehalt im konvertierten Gas von 5 %, 3 %, bzw. 1 %:

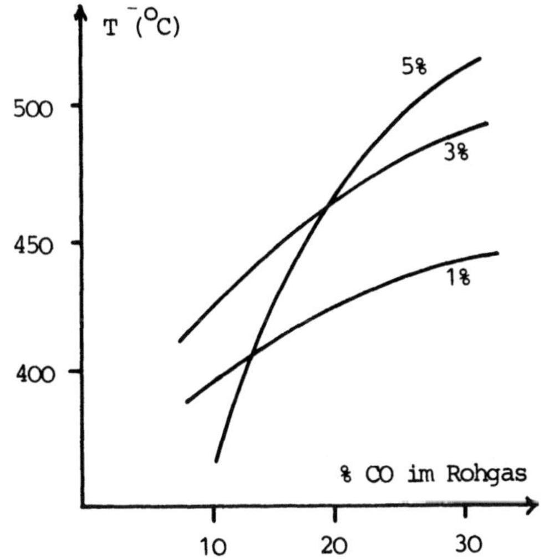

Abb. 9: Reaktionstemperatur in Abhängigkeit vom CO-Gehalt des Rohgases für 5 %, 3 %, bzw. 1 % Rest-CO im konvertierten Gas /37/.

3. Katalysatoren:

Die Gleichgewichtseinstellung, bzw. die Reaktion in die gewünschte Richtung, verläuft bei tieferer Temperatur sehr langsam. Deshalb ist die Verwendung von Katalysatoren notwendig. Es wurden eine Vielzahl von Katalysatoren für diese Reaktion entwickelt und patentiert /38/. Die ältesten Verfahren sind Druckkonvertierung an Kalk /P 3, P 4/ und Eisenoxidkatalysatoren /37, 38/. Auch Ni und Co auf Trägern wie Tonerde, SiO_2 oder Al_2O_3 oder $MgCO_3$ wurden schon früh verwendet /39, P 5, P 6/. Zusätze von Cr_2O_3, Al_2O_3, ThO_2, die aus Karbonatlösungen mitgefällt werden, konnten die Katalysatoraktivität entscheidend verbessern, sodaß schon ab 4oo°C gearbeitet werden kann /26, 38, 41, 42, P 7, P 8/. Eine neue Generation von Hochtemperaturkatalysatoren wurde ab 195o entwickelt, wobei verbesserte Fällungsmethoden und neue Strukturaufklärungsmöglichkeiten optimale Eigenschaften für α- FeOOH und α-Fe_2O_3 mit 5 - 1o % Cr_2O_3 zeigen /26,37, 38, P 9/. Der Temperaturbereich liegt zwischen 3oo und 45o^{o}C. Das Eisenoxid wird während des Betriebes zu Fe_3O_4 reduziert und dann durch Blasen mit heißem Wasserdampf wieder regeneriert.

Ein Nachteil aller dieser Katalysatoren ist ihre große Schwefelempfindlichkeit. Schon ein Gehalt von mehr als 2 % an Schwefelverbindungen vergiftet und inaktiviert den Katalysator völlig. So muß eine Schwefel-Reinigungsstufe vorgeschaltet werden- meistens ein ZnO-Bett, das die Schwefelverbindungen absorbiert. Das ist jedoch apparativ aufwendiger und teurer, sodaß Katalysatoren speziell für schwefelreiche Rohgase entwickelt wurden /26, 37,38/ . Hiezu eignet sich besonders $CoMoO_4$ auf $MgO.Al_2O_3$ adsorbiert /P 9/. Allerdings sind diese Katalysatoren relativ inaktiv, sodaß bei höheren Temperaturen und unter erhöhtem Druck gearbeitet werden muß /26,37/.

Die neueste Enwicklung geht dahin, Tieftemperaturkatalysatoren zu verwenden, die bei Temperaturen von 25o - 3oo^{o}C aktiv sind und so in jenem Bereich liegen, in dem das Gleichgewicht der Reaktion (28) ganz auf Seiten der Produkte liegt /38,43/. Die verwendeten Katalysatoren bestehen aus aktivem Cu in einem Trägerkatalysator /P 1o, P 11/. Der Trägerkatalysator besteht aus 25 - 4o Gewichtsprozent CuO, mit 5 - 1o % Ca_2O_3 und ZnO bzw. Al_2O_3 ($Al(OH)_3$) als Trägermaterial. Mit diesen Katalysatoren kann das Rohgas bis auf einen Rest-CO-Gehalt von o,3 bis o,5 % konvertiert werden /32,44/. Der entscheidende Nachteil ist jedoch, daß diese Katalysatoren gegenüber Schwefelverbindungen noch empfindlicher sind als die konventionellen Hochtemperaturkatalysatoren. Die vorherige Reinigung von Schwefelverbindungen ist unbedingt erforderlich /45/.

4. Anlagen:

Anlagen zu CO-Konvertierung sind sehr häufig. Sie werden an Reformanlagen, Kohlevergasungsanlagen und Stadtgaswerke angeschlossen /46,47/. Die Konvertierung erfolgt einstufig oder zweistufig. Abb. 1o zeigt eine zweistufige Anlage alter Konzeption mit Hochtemperaturkatalysatoren /1/.

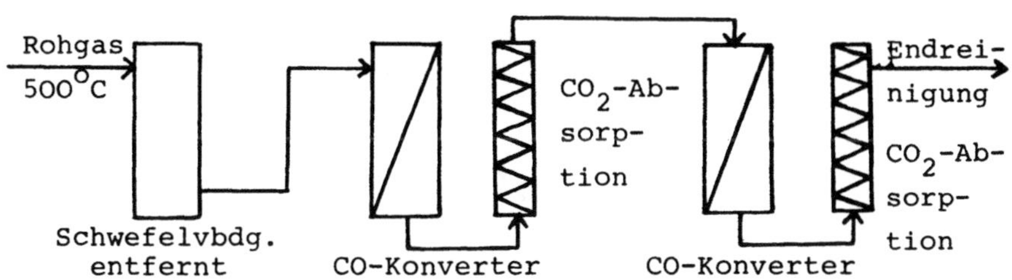

Abb. 1o: Zweistufige Konverteranlage /1/.

Zur ausreichenden Konvertierung (d.h. bis auf einen CO-Gehalt von o,5 %) müssen Hochtemperaturanlagen zweistufig angelegt werden. Moderne Anlagen mit Tieftemperaturkatalysatoren arbeiten einstufig mit einer zwischgeschalteten Kühlung.

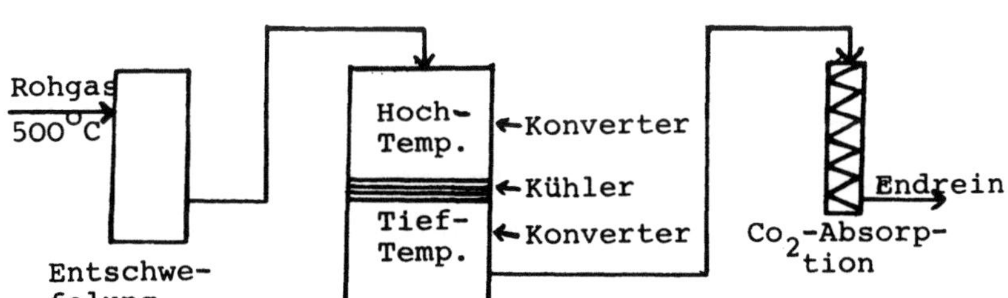

Abb. 11: Tieftemperatur-Konverteranlage /1/.

In der Endreinigung erfolgt die Abtrennung von Rest-CO, CO_2, N_2 etc. (Pkt. 3.1.5.). Moderne Anlagen arbeiten sehr effektiv und ökonomisch. Wenn ausreichend Kohlenmonoxid zur Verfügung steht, ist die Konvertierung mit Wasserdampf zu Wasserstoff eine der günstigsten Methoden.

3.1.4.1.3. Eisen-Wasserdampf-Verfahren

Aktiviertes Eisen wird bei 6oo bis 8oo°C mit Wasserdampf geblasen /5,32,48,49,5o/, hierbei entsteht Fe_3O_4 und H_2 nach der Gesamtreaktion (6)

$$3\,Fe + 4H_2O_D \longrightarrow Fe_3O_4 + 4H_2\uparrow \qquad (6)$$

Das Eisen wird als Reaktorbett aus reduziertem Erz mit Chrom als aktivierendem Zusatz hergestellt /51,P 12/. Der gebildete Wasserstoff ist ziemlich unsauber (ca. 8o %) und muß einer Reinigung unterzogen werden (Pkt. 3.1.5.). Das gebildete Fe_3O_4 wird mit reduzierenden Gasen (z.B. H_2, CO) zum Eisen rückreduziert. Die einzelnen Schritte der Reaktion (6) verlaufen folgendermaßen:

Oxidation des Eisens und Wasserstofferzeugung:

$$3Fe + 3H_2O_D \rightleftharpoons 3FeO + 3H_2 \qquad (31)$$

$$3FeO + H_2O_D \rightleftharpoons Fe_3O_4 + H_2 \qquad (32)$$

Reduktion des Eisenoxids (Regenerierung):

$$Fe_3O_4 + CO \rightleftharpoons 3FeO + CO_2 \qquad (33)$$

$$3FeO + 3CO \rightleftharpoons 3Fe + 3CO_2 \qquad (34)$$

Wenn also Wasserdampf über das Reaktorbett geleitet wird, laufen Reaktion (31) und (32) ab und Wasserstoff wird gebildet. Zur Regeneration wird reduzierendes Gas , z.B. CO oder Synthesegas über das Reaktorbett geblasen und Reaktion (33) und (34) laufen ab, wobei Reaktion (34) exotherm ist und einen Teil der benötigten Reaktionswärme liefert. Auch ein Teil des erzeugten Wasserstoffs kann zur Regenerierung über das Reaktorbett geblasen werden, wobei dann Reaktion (31) und (32) in Richtung der Ausgangsstoffe exotherm verlaufen

/52,P 13/. Der Wirkungsgrad unter Ausnutzung aller Produkte (z.B. Verbrennung des Reduktorgases) beträgt 81,5 %, der Wirkungsgrad für H_2 beträgt 55,6 % /5o,53/.
Ein älteres Verfahren /54/ verwendet Eisenerz mit TlCl oder Cu-Filmen als Aktivator bei 3oo bis 35o°C unter erhöhtem Druck (bis 5o atm). Dabei bildet sich Fe_2O_3 gemäß Reaktion (5),

$$2Fe + 3H_2O_D \longrightarrow Fe_2O_3 + 3H_2\uparrow \qquad (5)$$

das analog dem vorigen Verfahren regeneriert wird. Der Vorteil der niedrigen Reaktionswärme wird durch den Energieaufwand für die Kompression zunichte gemacht, sodaß dieses Verfahren kaum mehr in Verwendung ist.

Im folgenden ist ein Schema einer Anlage neuerer Konzeption abgebildet /55/ (s.Abb. 12).

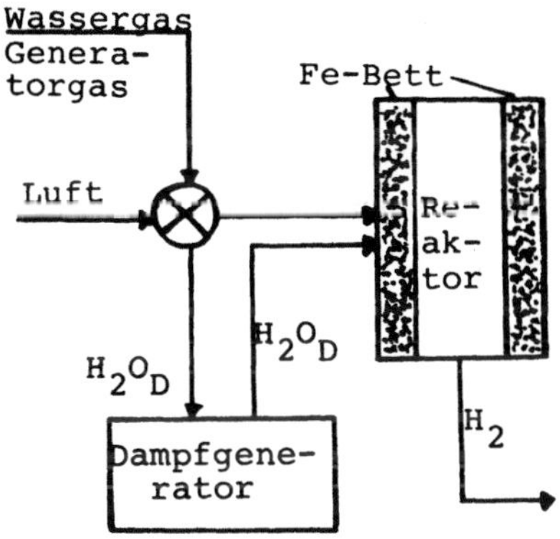

Abb. 12: Eisen-Wasserdampf-Anlage /55/.

Durch eine Vorrichtung wird abwechselnd Dampf oder reduzierendes Gas geblasen /56/.

3.1.4.1.4. Phosphor-Dampf-Prozeß

F.J.Liljenroth hat ein katalytisches Verfahren zur Herstellung von Wasserstoff aus Phosphor und Wasserdampf patentiert /P14 bis P 16/. Der Prozeß verläuft gemäß Reaktion (11) /2/:

$$2P + 5H_2O_D \longrightarrow P_2O_5 + 5H_2\uparrow \qquad (11)$$

Als Ausgangsstoff verwendet dieses Verfahren Phosphordämpfe, die bei der elektrothermischen Zersetzung von Phosphaten und Hydrogenphosphaten (PO_4^{3-}, HPO_4^{2-}) entstehen. Diesen Dämpfen wird Wasserdampf im Überschuß zugesetzt, sodaß aus dem Phosphorpentoxid Phosphorsäure entsteht (35).

$$P_2O_5 + 3H_2O_D \longrightarrow 2H_3PO_4 \qquad (35)$$

Ein Vorteil dieses Verfahrens ist die einfache Erzeugung von Ammonphosphatdünger, wenn aus dem gebildeten Wasserstoff Ammoniak synthetisiert wird (Haber-Bosch-Verfahren), und dieser mit der entstandenen Phosphorsäure versetzt wird /P 17/. Als Katalysatoren für den Liljenroth-Prozeß dienen Metallsilizide oder Aktivkohle, die eine Temperatursenkung auf 35o bis 4oo°C ermöglichen /2,3/.

3.1.4.1.5. Schwefel-Dampf-Prozeß

Auch dieses Verfahren ist wegen der relativ einfachen Kunstdüngererzeugung ($(NH_4)_2SO_4$) von Interesse /2/. Schwefeldämpfe werden mit Wasserdampf bei 8oo°C vereinigt. Es entsteht Wasserstoff und Schwefeldioxid:

$$S_{(g)} + 2H_2O_D \xrightarrow{800^\circ C} SO_2 + 2H_2\uparrow \qquad (12)$$

Das SO_2 wird mit dem Ammoniak herausgewaschen, während der gewonnene Wasserstoff zur Ammoniaksynthese weitergeleitet wird /2/.

3.1.4.2. Die Erzeugung von Wasserstoff mit Kohle

3.1.4.2.1. Kohleentgasung (Verkokung)

Bei Kohleentgasungsverfahren handelt es sich um das Austreiben der an festen fossilen Brennstoffen adsorbierten und gebundenen Gase. Dieser Prozeß erfolgt durch Ausheizen unter Luftabschluß. Als fester Rückstand verbleibt Koks, der zur weiteren Verwendung zur Verfügung steht/57-59/. Feste fossile Brennstoffe, die zur Entgasung verwendet werden, sind Holz, Braunkohle /57,6o,61/, Steinkohle /68/, Torf /63/, Pech /64,65/, Teer /66,67/. Je nach den Ausgangsstoffen bleibt als fester Rückstand Holzkohle, Braunkohlen- oder Steinkohlenkoks, die als Hauptträger der Wirtschaftlichkeit fungieren /68/. Als flüssige Brennstoffe können Teer, Teeröle, Benzol und seine Homologen, Benzin und Leichtöle gewonnen werden. Die gasförmigen Bestandteile sind in ihrer Zusammensetzung sehr stark von den Ausgangsstoffen abhängig. Man spricht von Holzgas, Schwelgas und Kokereigas. Sie enthalten CO_2, CO, CH_4, Wasserdampf, N_2, gasförmige und leichtflüchtige Kohlenwasserstoffe und H_2 /69-72/. Besonders der Wasserstoffanteil schwankt sehr stark (s.Tab.2).

Rohstoffe	Wasserstoffanteil in Volum-%	Literatur
Braunkohle	8 - 13 %	/73,74/
	bei modernen Verfahren bis zu 35 %	/6o,61/
Steinkohle	2o - 3o %	/75,76/
	bei modernen Verfahren bis zu 5o %	/77/
Torf	2o %	/63,P 18/
Pech	5o %	/64,65/
Braunkohlenteer	bis zu 8o %	/66,67/
Steinkohlenteer		/P 19/

Tabelle 2: Wasserstoffanteil des Kokereigases in Abhängigkeit vom Rohstoff.

Die Entgasung ist sehr stark temperaturabhängig /78/ (s.Abb.13).

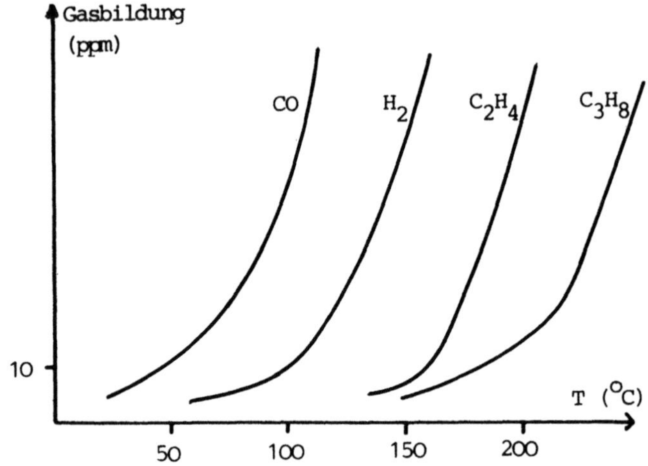

Abb. 13: Temperaturverlauf der Gasbildung bei der Kohleentgasung /78/.

Unter 2oo°C werden CO_2, CH_4 H_2O_D (adsorbierte Stoffe),
bis 4oo°C Zersetzungswasser, CO_2, CO (Vorentgasung),
bis 45o°C H_2, Kohlenwasserstoffe (Hauptentgasung),
ab 45o°C NH_3 und
ab 5oo°C H_2S, HCN etc. ausgetrieben /79/.
Bei Temperaturen, die über 8oo°C liegen, wandeln sich Olefine in Naphthene und diese zu H_2 und Benzolhomologe um /8o/. Der Urteer wird zu Hochtemperaturteer unter Wasserstoffabgabe /81/. Bei diesen Temperaturen steigt der Wasserstoffanteil im Gas auf etwa 5o Volum-% an, weil die Primärgase direkt im heißen Ofen weiterreagieren (Kohlenwasserstoffe $\longrightarrow CH_4 \longrightarrow H_2$) /82/.

Die einzelnen technischen Verfahren zur Entgasung lassen sich nach der Temperaturerzeugung aufgliedern /57,68/:

- Heizflächenschwelverfahren (mit keramischen Heizwänden bis 125o°C)
- Spülgasschwelverfahren (heiße inerte Gase als Wärmeträger bis 85o °C)
- Wirbel- und Staubschichtverfahren
- Verfahren mit festen Wärmeträgern
- Untertageschwelverfahren (noch nicht ausgereift)/83/.

Die Aufbereitung der Gase erfolgt durch Tieftemperaturtrennung /84-87,P 2o,P 21/ oder durch Reformieren und Konvertieren bei 13oo°C (Pkt. 3.1.4.1.3.).

3.1.4.2.2. Kohlevergasung

1. Einleitung:

Kohlevergasung ist neben dem Reformieren von Kohlenwasserstoffen der am häufigsten angewandte Prozeß zur Wasserstofferzeugung. Es gibt eine Unzahl erprobter und patentierter Verfahren und einige Neuentwicklungen, auf die in diesem Abschnitt detaillierter eingegangen werden soll. Als Ausgangssubstanzen dienen Braunkohle, Steinkohle oder Entgasungsrückstände (Pkt. 3.1.4.2.1.), die mit Wasserdampf, mit oder ohne Sauerstoffzusatz, geblasen werden. Für Braunkohle erfolgt eine wirtschaftliche Umsetzung bereits bei 75o - 95o°C, für Steinkohle erst ab 95o°C /13/. Diese hohe Energie ist für die Überwindung der hohen Aktivierungsschwelle notwendig. Für die Hauptreaktion (17) beträgt diese Aktivierungsenergie 16,37 kcal/Mol /88/. Dabei entsteht ein Gasgemisch (Generator- oder Wassergas), dessen Zusammensetzung von den Parametern Zusammensetzung der Rohstoffe, Reaktionstemperatur und Reaktionsdruck abhängig ist.

Wâssergas aus Steinkohlenkoks hat z.B. folgende Zusammensetzung (in Volum-%) /89-92/:

49 - 51 % H_2
38 - 42 % CO
1 % CH_4
4 - 6 % CO_2
4 - 6 % N_2, Rest

Die für Reaktion notwendige Wärmeenergie kann durch Verbrennung eines Teils der eingesetzten Ausgangsstoffe, durch Verbrennung eines Teils des gewonnenen Gasgemisches, durch elektrische Beheizung oder durch Prozeßwärme von Reaktoren (HTGR) erzeugt werden /16,93/.

2. Thermodynamik:

Wie schon erwähnt, stellt sich bei der Kohlevergasung mit Wasserdampf ein temperaturabhängiges Gleichgewicht zwischen den folgenden Reaktionen ein /29,31,33-36/:

Bei Reaktion von Kohle mit Wasserdampf (Wassergaserzeugung):

Reaktionsgleichung	ΔH_{298} (kcal/Mol)	ΔH_{1773} (kcal/Mol)	
$C + H_2O_D \rightleftharpoons CO + H_2$	+ 28,4	+ 32,265	(17)
$C + 2H_2O_D \rightleftharpoons CO_2 + 2H_2$	+ 18,5	--	(18)
$C + 2H_2 \rightleftharpoons CH_4$	- 2o,6	- 22,o6	(36)
$2C + 2\ H_2O \rightleftharpoons CH_4 + CO_2$	- 2,1	--	(37)
$CO + 3H_2 \rightleftharpoons CH_4 + H_2O$	- 49,o	- 54,325	(38)
$CO + H_2O \rightleftharpoons CO_2 + H_2$	- 9,9	- 7,199	(19)
$2CO + 2H_2 \rightleftharpoons CH_4 + CO_2$	- 59,o	- 61,524	(39)
$CO_2 + 4H_2 \rightleftharpoons CH_4 + 2\ H_2O$	- 39,1	--	(4o)
$CO_2 + C \rightleftharpoons 2CO$	+ 38,2	+ 39,464	(41)

Zusätzliche Reaktionen in Gegenwart von Luftsauerstoff (Generatorgaserzeugung /94/):

$C + 1/2O_2 \rightleftharpoons CO$	- 29,4	-27,545	(42)
$C + O_2 \rightleftharpoons CO_2$	- 97,o	- 94,6	(43)
$CO + 1/2O_2 \rightleftharpoons CO_2$	- 71,6	- 67,o1	(44)
$CH_4 + 1/2O_2 \rightleftharpoons CO + 2H_2$	--	- 5,485	(45)

Die Reaktion (41) wird als Boudouardgleichgewicht bezeichnet. Bei Temperaturen unter 4oo°C ist fast nur CO_2 vorhanden, hingegen über 1ooo°C fast reines CO. Den Temperaturverlauf dieser Reaktionen zeigt Abb. 14 /33-36/:

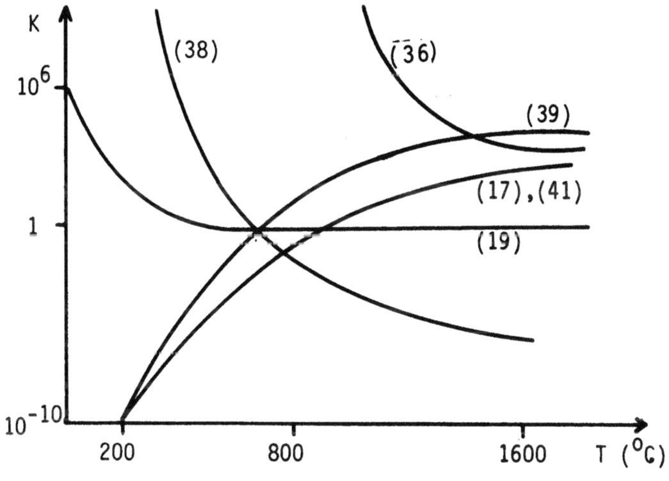

Abb. 14: Temperaturverlauf der Hauptreaktionen der Kohlevergasung.

Für die Reaktion (17) zeigt sich folgendes Temperaturprofil:

T (°C)	% H_2	% CO	% CO_2	% Dampfzersetzung
823	62,o	15,1	22,9	41,o
954	53,5	39,7	6,8	7o,2
1o1o	48,8	49,7	1,5	94,o
1125	5o,9	48,5	o,6	99,4

Tabelle 3: Temperaturabhängigkeit der Kohlevergasungsreaktion (Angaben in Volum-%) /2/.

Wegen des exothermen Verlaufs der Reaktionen (42) bis (45) ist der Wärmebedarf der Gesamtreaktion bei Luftsauerstoffzugabe geringer /77/. Druckerhöhungen vergrößern den Methananteil im Wassergas bzw. Generatorgas /5o,77,95/.

3. Verfahrensprinzipien:

Ein prinzipielles Schema aller Kohlevergasungen ist in der folgenden Abbildung dargestellt:

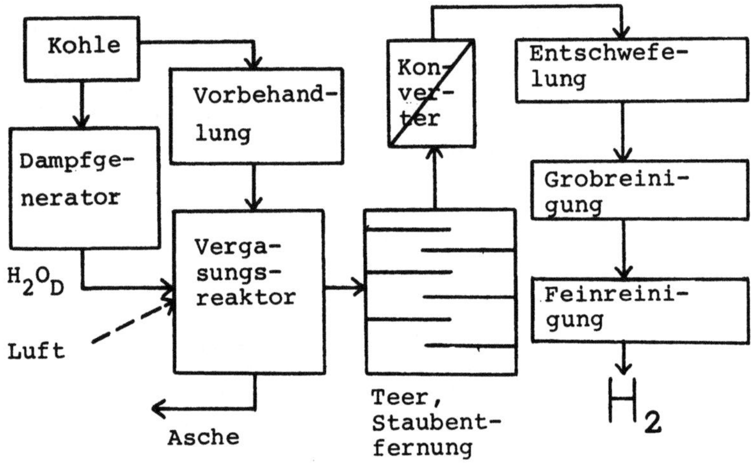

Abb. 15: Grundschritte der Kohlevergasung /48/.

Die Kohle kann in verschiedenen Formen aus der Vorbehandlung in den Reaktor eingebracht werden /77,96,97/, entweder in Form von festen Reaktionsblöcken für Verfahren mit ruhender Schüttung /98/oder in pulverisierter Form für Wirbel- und Staubkammerverfahren oder in Form von "fluidized reactorbeds" (Pseudoflüssigkeit) /99/.
Die Wärmezufuhr zum Vergasungsreaktor kann entweder diskontinuierlich in einer Aufheizperiode, in der mit Luft heißgeblasen wird, oder kontinuierlich erfolgen/1oo-1o4/. Ebenso kann die Wärme von innen her durch Verbrennen der Kohle, bzw. der Reaktionsgase (autotherm)/1o5,1o6/, oder von aussen durch inerte Gase als Träger oder beheizte Reaktorwände erzeugt werden.

Die Vergasung kann auch unter erhöhtem Druck (bis 9o atm) erfolgen /1o7,1o8/. Dies wird in Untertageverfahren ausgenützt /1o9/. Zur Entfernung der Asche gibt es drei Möglichkeiten /11o/. Entweder wird sie als Staub und Ruß mit den Rohgasen mitgerissen und in der Folge abgesetzt, oder sie wird als Klinker abgestochen, oder als Schmelze kontinuierlich abgezogen. Die Kombination aller dieser Verfahrensprinzipien miteinander ergibt die Vielfalt der gängigen Anlagen. Hier seien nur einige aufgezählt:

Verfahren	Literatur	Verfahrenscharakteristika
Lurgi	/9o,111-116/	einstufig, Festbett, Gegenstrom, Luftblasen, 37-42 % H_2
Lurgi Hochdruck	/9o,117,P 22/	Festbett, Gegenstrom, Luftblasen, 3o atm, 74 % H_2, relativ methanreich
Koppers-Trotzek	/35,5o,9o/ /118-123/ /P 23,P 24/	Staubschwebe, O_2-Blasen, 1 atm, 16oo°C, 46-56 % H_2, 9o % C- Ausnutzung methanarm, Gesamtwirkungsgrad für H_2 37,3 %
Winkler	/35,89,115/ /116,124,125/ /P 25,P 26/	Wirbelstrom, "fluidized bed", O_2-Gasen, Vertikal-Kammerofen, autotherm, 95o°C
Bubiag-Didier	/1oo,1o1/ /126-128/	kontinuierlich, überhitzter Dampf, Außenheizung, Vertikalkammerofen, 56 % H_2
Thyssen-Glocsy-Leuna	/35,129/	Asche als Schmelze abgezogen
ICI	/13o-134,P 27/	Druck, feste Wärmeträger
Babcock-Wilcox-DuPont	/77, 135/ /136,P 28/	Staubschwebe, O_2-Blasen
IGT	/1o6/	Wirbelbett, Methanisierungsstufe
BCURA	/137-139/	Druckvergasung, Asche als Schmelze abgezogen
Ignifluid	/132,14o-143/	"Fluidized bed", kontin. Klinkerentfernung, 12oo°C, 99 % C-Ausnutzung
IGT-Hygas	/118,144-147/ /P 29/	3-stufig, Wirbelbett, elektr. Beheizung, 1ooo°C, Kohle in Öl aufgeschlämmt, Methanisierungsstufe Gesamtwirkungsgrad für H_2 64,8 %
Synthane	/48,118/ /148-15o/	Vorbehandlung bei 1ooo°C und 4o atm Sauerstoff-Dampf-Blasen, dichte und verdünnte Schwebeschicht

Tabelle 4: Kohlevergasungsverfahren

Alle diese Verfahren unterliegen laufend technologischen Verfeinerungen, um die Ausbeuten zu optimieren, indem die Temperatur und die Reaktionsbedingungen an die Zusammensetzung der Ausgangsstoffe angepaßt werden /147,151/.
Es wurden auch einige neue Konzepte entwickelt, die technisch noch nicht ausgereift, aber sehr vielversprechend sind.

4. Neue Entwicklungen:

Der CO_2-Akzeptor-Prozeß benützt heißes CaO (aus Dolomit) als Zusatz zur Kohle in "fluidized bed"- Reaktoren /77/ /152,153/. Das CaO reagiert sofort mit dem gebildeten CO_2 zu $CaCO_3$ unter Wärmeabgabe. Im Reaktor erfolgt direkt die CO-Konvertierung, und das CO_2 wird sofort aus dem Gleichgewicht entfernt. Die Rückgewinnung des CaO erfolgt durch Erhitzen des $CaCO_3$.

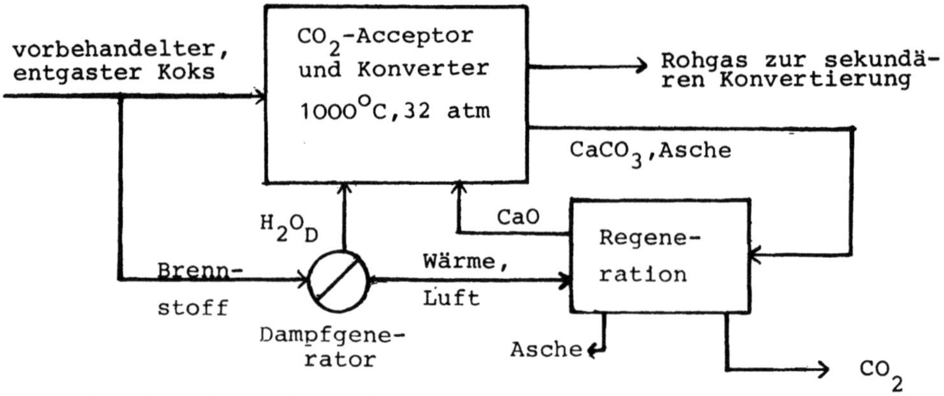

Abb. 16: Blockschema des CO_2-Akzeptor-Prozesses /154/.

Die Ausbeuten dieses Verfahrens liegen etwa in der Größe von guten Dampf-Sauerstoff-Hochdruckanlagen (80 bis 90% der Theorie), jedoch erspart man sich pro kg erzeugtem Wasserstoff 5,2 kg teuren Sauerstoff, was sich erheblich in den Kosten niederschlägt /153/.

Das Schmelzsalzverfahren arbeitet als einstufiger Dampf-Sauerstoffprozeß.Die Kohle wird in pulverisierter Form in einer Natrium-Carbonat/Natrium-Hydroxid-Schmelze (Na_2CO_3.NaOH) suspendiert. Dadurch wird die Reaktionstemperatur herabgesetzt (45o - 65o^{o}C), der Prozeß etwas beschleunigt und die Sauerstoffzufuhr verringert /91,118/.

Ein Verfahren zur Vergasung von Kohlenteer oder bituminöser Kohle in elektr. beheiztem "fluidized" Reaktorbett bedient sich der Stromführung über die leitenden Partikel des Reaktorbetts /155,156/. Es können Temperaturen bis 1ooo^{o}C erreicht werden. Als Elektrodenmaterial wurden Graphit und Siliziumcarbid getestet /157/. Dreiphasenstrom mit 16 kW-Leistung erwies sich für eine Dampfumwandlung von 8o-9o % am besten geeignet /155/.

Die Nutzung von Kernenergiewärme zur Kohlevergasung ist wegen der hohen Temperaturen noch an Hochtemperatur-Gasgekühlte-Reaktoren (HTGR) gebunden /89,158,159/. Ein sekundärer He-Kreislauf kann ohne weiteres als Primärenergiequelle dienen. Ein Kernwärme-Strom-Gasverbund mit elektrisch beheiztem Reaktorbett /155/ hält den kritischen Prozeßteil in einem schon bisher erprobten Rahmen, sodaß die Wirtschaftlichkeit sehr hoch ist.

Die Verfahrensprinzipien der Kohlevergasung können auch zur Umwandlung von Biomasse und Abfall in Generatorgas dienen. Biomasse, produziert aus schnell wachsenden Algen, Bakterien oder Pflanzen, ist ein Speicher für Sonnenenergie /16o/ (s.Pkt.4.4.2.3.2.), die somit indirekt in H_2 umgewandelt werden kann. Die Ausbeuten variieren stark mit der jeweiligen Spezies. Dieses Verfahren ist für H_2-Gewinnung von untergeordneter Bedeutung, jedoch sei darauf hingewiesen, daß die Ausnutzung von Biomasse v.a. in Zusammenhang mit Abfallverwertung, Abfallaufbereitung und Müllverbrennung angewendet wird, um einen Teil der investierten Energie wieder zurückzugewinnen /161/.

3.1.4.3. Wasserstofferzeugung aus Erdgas

Erdgas enthält H_2, CH_4, C_2H_6, höhere gasförmige Kohlenwasserstoffe, CO_2 und H_2S in variabler Zusammensetzung. Die durchschnittliche Zusammensetzung von arabischem Erdgas ist etwa folgende (in Volum-%) /162/:

1 % H_2
6o % CH_4
16 % C_2H_6 (und olefinische Vbdgn.)
7 % C_3H_8 (" ")
4 % höhere gasförmige Kohlenwasserstoffe
1o % CO_2
2 % H_2S

Wegen des hohen Methangehaltes (bis zu 9o %) ist Erdgas besonders gut als Rohstoff zur Wasserstoffproduktion geeignet. Wenn der H_2-Anteil groß genug ist (ab 5 %), kann der Wasserstoff in einem Vortrennungsschritt direkt gewonnen werden. Auch Raffinerieabgase und Reformgase finden als Rohstoffe ebenso wie Erdgas, nur mit unterschiedlicher Zusammensetzung, Verwendung /163/. Es gibt zwei Verfahrensprinzipien /164/: die direkte thermische Spaltung und das Reformieren mit Wasserdampf.

3.1.4.3.1. Direkte thermische Spaltung

Diese Methode bezeichnet man auch als thermisches bzw. katalytisches Cracken. Unter Anwendung hoher Temperaturen ab 11oo°C wird Methan gespalten und gibt Ruß und Wasserstoff ab. /165/. Das erzeugte Rohgas enthält ca. 7o % H_2. (Thermatomicverfahren) /166, P 31- P34/. Die Anlagen bestehen aus Spaltöfen, die entweder elektrisch durch Keramikwände /P35/ oder durch Erdgas/Luftgemisch-Verbrennung beheizt werden. Ni-Katalysatoren /P 36/ verringern die Temperatur auf 65o bis 8oo°C. Das Verfahren kann auch in zwei Schritten geführt werden, wobei intermediär Acetylen

(C_2H_2) entsteht /167,168,P 37/.

$$2CH_4 \rightleftharpoons C_2H_2 + 3H_2 \quad \Delta H_{298} = + 95{,}54 \text{ kcal/Mol} \tag{46}$$

$$2C_2H_2 + 3H_2O \rightleftharpoons CH_3\overset{}{\underset{\displaystyle O}{\overset{\|}{C}}}CH_3 + CO_2 + 2H_2 \quad \Delta H_{298} = - 4o \text{ kcal/Mol} \tag{47}$$

Die bei Reaktion (46) benötigte Wärmemenge kann entweder im Lichtbogen, im Keramikofen /P 35/ oder durch teilweise Kopplung mit Reaktion (47) zugeführt werden /P 37/. Aus 9ooo m^3 CH_4 (83oo kcal) entstehen 15oo kg Acetylen (11525 kcal) und 16ooo m^3 wasserstoffreiches Gas (2547 kcal). Die Reaktion (47) verläuft im Acetonkontaktofen bei 4oo^oC über Zinkoxid-Kontakt. Das entstandene Acetylen kann auch direkt im Spaltrußverfahren gespalten werden. Auch anderweitig gewonnenes Acetylen kann so zu Wasserstoff weiterverarbeitet werden /168/. Die Reaktion (48)

$$C_2H_2 \rightleftharpoons 2C + H_2 \quad \Delta H_{298} = -55 \text{ kcal/Mol} \tag{48}$$

verläuft stark exotherm und bei einer Temperatur, die größer als 8oo^oC ist, auch ausreichend rasch /P 38, P 39/. In einer Anlage der BASF wird die Retorte durch Acetylen-Luft-Verbrennung angeheizt und dann reines Acetylen geblasen /169/.

Auch der Äthan-Anteil des Erdgases und vor allem der Raffinerie- und Reformgase kann zur H_2-Produktion herangezogen werden /57/:in einem Konverter mit außenbeheizten Edelstahlschlangen, die mit großer Geschwindigkeit durchströmt werden (um Ablagerungen zu vermeiden), wird das Äthan bei 6oo - 8oo^oC zu Spaltgas gespalten. Aus 1oo m^3 C_2H_6 und 25 m^3 O_2 entstehen 172 m^3 Spaltgas folgender Zusammensetzung /167/:

14,3 % Äthan (Recycling)	31,8 % H_2
33,3 % Äthylen	0,7 % CO_2
8 % CH_4	o,6 % O_2
1o,9 % CO	o,4 % C_2H_2

(Äthylen bis C_2H_2:) zur Trennung weitergeleitet

3.1.4.3.2. Reformieren von Erdgas

1. Reaktionsbedingungen:

Die Umsetzung von Erdgas (hauptsächlich Methan) mit Wasserdampf und Luft oder Sauerstoff erfolgt entweder thermisch (Temperatur $>$ 11oo°C) oder katalytisch (Temperatur $>$ 65o°C) /17o/. Die gasförmigen Kohlenwasserstoffe reagieren dabei nach folgenden Mechanismen:

$$CH_4 + H_2O_D \rightleftharpoons CO + 3H_2 \quad \text{(Reformierreaktion)} \qquad (22)$$

$$C_2H_6 + 2H_2O_D \rightleftharpoons 2CO + 5H_2 \qquad (49)$$

$$C_3H_8 + 3H_2O_D \rightleftharpoons 3CO + 7H_2 \qquad (5o)$$

$$CO + H_2O_D \rightleftharpoons H_2 + CO_2 \quad \text{(Wassergasgleichgewicht)} \qquad (19)$$

$$2CO \rightleftharpoons CO_2 + C \quad \text{(Boudouardgleichgewicht)} \qquad (41)$$

$$CH_4 + CO_2 \rightleftharpoons 2CO + 2H_2 \quad (84o - 92o^\circ C) \qquad (51)$$

$$K_{22} = \frac{c^3_{H_2} \cdot c_{CO} \cdot p^2}{c_{CH_4} \cdot c_{H_2O} \cdot N^2} \qquad (52)$$

c_i ..... Konzentration der jeweiligen Komponente i (z.B. $i=H_2$)

N ...... Gesamtzahl der Mole

p ...... Partialdruck aller Komponenten

$$K_{19} = \frac{c_{H_2} \cdot c_{CO_2}}{c_{CO} \cdot c_{H_2O}} \qquad (29)$$

Die Gleichgewichtsmethankonzentration des reformierten Gases ist direkt der Temperatur und dem Dampf/Kohlenstoff-Verhältnis der Ausgangsstoffe proportional. Dampfüberschuß erhöht die Wasserstoffausbeute. Die Reaktion (41), das Boudouardgleichgewicht, muß möglichst verhindert werden. Je größer die Temperatur ist, desto mehr CO_2 wird gemäß Reaktion (41) gebildet.

Andererseits bewirkt die Temperaturerhöhung auch einen größeren Umsatz in Reaktion (22). Es gibt darum eine optimale Temperatur, bei der die Wasserstoffproduktion ein Maximum ist. Diese optimale Temperatur ist einerseits vom Dampf/C-Verhältnis und andererseits von der Aktivität des Katalysators und dem Druck abhängig, wie Abbildung 17 zeigt /32,45/. Die Gleichgewichtslinien gelten für 7o % Methanumwandlung.

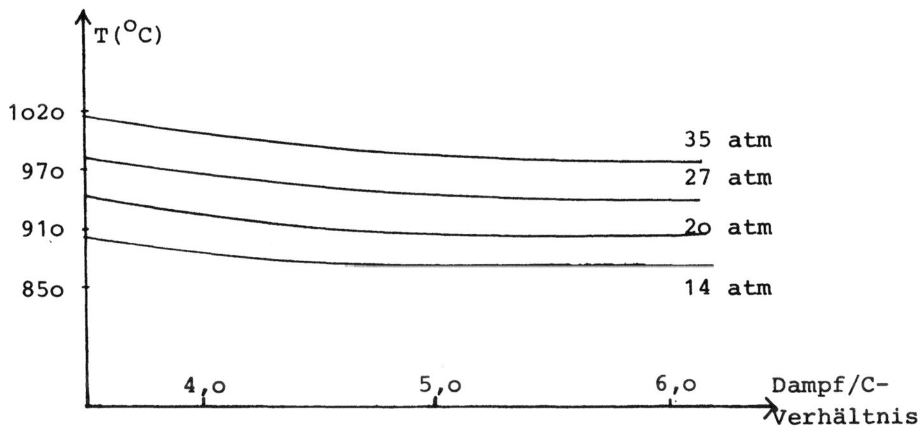

Abb. 17: Optimaltemperatur in Abhängigkeit vom Dampf/C-Verhältnis /45/.

Neuere Berechnungen, die sowohl die Reaktionskinetik als auch die Wärmeeffekte berücksichtigen, wurden von Moe, Gerhard /171/ und Hyman /172/ durchgeführt. Der Methangehalt des reformierten Gases und die Inertgasanteile des Erdgases (He, N_2) sind die bestimmenden Parameter der Reinheit.

2. Katalysatoren:

Die Geschwindigkeit der Reformierreaktion (22) ist selbst oberhalb von 12oo°C noch ziemlich gering. Erst die Anwendung von geeigneten Katalysatoren ermöglicht das Arbeiten bei niedrigeren Temperaturen mit ausreichender Geschwindigkeit. Häufig verwendet wurden Ni-Katalysatoren für Temperaturen oberhalb 8oo°C /173-175/. Auch Fe,Co, Cu, Mo und W auf Trägern wie Tonerde, SiO_2, Al_2O_3, $MgCO_3$ etc. wurden untersucht /2,176-178,P4o-P42/.

Cr_2O_3 ist in Gelform bis 4oo°C aktiv. Aber aktive Tonerde (γ- Al_2O_3) mit 5 bis 4o % Cr_2O_3-Gehalt ist bis 12oo°C aktiv /P 43/. Zuschläge wie K_2O, BeO, CeO_2, SiO_2, TiO_2, ZrO_2 und P_2O_5 verringern die Koksabscheidung /P 44-P47/. Die aktivierte Tonerde wird aus Al-Salzlösungen mit NH_3 oder Lauge unter genau definierten Bedingungen gefällt. Das Chromdioxid wird entweder mitgefällt oder durch Imprägnieren aufgebracht /179, P 48, P 49/. Neuere Entwicklungen auf diesem Sektor zielen dahin, aktive Katalysatoren zu finden, die bei höheren Drucken ausreichenden Umsatz gewährleisten. Mit diesen Katalysatoren wird üblicherweise bei einem Druck von 2o atm gearbeitet /32,18o,181/. Diese Entwicklungen umfassen Skelettkatalysatoren, bei denen Raney-Ni-bzw. Raney-Co-Skelette mit Elementen der Eisengruppe wie Pt und Pd beladen werden /178/. Der Nachteil dieser Katalysatoren ist ihre Anfälligkeit gegenüber Vergiftung (v.a. durch Schwefelverbindungen). Die aktiven Zentren werden blockiert. Eine Entschwefelungsstufe muß vorgeschaltet werden /22/. Katalysatoren, die unempfindlicher gegenüber Vergiftung, dafür aber inaktiver sind und deshalb höhere Temperaturen benötigen, sind W-Sulfide, Mo-Sulfide und Gemische aus Nickel-und W-Sulfiden. Genauso wirken Mo-Oxid/Co-Molybdat-Gemische auf Tonerdeträgern (Pkt. 3.1.4.1.2.) /23,32,45,178/.

3. Verfahrensprinzipien:

Einige prinzipielle Schritte der Reformierverfahren zeigt das folgende Blockschema /28,182/:

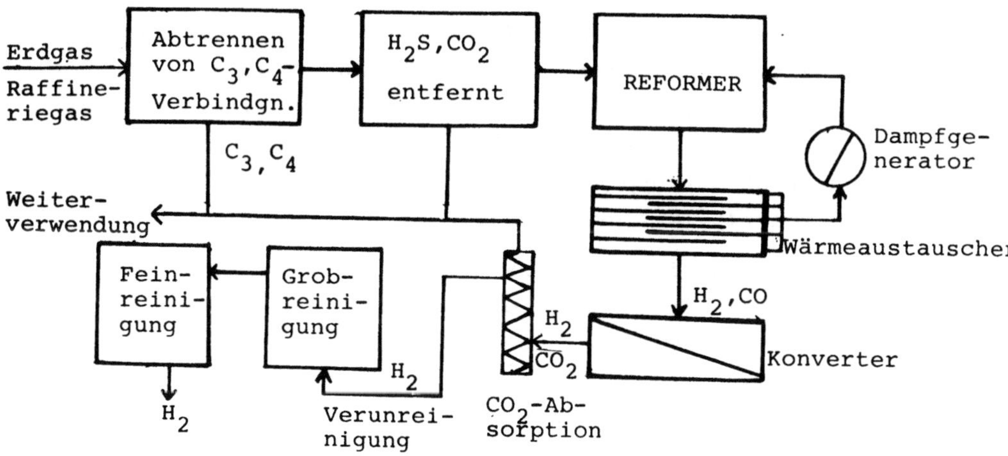

Abb. 18: Prinzipielle Verfahrensschritte der Reformierverfahren /182/.

Die Reformereinheit kann entweder einstufig /183/ oder zweistufig gefahren werden, wobei in der Sekundärstufe mit Prozeßluft das Restmethan zerlegt wird /23-25,184/.

$$CH_4 + 1/2O_2 \rightleftharpoons CO + 2H_2\uparrow \qquad (45)$$

Das reformierte Gas muß vor dem Konverter von 800 - 900°C auf 400°C abgekühlt werden. Die dabei freigesetzte Wärme dient zum Vorheizen des Prozeßwassers und wird über Kühlschlangen ausgetauscht /32,182/.

4. Anlagen:

Diskontinuierliche Verfahren benützen Erdgasverbrennung zum Aufheizen, dann wird Dampf geblasen zum Reformieren, dann wieder aufgeheizt, usw. Als Katalysator dient aktiviertes Nickel. ONIA-GEGI /185,186/ und SEGAS /178,187/ haben solche Anlagen gebaut. Kontinuierlich arbeitet das Röhrenspaltverfahren der BASF /27,188-19o/. Moderne Hochdruckanlagen werden u.a. von der FMC-Corporation /191/, der SEGAS-Corporation /192/, der Union Carbide Corporation, der Chemical Construction Corporation /P 51/ und der FOSTER-WHEELER-Corporation /45,182/ geliefert.

Ein Konzept, das die Prozeßwärme von HTGR zum Erdgasreformieren verwendet, wurde von Quade und McMain /193/ entwickelt. Ein HTGR von 3ooo MW Leistung kann problemlos eine Prozeßwärme von 9oo°C erzeugen. Das Schema solch einer Anlage zeigt Abb. 19.

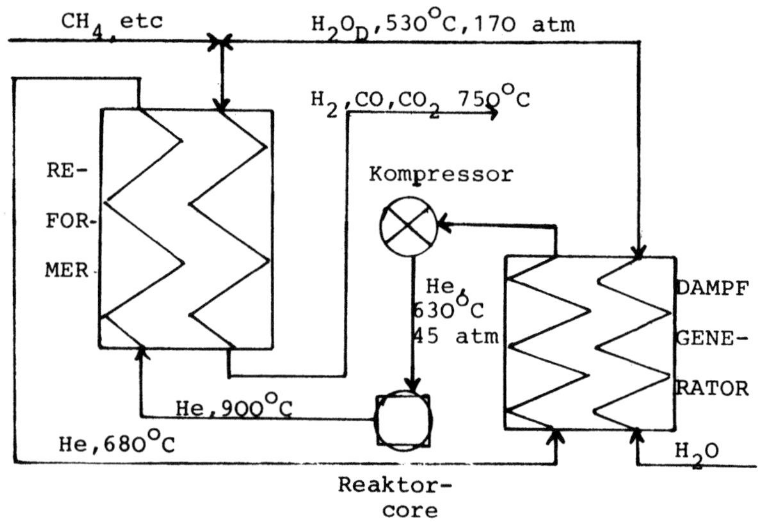

Abb. 19: HTGR als Primärenergiequelle einer Erdgas-Reformieranlage /193/.

3.1.4.4. Wasserstoff aus Erdöl

Ebenso wie aus gasförmigen, kann auch aus flüssigen Kohlenwasserstoffen Wasserstoff gewonnen werden. Das wird auch in Erdölraffinerien großtechnisch seit langem durchgeführt. Ein Großteil des anfallenden H_2 wird jedoch innerhalb der Raffinerie weiterverwendet (hydrierendes Cracken etc.). Als Ausgangssubstanzen eignen sich besonders jene Fraktionen, die anderweitig kaum verwendet werden können, wie Naphtha /194/, Schweröle und andere Destillationsrückstände /28,195/ Auch schwefelreiche Fraktionen können in neueren Verfahren gecrackt werden. Bei den Dehydrierungen von Butan, Propan und Äthan zur Gewinnung der jeweiligen olefinischen Verbindung entsteht ebenfalls Wasserstoff /178/. Neueste Alternativen werden auf der Basis von Ölschiefer entwickelt.

Die Wasserstoffgewinnung aus Erdöl kann nach 3 Prinzipien erfolgen:

- thermisches Cracken oder katalytisches Cracken
- partielle Oxidation mit (Luft) Sauerstoff
- und Reformieren mit Wasserdampf.

3.1.4.4.1. Dehydrierung von Kohlenwasserstoffen und katalytisches Cracken

Die Kohlenwasserstoffe werden durch Einwirkung hoher Temperaturen und eines Katalysators dehydriert und dabei auch teilweise gespalten. Katalytische Dehydrierung wird zumeist bei Butan zu Diolefinen und von Äthan zu Äthylen angewendet /178/. Die reine Dehydrierung ist gegenüber der C-C-Spaltung thermodynamisch benachteiligt, weil die C-H-Bindung eine durchschnittliche Bindungsstärke von 87,3 kcal/Mol aufweist, während die C-C-Bindung nur eine Bindungsstärke von 58,o kcal/Mol besitzt. D.h. rein thermische Behandlung bewirkt keine Dehydrierung, erst geeignete Katalysatoren bedingen, daß C-C-Spaltung, Polymerisation und Isomerisierung geringen Anteil am Reaktionsgeschehen nehmen. Erst oberhalb von 55o°C wird genügend Wasserstoff abgegeben /178,196/.

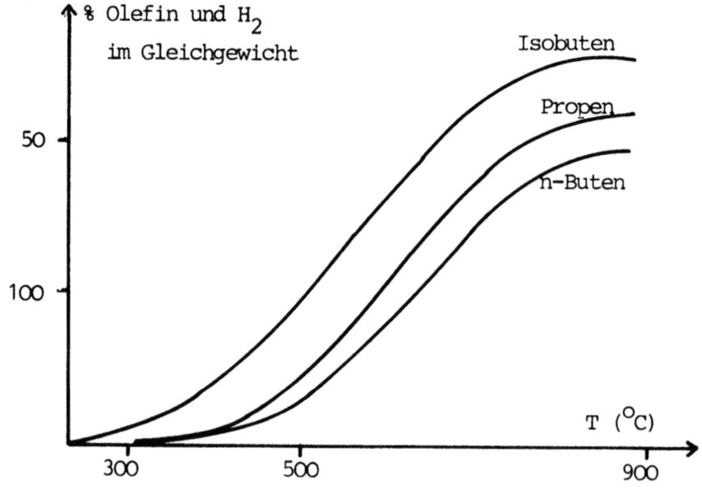

Abb. 2o: Wasserstoff und Olefingewinnung in Abhängigkeit von der Temperatur für einige niedere Kohlenwasserstoffe /197/.

Bei 5oo°C ist also 25 % des Iso-Butans dehydriert. Ab 6oo °C beginnt ein thermischer Crackprozeß, der die C-C-Bindungen spaltet. Gleichzeitig beginnt eine zweite Dehydrierung am Buten zu Butadien, das aber sehr rasch zu Polymerisationsprodukten weiterreagiert. Diese Polymerisate lagern sich auf dem Katalysator ab und müssen immer wieder durch Darüberleiten sauerstoffreicher Gase abgebrannt werden.

Als Katalysatoren wirken Cr_2O_3 auf stabilisiertem γ-Al_2O_3 /196-2o1/ oder ein Mischkatalysator aus 72,4 % MgO, 18,4 % Fe_2O_3, 4,6 % CuO und 4,6 % K_2O /198,P52-P59/.
Der Umsatz beträgt etwa 3o - 35 %, allerdings ist der Katalysator sehr empfindlich gegenüber organischen Halogenverbindungen. Die gleiche Aktivität von etwa 35 % Umsatz besitzt ein mit Cr_2O_3 aktiviertes Ca-Ni-Phosphat (6,5 - 12 Ca-Atome/Ni-Atom) /2o2,P 6o,P 61/.

An das Konstruktionsmaterial der Anlage werden hohe Anforderungen gestellt. Es darf einerseits die Rußbildung und die Spaltung der Kohlenwasserstoffe nicht begünstigen (also kein C-Stahl oder Ni-Stahl) und muß andererseits einen periodischen Wechsel zwischen oxidierender und reduzierender Atmosphäre bei hohen Temperaturen aushalten. Am besten geeignet erwiesen sich dafür Cr-Stähle /178/. Eine Stoffbilanz des Dehydrierungsprozesses sieht folgendermaßen aus /196/:

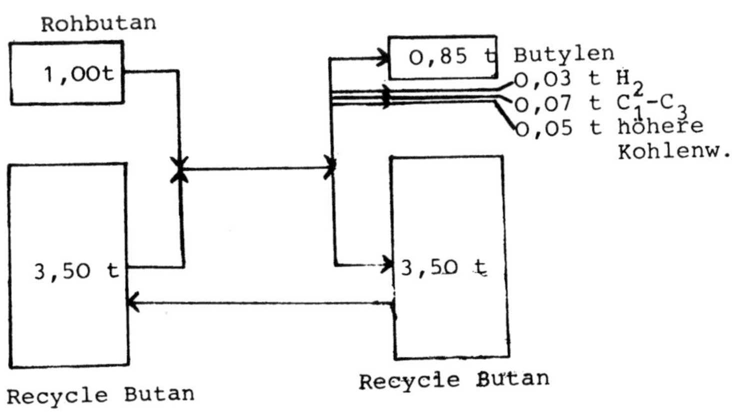

Abb. 21: Stoffbilanz der Dehydrierung von Butan /196/.

In Mol-% ausgedrückt setzt sich das Produktgemisch aus

o,7 % höheren Kohlenwasserstoffen,
1,8 % CH_4 - C_3H_8,
11,5 % i-Butylen,
6,8 % n-Butylen,
16,2 % H_2 und
63,o % Butan

zusammen /196/.

Die Wärmezufuhr kann erfolgen:

- durch elektrische Energie /2o3,2o4/
- durch unvollständige Verbrennung des Rohkohlenwasserstoffes selbst /2o5/
- durch Verbrennung von Fremdgasen und Spaltgasen in Hochtemperatur-Anlagen /2o6-2o8/
- durch Einführen von hochüberhitztem Dampf /2o9, 21o/
- durch Außenbeheizung (z.B. im Röhrenspaltverfahren)/211,212,P63/
- durch Wärmeträger (Regenerativ-Ofensystem) /213-218/.

Von den einzelnen Dehydrierungsverfahren seien hier einige aufgezählt /178/:

Das Leuna-Verfahren (I.G.) trennt den Reaktionsraum vom Regenerationsraum, zwischen denen der Katalysator hin- und herwandert. Das ICI-Verfahren verwendet hauptsächlich Butan als Ausgangsprodukt /196/. Die Standardoil Dev. Comp. verwendet Wasserdampf zur Verdünnung und erhält so einen sehr geringen Anteil an Polymeren. Die Hardy-Process Corp. hat ein einstufiges Verfahren entwickelt, bei dem die bei der regenerativen Verbrennung erzeugte Wärme im Katalysatorbett gestaut wird und so eine Wärmezufuhr im Reaktor selbst unnötig macht.

Das Hypro-Verfahren der Universal Oil Prod. spaltet katalytisch C_3 bis C_4- Kohlenwasserstoffe bei 65o - 98o°C im Wirbelbett /219/. Ein Blockschema dieses Verfahrens zeigt Abbildung 22 /22o/:

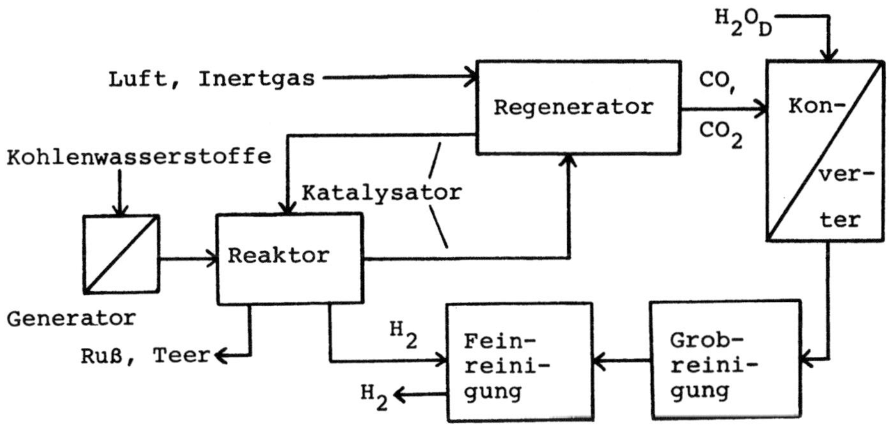

Abb. 22: Blockschema der Verfahrensschritte des Hypro-Verfahrens /22o/.

Das Lurgi-Recatro-Verfahren spaltet Benzine autotherm mit Hilfe eines Katalysators /221/. Nach der Konvertierung hat das Rohgas eine Zusammensetzung von:

5 %	CO_2	(Angaben in Volum-%)
4,8 %	CO	
74 %	H_2	
16,2 %	CH_4	

Bei einem Rohstoffverbrauch von 15,5 t pro Stunde und einem Energieverbrauch von 6oo kWh werden 4oo.ooo m^3 /h Rohgas erzeugt.
Diese Verfahren können auch mit geeigneten Katalysatoren zum Cracken von Schweröl zu olefinischen Kohlenwasserstoffen und H_2 verwendet werden /195/.

3.1.4.4.2. Partielle Oxidation von Kohlenwasserstoffen

Die partielle Oxidation von Naphtha, Schweröl und Propan-Asphalt mit Luftsauerstoff wird großtechnisch durchgeführt /28,222,223/. Die teilweise Verbrennung eignet sich auch am besten zur Ausnutzung von Ölschiefer in Untertage-Verfahren /224,225/. Der Ölschiefer enthält bis zu 2o % polymere Kohlenwasserstoffe, die einer Degradation unterworfen werden /14/.

Der Wasserstoffanteil im Spaltgas sinkt sehr stark ab, je schwerer flüchtig der verwendete Rohstoff ist. Bei Schwerölen beträgt der Wasserstoffanteil im Spaltgas 26 - 3o Volum-% /223/, bei Ölschiefer nur mehr 18 - 2o Volum-% /225,226/. Tabelle 5 gibt eine genauere Aufstellung dieser Abhängigkeit der Spaltgaszusammensetzung (in Volum-%) /223/:

PRODUKTE	ROHSTOFFE		
	Methan	Leichtbenzin	Schweröl
Acetylen	8,o %	9,3 %	11,4 %
Äthylen	o,2 %	o,2 %	o,2 %
CH_4	4,2 %	5,o %	5,o %
CO_2	3,4 %	3,8 %	4,o %
CO	25,9 %	36,9 %	51,2 %
H_2	56,8 %	43,2 %	22,3 %
Rest (N_2, Kohlenwasserst.)	1,5 %	1,6 %	5,9 %

Tabelle 5: Zusammensetzung des Spaltgases aus der Oxidation von Methan, Leichtbezin und Schweröl (in Volum-%) /223/.

Die Reaktionen und ihr Wärmehaushalt wurden genau untersucht /227/. (Für einen beliebigen paraffinischen Kohlenwasserstoff steht CH_4 in den Gleichungen und für einen beliebigen olefinischen Kohlenwasserstoff steht C_2H_4)

$$CH_4 + 1/2\ O_2 \longrightarrow CO + 2H_2 \quad \Delta H_{298} = -\ 8\ kcal/Mol \qquad (45)$$

$$C_2H_4 + O_2 \longrightarrow 2\ CO + 2H_2 \quad \Delta H_{298} = -\ 65{,}5\ kcal/Mol \qquad (53)$$

$$CH_4 + H_2O_D \longrightarrow CO + 3\ H_2 \quad \Delta H_{298} = +\ 49{,}3\ kcal/Mol \qquad (22)$$

$$C_2H_4 + 2H_2O_D \longrightarrow 2CO + 4H_2 \quad \Delta H_{298} = +\ 5o{,}o\ kcal/Mol \qquad (54)$$

Die Reaktionen (45) und (53) benötigen ohne Katalysator eine Temperatur von 12oo bis 13oo°C (Da immer Wasserdampf dazugeblasen wird, laufen auch Reaktionen (22) und (54) ab.) Bei diesen Temperaturen verlaufen die einzelnen Reaktionen zu einem großen Prozentsatz als Kettenreaktionen über Radikale /228-23o/. Der Mechanismus ist seit langem bekannt /23o/:

$$\underline{CH_4} + \cdot OH \longrightarrow H_2O + \cdot CH_3 \qquad (55)$$

$$CH_3 + \underline{O_2} \longrightarrow HCHO + \cdot OH \qquad (56)$$

$$HCHO \longrightarrow \underline{H_2} + \underline{CO} \qquad (57)$$

$$HCHO + 1/2\underline{O_2} \longrightarrow \cdot OH + \cdot CHO \qquad (58)$$

$$HCHO + \cdot OH \longrightarrow CHO + H_2O \qquad (59)$$

$$CHO + \underline{O_2} \longrightarrow \underline{CO} + H\dot{O}_2 \qquad (6o)$$

Der Kettenabbruch erfolgt durch Dimerisierungen und Stöße mit der Reaktorwand. CO-Konvertierung ist in der Praxis immer nachgeschaltet, um die entstandenen CO-Mengen wirtschaftlich nutzvoll zu verwenden (Pkt. 3.1.4.1.2.).

Ein entscheidender Vorteil dieser Verfahren liegt darin, daß auch Rohstoffe mit sehr hohem Schwefelgehalt verwendet werden können /126,231-233/. Ein Blockschema soll die prinzipiellen Stufen einer Oxidationsanlage für Kohlenwasserstoffe darlegen /21,182/:

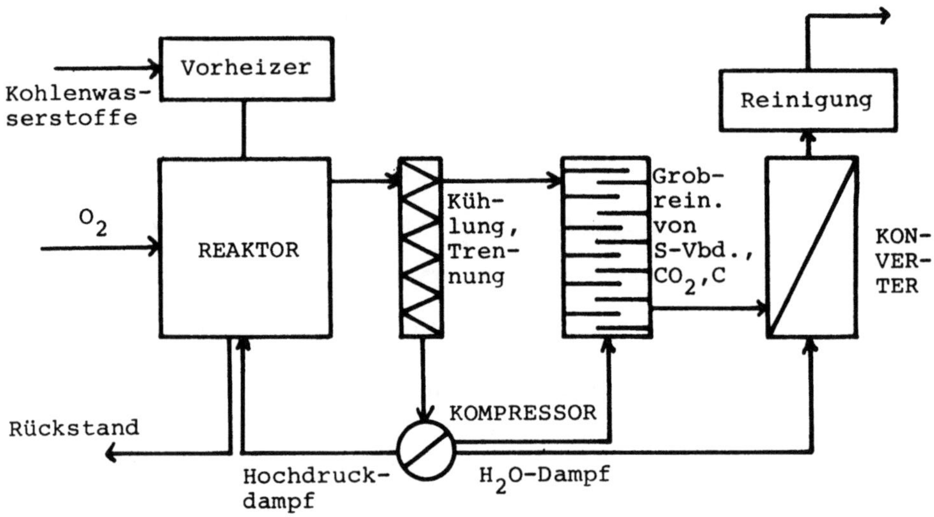

Abb. 23: Blockschema einer Kohlenwasserstoff-Oxidationsanlage /27/.

Nach der Konverterstufe kann ein H_2-Gehalt von 7o % erreicht werden. Etwa 2 % des eingesetzten Kohlenwasserstoffs bleiben als Rückstand übrig und werden kontinuierlich aus dem Reaktor abgezogen.

Gebräuchliche Anlagen werden von Shell /164,19o,234/, BASF /3o/, Koppers-Totzek, Fauser-Montecatini /P64, P65/ und Texaco /21,235-241/ gebaut.

Die partielle Oxidation von Kohlenwasserstoffen dient auch zur direkten Wasserstofferzeugung in Brennstoffzellen, wobei der Wasserstoff zur sofortigen Weiterreaktion verwendet wird /242/.

3.1.4.4.3. Reformieren

Dabei handelt es sich um die Umwandlung von Kohlenwasserstoffen mit Hilfe von Wasserdampf und manchmal unter Zusatz von Luftsauerstoff (Pkt. 3.1.4.3.2.). Als Ausgangsstoffe können sowohl Leichtbenzin (v.a. Naphtha) als auch schwerere Fraktionen dienen /28,243/.

Die Thermodynamik der einzelnen Reaktionsschritte wurde von Lihon /244/ ausführlich untersucht. Reaktionen (61)-(63) sind die entscheidenden Schritte /6/.

$$C_nH_{2n+2} + nH_2O_D \longrightarrow nCO + (2n+1)H_2 \qquad (61)$$

$$C_nH_{2n+2} + 2nH_2O \longrightarrow nCO_2 + (3n+1)H_2 \qquad (62)$$

$$C_nH_{2n} + nH_2O \longrightarrow nCO + 2nH_2 \qquad (63)$$

Alle diese Reaktionen verlaufen endotherm. Die Anwendung von Hochdruck (bis 1oo atm) erreicht einen Optimalwert, der berechnet wurde /231,245,246/. Katalysatoren ermöglichen höheren Druck und damit Ausbeute-Verbesserungen (Pkt. 3.1.4.3.2.) /1/. Die Zusammensetzung des Spaltgases ist stark von der Ausgangssubstanz abhängig. Die H_2-Ausbeute pro Mol Dampf ist für CH_4 ein Maximum und sinkt mit steigender C-Anzahl/244/. Der CH_4-Anteil steigt mit dem Druck, der CO_2-Anteil ist vom Dampf/Kohlenwasserstoff-Verhältnis abhängig. Eine durchschnittliche Spaltgaszusammensetzung (nach Konvertierung) für eine Siedefraktion bis 22o°C ist etwa folgende /247/:

22 % CO_2		
2,5 - 3 % CO		
62 % H_2		(Angaben in Volum-%)
12 % CH_4		
o,8 % C_2H_6		

Ein prinzipielles Schema einer Reformanlage für Kohlenwasserstoffe ist in der folgenden Abbildung dargestellt /6,245/:

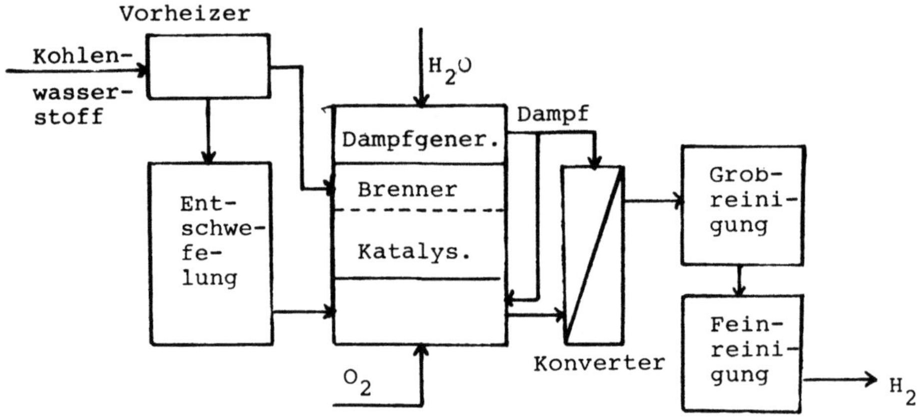

Abb. 24: Blockschema einer Reformanlage für flüssige Kohlenwasserstoffe /6/.

Anlagen zur autothermen Ölvergasung bauen Koppers und Montecatini /248, 249/. Hochdruckanlagen werden von Texaco /245/ /25o/geliefert. Der ICI-Prozeß für Reformieren von Naphtha läuft bei 3o atm zweistufig ab /8,237,247,251/. Das Dampf/C-Verhältnis ist 5/1. Das wesentliche dieses Verfahrens ist eine Koppelung der Hydrierung von olefinischen Wasserstoffen mit einer Entschwefelung in einer Vorstufe. In der zweiten Stufe wird dann an Cr-Ni-Katalysatoren (25/2o) bei 7oo°C der eigentliche Reformprozeß durchgeführt. Das Segas-Verfahren /164/ verwendet im Reaktor spezielle Absorber (Pressure-swing-Absorber), die einen Großteil der Nebenprodukte absorbieren /252,253/.

3.1.4.5. Wasserstofferzeugung aus Methanol

Nach Reaktion (24)

$$CH_3OH \longrightarrow CO + 2H_2 \quad H_{298} = + 3o{,}6 \text{ kcal/Mol} \qquad (24)$$

läßt sich z.B. bakteriologisch erzeugtes Methanol unter Anwendung von Temperaturen von 32o-345°C spalten /254/. Die besten Katalysatoren für diesen Prozeß sind Cu-Ni-Oxide /254/. Im Spaltgas sind:

31 % CO
67 % H_2 und
2 % CO_2, Kohlenwasserstoffe, Kohlenstoff u.a. Nebenprodukte.

Ohne Kühlstufe kann das Spaltgas sofort katalytisch konvertiert werden, darum sind diese Verfahren sehr einfach, nicht aufwendig und billig. Allerdings ist ihre Kapazität zur Zeit begrenzt (ca. 7 - 1o m^3/h Spaltgas). Für 1ooo m^3 werden 7oo l Methanol verbraucht, und 55o l fossile Brennstoffe. Als nutzbares Nebenprodukt fallen etwa o,7 t reinstes CO_2 an.

Das Verfahren kann auch einstufig geführt werden, wobei der Dampf zur Konvertierung direkt dem Reaktor zugeführt wird /234, P66/, wobei Reaktion (64) als Gesamtreaktion abläuft.

$$CH_3OH + H_2O_D \xrightarrow[\Delta]{} 3H_2 + CO_2 \qquad (64)$$

2o atm Überdruck erhöhen den Gesamtumsatz. In Abb. 25 ist diese einfache Anlage dargestellt /255/.

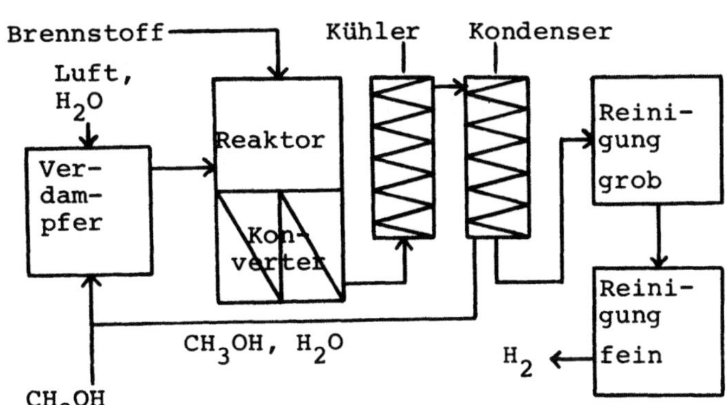

Abb. 25: Methanol-Spaltanlage /255/.

3.1.4.6. Wasserstofferzeugung aus Ammoniak

Nach Reaktion (25)

$$2NH_3 \xrightarrow[\Delta]{} N_2 + 3H_2 \quad \Delta H_{298} = + 22 \text{ kcal/Mol} \qquad (25)$$

kann Ammoniak sehr leicht an Ni-oder Fe-Katalysatoren bei 9oo - 1ooo°C dissoziativ gespalten werden /256-258/. ~2 atm Überdruck sind gebräuchlich. Die Einzelschritte der Reaktion (25) verlaufen nach dem Langmuir-Temkin-Pyzhev-Modell /259/. Die Desorption von N_2 ist der geschwindigkeitsbestimmende Schritt. Der gebildete Stickstoff wird entweder durch Tieftemperaturverfahren oder adsorptiv an Molekularsieben, Aktivkohle oder Silicagel entfernt /256,P67/.

3.1.4.7. Offene Systeme in Kombination mit Elektrolyse

Dieses Konzept benützt direkte Wasserelektrolyse

$$H_2O \xrightarrow{\text{elektr.}} H_2\uparrow + 1/2O_2\uparrow \qquad (65)$$

die durch Kohlevergasung synergistisch unterstützt wird:

$$C + 1/2O_2 \longrightarrow CO \qquad (42)$$

$$CO + H_2O \rightleftharpoons H_2 + CO_2 \qquad (19)$$

$$3H_2O + 3C \xrightarrow[\Delta]{} CO + CO_2 + CH_4 + H_2\uparrow \qquad (66)$$

Der Sauerstoff wird dadurch ständig aus dem Anodenraum entfernt (Pkt. 2.5.2.3.) /152,153/. Etwa 4o % des erzeugten Wasserstoffs stammen aus der Elektrolyse und 6o % aus der Kohlevergasung. Für 5oo t H_2 werden 37o MW elektrische Energie und 27oo t Kohle benötigt.

Momentan stellt dieses Konzept die wirtschaftlichste Form der Elektrolyse dar. Ein Blockschema zeigt die einzelnen Verfahrensschritte /154 /:

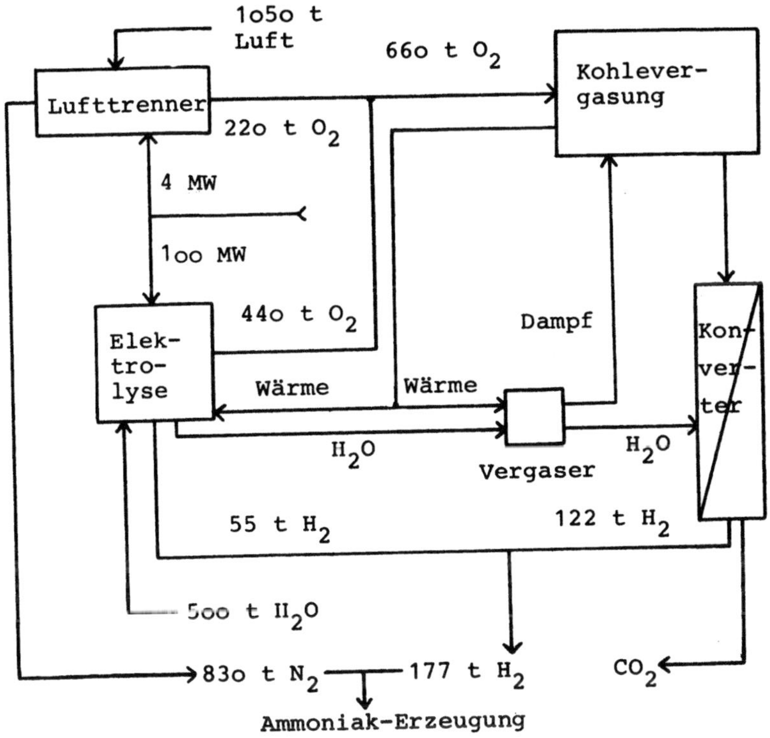

Abb. 26: Blockschema der Kombination von Elektrolyse mit Kohlevergasungsverfahren /154/.

3.1.5. Reinigungs- und Trennungsverfahren

Da in allen im vorigen Abschnitt erwähnten Verfahren nur wasserstoffreiche Gase, aber kein reiner Wasserstoff anfällt, müssen noch einige Reinigungs- und Trennschritte angeschlossen werden.

3.1.5.1. Grobreinigung

3.1.5.1.1. Abtrennung von Schwefelverbindungen

Die Schwefelverbindungen wirken als starkes Katalysatorgift und müssen daher zumeist schon vor der eigentlichen Prozeßeinheit entfernt werden (Grenzwert 8o ppm). Für niedrigeren Schwefelgehalt in Prozeßgasen ist Ammoniakwäsche /87/ bzw. Mono- oder Diäthanolaminwäsche /32/ ausreichend. Aktivkohle /45/ ist ein effektives Adsorbens (allerdings nicht für COS und H_2S) und kann mit Dampf regeneriert werden. In einer eutektischen Schmelze von Li-, Na- und K-Karbonaten (Fp. 397 °C) können gasförmige Schwefeloxide adsorbiert werden /26o/.

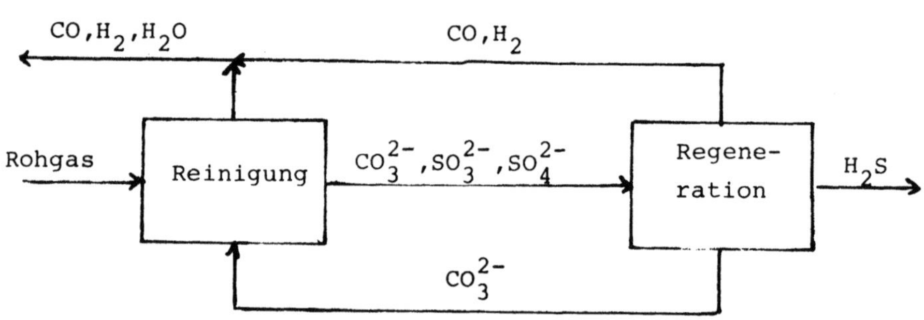

Abb. 27: Blockschema für die Abtrennung von Schwefelverbindungen in einer eutektischen Schmelze /26o/.

Entschwefelung von flüssigen Kohlenwasserstoffen erfolgt mit alternierender H_2SO_4 / KOH-Behandlung /261-263/. COS, H_2S, Mercaptane u.ä. Verbindungen werden mit Zn /32,45/ oder Zn / Fe_2O_3 /244/ zu Sulfiden gebunden (Reaktionstemperatur etwa 4oo°C).

Entschwefelung der bereits umgesetzten Produkte erfolgt durch Purisol-(N-Methylpyrolidon)-Wäsche /265/ oder durch Sulfinol-(Tetrahydrothiophendioxid/Alkanolamin-Mischung) - Wäsche /266,267/.

Um die Trennstufenzahl möglichst gering zu halten, ist es nützlich, wenn ein Waschvorgang mehrere Nebenprodukte dem Reaktionsgas entzieht. Dieser Bedingung genügt z.B. das Rectisol-Verfahren, das sowohl CO_2 als auch Schwefelverbindungen entfernen kann. Im Prinzip erfolgt eine Wäsche mit Methanol bei -7o°C und sehr hohem Druck /27,237/ /268-27o,P68/. Durch Druckverminderung wird das Methanol wieder regeneriert. Die Schwefelverbindungen und CO_2 werden freigesetzt und können weiterverarbeitet werden.

3.1.5.1.2. CO_2-Abtrennung

Ältere Methoden verwenden Mono- oder Diäthanolamin (Mea oder Dea)/32,77,271/ unter Druck. Dekompression, Temperaturerhöhung und Dampfwäsche setzt CO_2 wieder frei /272,P 69/.

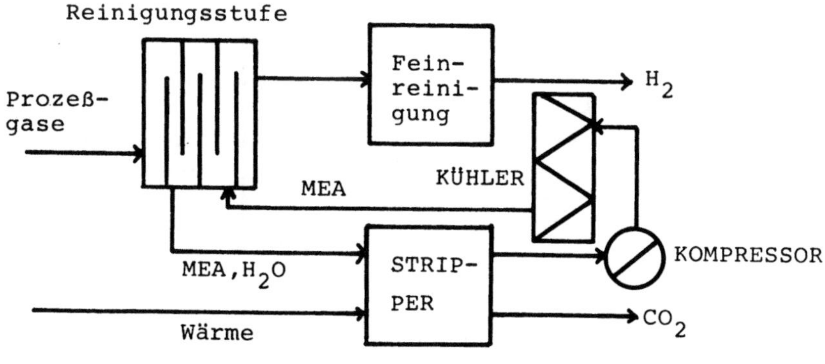

Abb. 28: Hauptschritte einer Äthanolaminwaschanlage /272/.

Das CO_2 kann auch in KOH oder in NaOH absorbiert werden, das entstandene K_2CO_3 wird beim Erhitzen gespalten und so wieder regeneriert /77,182 /. Heiße aktivierte (mit As_2O_3) Pottaschelösungen (K_2CO_3) erfüllen denselben Zweck. Die Reaktion (67)

$$K_2CO_3 + CO_2 + H_2O \rightleftharpoons 2KHCO_3 \qquad (67)$$

ist eine Gleichgewichtsreaktion, die durch Temperaturerhöhung beeinflußt werden kann /32,273,274/. Der Sulfinolprozeß wurde schon erwähnt (Pkt. 3.1.5.1.1.) Die neueste Entwicklung ist der Fluorsolventprozeß. Das Prozeßgas wird bei Drucken von 5o - 11o atm in Kontakt mit Propylenkarbonat (PyC) gebracht. Das CO_2 wird durch stufenweise Dekompression wieder freigesetzt.

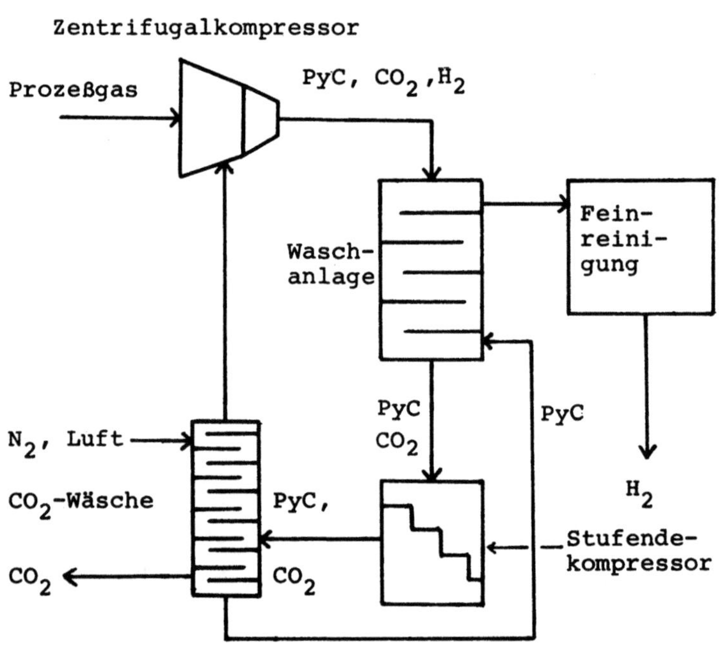

Abb. 29: Schema einer Fluor-Solvent-Anlage /32/.

3.1.5.2. Feinreinigung

3.1.5.2.1. Abtrennung des restlichen Kohlenmonoxids

Das nach Konvertierung im Prozeßgas verbleibende CO (weniger als 1 %) kann mit NaOH bei 26o°C und 5o atm oder mit Natronkalk bei 3oo°C drucklos entfernt werden /2/.

Die Kupferlaugenwäsche /275,276/ verwendet NH_3-Cu-Formiat, was aber seit 1955 allgemein durch die Hydrierung zu Methan abgelöst wurde. Ein Teil des erzeugten Wasserstoffs wird abgezweigt, und das CO (auch Spuren CO_2) katalytisch hydriert /2,27,3o/.

$$CO + 3H_2 \longrightarrow CH_4 + H_2O \qquad (38)$$

$$CO_2 + 4H_2 \longrightarrow CH_4 + 2H_2O \qquad (4o)$$

Der Katalysator für die Reaktionen (38) und (4o) ist metallisches Nickel auf einem inerten Träger /23/. Die Starttemperatur beträgt 3oo°C, dann wird der Prozeß autotherm aufgrund der stark exothermen Reaktionen geführt. Überschußwärme dient zum Vorheizen des ungereinigten Gases, wie im folgenden Schema angeführt /32/.

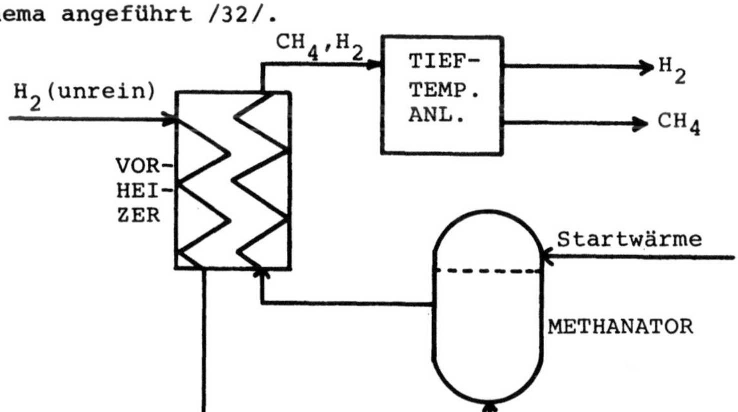

Abb. 3o: Blockschema einer Methanisierungs-Anlage /32/.

Der große Vorteil dieses Reinigungsverfahrens ist Einfachheit und große Effektivität. Der CO-Gehalt wird auf 1o ppm gesenkt. Das CH_4/H_2-Gemisch wird im Tieftemperatur-Trennungsverfahren getrennt.

3.1.5.2.2. Tieftemperatur-Trennverfahren

Die noch verhandenen Verunreinigungen des Wasserstoffs können durch fraktioniertes Ausfrieren abgetrennt werden. Das kann man entweder durch Kälteregeneratoren und Druck im LINDE-Verfahren /P2o,P21/ oder durch Flüssigstickstoffwäsche /85,86/ erreichen /P7o,P71/. Die Flüssigstickstoffwäsche hat den Nachteil, daß etwa 1o % N_2 im Endprodukt enthalten sind, die erst durch Adsorption entfernt werden müssen/277-28o/. Diese Verfahren sind allerdings energetisch und apparativ sehr aufwendig und ziemlich unwirtschaftlich. Da der Wasserstoff für die Zwecke der Energiegewinnung auch nicht extrem sauber sein muß, ist es auch möglich, diese Feinreinigungsschritte überhaupt zu unterlassen.

3.1.5.2.3. Diffusionstrennung

Die Diffusion von H_2 durch H_2-permeable Pd-Membranen (Pkt. 3.1.4.1.1.) ist ein vielversprechendes Trennverfahren, technisch allerdings noch nicht ausgereift /281,282,P 72/. Bis jetzt konnten 9o % des unreinen Wasserstoffs auf diese Weise von allen anderen Verunreinigungen abgetrennt werden, d.h. 1o % des Rohwasserstoffs sind Verlust.

3.1.5.2.4. Adsorptive Trennung

Fremdgase und Verunreinigungen lassen sich an Aktivkohle, Tonerdegel, Silikagel und Molekularsieben unter Anwendung von höherem Druck adsorbieren /2,283,P73/. "Pressure-swing-adsorption" an Molekularsieben senkt die Verunreinigungen auf ein bis zwei ppm /284-286/. Diese Trennmethode ist ebenfalls noch im Entwicklungstadium und wird noch nicht großtechnisch verwendet.

Der druckabhängige Adsorption-Desorptions-Prozeß von H_2 an Pd-Schwämmen kann ebenfalls zur H_2-Feinreinigung angewendet werden /287/.

H_2 wird bei tiefer Temperatur und hohem Druck (bis 35 bar) an den Pd-Schwamm adsorbiert und bei höherer Temperatur und Normal-Druck wieder gewonnen (s.auch Pkt. 7).

3.1.6. Wirtschaftlichkeit

Die Weltproduktion an Wasserstoff durch konventionelle Verfahren beträgt heute etwa 22 . $1o^6$ t pro Jahr. Davon geht der Hauptanteil in die chemische Verwertung /164/. Die Anlagekosten variieren je nach Verfahren, Bautyp und Kapazität der Anlage. In Tabelle 6 sind die Daten für einige Anlagen angeführt /44,152,288,289/.

Verfahren	Anlagekosten (US$/m^{3}H$_2$)	
	Kapazität von 2ooo m^3 H_2/Tag	Kapazität von 2oooo m^3 H_2/Tag
Kohlevergasung von Braunkohle	125oo	6ooo
Kohlevergasung von Steinkohle	145oo	725o
CO_2-Acceptorprozeß	1475o	775o
Erdgasreformieren	625o	31oo
Partielle Oxidation von Kohlenwasserstoffen	775o	44oo
Reformieren von Kohlenwasserstoffen	75oo	425o

Tabelle 6: Anlagekosten einiger gebräuchlicher Verfahren (in US$/m^{3}H$_2$), nach /44,152,288,289/.

Die Betriebskosten einer Anlage (abzüglich der Rohstoffkosten) gliedern sich je nach Verfahrenstyp folgendermaßen auf (Angaben in %).

Kostenaufgliederung	Braunkohlevergasung	Steinkohlevergasung	CO_2-Acceptorprozeß	Erdgasreformieren
	in %			
fixe Kosten	26,3	28,7	37,1	33,5
O_2-Einheit	3o,6	27,4	-	-
Energiekosten	8,3	7,4	18,1	16,5
Laborkosten	1,o	1,o	1,3	1,6
Katalysator	1,6	1,6	2,o	2,o
Sonstiges Material	9,5	9,5	1o,2	22,o
Manipulationskosten	18,4	2o,o	25,7	18,6
Administration	4,3	4,4	5,6	5,8

Tabelle 7: Betriebskosten einer Anlage (ohne Rohstoffkosten) (Angaben in %) /154/.

Für eine Produktion von 1ooo m^3 H_2 sind 52 - 68 t Kohle, 4ooooo t Dampf und 2ooo kWh elektrische- oder Wärmeenergie /6/ (im Kohlevergasungsverfahren), oder 83 t Kohlenwasserstoffe, 83 t O_2 und 43oo kWh Energie (bei partieller Oxidation von Kohlenwasserstoffen) notwendig /44/.

Die Rohstoffkosten können von 53 bis 9o % der Gesamtbetriebskosten im Erdgasreformierungsprozeß,von 37 bis 72 % bei der Braunkohlevergasung und von 27 bis 61 % bei der Steinkohlevergasung ausmachen.Der Minimumwert gilt für niedere Rohstoffpreise und große Kapazitäten. Bei weiter steigenden Erdgaspreisen ist zu beachten, daß ab einem gewissen Punkt Kohlvergasungsverfahren wieder wirtschaftlich konkurrenzfähig sind (s.Abb.31).

Die Wasserstoffkosten sind sehr stark von den Preisen der Rohstoffe abhängig.Einige Abschätzungen und Angaben sind in Abb.31 graphisch zusammengefaßt /5o,148,150,154,289-298/.

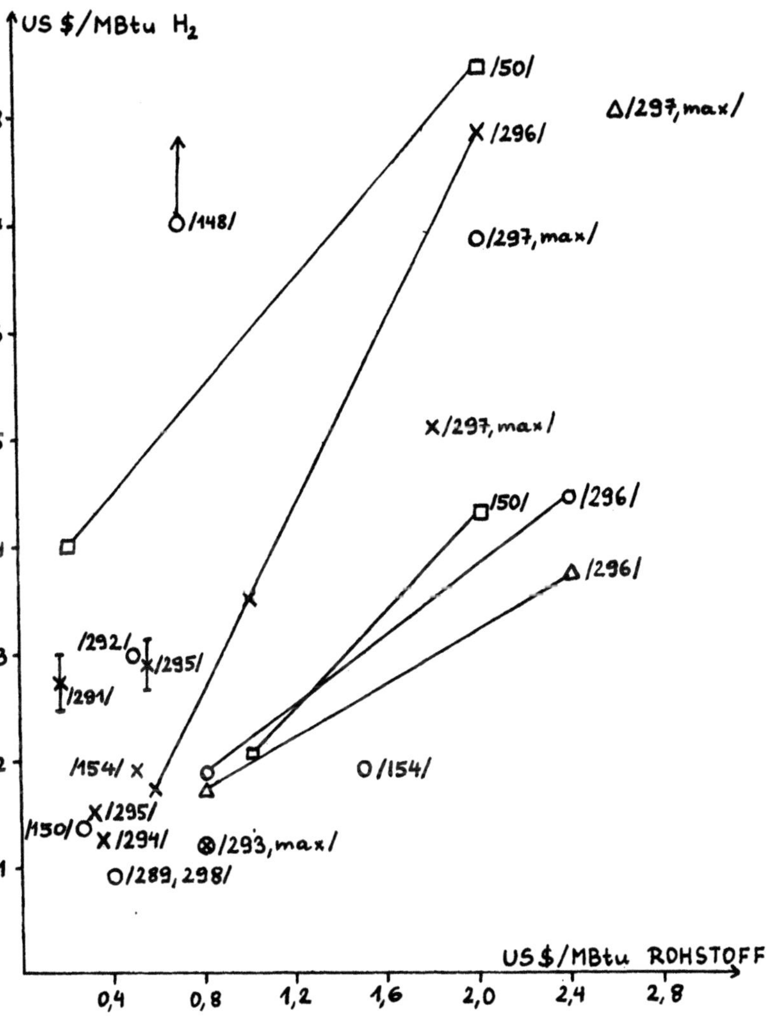

Abb.31: Wasserstoffkosten (in US$/MBtu) in Abhängigkeit vom Rohstoffpreis (in US$/MBtu).

O = Reformieren von Erdgas

⊗ = Reformieren von Erdöl

x = Kohlevergasung

Δ = Partielle Oxidation von Erdöl

□ = Fe/Dampf-Prozeß

3.1.7. Zusammenfassung

In den letzten Jahrzehnten ging der Anteil der Kohle bei der Wasserstofferzeugung immer mehr zugunsten von Erdöl und Erdgas zurück /8-11/. Erst in den letzten beiden Jahren werden die Verfahren zur Wasserstoffgewinnung aus Kohle wieder auf ihre Wirtschaftlichkeit hin untersucht und Verfahrensverbesserungen erforscht /154/. Die Vorräte an festen fossilen Brennstoffen sind bei weitem größer als die von Erdöl und Erdgas. Die erwartete Entwicklung der Wasserstoffproduktion aus den jeweiligen Rohstoffen zeigt Abb. 32 /299/.

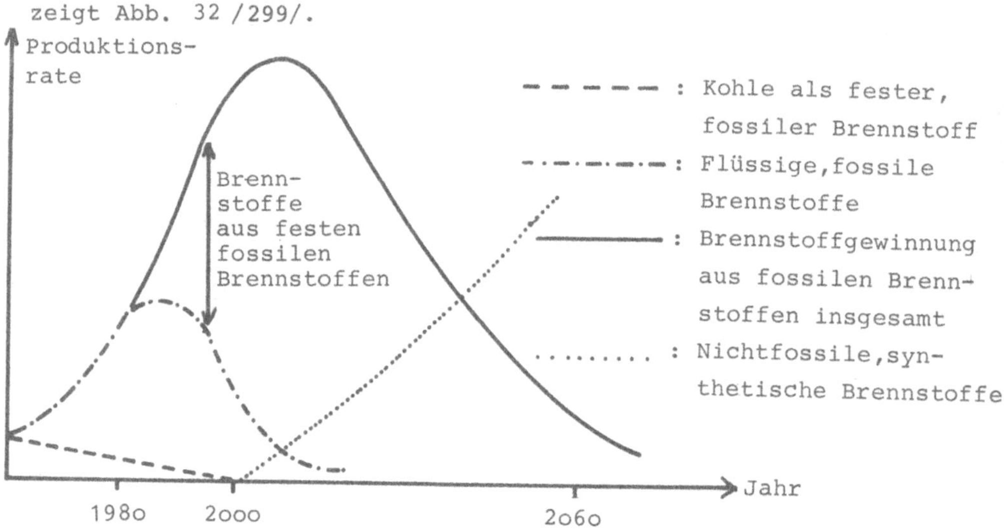

Abb. 32 : Nutzung fossiler Brennstoffe und Entwicklung synthetischer Brennstoffe /299/.

Es ist klar, daß bei der Erdölraffinierung neben anderen Produkten immer eine bestimmte Menge Wasserstoff entsteht. Dabei muß allerdings berücksichtigt werden, daß ein Großteil davon auch wieder innerhalb der Raffinerie für den Eigenbedarf aufgebraucht wird. Wasserstoffgewinnung wird dann sinnvoll, wenn Abfallprodukte, wie Naphtha, höhersiedende Rückstände, Schweröl (z.B. Bunker-C-Öl) etc. als Ausgangssubstanzen verwendet werden können, wie das in einigen Anlagen bereits der Fall ist.

Neuere Rohstoffkonzepte gehen dahin, schwefelreiches Erdöl, das anderwertig kaum verwendbar ist, und Ölschiefer, der sehr schwer der Raffinierung zugänglich ist, zu verarbeiten (hauptsächlich durch Reformieren in Untertageverfahren). Methanol als Rohstoff fällt kaum ins Gewicht, da seine bakterielle Erzeugung zu gering ist und die großtechnische Herstellung Wasserstoff benötigt. Dasselbe gilt auch für Ammoniak. Dort, wo Wasser bzw. Wasserdampf reduziert wird, ist zwar keine Rohstoffverknappung zu befürchten, aber die zur Wasserstoffproduktion benötigte Wärmeenergie (in Form von Kohle, Erdgas, Spaltgas, Nuklearenergie) stellt hier den limitierenden Faktor dar. Trotzdem gehen alle kurzfristigen Prognosen dahin, die Verfahren mit Kohle- und Wasserdampf wieder zur Wasserstoffgewinnung zu verwenden, zumindest solange, bis eine der neuen Technologien (z.B. Elektrolyse) die Erzeugung aus reinem Wasser leisten kann.

3.1.8. Literaturverzeichnis

/1/ R.Habermehl, Chem.Eng.Progr., 61 (1), 57 (1965)

/2/ D.Brownlee, Ind.Eng.Chem., 3o, 1139 (1938)

/3/ A.Bräuer, J.Reitstätter, Angew., 44, 4o6 (1931)

/4/ H.U.Karwat, A.Kruis, Ullmann's Enzyklopädie der techn. Chemie, 3.Aufl., Bd. 18, 516 (1967)

/5/ J.M.Hiza, Chem.Eng.Progr., 56, 68 (196o)

/6/ R.M.Reed, N.C.Updegraff, Kirk Othmer Encyclopedia of Chem.Technol., Vol. 7, 675 (1951)

/7/ H.Pichler, A.Hector, Ullmann's Enzyklopädie der techn. Chemie, 3. Aufl., Bd. 16, 599 (1967)

/8/ G.Fauser, Chim.Ind.(Milano), 33, 193 (1951)

/9/ F.Wehrmann, Ullmann's Enzyklopädie der techn.Chemie, 3. Aufl., Bd. 1o, 459 (1967)

/1o/ A.Doerges, Ullmann's Enzyklopädie der techn.Chemie, 3. Aufl., Bd. 16, 23 (1967)

/11/ W.Gumz, R.Lessing, VDI-Zeitschr., Verfahrensbeiheft, 2, 35 (194o)

/12/ R.Schulten, H.Barnert, K.Kugeler, Erdöl, Erdgaszeitschrift, 91 (1), 14 (1975)

/13/ W.Wenzel, Techn.Mitt., 62 (12), 551 (1969)

/14/ E.A.Walters, E.M.Wewerka, J.Chem.Ed., 52 (5), 282 (1975)

/15/ Rep.NASA/ASEE, "Hydrogenenergy Carrier", I, 12 (1973)

/16/ Rep.NASA/ASEE, "Hydrogenenergy Carrier", II, 41 (1973)

/17/ R.E.Chao, K.E.Cox in "Hydrogen Energy", ed.T.N.Veziroglu, Part A, 317, Plenum Press, N.Y. (1975)

/18/ J.M.Holms, ORNL-Rep., DWG-71-8472 (1971)

/19/ A.P.Sanders, W.R.Downs, Rep.NASA/MSC 126oo-1 (1973)

/2o/ N.C.Ford, J.W.Kane, Bull.At.Sci., 27, 27 (1971)
/21/ J.I.Bronn, Angew., 42, 76o (1929)
/22/ R.Koppe, Chem.Technik, 2, 1o5 (195o)
/23/ G.W.Bridger, Chem.Proc.Eng., 47 (12), 39 (1966)
/24/ O.I.Quartulli, Hydrocarb.Proc., 44 (4), 151 (1965)
/25/ W.Rall, Erdöl und Kohle, 2o, 351 (1967)
/26/ E.Th.Herpers, Gas, Wärme Int., 16 (6), 298 (1967)
/27/ D.H.Stormont, Oil & Gas J., 65 (1o), 92 (1967)
/28/ G.J.van den Berg, E.F.Reimuth, E.Supp, Chem.Proc.Eng., 51 (8), 53 (197o)
/29/ P.Dolch, "Wassergas, Chemie und Technik der Wassergasverfahren", J.A. Barth, Leipzig (1936)
/3o/ W.B.Bryant, Ind.Eng.Chem., 27, 1o19 (1931)
/31/ C.Hinshelwood, J.Gadsby, K.W.Sykes, Proc.Roy.Soc., A 187, 129 (1946)
/32/ A.Longacre, H.Truby, 165th Nat.Meeting of the Am.Chem.Soc., Los Angeles (1971)
/33/ L.M.Stein, H.Voetter, Z.Elchem., 37 (2), 119 (1953)
/34/ J.Meunier, "Vergasung von Brennstoffen und oxid.Umwandlg. von Kohlenwasserstoffen", 268, Verlag Chemie, Weinheim (1962)
/35/ L.L.Newman, Ind.Eng.Chem., 4o (4), 526 (1948)
/36/ D.D.Wagmann et al., J.Res.Nat.Bur.Stand., 34, 143 (1945)
/37/ H.W.Gross, Chem.Ing.Techn., 35 (4), 257 (1963)
/38/ S.A.Bresler, G.R.James, Chem.Eng., 72, 1o9 (1965)
/39/ E.Fieldner, Inf.Circ.Am.Inst.of Mines, 6992 (1938)
/4o/ C.Kröger, Z.Angew.Chem., 52, 129 (1939)
/41/ Y.Kawana, Bull.Chem.Soc. (Japan), 27, 574 (1954)
/42/ W.M.Tuddenheim, G.R.Hill, Ind.Eng.Chem., 47, 2129 (1955)
/43/ Rep. Nitrogen, 4o, 28 (1966)
/44/ H.W.Gratkowsky, Ullmann's Enzyklopädie der techn.Chemie, 3. Aufl., Bd. 16, 389 (1967)
/45/ W.G.Schlinger, G.R.Hill, R.N.Bery, Symp.of the Am.Chem. Soc,,Div.of Petroleum Chemistry, Los Angeles (1971)
/46/ F.Schüssl, Gas- und Wasserfach, 8, 359 (1929)
/47/ G.Natta, R.Rigamenti, Chim.e Ind., 18, 623 (1936)
/48/ G.A.Mills, Environm.Sci,Technol., 5 (12), 1179 (1971)
/49/ A.Taylor,"Ind.Hydrogen", 25, Vlg. Reinhold (1921)
/5o/ R.D.Witkowski, Int.J.of Hydrogen Energy, 1 (4), 365 (1977)
/51/ A.Stopnik, Chemiker Zeitung, 5o, 473 (1926)
/52/ S.J.Gashior, Bur. of Mines Dept. Int.Rep.of Investm., 5911 (1961)
/53/ C.L.Tsaros, J.L.Arora, K.B.Burnham, 1st World Hydrogen Energy Conf., Miami, März (1976)
/54/ F.Bergius, "Lehrbuch der Technologie der Brennstoffe", ed. W.J.Müller, E.Graf, F.Deuticke, Wien (1939)
/55/ W.K.Hutchinson, Inst.Gas Engen.Comm., 279, 31 (1945)
/56/ C.L.Tsaros, Am.chem.Soc, Synth.Fuels Panel, Symp., Chicago (197o)
/57/ A.Jäppelt, Ullmann's Enzyklopädie der techn.Chemie, 3.Aufl. Bd. 1o, 188 (1967)
/58/ H.H.Lowry, "Chemistry of Coal Utilization", I,II, J.Wiley, N.Y. (1947)
/59/ H.Brückner, "Handbuch der Gasindustrie", 3. Bd. Vlg.R. Oldenbourg, München-Berlin (1939)
/6o/ R.Heinze, Gas- und Wasserfach, 76, 378 (1933)

/61/ E.Ramler, G.Billenroth, Neue Hütte, 1, 226 (1956)
/62/ T.H.Kretz, W.Gollmer, F.Blecher, Ullmann's Enzyklopädie der techn.Chemie, 3.Aufl., Bd. 1o, 241 (1967)
/63/ S.Keppler, E.Eder, Brennstoff Chemie, 21, 97 (194o)
/64/ W.Demann, Ullmann's Enzyklopädie der techn.Chemie, 3.Aufl., Bd. 1o, 255 (1967)
/65/ P.Hilgenstock, Glückauf, 37, 617 (1937)
/66/ A.Thau, Teer und Bitumen, 4o, 3 (1943)
/67/ H.J.Winkler, "Der Steinkohlenteer und seine Aufarbeitung", Vlg. Glückauf, Essen (1951)
/68/ A.Jäppelt, A.Steinmann, Gas- und Wasserfach, 8o, 346 (1937)
/69/ W.J.Müller, E.G.Graf, "Technologie der Brennstoffe", 4.Aufl., F.Deuticke, Wien (1955)
/7o/ L.de Jong, "Ferngasversorgung", Oldenbourg, München (1943)
/71/ W.Classen, "Die Gasversorgung", Vlg. Vulkan, Essen (1952)
/72/ H.Koppers, Handbuch der Brennstofftechnik, 3.Aufl., Essen (1953)
/73/ E.Blümner, Brennstoff Chemie, 18, 454 (1937)
/74/ A.Jahn, Öl und Kohle, 2, 212 (1934)
/75/ F.Scherer, Forschungsber. 282 des Wirtschafts- und Verkehrsministeriums Nordrhein-Westfalen
/76/ A.Pitz, Gas- und Wasserfach, 85, 321 (1942)
/77/ A.M.Squires, Science, 184 (4134), 34o (1974)
/78/ E.Chamberlain, New Scientist, 48 (73o), 494 (197o)
/79/ E.H.Becker-Boost, Ullmann's Enzyklopädie der techn.Chemie, 3.Aufl., Bd. 1o, 345 (1967)
/8o/ W.Klempt, Brennstoff Chemie, 3o, 149 (1949)
/81/ F. Rosendahl, Gas- und Wasserfach, 99, 2 (1958)
/82/ P.Damm, Erdöl und Kohle, 4, 765 (1951)
/83/ P.N.Thompson, "Appraisal of Underground Gasification", U.K.National Coal Board, Mai (1974)
/84/ F.Holthaus, Erdöl und Kohle, 6, 26o (1953)
/85/ E.Karwat, Erdöl und Kohle, 17, 439 (1964)
/86/ E.Karwat, The Chem.Eng, 294 (193), (1965)
/87/ F.Rosendahl, Gas- und Wasserfach, 1o6, 857 (1965)
/88/ B.E.Riede, D.Hänesian, Ind.Eng.Chem., Proc.Des.Dev., 14 (1), 7o (1975)
/89/ W.Flesch, "Gasification and Liquefaction of Coal", 47, Am.Inst.of Min. and Metall.Eng., N.Y. (1953)
/9o/ H.W.Gratkowski, Ullmann's Enzyklopädie der techn.Chemie, 3. Aufl., Bd. 1o, 36o (1967)
/91/ Annual Rep.Office of Coal Research (1973)
/92/ Rep.Office of Coal Research, R+D Rep. 74, 14-32-ooo1-1216 (1973)
/93/ K.Tobisch, Brown Boveri Mitt., 59 (1972)
/94/ E.Wicke, Z.Elchem., 56, 414 (1952)
/95/ A.Key, Gas Res. Board Commun. 4o, (1948)
/96/ R.Higgins, US-AEC Rep. W-74o5-Eng.-48 (1972)
/97/ F.Katell, Coal Age, 63 (1958)
/98/ W.Gumz, J.F.Foster, "Crit.Survey of making High BTU-Gas, from Coal", Am.Gas Assoc., N.Y. (1953)
/99/ H.P.Meissner, C.L.Kusik, Can.J.Chem.Eng., 48, 349 (1956)
/1oo/ H.Fischer, H.Pichler, Brennstoff Chemie, 13, 421 (1932)
/1o1/ F.Schüssl, Gas, Wasser, Wärme, 1o, 164 (1956)
/1o2/ J.Bren, Coke and Gas, 17, 173 (1955)
/1o3/ J.King, Coke and Gas, 17, 181 (1955)
/1o4/ P.A.Toynbee, Coke and Gas, 2o, 197 (1958)

/1o5/ J.F.Foster, Ind.Eng.Chem., 4o (4), 586 (1948)
/1o6/ F.J.Dent, Proc.Joint.Conf on Gasification Processes, Hastings, G.B. (1962)
/1o7/ Review, Chem.Week, 78 (26), 76 (1956)
/1o8/ P.Wen et al., 65th Ann. Meet. of the Am.Inst.of Chem. Eng. N.Y. (1972)
/1o9/ S.Pirklbauer, Erdöl, Erdgas Zeitschr., 92 (6), 175 (1976)
/11o/ Am.M.Squires, Scientific Am., 227, 26 (1972)
/111/ F.Bieger, Erdöl und Kohle, 8, 925 (1955)
/112/ J.A.Linton, G.C.Tisdall, Coke and Gas, 19, 4o2 (1957)
/113/ R.Drawe, Gas- und Wasserfach, 76, 541 (1933)
/114/ F.Geipert, Gas- und Wasserfach, 51, 1o41 (19o8)
/115/ F.Bieger, Ges.Ber.aus Betrieb und Forschung der Ruhrgas AG, 1958 (8), 13 (1959)
/116/ F.Weitenhiller, Brennstoffchemie, 4o, 73 (1959)
/117/ P.E.Rousseau, J.W.Merwe, J.D.Louw, Brennstoff Chemie, 44, 162 (1963)
/118/ G.Lüttringhaus, Erdöl, Erdgas Zeitschr., 91, 241 (1975)
/119/ C.C.Wright, K.M.Barclay, R.F.Mitchell, Ind.Eng.Chem., 4o (4), 592 (1948)
/12o/ J.F.Farnsworth, "The Production of Gas from Coal through a Commerc.Proven Proc.", Koppers Co., Pittsburg (1973)
/121/ F.Duftschmid, F.Markert, Chem.Ing.Techn., 32, 8o6 (196o)
/122/ H.Steage, Erdöl, Erdgas Zeitschr., 92 (11), 381 (1976)
/123/ K.H.Osthaus, Coke and Gas, 24 (279), 315 (1962)
/124/ B.Portatius, Freiberg.Forsch.Hefte, A 69, 5 (1957)
/125/ W.Flesch, G.Veeling, Erdöl und Kohle, 15, 71o (1962)
/126/ F.Sabel, Chem.Ing.Techn., 24, 339 (1952)
/127/ A.Thau, Brennstoff Chemie, 16, 61 (1935)
/128/ A.Thau, Öl und Kohle, 18, 721 (1942)
/129/ M.Klötzer, Th.Lichtenberger, "Kohlenwassergas", 184, ed.J.Groosdz, W.Knapp, Halle (193o)
/13o/ R.Rummel, Chem.Ing.Techn., 28, 25 (1956)
/131/ D.T.A.Townshend, Gas J., 251, 611 (1947)
/132/ J.W.R.Rayner, J.Inst.Fuel, 25, 5o (1952)
/133/ U.Femmer, F.H.Franke, Atomwirtschaft XV (5), 241 (197o)
/134/ M.Meraiki, Diss. RWTH Aachen (1967)
/135/ P.R.Grossmann, R.W.Curtis, Trans.Am.Soc.Mech.Eng., 76, 689 (1954)
/136/ A.Rozinek, Feuerungstechnik, 3o, 153 (1942)
/137/ S.Masterman, W.A.Peet, Proc.Joint Conf.on Gasification Processes, III, 23, Hastings, G.B. (1962)
/138/ D.Hebden, R.F.Edge, Gas Counc.Res.Commun., GC 5o (1958)
/139/ D.Hebden, Proc.Joint Conf. on Gasification Processes, III, 37, Hastings, G.B. (1962)
/14o/ A.M.Squires, Science, 169, 821 (197o)
/141/ A.A.Godel, Rev.Gen.Therm., 5, 349 (1966)
/142/ A.A.Godel, Paper on the 3rd Int.Conf. on Fluidized Bed Combustion, Houston Woods (1972)
/143/ A.L.Hammond et al., "Energy and the Future", AAAS, Washington (1973)
/144/ H.Pichler, W.Schulz, Chem.Ing.Techn., 42, 1161 (197o)
/145/ Rep., PMCM-Comp., Office of Coal Research, R+D Rep. 45, 14-o1-ooo1-496 (197o)
/146/ Rep., Hydrocarb.Res., Office of Coal Research, R+D Rep. 26, 14-o1-ooo1-47 (1968)

/147/ C.L.Tsaros et al., "The manufacture of hydrogen from coal", Nat.Aerospace Eng. & Manuf. Meeting, Culver City, November (1975)
/148/ Rep., Office of Coal Research, R+D Rep.,14-o1-ooo1-225 (197o)
/149/ K.Papamarcos, Power Eng. (1973)
/15o/ H.Perry, Scientific Am., 23o (3), 19 (1974)
/151/ K.Rudolph, Chem.Econ & Eng. Rev., 5 (1o), 8 (1973)
/152/ Rep.USAEC, Synth.Fuels Panel, Summary (1972)
/153/ Rep., Synth. Fuels Panel, Div. Reactor Dev. and Technol. AEC-TID-26136
/154/ Rep. ORNL-DWG-73-3888 (1973)
/155/ J.L.Beeson, A.H.Pulsifer, Th.D.Wheelock, Ind.Eng.Chem., Proc.Des.Dev., 13 (2),159 (1974)
/156/ A.H.Pulsifer, Th.D.Wheelock, Ind.Eng.Chem., Proc.Des.Dev., 8, 539 (1969)
/157/ J.L.Beeson, A.H.Pulsifer, Ind.Eng.Chem., Proc.Des.Dev., 9, 46o (197o)
/158/ K.Kugeler, Ber. KFA-Jülich, Nr. 554 (1968)
/159/ M.Kniza, VGB-Kraftwerkstechnik, 5, 277 (1973)
/16o/ E.C.C. McGriff, R.E.McKinney, Water & Sewage Works, 377, 35 (1971)
/161/ Rep., Chem.Eng.News, 54 (8), 24 (1976)
/162/ H.K.Abdel-Aal, E.G.Peattie, THEME-Conf.Proc., Miami Energy Conf., Miami (1974)
/163/ J.Baker, Adv. in Petrol Chem. and Ref., 1o, 38 (1962)
/164/ E.H.Lanius, VDI-Nachrichten, 27 (49), 2 (1973)
/165/ R.L.Rosenstein, Chem.Metallurg.Eng., 38, 636 (1931)
/166/ W.Cope, Chem.Ind., 64, 92o (1949)
/167/ H.Sachsse, Chem.Ing.Techn., 21 (7/8), 129 (1949)
/168/ H.U.Karwat, A.Kruis, Ullmann's Enzyklopädie der techn. Chemie, 3.Aufl., Bd. 18, 516 (1967)
/169/ J.Wotschke, K.Paasch, Schweiz.Archiv angew.Technik, 15, 175 (1949)
/17o/ C.G.Milbourne, C.B.Glover, Ind.Eng.Chem., 49, 387 (1957)
/171/ J.M.Moe, E.R.Gerhard, 36th Preprint, 56th Nat.Meet. of the Am.Inst.chem.Eng. (1965)
/172/ M.H.Hyman, Hydrocarbon Processing, 47 (7), 131 (1968)
/173/ L.S.Kassel, J.Am.Chem.Soc.,54, 3949 (1932)
/174/ A.S.Gordon, J.Am.Chem.Soc.,7o, 495 (1948)
/175/ U.K.Lewis, Ind.Eng.Chem., 41, 1227 (1949)
/176/ Th.E.Madey, Surface Sci., 29 (2), 571 (1972)
/177/ D.J.M.Fassert, H.Verbeek, A.Avoird, Surface Sci., 29 (2), 5o1 (1972)
/178/ H.W.Gratkowski, Ullmann's Enzyklopädie d.techn.Chemie, 3. Aufl. Bd. 1o, 11o (1967)
/179/ H.Pitzer, Ind.Eng.Chem., 46, 1541 (1954)
/18o/ P.Thomas, "Catalytic Processes and Proven Catalysts", 1o3, Acad.Press, N.Y. (197o)
/181/ M.Rosenberg, Appliance Eng., 4, 32 (197o)
/182/ Rep., Foster Wheeler Corp., Heat Eng., 5o (1971)
/183/ A.Thau, Öl und Kohle, 18, 749 (1942)
/184/ B.J.Grotz, Hydrocarbon Proc., 46 (4), 197 (1967)
/185/ M.Patry, E.Dol, Chaleur et Ind., 31 (298), 115 (195o)
/186/ E.Heckel, E.Michel, Gas-u. Wasserfach, 95 (6), 598 (1954)
/187/ SEGAS-Corp., Gas J., 1o6, 116 (1954)

/188/ B.Fischer, H.Tropsch, Brennstoff Chemie 9, 39 (1928)
/189/ J.A.Lec, Chem.Metallurg.Eng., 52 (12), 94 (1945)
/19o/ L.W.ter Haar, J.E.Vogel, Proc. 6. Welterdölkongreß, Sect. IV, 383, Frankfurt (1963)
/191/ Rep., FMC Corp., Office of Coal Research, R+D Rep. 73, 14-32-ooo1-1212 (1972)
/192/ SEGAS Corp., Hydrocarbon Proc., 52 (11), 137 (1973)
/193/ R.N.Quade, A.T.McMain in "Hydrogen Energy", ed. T.N. Veziroglu, Part A, 137, Plenum Press, N.Y. (1975)
/194/ G.Schulz, Erdöl, Erdgas Zeitschr., 9o (7), 228 (1974)
/195/ J.R.Lambrix, C.S.Morris, H.J.Rosenfeld, Chem.Eng. Progr., 65 (11), 65 (1969)
/196/ E.Beesley, B.Whipp, Chem. & Ind., 5o, (1953)
/197/ K.Hachmuth, G.H.Hanson, Chem.Eng.Progr., 44, 421 (1948)
/198/ K.K.Kearby, Ind.Eng.Chem., 42 (2), 295 (195o)
/199/ P.Grosse, W.Ipatieff, Ind.Eng.Chem., 32, 268 (194o)
/2oo/ A.Frey, W.F.Huppke, Ind.Eng.Chem., 25, 54 (1933)
/2o1/ P.Davis, A.Griffith, Int.Congr. on Catalysis (1956)
/2o2/ E.C.Britton, A.J.Dietzler, Ind.Eng.Chem., 43, 2871 (1951)
/2o3/ P.Baumann, Angew., 2o, 257 (1951)
/2o4/ W.B.Howard, E.P.Schoch, F.R.Mayforth, Petrol Ref. 33 (1), 143 (1954)
/2o5/ E.Bartholomé, Chem.Ing.Techn., 26, 253 (1954)
/2o6/ Rep., Chem.Week, 18 (5), 112 (1957)
/2o7/ Rep., Chem.Engn.News, 35 (51), 32 (1957)
/2o8/ H.K.Kamptner, Proc. 6th World Petrol Congr., Bd. 4, 295 (1963)
/2o9/ C.C.King, J.Warburton, Oil and Gas.J., 92 (1952)
/21o/ C.C.King, J.Warburton, Petrol Processing, 1645 (1952)
/211/ Rep., FIAT Final Report, 1294 (1947)
/212/ H.Sachsse, Chem.Ing.Techn., 21 (2), 135 (1949)
/213/ H.Wulff, Petrol Ref., 32 (9), 163 (1953)
/214/ T.H.Weaver, Chem.Eng.Progr., 49, 35 (1953)
/215/ M.O.Kilpatrick, Petrol Ref., 33 (4), 171 (1954)
/216/ K.W.Schneider, V. Weltkraftkonferenz, Abt. E, B 185E, 17, Wien (1956)
/217/ K.Winnacker, Kunststoffe, 47 397 (1955)
/218/ K.Winnacker, Chem.Week, (5), (1957)
/219/ J.B.Pohlenz, L.O.Stine, Petrol Ref., 41 (5), 191 (1962)
/22o/ H.K.Kamptner, Erdöl und Kohle, 21 (73/74), 578 (1968)
/221/ H.Berge, W.Kirchner, J.Poll, Gas- und Wasserfach, 1o7, 993 (1966)
/222/ H.Kröper, R.Platz, Erdöl und Kohle, 16, 537 (1963)
/223/ H.Friz, Chem.Ing.Techn., 4o, 1oo1 (1968)
/224/ H.Weddige, Glückauf, 91, 778 (1955)
/225/ A.Schneiders, Erdöl und Kohle, 3, 3 (195o)
/226/ C.G.Friedersdorff, Ind.Eng.Chem., 52 (7), 595 (196o)
/227/ H.Sachsse, Chem.Ing.Techn., 21 (1), 1 (1949)
/228/ R.G.W.Norrish, Proc.Roy.Soc., A 145, 3o7 (1934)
/229/ W.A.Bone, Proc.Roy.Soc, A 134, 578 (1932)
/23o/ N.N.Semjonow, Z.Phys.Chem., B 2, 161 (1929)
/231/ G.J.Berg, Hydrocarbon Proc., 45 (5), 193 (1966)
/232/ W.L.Slater, R.M.Dille, Ind.Chim.Belg., 32, 74o (1967)
/233/ W.L.Slater, 7th Meet.of the Southern Calif.Section of the Am.Inst.Chem.Eng., 1528 (197o)
/234/ L.W.ter Haar, J.E.Vogel, Proc.Joint Conf. Gasification Processes, Hastings, G.B. (1962)

/235/ P.C.Keith, Oil and Gas J., 45 (6),(1946)
/236/ C.P.Marion, W.L.Slater, 6. Welt-Erdölkongress, Frankfurt (1963)
/237/ D.J.Borgers, Ind.Chemist., 39, 177 (1962)
/238/ K.Osterloh, Erdöl und Kohle 12, 815 (1959)
/239/ T.Borelli, A.Righi, Ind. Chimique, 4o, 65 (1953)
/24o/ E.Bartholomé, H.Nonnenmacher, Erdöl und Kohle 12, 359 (1959)
/241/ H.Hiller, Gaswärme, 8, 151 (1959)
/242/ J.G.Bannochie, C.G.Glow, Energy Conv., 13 (2), 67 (1973)
/243/ J.B.Allen, Chem.Proc.Eng., 46 (9), 473 (1965)
/244/ D.A.Lihon, Chem.Proc.Eng., 46 (9), 487 (1965)
/245/ W.L.Slater, R.M.Dille, Chem.Eng.Progr., 61 (11), 85 (1965)
/246/ P.Schulder, Brennstoff Chemie, 46, 97 (1965)
/247/ J.Voogd, J.Thielroy, Petrol Ref., 42 (3), 144 (1963)
/248/ F.Weinrotter, V. Weltkraftkonf. Ber. 2E/1, Wien (1956)
/249/ T.Borelli, A.Righi, Riv. dei Combustibili 7, (1953)
/25o/ H.Pichler, Gas- und Wasserfach, 97, 713 (1956)
/251/ Rep., Erdöl und Kohle, 16, 12o2 (1963)
/252/ FCI Rep., Eur.Chem.News, (418), 1o (197o)
/253/ FCI Rep., Eur.Chem.News, (422), 21 (197o)
/254/ H.S.Seelig, R.F.Marschner, Ind.Eng.Chem., 4o, 583 (1948)
/255/ R.M.Reed, Trans.Am.Inst.Chem.Eng., 42, 379 (1946)
/256/ Rep.,Chem.Eng., 68 (3), 72 (1971)
/257/ J.F.T.Berliner, G.W.Burke, Trans.Am.Inst.Chem.Eng., 25, 42 (193o)
/258/ C.E.Bowen, J.Inst.Elect.Eng., 9o I, 474 (1943)
/259/ N.Takezawa, R.Mezaki, Can.J.Chem.Eng., 48 (4), 428 (1956)
/26o/ R.D.Oldenkamp, Chem.Eng.Progr., 65 (11), 73 (1969)
/261/ R.J.Phillips, H.G.Napier, Petrol Ref., 38, 151 (1959)
/262/ Rep., Shell Dev.Comp., Petrol Ref., 43 (9), 213 (1964)
/263/ D.L.Yabroff, A.C.Nixon, Science of Petrol., 5, 173 (1953)
/264/ J.A.Lacey, S.K.Mukherjee, Gas Counc.Res.Comm., 128 (1966)
/265/ G.Hochgesand, Chem.Ing.Techn., 4o, 432 (1968)
/266/ W.G.Digh, I.G.Tours, Erdöl und Kohle, 19, 4o4 (1966)
/267/ P.Goar, Oil and Gas J., 117 (1969)
/268/ W.Förg, Linde Ber.Techn.Wiss. (28), (197o)
/269/ W.Förg, Linde Rep.Sci.Technol.,15 (18), (197o)
/27o/ C.Eymann, E.Jaworski, K.Osterloh, Gas- u. Wasserfach, 93, 22 (1952)
/271/ L.L.Hirst, I.I.Pinkel, Ind.Eng.Chem., 28, 1313 (1936)
/272/ H.Dingman, P.Moore, Hydrocarbon Proc., 47 (7), 138 (1968)
/273/ L.N.Maddox, M.D.Burns, Oil and Gas J., 66 (1), 91 (1968)
/274/ A.G.Eickmeyer, Chem.Eng.Progr., 58 (4), 89 (1962)
/275/ A.M.Miller, J.J.Jenkins, Chem.Metallurg.Eng., 5o (11), 119 (1943)
/276/ A.P.Krevelen, C.M.Baans, J.Phys.Coll.Chem., 54, 37o (195o)
/277/ Z.Fujiyasu, Cryogenic Eng., 5 (4), 181 (197o)
/278/ A.Tamir, Y.Taitel, Int.J.Heat Transfer, 13, 15o1 (197o)
/279/ H.Zeller, W.Scholz, Erdöl und Kohle, 2o, 2oo (1967)
/28o/ P.L.Charlesworth, Chem.Eng., 87 (1965)
/281/ Rep., Chem.Age (2642), 24 (197o)
/282/ J.E.Philpott, Platinum Met. Rev., 2o (4), 11o (1976)
/283/ Rep., Oil and Gas J., 61 (27), 78 (1963)
/284/ H.A.Steward, J.E.Heck, Symp. Ser., Am.Inst.Chem. Eng., 65, 117 (1969)
/285/ H.A.Steward, J.E.Heck, Chem.Eng.Progr., 65 (9), 78 (1969)

/286/ R.Eluard, G.Simonet, Chim.Ind., 1o3, 189o (197o)
/287/ W.Betteridge, J.Hope, Platinum Met.Rev., 19 (2), 5o (1975)
/288/ H.Schulte, K.Wenzel, EG-Komm., Sect. 12 (197o)
/289/ P.Kerns, Rep., Gen.Electric, GE-72-TMP-53 (1972)
/29o/ G.Klingemann, R.P.Schaaf, Hydrocarbon Proc.,97 (1972)
/291/ G.D.Brewer, Int.J.Hydrogen Energy, 1 (1), 65 (1976)
/292/ J.M.Burger, Int.J.Hydrogen Energy, 1 (1), 55 (1976)
/293/ H.Barnert, R.Schulten in "Hydrogen Energy", ed. T.N. Veziroglu, Part A, 115, Plenum Press, N.Y. (1975)
/294/ J.R.Powell, F.J.Salzano, W.A.Savian in "Hydrogen Energy", ed. T.N.Veziroglu, Part A, 255, Plenum Press, N.Y. (1975)
/295/ J.O'M.Bockris, Pure & Appl. Chem., 47 (1), 25 (1977)
/296/ L.J.Nutall, A.P.Fickett, W.A.Titterington in "Hydrogen Energy", ed.T.N.Veziroglu, Part A, 441, Plenum Press, N.Y. (1975)
/297/ J.H.Kelley, Int.J.Hydrogen Energy 1 (2), 199 (1976)
/298/ G.Goff, Int.Symp. and Workshop on the Hydrogen Economy, ed. S.Linke, Cornell Univ.Press, Ithaka (1974)
/299/ Rep., ORNL-DWG-72-1o355 (1972)

3.1.9. Patentverzeichnis

/P1/ G.F.Jaubert,DRP 262 635 (193o)
/P2/ G.F.Jaubert,DRP 272 6o9 (193o)
/P3/ Griesheim-Elektron,DRP 284 816 (1914)
/P4/ BASF,DRP 258 929 (1912)
/P5/ U.C.Langer,DRP 51 572 (1889)
/P6/ Am.Magnesium Metals Corp.,DRP 7o6 868 (1935)
/P7/ BASF,DRP 279 582 (1913)
/P8/ BASF, Fr.P., 1,575 915
/P9/ BASF,DAS 1,25o 792 (1959)
/P1o/ BASF,DBP 1,248 623 (1963)
/P11/ SEGAS Corp., BP 1,185 45o
/P12/ I.G., DRP 5o6 o41 (1929)
/P13/ ESSO Res.Eng., EP 1,o35 724 (1964)
/P14/ F.J.Liljenroth, DRP 4o6 411 (1923)
/P15/ F.J.Liljenroth, DRP 4o9 344 (1924)
/P16/ I.G., DRP 431 5o4 (1924)
/P17/ B.Schätzel, DRP 5o6 543 (1929)
/P18/ Standard Oil Dev.Co., F.P. 999 o72 (1949)
/P19/ H.Koppers,DRP 72o 642 (1939)
/P2o/ LINDE,DRP 513 234 (1929)
/P21/ LINDE,DBP 961 741 (1952)
/P22/ DuBois,Eastman,TEXACO,AP 2,558 746 (1951)
AP 2,655 443 (1948)
AP 2,681 852 (1948)
/P23/ A.Dauber,DRP 54 995 (189o)
/P24/ H.Koppers,F.Totzek,DRP 885 767 (1941)
DRP 917 447 (1941)
/P25/ Winkler,Flesch,DEMAG,DRP 437 97o (1922)
/P26/ BASF,DBP 882 484
DBP 899 54o
DBP 9o2 665

/P27/ ICI,EP 578 711
/P28/ ICI,AP 2,8o1 158 (1957)
/P29/ P.Aldridge, U.S.Pat., 3,74o 193 (1973)
/P3o/ Pullmann Inc., EP 994 2o8 (1963)
/P31/ P.Ferneks,AP 1,o66 894 (1913)
/P32/ Brownlee,Uhlinger, Nitro Prod.Comp.,AP 1,168 931 (1915)
/P33/ Spear,Moor,Thermatomic Carbon Co., AP 1,987 643 (1928)
/P34/ Thermatomic Carbon Co., AP 1,987 644 (1933)
/P35/ H.Fischer,H.Pichler,DRP 533 178 (1929)
/P36/ BASF,DRP 4o3 o49 (1922)
/P37/ H.Sachsse,AP 2,195 227 (1949)
/P38/ Bosch,DRP 27o 199 (1913)
/P39/ Showinigan Chem.Ltd,AP 2,453 44o (1953)
/P4o/ BASF,DRP 296 866 (1912)
/P41/ I.G.,DRP 542 494 (1928)
/P42/ H.Harter,DRP 591 986 (1928)
/P43/ I.G.,F.P. 634 857 (1927)
/P44/ Philips Petrol Co.,AP 1,9o5 383 (193o)
/P45/ Univ.Oil Prod.,EP 484 417 (1936)
/P46/ Union Oil Co., AP 2,393 537 (1942)
/P47/ Philips,AP 2,483 929 (1946)
/P48/ Philips Petrol Co.,AP 2,499 675 (1945)
/P49/ BASF,DBP 855 7o5 (1943)
/P5o/ Union Carbide,BP 1,195 852
/P51/ Chemical Construction Co.,BP 1,191 358
/P52/ Standard Oil Co.,AP 2,395 876 (1942)
/P53/ Standard Oil Co.,AP 2,4o7 373 (1943)
/P54/ JASCO,AP 2,395 875 (1943)
/P55/ F.Huppke, U.S.Pat.1,9o5 383 (1933)
/P56/ E.J.Hardy, U.S.Pat.2,419 997 (1947)
/P57/ P.W.Reynolds,U.S.Pat.2,42o 563 (1947)
/P58/ J.G.Brenner,U.S.Pat.2,382 394 (1945)
/P59/ H.W.Pitzer,U.S.Pat.2,536 o85 (1951)
/P6o/ Dow Chemical,AP 2,442 319 (1944)
/P61/ C.R.Noddings,J.W.Corey,U.S.Pat.2,641 619 (1953)
/P62/ A.Groll,I.Burgin,AP 1,965 771 (1933)
/P63/ I.G.,DRP 763 933 (1937)
DRP 558 43o (1926)
/P64/ Montecatini,DAS 1,o76 o91 (196o)
/P65/ Standard Oil Dev.Co.,EP 635 913 (195o)
/P66/ J.F.Eversale,U.S.Pat.2,o19 427 (1947)
/P67/ Union Carbide,AP 3,111 387 (196o)
/P68/ LINDE AG,DBP 961 741 (1952)
/P69/ Toyo Eng.Corp.Mitsui Toatsu Chem.Co.Ltd.,Ger.Offen. 2,o12 119
/P7o/ J.Seorge,U.S.Pat.3,8o2 993 (1974)
/P71/ J.Kelley,P.Thomas,U.S.Pat.3,729 944 (1973)
/P72/ Int.Nickel,S.Afr.Pat.69/o1122 (1969)
/P73/ ESSO,AP 3,141 748 (1961)

3.2. Wasserstofferzeugung durch geschlossene thermochemische Systeme

Einer allgemeinen Einführung folgt eine kurze Besprechung der Thermodynamik der verwendeten Prozesse. Um die Fülle an beschriebenen Prozessen bewältigen zu können, erfolgt eine Einteilung in "Familien" /1/, die auf Ähnlichkeiten, wie Verwendung gleicher Elemente oder derselben charakteristischen Reaktion beruht. Abschließend werden die Methoden vor allem in ökonomischer Hinsicht miteinander verglichen.

3.2.1. Allgemeine Einleitung

Es wurde gezeigt (Pkt. 3.1.4.1.1.), daß die direkte thermische Spaltung von Wasser ökonomisch nicht relevant ist. Man sucht daher geschlossene thermochemische Zyklen, d.h. Systeme mit n Reaktionen, die den Prozeß kontinuierlich wieder in den Ausgangszustand bringen, wobei nur Wasser verbraucht und Wasserstoff bzw. Sauerstoff gewonnen werden.

Die Vorteile solcher Zyklen sind klar: lediglich Wasser muß ergänzt werden, das billig und in beliebig großen Mengen vorhanden ist; innerhalb der Umwandlung gibt es keine großen Ineffizienzen, da nur wenig Arbeit geleistet wird (im Gegensatz zur Elektrolyse von Wasser, bei der zuerst elektrische Energie erzeugt werden muß); die nötige thermische Energie wird, z.B. aus gasgekühlten Hochtemperatur-Reaktoren (HTGR), schon in den nächsten Jahren zur Verfügung stehen. Je höher die verwendete Primärenergie ist, desto mehr Zyklen sind möglich, desto höher ist der Wirkungsgrad und desto einfacher werden i.a. die Prozesse. Als Nachteile erweisen sich dabei die mit der Temperatur steigenden Materialschwierigkeiten.

Die Untersuchung theoretisch denkbarer Systeme sollte in folgenden Schritten ablaufen /1/:

1. Theoretische Analysen, in denen untersucht wird, welche chemischen Zyklen theoretisch möglich sind und welche Temperaturgrenzen sie besitzen, wobei neben den anorganischen Systemen solche mit organischen Reaktanten oder einzelnen elektrochemischen Schritten nicht vergessen werden sollten. Zur Voreliminierung werden Computerprogramme verwendet /2,3/. Wichtig ist es, außer der chemischen Realisierbarkeit den Energieverbrauch aller Schritte (also auch von Trennungen usw.) abzuschätzen und den thermischen Wirkungsgrad zu berechnen/4/. Am besten entwickelt man Block- und Flußdiagramme. In technisch- ökonomischer Hinsicht muß ein Vergleich sowohl mit den Parametern verschiedener Reaktoren (T_{max} usw.) /1,5,6/, als auch mit jetzt gebräuchlichen industriellen Prozessen folgen.
2. Angewandte Forschung über die Thermodynamik und die Reaktionsgeschwindigkeiten des Systems, über Materialprobleme etc. müssen durchgeführt werden. Schließlich folgen eine Optimierung der Parameter und der Entwurf von Betriebsanlagen. Nach Erstellen eines Modells muß der Prozeß endgültig industriell entwickelt werden.

Für Zyklen, die mit Temperaturen unter 8oo°C arbeiten, wie Mark 1, Mark 1 B, Mark 9 usw., genügt die jetzige Technologie des HTGR. Bei einer T_{max} von 8oo bis 9oo°C ist relativ wenig Entwicklung nötig, wogegen Reaktionen mit T_{max} von über 9oo°C Langzeitprojekte darstellen. Derzeit ist noch kein geschlossener thermochemischer Zyklus über das Stadium des Entwurfes von Betriebsanlagen hinausgediehen.

3.2.2. Thermodynamik geschlossener Zyklen

Abb. 1 zeigt ein einfaches Schema der Wasserstoffgewinnung mit solchen Systemen. Das Wasser tritt mit Zustand a in den Reaktor ein und verläßt ihn als Sauerstoff und Wasserstoff in Zustand b. Während des Prozesses erfolgt ein

Wärmeaustausch mit einem Wärmereservoir mit höherer Temperatur T und einem mit niedrigerer Temperatur T_o.

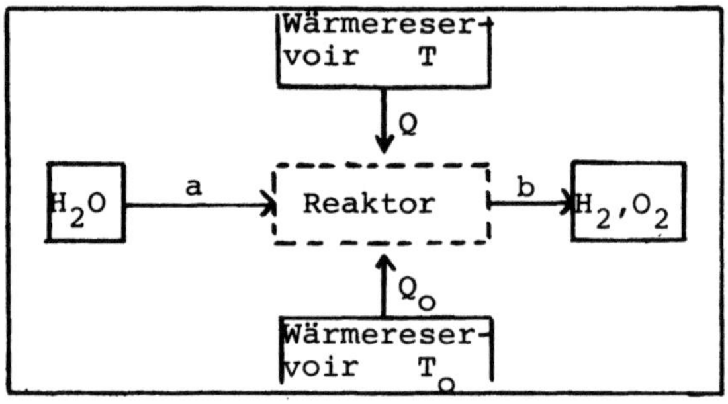

Abb. 1: Schema der Wasserstoffgewinnung /7/.

Nach dem 1. Hauptsatz der Thermodynamik gilt:

$$Q - Q_o = \triangle H \tag{1}$$

$$\triangle H = \triangle H_{H_2O} - \triangle H_{H_2} - 1/2 \triangle H_{O_2} \tag{2}$$

Dabei ist Q der Wärmestrom, der mit dem Reservoir mit T ausgetauscht wird, analog Q_o der Wärmestrom, der mit dem Reservoir T_o ausgetauscht wird. H ist die Enthalpie, S die Entropie (Pkt. 2.2.1.).
Nach dem zweiten Hauptsatz der Thermodynamik gilt:

$$\triangle S \geq \frac{Q}{T} - \frac{Q_o}{T_o} \tag{3}$$

Abb. 2 zeigt ein Enthalpie/Temperatur-Diagramm /8/. Die ausgezogenen Linien stellen H_2O, H_2 und O_2, bzw. eine Zwischenstufe A dar. Die Vertikale zeigt $\triangle H$, das durch Kombination von Wärme ($Q = T\triangle S$) und Arbeit ($W = -\triangle G$) in den Proportionen der gestrichelten Linie (Q - W) zwischen den beiden Zustandslinien aufgebracht wird. Die Entropie des Systems wird konstant gehalten.

Es ist ersichtlich, daß eine Dissoziation von H_2O (g) bei Raumtemperatur (1 ⟶ 5) ein $\triangle H$ = 57,8 kcal/Mol erfordert,

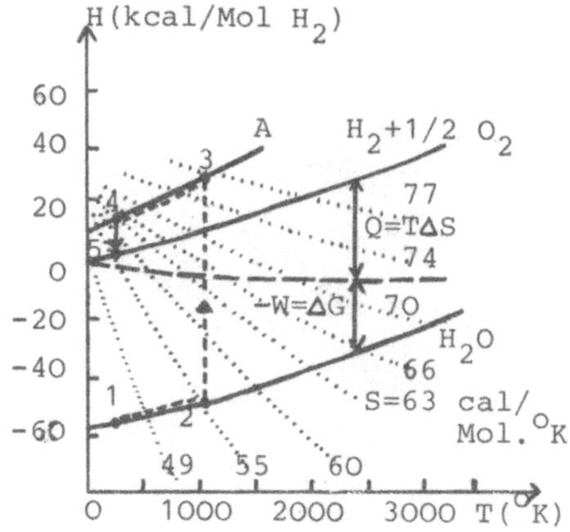

Abb. 2: H/T-Diagramm der Wasserzersetzung bei
S = const. /8/

davon mehr als 9o % in Form von Arbeit, wie das bei der Elektrolyse der Fall ist (Pkt. 2.2.1.) . Bei einem Weg über die Stufe A ist dagegen günstigerweise überwiegend Wärme notwendig. Zu einfache Systeme solcher Art arbeiten allerdings bei unrealistisch hohen Temperaturen. Je mehr Schritte ein Zyklus besitzt, desto weniger Arbeit ist erforderlich.

Folgende Kriterien gelten /8, 9/:

1. Die Reaktion mit der höchsten Temperatur in einem Schema mit n Reaktionen muß ein positives ΔS haben (Reaktionen niedriger Temperatur sollen mit $-\Delta S$ arbeiten).
2. Ein praktisch akzeptabler und energetisch effizienter, geschlossener Zyklus benötigt eine Änderung der freien Energie $\Delta G \sim 0$ ($\Delta G < 0$: die Produkte sind zu stabil und verursachen Schwierigkeiten bei der Recyclisierung).
3. Kein Schema mit n Reaktionen im Uhrzeigersinn des H/T-

Diagrammes kann weniger Arbeit als die direkte H_2O-Elektrolyse haben.

4. Jeder Schritt im Uhrzeigersinn im H/T-Diagramm benötigt mehr Arbeit als der umgekehrte Vorgang.

Die letzteren Kriterien erläutert Abb. (3).

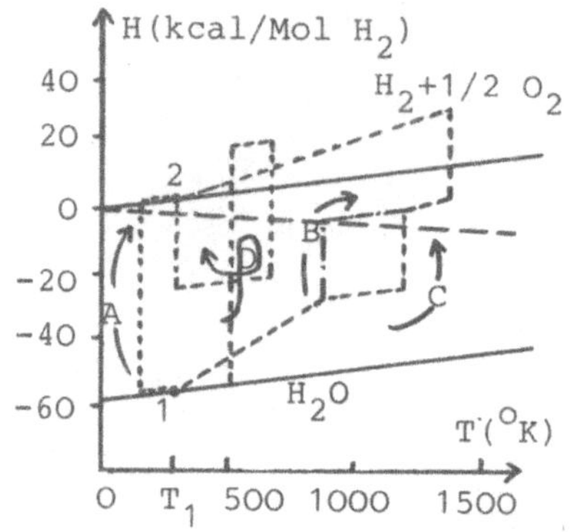

Abb. 3: H/T-Diagramm zur Erläuterung einiger Kriterien /8/:

A braucht mehr Arbeit als die direkte Elektrolyse bei T_1;

C braucht weniger Arbeit als B;

D ist thermodynamisch falsch.

Da außer Wasser noch Chemikalien, die rückgewonnen werden müssen, im System vorhanden sind, ist die Arbeitsminimalisierung begrenzt. Nicht vergessen darf man die Trennungsarbeit, die im Gesamtenergieverbrauch sehr belastend sein kann und die meisten angegebenen η_{th} -Werte in der Literatur zu optimistisch erscheinen läßt /8, 4/.

Gut zur rein thermodynamischen Beurteilung chemischer Prozesse eignen sich Mollierdiagramme, das sind Entropie/Enthalpie-Diagramme bei p, T = const. : die im stationären Betrieb nötige Wärmezufuhr und die Entropieerzeugung bzw. Gleichgewichtsbedingungen können erfaßt werden /7/.

Für den thermischen Wirkungsgrad ($_{th}$) gilt ausgehend von Abb. 1:

$$\eta_{th} = \frac{\text{theoretischer Energieaufwand}}{\text{realer Energieaufwand}}$$

$$\eta_{th} = \frac{\text{Zur Spaltung nötige Wärmemenge}}{\text{Wärme-"input"}} \quad (4)$$

$$\eta_{th} = \frac{Q - Q_o}{Q} = \frac{\Delta H}{Q} \quad (5)$$

Es läßt sich zeigen,daß gilt:

$$\eta_{th} = \frac{\Delta H}{\Delta H - T_o \cdot \Delta S \quad + T_o \cdot \delta} \cdot \left(\frac{T - T_o}{T} \right) \quad (6)$$

δ sind Prozeßirreversibilitäten

$$\eta_{th,max} = \quad th(rev) = \frac{\Delta H}{\Delta H - T_o \cdot \Delta S} \cdot \left(\frac{T - T_o}{T} \right) \quad (7)$$

Mit H_2O, H_2 und O_2 im Zustand T_o gilt weiter:

$$\eta_{th,max} = \frac{\Delta H_o}{H_o - T_o \cdot \Delta S} \cdot \left(\frac{T - T_o}{T} \right) = \frac{\Delta H_o}{\Delta G_o} \cdot \left(\frac{T - T_o}{T} \right) \quad (8)$$

Nimmt man z.B. für $H_2O_{(l)}$, sowie $H_{2(g)}$ und $O_{2(g)}$ 25^oC und p = 1 atm an,so ist der maximale thermische Wirkungsgrad:

$$\eta_{th,max} = 1{,}2 \cdot \left(\frac{T - T_o}{T} \right) \quad (9)$$

es ergibt sich eine Carnot-Limitierung.
Mit T = 75o^{o}C ist z.B. $\eta_{th,max} = o{,}85$.Weiters gilt:

$$\eta_{th} = \frac{H_o \text{ der Verbrennung von } H_2 \text{ (output)}}{\text{hineingesteckte thermische Energie (input)}} \quad (1o)$$

$$\eta_{th} = \frac{\Delta H_o}{Q_t}; \qquad Q_t = \frac{W}{\xi} + Q_{th} \qquad (11)$$

Dabei ist Q_t die gesamte erforderliche thermische Energie, W die erforderliche Arbeit, ξ der Wirkungsgrad für den Übergang (Wärme $\longrightarrow$ nützliche Arbeit) und Q_{th} die erforderliche thermische Energie.

Je nachdem, ob in ΔH (Verbrennung) die Kondensationswärme berücksichtigt ist oder nicht, ergibt sich für η(thermisch) ein niedrigerer Wert (LHV) oder ein höherer Wert (HHV). Theoretisch ist es möglich, thermochemische Zyklen zu bilden, die nur aus 2 Schritten bestehen, in der Praxis gibt es jedoch keine Materialien mit geeigneten chemischen Eigenschaften /1o,13/. Genaue Untersuchungen über die Thermodynamik geschlossener Systeme werden durchgeführt /7,1o,11, 12,51/.

3.2.3. Zyklen, bei denen Wasserstoff durch Hydrolyse von Halogeniden gewonnen wird.

Eine Zusammenstellung solcher Systeme zeigt Tab. 1, wobei Name, Elemente des Systems, die maximal benötigte Temperatur und die Zahl der Reaktionen angegeben sind. Die Literaturstellen sind unten bei der näheren Beschreibung zitiert.

SYSTEM		PATENT	ELEMENTE	T_{max} (°C)	REAKTIONEN
Mark 1	G.De Beni, Euratom 197o	FrP, no. 2.o35.558 197o	Hg, Ca, Br	73o - 78o	4
Mark 1 B	G.De Beni, G.Schütz, Euratom	eingereicht	Hg, Ca, Br	73o - 78o	5
Mark 1 C	G.De Beni, Euratom	-	Cu, Ca, Br	9oo	4
Mark 1 S	G.De Beni, Euratom 197o	FrP, no. 2.o35.558 197o	Hg, Sr, Br	8oo	3
Mark 5	G.De Beni, Euratom	eingereicht	Hg, Ca, Br, C	9oo	5
Mark 8	G.De Beni, Euratom 1972	eingereicht	Mn, Cl	9oo	3
Mark 9	C.Hardy, Euratom 1972	eingereicht	Fe, Cl	65o	3
Karlsruhe	S.Dorner, C.Keller, Ges.f.Kernforschung Köln	-	Ag, Br, Na, Sb	5oo	4

Tabelle 1: Systeme mit Hydrolyse von Halogeniden.

3.2.3.1. Zyklen, die auf der Hydrolyse von Bromiden beruhen

Wasserstoff entsteht bei der Hydrolyse verschiedener Bromide, wie den untenstehenden Reaktionsschemata zu entnehmen ist. Neben den Reaktionen ist jeweils die Temperatur in ^{o}C angegeben.

Mark 1:

$CaBr_2 + 2H_2O$	$\longrightarrow Ca(OH)_2 + 2HBr$	73o^{o}C	(12)
$2HBr + Hg$	$\longrightarrow HgBr_2 + H_2$	2oo^{o}C	(13)
$HgBr_2 + Ca(OH)_2$	$\longrightarrow CaBr_2 + HgO + H_2O$	2oo^{o}C	(14)
HgO	$\longrightarrow Hg + 1/2O_2$	6oo^{o}C	(15)

Mark 1 B:

$CaBr_2 + 2H_2O$	$\longrightarrow Ca(OH)_2 + 2HBr$	73o^{o}C	(16)
$2HBr + Hg_2Br_2$	$\longrightarrow 2HgBr_2 + H_2$	12o^{o}C	(17)
$HgBr_2 + Hg$	$\longrightarrow Hg_2Br_2$	12o^{o}C	(18)
$HgBr_2 + Ca(OH)_2$	$\longrightarrow CaBr_2 + HgO + H_2O$	2oo^{o}C	(19)
HgO	$\longrightarrow Hg + 1/2O_2$	6oo^{o}C	(2o)

Mark 1 C:

$2CaBr_2 + 4H_2O$	$\longrightarrow 2Ca(OH)_2 + 4HBr$	73o^{o}C	(21)
$4HBr + Cu_2O$	$\longrightarrow 2CuBr_2 + H_2O + H_2$	1oo^{o}C	(22)
$2CuBr_2 + 2Ca(OH)_2$	$\longrightarrow 2CuO + 2CaBr_2 + 2H_2O$	1oo^{o}C	(23)
$2CuO$	$\longrightarrow Cu_2O + 1/2O_2$	9oo^{o}C	(24)

Mark 1 S:

$SrBr_2 + H_2O$	$\longrightarrow SrO + 2HBr$	8oo^{o}C	(25)
$2HBr + Hg$	$\longrightarrow HgBr_2 + H_2$	2oo^{o}C	(26)
$SrO + HgBr_2$	$\longrightarrow SrBr_2 + Hg + 1/2O_2$	5oo^{o}C	(27)

Mark 5:

$CaBr_2 + H_2O + CO_2$	$\longrightarrow CaCO_3 + 2HBr$	6oo^{o}C	(28)
$CaCO_3$	$\longrightarrow CaO + CO_2$	9oo^{o}C	(29)
$2HBr + Hg$	$\longrightarrow HgBr_2 + H_2$	2oo^{o}C	(3o)
$HgBr_2 + CaO + nH_2O$	$\longrightarrow CaBr_{2(aq)} + HgO$	2oo^{o}C	(31)
HgO	$\longrightarrow Hg + 1/2O_2$	6oo^{o}C	(32)

Karlsruhe:

$6Ag + 6HBr$	$\longrightarrow$ $6AgBr + 3H_2$	$\geq 250°C$	(33)
$6AgBr + 6NaOH$	$\longrightarrow$ $6NaBr + 6Ag + 3H_2O + 3/2O_2$	$400°C$	(34)
$6NaBr + Sb_2O_3 + 3H_2O$	$\longrightarrow$ $6NaOH + 2SbBr_3$	$500°C$	(35)
$2SbBr_3 + 3H_2O$	$\longrightarrow$ $Sb_2O_3 + 6HBr$	$100°C$	(36)

Die Mark-Zyklen stehen mit am Beginn der Erforschung geschlossener Zyklen als Wasserstoffquelle. Mark 1, ein Mechanismus mit 4 Stufen ist sozusagen als Prototyp anzusehen, weshalb er etwas näher besprochen wird. Er wurde 1969 von De Beni /14/ entwickelt. Im ersten Schritt (12) erfolgt die chemische Spaltung des Wassers, im dritten die Umlagerung des Sauerstoffs (14) und im zweiten (13) bzw. vierten (15) bildet sich H_2 bzw. O_2. Mark 1 ist praktisch der einzige Zyklus, über den umfangreiche Forschungsergebnisse vorliegen. Diese werden von EURATOM (Ispra) koordiniert /1,8,15,16,17/.

Chemische Studien, Forschungen über physikalische Eigenschaften (z.B. Thermodynamische Daten und Gleichgewichtsbedingungen), sowie über analytische und Materialprobleme sind durchgeführt worden /1,18,19/. Die stark korrosionsfördernden Reaktionsbedingungen stellen für Mark 1 den am meisten begrenzenden Faktor dar. Die entsprechende Fachliteratur ist nicht umfangreich, was in noch viel größerem Ausmaß für alle anderen Systeme dieses Kapitels gilt. Tab. 2 zeigt Materialien, die bei verschiedenen Reaktionen der Mark 1-Systeme angewendet werden.

Bei Anwesenheit von HBr im Reaktor läßt sich entsprechend den herrschenden Temperaturen folgendes über die Art des verwendeten Materials aussagen /1/:

$T < 200°C$: Teflon- oder Keramiküberzüge; Ta-,Mo-, oder Zr-Legierungen.

$T = 200 - 400°C$: Ta, Mo an Metallen, Keramikziegel.

$T > 400°C$: nur Mo und seine Legierungen.

GERÄT	REAKTION	T (°C)	MATERIALIEN
Hydrolyse-reaktor	(12), (16)	75o-8oo	Alumina, Mullite, Keramikziegel, Mo-Legierungen
Fällungs-reaktor	(14), (19)	22o	Teflon, Ni-Legierungen, Stähle
Konzentrator	$CaBr_2 + nH_2O \rightarrow CaBr_{2(aq)}$	22o-45o	Ni-Legierungen, Stähle
Therm. Dissoziation	(15), (20)	6oo	rostfreier Stahl, stark legierter Stahl
Quenching		25o	rostfreier Stahl
Auflösung	(13)	2oo	Teflon, Keramiküberzüge, Ti(Zr)-Legierungen
Konzentrator	$HgBr_2 + nH_2O \rightarrow HgBr_{2(aq)}$	2oo	Teflon, Keramiküberzüge, Ti(Zr)-Legierungen
Prim. Wärme-austauscher		8oo	Legierungen mit viel Ni

Tabelle 2: Mögliche Materialien für die Reaktionsgefäße von Mark 1 /1/.

Für die Beurteilung thermodynamischer Grundlagen sind Mollierdiagramme gut verwendbar (Pkt. 3.2.2.).

Abb. 4 zeigt ein Temperatur/Enthalpie-Diagramm (Pkt.3.2.2.) für Mark 1.

Die maximal erforderliche Temperatur beträgt bei Mark 1 73o°C, d.h. ungefähr 85o°C für das primäre Kernreaktor-Kühlwasser. Diese Temperatur ist durchaus im Bereich gegenwärtiger HTGR-Technologie. Alle Wärme des Reaktors kann zur H_2-Erzeugung verwendet werden ("single-purpose-system"). Ferner sind alle Produkte leicht trennbar und Nebenverluste treten nicht auf.

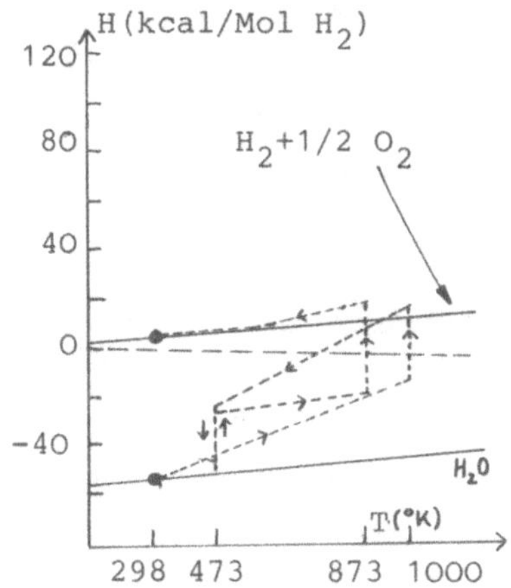

Abb. 4: H-T-Diagramm des Ca Br_2-Prozesses /8/.

Den oben angeführten Vorteilen des Systems stehen folgende Nachteile gegenüber:

1. Für eine Einheit erzeugten Wasserstoffs ist ein großer Umsatz an Chemikalien nötig.
2. Die Verwendung stark aggressiver Chemikalien (wie HBr) bringt große Korrosionsprobleme, die ihrerseits wieder Schwierigkeiten bez. des Materials verursachen.
3. Die Anwendung von Hg erfordert hohe Investitionskosten und kann Umweltprobleme verursachen.
4. Manche heterogene Reaktionsschritte laufen sehr langsam ab, was wieder zu geringen Ausbeuten pro Zeiteinheit führt.

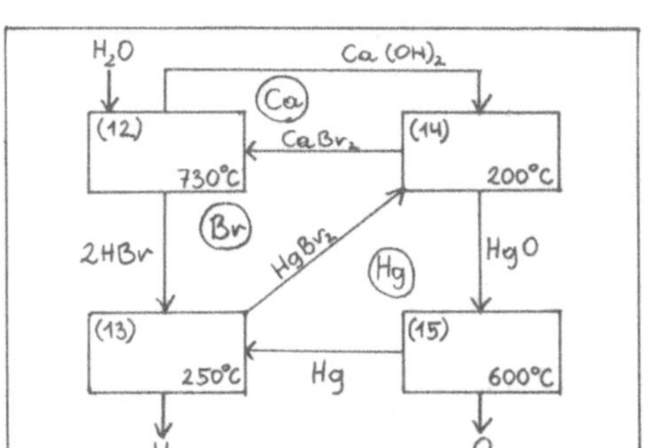

Abb. 5: Blockdiagramm von Mark 1 /15/. (In den Kästen befinden sich Temperatur und Nummer der Reaktion).

Die genaueren technologischen Einzelheiten, Flußdiagramme etc. sind untersucht /1, 1o, 15/. Der theoretische Wirkungsgrad (Pkt. 3.2.2) η_{th} (theor) beträgt 85 % HHV. /7, 11, 15/. Der mit einem Computermodell errechnete praktische Wert beträgt 55 % LHV. Für den ursprünglichen Mark 1-Zyklus gaben Marchetti und De Beni /16/ einen Leistungsaufwand aus Kernreaktoren von 614 MW pro Stunde bei einer Produktion von $1o^5$ m^3 H_2 pro Stunde an. Dies entspricht einem η_{th} = 49,3 % LHV. Um aus Reaktion (12) HBr mit einer größeren Konzentration herauszuführen, wurde das System derart modifiziert, daß die Hydrolyse von $CaBr_2$ in zwei Schritten durchgeführt wird. Dadurch erreicht man für HBr die aceotrope Konzentration und muß sie vor der Reaktion mit Hg nicht mehr konzentrieren. Das drückt sich in einer günstigeren Energiebilanz aus: Nur 585 MW werden benötigt, was einem η_{th} = 51,7 % LHV gleichkommt /1/.

Eine Variation stellt der Zyklus Mark 1 B dar [(16) bis (2o)], der von De Beni und Schütz /1/ entwickelt wurde. (13) wird hier in zwei Schritten ausgeführt [(17), (18)], wodurch nur mehr 12o°C benötigt werden. Der Energiehaushalt ist günstiger als bei Mark 1 und die Reaktion läuft schneller ab, was einerseits eine geringere Menge Hg erfordert und andererseits auf ein besseres η_{th} schließen läßt.

Zyklus Mark 1 C verwendet Kupferoxyd, um die Schwierigkeiten, die sich bei der Verwendung von Hg ergeben, zu umgehen /1/ [(21) bis (24)]. Zwei große Nachteile treten jedoch auf: zur Dissoziation von CuO ist eine wesentlich höhere Temperatur erforderlich, und die Produktion an H_2 beträgt nur die Hälfte, was durch die partielle Dissoziation des CuO verursacht wird.

Nimmt man Strontium an Stelle von Calcium, erreicht man eine 3-Stufen-Reaktion, also eine Vereinfachung des Flußdiagrammes /1/. Bei diesem Zyklus Mark 1 S [(25) bis (27)] führt man die thermodynamisch mögliche Reaktion (27) heterogen durch, was experimentell noch nicht ausgereift ist. Reaktion (26) läßt sich durch die Reaktionen (17) und (18) ersetzen. Um die Hydrolysegeschwindigkeit zu erhöhen, wurde unter Kohlendioxyd-Zusatz Mark 5 entwickelt /1/ [(28)-(32)]. Der Vorteil liegt vor allem in der Verminderung der Materialprobleme. Allerdings benötigt die Zersetzung von $CaCO_3$ 9oo°C. Dieses System kann analog Mark 1 C (Einführung von Cu_2O statt HgO) oder analog Mark 1 B (Reaktion zwischen Hg und HBr in zwei Schritten) variiert werden.

Im Karlsruhe-Prozeß wird im ersten Schritt (33) H_2 durch Auflösen eines feingepulverten Metalls erzeugt /2o/. Nur Quecksilber und Silber sind geeignet, doch ist Ag aufgrund der niedrigeren notwendigen Temperaturen vorzuziehen. Als Lösungsmittel sind HJ und HBr geeignet. Das Edelmetall- Halogenid wird mit Alkalihydroxid zum Metall reduziert (34), wobei man in der Schmelze arbeitet, um eine partielle Oxidation zu Silberoxiden zu vermeiden. Im dritten Schritt (35) erfolgt die Rückgewinnung des Alkalihydroxids durch Bildung eines flüchtigen Halogenids (solche von As, Sb, Bi sind geeignet), das in Reaktion (36) nach Kondensation hydrolysiert wird. Weitere Optimierungsarbeiten sind noch notwendig. Als großer Vorteil ist jedenfalls die niedrige T_{max} anzusehen. Eine eingehendere Beschreibung des Systems mit entsprechenden Literaturstellen liegt vor /2o/.

3.2.3.2. Zyklen, die auf der Hydrolyse von Chloriden beruhen

Systeme, die auch einen umgekehrten Deaconprozeß enthalten, werden in Pkt. 3.2.4. beschrieben. Ein Zyklus mit nur drei Schritten vereinfacht das Flußdiagramm sehr.

Mark 8:

$6MnCl_2 + 8H_2O \rightarrow 2Mn_3O_4 + 12HCl + 2H_2$ 7oo°C (37)

$3Mn_3O_4 + 12HCl \rightarrow 6MnCl_2 + 3MnO_2 + 6H_2O$ 1oo°C (38)

$3MnO_2 \rightarrow Mn_3O_4 + O_2$ 9oo°C (39)

Mark 9:

$6FeCl_2 + 8H_2O \rightarrow 2Fe_3O_4 + 12HCl + 2H_2$ 65o°C (4o)

$2Fe_3O_4 + 12HCl + 3Cl_2 \rightarrow 6FeCl_3 + 6H_2O + O_2$ 2oo°C (41)

$6FeCl_3 \rightarrow 6FeCl_2 + 3Cl_2$ 45o°C (42)

Die Reaktionen von Mark 8 sind zwar beschrieben /1/, doch ist z.B. die Zusammensetzung des erhaltenen Manganoxides in (37) unklar. Die einzelnen Schritte, vor allem (37) und (38) müssen noch näher untersucht werden.

Mark 9 gehört zur Familie der Fe/Cl-Zyklen, von denen die meisten unter Pkt. 3.2.4. angeführt sind /1/. Dieses System mit T_{max} = 65o°C wäre thermisch gesehen schon derzeit möglich. Experimentelle Arbeit an den Reaktionen ist begonnen worden.Die unten stehende Abb. 6 zeigt ein vereinfachtes Flußdiagramm von Mark 9.

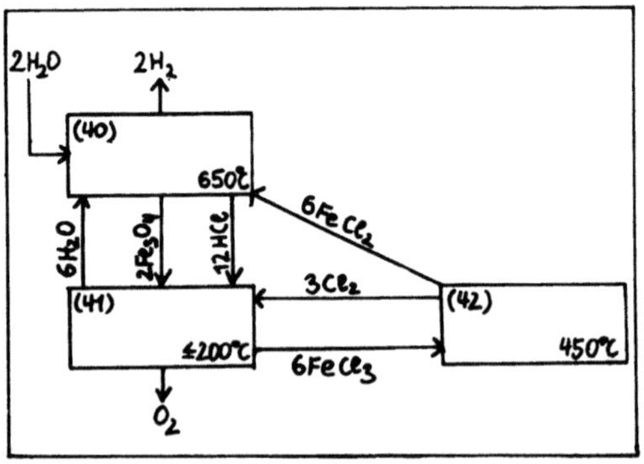

Abb. 6: Flußdiagramm von Mark 9 /9/.

Als Wirkungsgrad wurden 42,4 % HHV bzw. 35,8 LHV auf dem Stand der gegenwärtigen Technologie und 45,2 % HHV bzw. 38,1 % LHV als Zukunftsprognose berechnet /9/.

3.2.4. Zyklen, die auf dem umgekehrten Deaconprozeß oder einer verwandten Reaktion beruhen

Der Deaconprozeß – die Bildung von Chlorgas durch Oxidation der Chlorwasserstoffsäure - wird schon seit mehr als 1oo Jahren zur Chlorherstellung verwendet (43):

$$2HCl + 1/2O_2 \rightleftharpoons H_2O + Cl_2 \qquad (43)$$

Da es sich um eine Gleichgewichtsreaktion handelt, kann sie - vor allem durch Temperaturerhöhung - umgekehrt werden: so wurde sie schon lange zur kommerziellen Salzsäureherstellung verwendet /21/. Entsprechend dieser technischen Bedeutung sind die thermodynamischen Eigenschaften ausführlich untersucht. Tabelle 3 zeigt eine Zusammenstellung der in diesem Abschnitt behandelten Zyklen.

SYSTEM		ELEMENTE	T (^{o}C)	REAKTIONEN
Mark 3	G.De Beni, Euratom	V,Cl	8oo	4
Mark 4	C.Hardy, Euratom	Fe,Cl,S	8oo	4
Mark 6	G.De Beni, Euratom	Cr,Cl,Fe (V)	8oo	4
Mark 6 C	G.De Beni, Euratom	Cr, Cl, Fe,(V),Cu	8oo	5
Mark 7	C.Hardy, Euratom	Fe,Cl	8oo	5
Mark 7 A	C.Hardy, Euratom	Fe, Cl	1ooo	5
Mark 7 B	C.Hardy, Euratom	Fe, Cl	1ooo	5

Vanadium-Chlorid	J.Funk, R.Reinstrom, Gen.Motors	V, Cl	7oo	4
Eisen-Chlorid	G.De Beni, Euratom	Fe, Cl	7oo	3
Prozeß "A"	R.Wentorf, R. Hanneman, Gen.Electric	Fe,Cl, Mg	9oo	5
IGT A-2	K.F.Knoche, Jülich/IGT	Fe,Cl	1ooo	5
Kupfer-Chlorid	-	Cu,Cl	7oo	3
Prozeß "B"	R.Wentorf, R.Hanneman, Gen.Electric	Cu,Mg, Cl	6oo	5
Chrom-Chlorid	K.F.Knoche, Jülich	Cr,Cl,	8oo-1ooo	3

Tabelle 3: Systeme mit umgekehrten Deaconprozeß. Die meisten hier behandelten Systeme gehören der Fe/Cl-Familie an, der in den Untersuchungen besondere Aufmerksamkeit geschenkt wurde /41,5o/.

3.2.4.1. Zyklen mit Vanadiumchloriden

Untersuchungen über die Herstellung von Wasserstoff durch Einwirken von Salzsäure auf Übergangsmetall-Halogenide der Nebengruppe V waren besonders für Chloride von Vanadium vielversprechend.

V-Chlorid:

$$H_2O + Cl_2 \longrightarrow 2HCl + 1/2O_2 \qquad 7oo^\circ C \qquad (44)$$

$$2VCl_2 + 2HCl \longrightarrow 2VCl_3 + H_2 \qquad 25^\circ C \qquad (45)$$

$$4VCl_3 \longrightarrow 2VCl_4 + 2VCl_2 \qquad 7oo^\circ C \qquad (46)$$

$$2VCl_4 \longrightarrow 2VCl_3 + Cl_2 \qquad 25^\circ C \qquad (47)$$

Mark 3:

$$H_2O + Cl_2 \longrightarrow 2HCl + 1/2O_2 \qquad 800^\circ C \qquad (48)$$
$$2HCl + 2VOCl \longrightarrow 2VOCl_2 + H_2 \qquad 170^\circ C \qquad (49)$$
$$4VOCl_2 \longrightarrow 2VOCl_3 + 2VOCl \qquad 600^\circ C \qquad (50)$$
$$2VOCl_3 \longrightarrow 2VOCl_2 + Cl_2 \qquad 200^\circ C \qquad (51)$$

Funk und Reinstrom berichteten 1964 über den vierstufigen Vanadiumchlorid-Zyklus /22/. Die erste Reaktion (44) ist industriell gut untersucht. Die thermodynamischen Daten sind für alle Schritte günstig. Allerdings wurde noch relativ wenig experimentelle Arbeit geleistet, was vor allem für Reaktion (45) notwendig wäre. Abbildung 7 und Abbildung 8 zeigen ein Enthalpie/Temperatur-Diagramm bzw. ein vereinfachtes Flußbild dieses Systems.

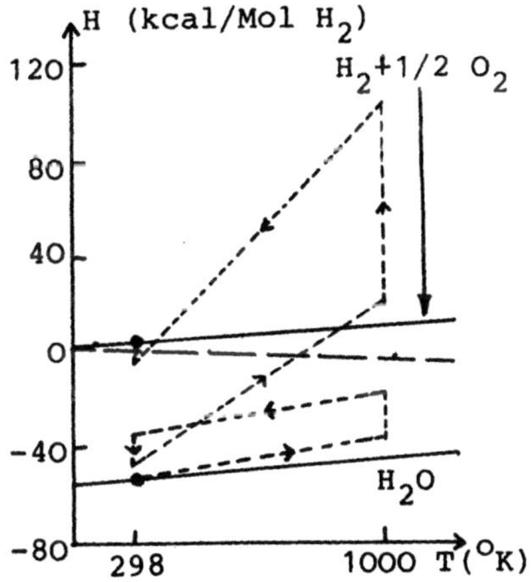

Abb. 7: H/T-Diagramm des VCl_2-Zyklus /8/.

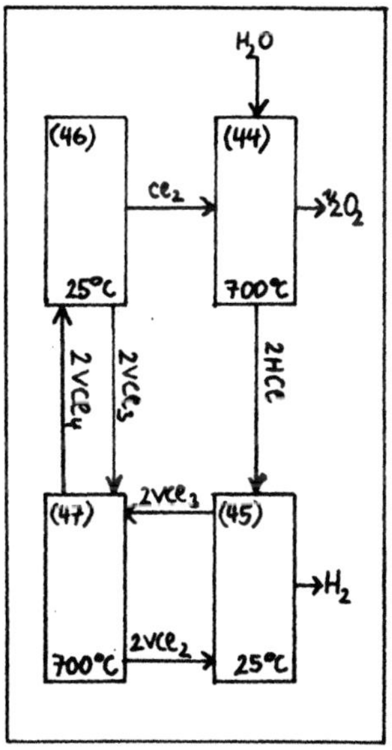

Abb. 8: Vereinfachtes Flußbild des VCl_2-Zyklus /9/.

Es wurde ein Wirkungsgrad von ~ 18% HHV berechnet /22/. Neuere Schätzungen ergeben ein η_{th} = 13,7 % HHV bzw. 11,5 % LHV für jetzige und 17,5 % HHV bzw. 14,7 LHV für künftige Technologie /9/. Eine genaue technologische Studie dieses Systems wurde durchgeführt /1o/.

De Beni /1/ modifizierte den Zyklus durch Verwendung von Oxichloriden (Reaktionen (48) bis (51)). Diese sind gegen Wasser weniger empfindlich. Die erforderlichen Reaktionstemperaturen wurden aus thermodynamischen Daten errechnet. Experimentelle Ergebnisse stehen noch aus.

3.2.4.2. Zyklen mit Eisen- und Chromchlorid

Hier werden Systeme gezeigt, bei denen Wasserstoff durch Einwirken von Salzsäure auf die Chloride entstehen.

Fe-Chlorid:

$H_2O + Cl_2$	$\longrightarrow 2HCl + 1/2O_2$	7oo°C	(52)
$2HCl + 2FeCl_2$	$\longrightarrow 2FeCl_3 + H_2$	6oo°C	(53)
$2FeCl_3$	$\longrightarrow 2FeCl_2 + Cl_2$	35o°C	(54)

Mark 4:

$H_2O + Cl_2$	$\longrightarrow 2HCl + 1/2O_2$	8oo°C	(55)
$2HCl + S + 2FeCl_2$	$\longrightarrow H_2S + 2FeCl_3$	1oo°C	(56)
H_2S	$\longrightarrow H_2 + 1/2S_2$	8oo°C	(57)
$2FeCl_3$	$\longrightarrow 2FeCl_2 + Cl_2$	42o°C	(58)

Mark 6:

$H_2O + Cl_2$	$\longrightarrow 2HCl + 1/2O_2$	8oo°C	(59)
$2HCl + 2CrCl_2$	$\longrightarrow 2CrCl_3 + H_2$	17o°C	(6o)
$2CrCl_3 + 2FeCl_2$	$\longrightarrow 2CrCl_2 + 2FeCl_3$	7oo°C	(61)
$2FeCl_3$	$\longrightarrow 2FeCl_2 + Cl_2$	35o°C	(62)

Mark 6 C:

$H_2O + Cl_2$	$\longrightarrow 2HCl + 1/2O_2$	8oo°C	(63)
$2HCl + 2CrCl_2$	$\longrightarrow 2CrCl_3 + H_2$	17o°C	(64)
$2CrCl_3 + 2FeCl_2$	$\longrightarrow 2CrCl_2 + 2FeCl_3$	7oo°C	(65)
$2FeCl_3 + 2CuCl$	$\longrightarrow 2FeCl_2 + 2CuCl_2$	15o°C	(66)
$2CuCl_2$	$\longrightarrow 2CuCl + Cl_2$	5oo°C	(67)

Cr-Chlorid:

$$H_2O + Cl_2 \longrightarrow 2HCl + 1/2O_2 \qquad \leq 9oo\,^{o}C \qquad (68)$$
$$2HCl + 2CrCl_2 \longrightarrow 2CrCl_3 + H_2 \qquad 2oo\,^{o}C \qquad (69)$$
$$2CrCl_3 \longrightarrow 2CrCl_2 + Cl_2 \qquad \leq 1ooo\,^{o}C \qquad (7o)$$

Der erste Zyklus "Fe-Chlorid" wurde von De Beni /23/ 197o patentiert. Wasserstoff wird durch die Oxidation von Fe (II)-Chlorid freigesetzt (53), das durch Disproportionierung wieder regeneriert wird (54).

Mark 4 wurde 1973 von C.Hardy /1/ patentiert: Der Unterschied zum vorigen System liegt in der Zugabe von Schwefel, der den Wasserstoff zum H_2S bindet (56). In zwei getrennten Reaktionen werden dann H_2S und $FeCl_3$ thermisch zersetzt [(57), (58)].

Bei den Zyklen Mark 6 und Mark 6 C ist das $FeCl_2$ durch $CrCl_2$ ersetzt /1/. Bei beiden wird Cr (III)-Chlorid durch $FeCl_2$ reduziert [(61), (65)]. Um eventuell auftretende Schwierigkeiten bei der direkten Zersetzung von Fe (III)-Chlorid zu vermeiden (62), fügt man bei Mark 6C Kupferchlorid hinzu [(66), (67)]. Da beide Chromsalze bei 17o ^{o}C fest sind, soll Reaktion (6o) bzw. (64) in geschmolzenen Salzen durchgeführt werden.

Ein dem "Fe-Chlorid"-Zyklus analoges System mit Chrom entwickelten Knoche und Schubert /7/ im Jülich-Reaktorzentrum [Reaktionen (68) bis (7o)].

3.2.4.3. Zyklen, die auf der Hydrolyse von Eisenchloriden beruhen

Allen diesen Systemen sind drei Grundschritte gemeinsam /25/. Der erste, die Bildung von H_2, erfolgt am besten durch Hydrolyse von Fe(II)-Chlorid. Den zweiten Schritt, die Bildung von Chlor, führt man am günstigsten durch thermische Zersetzung von Fe(III)-Chlorid bei 42o ^{o}C durch: technologische Schwierigkeiten lassen sich hierbei durch kontinuierliche Cl_2-Extraktion aus dem Gasgemisch, durch Arbeiten unter Druck bzw. durch günstige Wärmeausnützung mittels eines Kaskadensystems lösen. Für den dritten Schritt, die Bildung von Sauerstoff, gibt es drei Wege: Die Reaktion von Magnetit mit Cl_2 oder HCl bzw. umgekehrte Deaconreaktionen. Nähere Angaben, auch über die auftretenden Schwierigkeiten, gibt De Beni /25/. Eine allgemeine Behandlung reaktionschemischer und analytischer Probleme der Fe/Cl-Systeme findet sich in Referenz /1/ .

Mark 7:

$6FeCl_2 + 8H_2O$	$\longrightarrow$	$2Fe_3O_4 + 12HCl + 2H_2$	650°C	(71)
$2Fe_3O_4 + 1/2O_2$	$\longrightarrow$	$3Fe_2O_3$	350°C	(72)
$3Fe_2O_3 + 18HCl$	$\longrightarrow$	$6FeCl_3 + 9H_2O$	150°C	(73)
$6FeCl_3$	$\longrightarrow$	$6FeCl_2 + 3Cl_2$	420°C	(74)
$3H_2O + 3Cl_2$	$\longrightarrow$	$6HCl + 3/2O_2$	800°C	(75)

Mark 7 A:

$6FeCl_2 + 8H_2O$	$\longrightarrow$	$2Fe_3O_4 + 12HCl + 2H_2$	650°C	(76)
$2Fe_3O_4 + 1/2O_2$	$\longrightarrow$	$3Fe_2O_3$	350°C	(77)
$2Fe_2O_3 + 12HCl$	$\longrightarrow$	$4FeCl_3 + 6H_2O$	150°C	(78)
$Fe_2O_3 + 3Cl_2$	$\longrightarrow$	$2FeCl_3 + 3/2O_2$	1000°C	(79)
$6FeCl_3$	$\longrightarrow$	$6FeCl_2 + 3Cl_2$	420°C	(80)

Mark 7 B:

$6FeCl_2 + 8H_2O$	$\longrightarrow$	$2Fe_3O_4 + 12HCl + 2H_2$	650°C	(81)
$2Fe_3O_4 + 1/2O_2$	$\longrightarrow$	$3Fe_2O_3$	350°C	(82)
$3Fe_2O_3 + 9Cl_2$	$\longrightarrow$	$6FeCl_3 + 9/2O_2$	1000°C	(83)
$6FeCl_3$	$\longrightarrow$	$6FeCl_2 + 3Cl_2$	420°C	(84)
$12HCl + 3O_2$	$\longrightarrow$	$6Cl_2 + 6H_2O$	400°C	(85)

IGT A-2:

$3Fe + 4H_2O$	$\longrightarrow$	$Fe_3O_4 + 4H_2$	500°C	(86)
$Fe_3O_4 + 9/2Cl_2$	$\longrightarrow$	$3FeCl_3 + 2O_2$	≤1000°C	(87)
$3FeCl_3$	$\longrightarrow$	$3FeCl_2 + 3/2Cl_2$	350°C	(88)
$3FeCl_2 + 3H_2$	$\longrightarrow$	$3Fe + 6HCl$	≤1000°C	(89)
$6HCl + 3/2O_2$	$\longrightarrow$	$3H_2O + 3Cl_2$	≤500°C	(90)

Wentorf"A":

$3FeCl_2 + 4H_2O$	$\longrightarrow$	$Fe_3O_4 + 6HCl + H_2$	$\leq 900^{\circ}C$	(91)
$Fe_3O_4 + 8HCl$	$\longrightarrow$	$FeCl_2 + 2FeCl_3 + 4H_2O$	$\leq 110^{\circ}C$	(92)
$2FeCl_3$	$\longrightarrow$	$2FeCl_2 + Cl_2$	$300^{\circ}C$	(93)
$Cl_2 + Mg(OH)_2$	$\xrightarrow{Co^{3+}}$	$MgCl_2 + 1/2O_2 + H_2O$	$\leq 90^{\circ}C$	(94)
$MgCl_2 + 2H_2O$	$\longrightarrow$	$Mg(OH)_2 + 2HCl$	$350^{\circ}C$	(95)

Im Mark 7-Zyklus werden für die Hydrolyse von Fe(II)-Chlorid 95 % Umsetzung angegeben (71). Reaktion (73) läuft bei $150^{\circ}C$ mit über 50 % Umsetzung und einem Minimum an unerwünschter Oxichloridbildung ab. Reaktion (74) ist gut bekannt. O_2 wird durch einen umgekehrten Deaconprozeß gewonnen (64). Dieses System scheint von den von Euratom (Ispra) stammenden eines der vielversprechendsten zu sein. Untersuchungsergebnisse liegen schon vor /1/. Abb. 9 zeigt ein Enthalpie-Temperaturdiagramm dieses Prozesses.

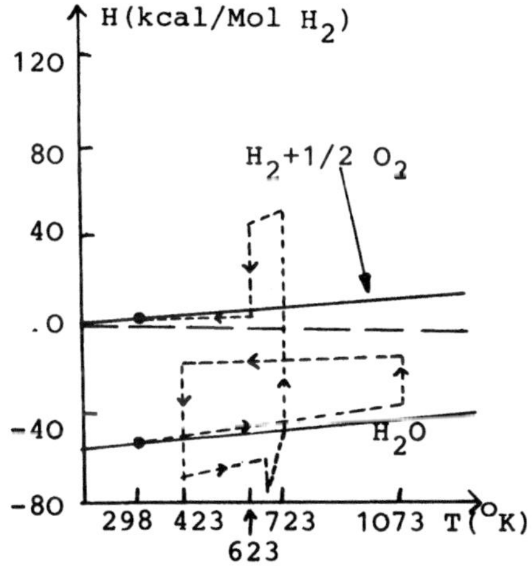

Abb. 9: H/T-Diagramm von Mark 7 /8/.

Eine genaue technologische Studie ergibt einen Leistungsaufwand aus Kernreaktoren von 674 MW pro Stunde bei einer Produktion von 10^5 m^3 H_2 pro Stunde. Der Wirkungsgrad η_{th} ergibt sich zu 44,8 % LHV /1/.

Modifikationen von Mark 7 sind Mark 7 A und Mark 7 B, beide ebenfalls von Hardy /1/ berichtet. Beim ersten wird ein Teil des Fe_2O_3 nicht mit HCl (78), sondern mit Cl_2 (79) chloriert. Durch diese Art der O_2-Erzeugung vermeidet man den umgekehrten Deaconprozeß. Bei Mark 7 B wird das gesamte Fe_2O_3 mit Cl_2 chloriert (83): man erhält wasserfreies $FeCl_3$ und O_2. Ein Teil des Sauerstoffs reagiert mit HCl unter Chlorbildung (85), was direkt den Deaconprozeß ergibt.

Der Zyklus A-2 von IGT (Institute of Gas Technology) wurde von Knoche /7/ entwickelt. Der erste Schritt (86), die Reaktion von Eisen mit Wasserdampf, ist lange bekannt. Viele experimentelle Arbeit wurde auch für Reaktion (87), im Gegensatz zu (88) und (89), geleistet. Knoche und Schubert /7/ zeigen für dieses System ein Mollier-Enthalpie/Entropie-Diagramm (Pkt. 3.2.2.). η (thermisch) beträgt 3o,2 % HHV bzw. 25,5 % LHV für die gängige Technologie und 33,9 % HHV bzw. 28,6 % LHV als Zukunftsschätzung. Abb. 1o zeigt ein vereinfachtes Flußdiagramm.

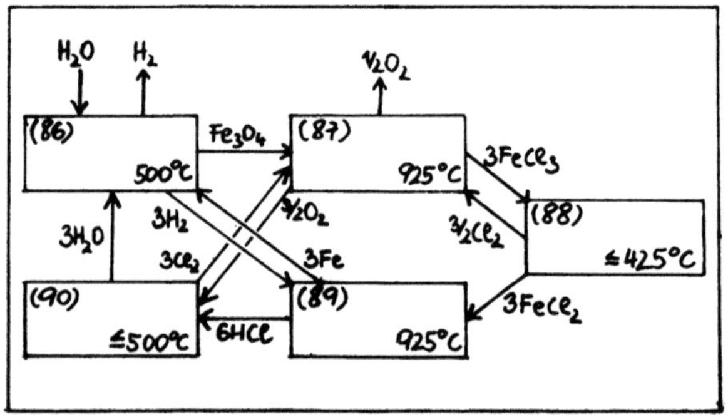

Abb. 1o: Vereinfachtes Flußdiagramm für IGT-A-2 /9/.

Im Zyklus„A" wird als zusätzliches Element Magnesium eingeführt /26/. Der "temperaturbestimmende" Schritt, das Leiten von Wasserdampf über $FeCl_2$ (91), kann auch bei relativ niedrigen Temperaturen durchgeführt werden, was die Verwendung niederenergetischer Energiequellen zuläßt, aber zu geringeren Ausbeuten führt. Fe_3O_4 wird mit HCl chloriert (92) und eventuell auftretendes $FeCl_3$ zu $FeCl_2$ thermisch zersetzt (93). Im vierten Schritt wird Chlorgas von Magnesiumhydroxid mit Co^{3+}-Salzen als Katalysator absorbiert und Sauerstoff freigesetzt (94). Zum Schließen des Zyklus wird $MgCl_2$ wieder hydrolysiert (95). Als Wirkungsgrad wurden 41 % LHV berechnet /26/. Abb. 11 zeigt ein Flußbild des Systems.

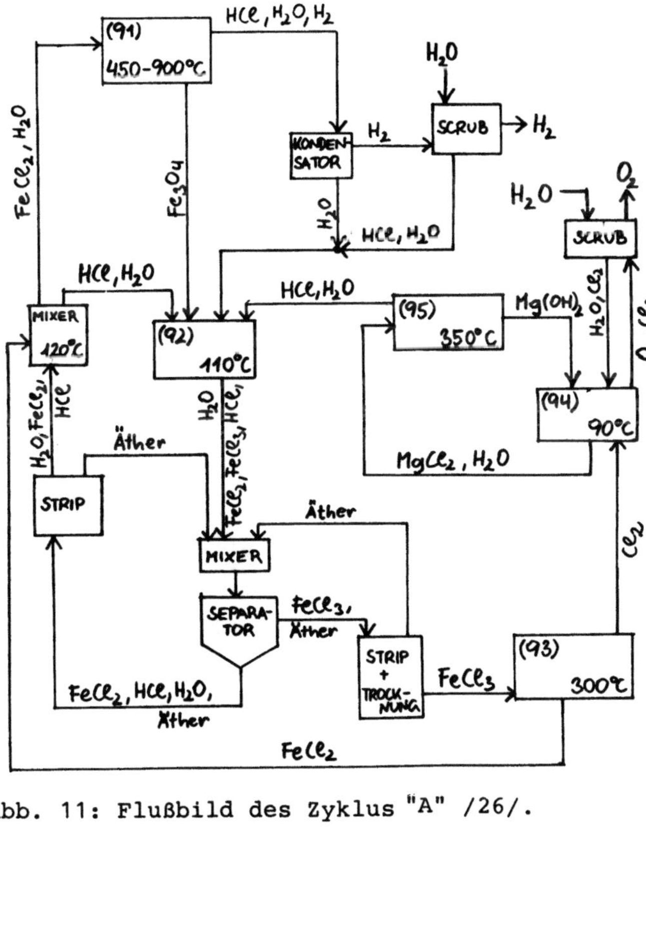

Abb. 11: Flußbild des Zyklus "A" /26/.

3.2.4.4. Zyklen mit Kupferchloriden

Cu-Chlorid:

$H_2O + Cl_2$	$\longrightarrow$	$2HCl + 1/2O_2$	7oo °C	(96)
$2HCl + 2CuCl$	$\longrightarrow$	$2CuCl_2 + H_2$	2oo °C	(97)
$2CuCl_2$	$\longrightarrow$	$2CuCl + Cl_2$	6oo °C	(98)

Wentorf"B":

$2Cu + 2HCl$	$\longrightarrow$	$2CuCl + H_2$	1oo °C	(99)
$4CuCl$	$\longrightarrow$	$2CuCl_2 + 2Cu$	▴1oo °C	(1oo)
$2CuCl_2$	$\longrightarrow$	$2CuCl + Cl_2$	▴6oo °C	(1o1)
$Cl_2 + Mg(OH)_2$	$\longrightarrow$	$MgCl_2 + H_2O + 1/2O_2$	8o °C	(1o2)
$MgCl_2 + 2H_2O$	$\longrightarrow$	$Mg(OH)_2 + 2HCl$	35o °C	(1o3)

Beim ersten Zyklus handelt es sich um einen 3-Stufen-Prozeß /8/. Reaktion (98) ist gut bekannt, Reaktion (97) theoretisch möglich.

Wesentlich besser untersucht ist ein modifizierter Zyklus "B" /26/. Die Oxidation von metallischem Kupfer unter Wasserstoffabgabe wird in wäßriger Lösung ausgeführt (99). Die Disproportionierung von CuCl (1oo) und die Zersetzung von $CuCl_2$ (1o1) folgen. Die beiden letzten Schritte [(1o2), (1o3)] sind mit den entsprechenden Reaktionen des Zyklus "A" identisch (Pkt. 3.2.4.3.). Das System "B" ist effizienter als "A" /26/. Abb. 12 zeigt ein Flußdiagramm.

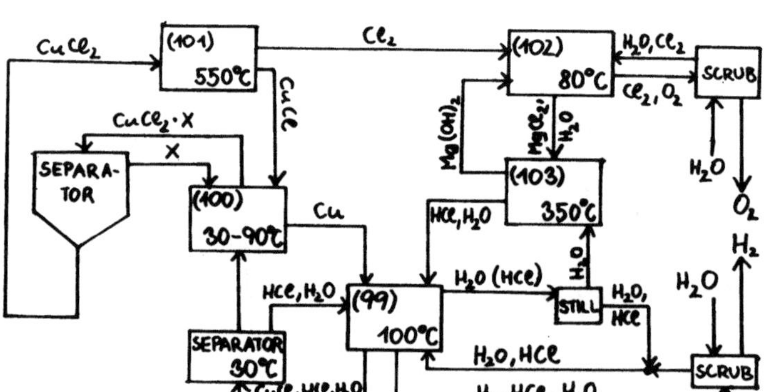

Abb. 12: Flußdiagramm des Zyklus "B" /26/.

3.2.5. Zyklen mit Eisen- und Kohlenstoffoxiden

Tabelle 4 zeigt einige Beispiele solcher Systeme.

SYSTEM		ELEMENTE	T (°C)	REAKTIONEN
D/Fe/CO_2	Van Fredersdorff, IGT 1969	Fe, C	95o	5
D/Fe/C	Marchetti, De Beni, Euratom 197o	Fe, C,	14oo	3
D/C		Hg, C	6oo	4

Tab. 4: Zyklen mit Eisen- und Kohlenstoffoxiden.

Der erste Prozeß verwendet Wasserdampf, Eisen und Kohlendioxid /27/. Die fünfstufige Reaktionsfolge unterscheidet sich vom konventionellen Dampf/Eisen-Prozeß (Pkt.3.1.4.1.3.) dadurch, daß Wasserstoff in einem geschlossenem System produziert wird. Schwierigkeiten bietet vor allem die Zersetzung von CO_2 (1o8) hinsichtlich der notwendigen Erhöhung von Ausbeuten und ökonomischem Nutzen. Interessante Lösungsversuche sind die radiolytische Zersetzung in Kernreaktoren /28/, thermische Dissoziation bei hohen Temperaturen /29/, sowie Spaltung durch Bestrahlung /3o/, elektrische Entladungen oder Radiowellen /31/.

D/Fe/CO_2:

$Fe + H_2O \longrightarrow FeO + H_2$	---	(1o4)
$3FeO + H_2O \longrightarrow Fe_3O_4 + H_2$	55o°C	(1o5)
$Fe_3O_4 + CO \longrightarrow 3FeO + CO_2$	95o°C	(1o6)
$FeO + CO \longrightarrow Fe + CO_2$	---	(1o7)
$2CO_2 \longrightarrow 2CO + O_2$	315°C	(1o8)

D/Fe/C:

$C + H_2O$	$\longrightarrow$	$CO + H_2$	7oo°C	(1o9)
$CO + 2Fe_3O_4$	$\longrightarrow$	$C + 3Fe_2O_3$	25o°C	(11o)
$3Fe_2O_3$	$\longrightarrow$	$2Fe_3O_4 + 1/2O_2$	14oo°C	(111)

D/C:

$2H_2O + 2CO$	$\longrightarrow$	$2CO_2 + 2H_2$	4oo°C	(112)
$2CO_2$	$\longrightarrow$	$2CO + O_2$	315°C	(113)
$O_2 + 2Hg + 2CO$	$\longrightarrow$	$2CO + 2HgO$	45o°C	(114)
$2HgO$	$\longrightarrow$	$2Hg + O_2$	6oo°C	(115)

Obwohl das zweite System (Reaktionen (1o9) bis (111)) nicht zuletzt, weil es nur aus drei Schritten besteht, bestechend wirkt, wurden die Arbeiten von Ispra an diesem Zyklus einstweilen aufgegeben, da die maximale Temperatur sehr hoch ist. (14oo°C) /32/.

Der dritte Zyklus beruht in seiner ersten Reaktion (112) auf dem Wassergasgleichgewicht: lange Zeit benützte man letzteres in sekundären Dampf-Reformern zur Wasserstoffproduktion (Pkt. 3.1.4.1.2.) /33,34,35/, da sich das Gleichgewicht, z.B. bei 4oo°C über Cr/Ni-Katalysatoren, rasch einstellt. Besondere Forschungsarbeit benötigt wie oben Reaktion (113). Die beiden letzten Schritte dienen zur Abtrennung von Sauerstoff und Kohlendioxid.

3.2.6. Zyklen mit Metallen und Alkalimetallen

Verschiedene Systeme, die auf der Wasserstoffbildung bei Hydrolyse des reinen Metalls, seines Oxids etc. beruhen, sind in Tabelle 5 angeführt.

SYSTEM		ELEMENTE	T (°C)	REAKTIONEN
Mark 2	G.De Beni, Euratom	Mn, Na	800	3
Mark 2 C	G.De Beni, Euratom	Mn, Na, C, Hg	850	6
Prozeß "C"	R.H.Wentorf, R.E.Hanneman, General Electr.	Li, J, K, Ni	700	6
Lithium-Nitrit	B.M.Abraham, F.Schreiner Argonne 1973	Li, J, N	475	3
Natrium-Manganit	M.Bowman, USAEC 1974	Na, Mn	1100-1300	4
Lithium-Manganit	M.Bowman, USAEC 1974	Li, Mn,C	----	4
Strontium/Uran	M.Bowman, USAEC 1974	Sr,U	600	3
Cäsium-oxid	A.R.Miller, H.Jaffé,Aerojet Gen.Corp.1969	Cs	1200	4
Zinnoxid	D.Souriau,Gaz de France,1972	Zn	1700	3
Cäsium-Amalgam	R.G.Hickman et al,USAEC	Cs, Hg	480	4

Tab.5: Metall- und Alkalimetallzyklen.

3.2.6.1. Zyklen mit Hydrolyse des reinen oder amalgamierten Metalls

Cs-Oxid:

$2H_2O + 2Cs \rightarrow 2CsOH + H_2$		100 °C	(116)
$2CsOH + 3/2O_2 \rightarrow H_2O + 2CsO_2$		500 °C	(117)
$2CsO_2 \rightarrow Cs_2O + 3/2O_2$		700 °C	(118)
$Cs_2O \rightarrow 2Cs + 1/2O_2$		1200 °C	(119)

Cs-Amalgam:

$2CsOH_{(l)} + \frac{x-1}{2} O_{2(g)} \rightarrow 2CsO_x + H_2O_{(g)}$	$(2 \geq x \geq 1)$	410 °C	(120
$2CsO_{x(s)} + 2(x+y)Hg_{(l)} \rightarrow 2CsHg_{y(l)} + 2xHgO_{(s)}$	$(10 \geq y \geq 50)$	200 °C	(121
$2xHgO_{(s)} \rightarrow 2xHg_{(g)} + xO_{2(g)}$		477 °C	(122
$2CsHg_{y(l)} + 2H_2O_{(g)} \rightarrow 2yHg_{(l)} + 2CsOH_{(l)} + H_{2(g)}$		25 °C	(123

Sn-Oxid:

$Sn + 2H_2O \rightarrow 2H_2 + SnO_2$		400 °C	(124)
$2SnO_2 \rightarrow 2SnO + O_2$		1700 °C	(125)
$2SnO \rightarrow SnO_2 + Sn$		700 °C	(126)

Beim Cäsium-Oxid-Zyklus ergeben sich zwei große Nachteile /36/: Das Oxid besitzt bei 500 °C nur eine geringe Gleichgewichtskonzentration, Trennung und Rezirkulation müssen verbessert werden (117); andererseits benötigt die thermische Spaltung des Cs_2O eine äußerst hohe Temperatur (129).

Wesentlich besser arbeitet der Cäsium-Amalgam-Zyklus /37/. Für Reaktion (120) gilt allerdings ebenfalls das oben Gesagte. Die Amalgambildung (121) wurde für Cs_2O untersucht. Von der thermischen Spaltung des HgO (122) sind keine Schwierigkeiten zu erwarten und die Reaktion von Cs/Amalgam mit Wasser (123) liefert Wasserstoff auch bei tieferen Temperaturen schnell. Die Untersuchungen des Systems sind noch im Gange.

Der Zinn-Prozeß besitzt seinen größten Nachteil in der hohen Temperatur, die der zweite Schritt benötigt, bei dem das Monoxid aus dem Dioxid unter O_2-Abspaltung gebildet wird (125). Zur Produktion von Wasserstoff reagiert Zinn von 4oo°C mit Wasserdampf von 25o°C (124). Ein Gesamtwirkungsgrad von 42 % HHV bzw. 36 % LHV wurde berechnet /38/.

3.2.6.2. Zyklen mit Metalloxiden

Alkalihydroxide oder -Karbonate können mit einigen Metalloxiden zu gemischten Oxiden und Wasserstoff reagieren, so oxidiert z. B. Natronlauge Mangan(III)-Oxid zu Braunstein und setzt Wasserstoff frei [(127) - (129)].

Mark 2:

$Mn_2O_3 + 4NaOH$	$\longrightarrow$	$2Na_2O.MnO_2 + H_2O + H_2$	8oo°C	(127)
$2Na_2O.MnO_2 + nH_2O$	$\longrightarrow$	$4NaOH_{(aq)} + 2MnO_2$	1oo°C	(128)
$2MnO_2$	$\longrightarrow$	$Mn_2O_3 + 1/2O_2$	6oo°C	(129)

Mark 2 C:

$Mn_2O_3 + 2Na_2CO_3$	$\longrightarrow$	$2Na_2O.MnO_2 + CO_2 + CO$	85o°C	(13o)
$CO + H_2O$	$\longrightarrow$	$H_2 + CO_2$	5oo°C	(131)
$2Na_2O.MnO_2 + nH_2O + 2CO_2$	$\longrightarrow$	$2Na_2CO_{3(aq)} + 2MnO_2$	1oo°C	(132)
$2MnO_2$	$\longrightarrow$	$Mn_2O_3 + 1/2O_2$	6oo°C	(133)

Die expérimentelle Durchführung von Mark 2 erwies sich als problematisch /1/, ebenso wie Untersuchungen ganz ähnlicher Zyklen /15/. Die Verwendung von Karbonat statt Hydroxid begünstigt die mit der Temperatur steigende Stabilität von CO. Wasserstoff entsteht wie gewöhnlich aus Dampf und CO (131) (Mark 2 C).Von der ersten Reaktion (13o) wurden schon praktische Untersuchungen durchgeführt. Im allgemeinen sind jedoch diese Zyklen bis jetzt nicht befriedigend. Weitere Versuche mit Arbeiten unter Druck sind geplant /1/.

Na-Manganit:

$6NaOH + 2Mn_3O_4$	$\longrightarrow$	$6NaMnO_2 + 2H_2O + H_2$	$850^{\circ}C$	(134)
$6NaMnO_2 + 3H_2O$	$\longrightarrow$	$6NaOH + 3Mn_2O_3$	$250^{\circ}C$	(135)
$6NaOH_{(aq)}$	$\longrightarrow$	$6NaOH_{(conc.)}$	$300^{\circ}C$	(136)
$3Mn_2O_3$		$2Mn_3O_4 + 1/2O_2$	$1150^{\circ}C$	(137)

Li-Manganit:

$3Li_2CO_3 + H_2O + 2Mn_3O_4$	$\longrightarrow$	$6LiMnO_2 + 3CO_2 + H_2$	---	(138)
$6LiMnO_2 + 6CO_2 + 3H_2O$	$\longrightarrow$	$6LiHCO_3 + 3Mn_2O_3$	---	(139)
$6LiHCO_3$	$\longrightarrow$	$3Li_2CO_3 + 3CO_2 + 3H_2O$	---	(140)
$3Mn_2O_3$	$\longrightarrow$	$2Mn_3O_4 + 1/2O_2$	---	(141)

Sr/U:

$Sr_3U_2O_8 + 3Sr(OH)_2$	$\longrightarrow$	$2Sr_3UO_6 + 2H_2O + H_2$	$550^{\circ}C$	(142)
$2Sr_3UO_6 + 3H_2O$	$\longrightarrow$	$Sr_3U_2O_9 + 3Sr(OH)_2$	$90^{\circ}C$	(143)
$Sr_3U_2O_9$	$\longrightarrow$	$Sr_3U_2O_8 + 1/2O_2$	$600^{\circ}C$	(144)

Viele Oxide geben bei Erhitzen Sauerstoff ab und werden reduziert. In komplizierteren Oxidsystemen benützt man Alkali- bzw. Erdalkaliverbindungen zur Bildung und Stabilisierung höher Oxide, wobei man gleichzeitig die Oxidation des niedrigeren Oxids durch Wasser vermeidet. Ein breites Spektrum möglicher Oxid-Zyklen ist durch Variation von Alkali- bzw. Erdalkaliatom und Oxid möglich. Ein Na-Manganit- [(134) bis (137)] und ein Li-Manganit-System [(138) bis (141)] wurden experimentell untersucht /12/. Eine technische Anwendung scheitert bis jetzt an den niedrigen Reaktionsgeschwindigkeiten und den geringen Gleichgewichtsdampfdrucken. Ein ähnlicher Zyklus mit S /U-Verbindungen ist derzeit im Untersuchungsstadium [(142) bis (144)] /12/.

3.2.6.3. Auf Jod basierende Zyklen

Diese Systeme nützen die oxidierende Wirkung von Jod aus. Der gebildete Jodwasserstoff kann, wie gut bekannt ist, thermisch wieder zersetzt werden und bildet dabei Jod und Wasserstoff (150). So dissoziieren bei $425^{\circ}C$ 23 % von HJ.

Die Abtrennung von Jodwasserstoff aus der Lösung ist thermisch, z.B. durch Destillation, leicht möglich. Es sei hier darauf hingewiesen, daß sich diese Methode photochemisch stark verbessern läßt, wobei sowohl Reaktion (149) als auch (15o) mit Bestrahlung bei 3o°C ablaufen. Über diese gemischt thermisch-photochemischen Systeme wird in Pkt.4.2.3. berichtet.

$$SO_2 + H_2O + J_2 \rightarrow SO_3 + 2HJ \qquad (145)$$
$$SO_3 \rightarrow SO_2 + 1/2O_2 \qquad (146)$$
$$HJ \rightarrow 1/2H_2 + 1/2J_2 \qquad (147)$$

Schulte und Knoche /39/ berichteten über ein mit SO_2 arbeitendes System, dessen Vorteil darin liegt, daß in allen Schritten nur gasförmige Produkte reagieren. Physikalisch-chemische Daten fehlen jedoch i.a. noch. Als Nachteil erweist sich, daß der Gleichgewichtspartialdruck von HJ wegen der geringen Gleichgewichtskonstante sehr klein ist /39/. Dies gilt auch für Systeme, bei denen Metalle mit Wasserdampf in Gegenwart von Joddampf oxidiert werden /39/.

$$Cu + H_2O + J_2 \rightarrow CuO + 2HJ \qquad (148)$$

Die Schließung dieses Zyklus erfolgt durch thermische oder photolytische Zersetzung von HJ und Reduktion des Kupferoxids.

Li-Nitrit:

$$LiNO_2 + J_2 + H_2O \rightarrow LiNO_3 + 2HJ \qquad (149)$$
$$2HJ \rightarrow H_2 + J_2 \qquad (15o)$$
$$LiNO_3 \rightarrow LiNO_2 + 1/2O_2 \qquad (151)$$

Die erste Reaktion (149) dieses Prozesses ist der Oxidation von schwefeliger Säure mit Jod analog. Auch die dritte Reaktion (151) ist bekannt. Sie läuft unter Druck reversibel ab /4o/.

Wentorf"C":

$3J_2 + 6LiOH$	$\longrightarrow$	$5LiJ + LiJO_3 + 3H_2O$	190 °C	(152)
$LiJO_3 + KJ$	$\longrightarrow$	$KJO_3 + LiJ$	0 °C	(153)
KJO_3	$\longrightarrow$	$KJ + 3/2O_2$	650 °C	(154)
$6LiJ + 6H_2O$	$\longrightarrow$	$6HJ + 6LiOH$	600 °C	(155)
$6HJ + 3Ni$	$\longrightarrow$	$3NiJ_2 + 3H_2$	150 °C	(156)
$3NiJ_2$	$\longrightarrow$	$3Ni + 3J_2$	700 °C	(157)

Die einzelnen Stufen des sechsstufigen Zyklus werden genau beschrieben /26/. Da Jod, im Gegensatz zu Chlor oder Brom, Sauerstoff nicht direkt freisetzen kann, sind mehrere Stufen notwendig. Die Darstellung des Wasserstoffs erfolgt aus flüssigem Jodwasserstoff mit heißem Nickel unter geringem Überdruck (156). Kalium-Jodat läßt sich sehr gut zersetzen und bietet sich als Sauerstoffquelle an (154). Die Regeneration von Jod geschieht durch thermisches Cracken von NiJ_2 (157). Abb. 13 zeigt ein vereinfachtes Flußdiagramm.

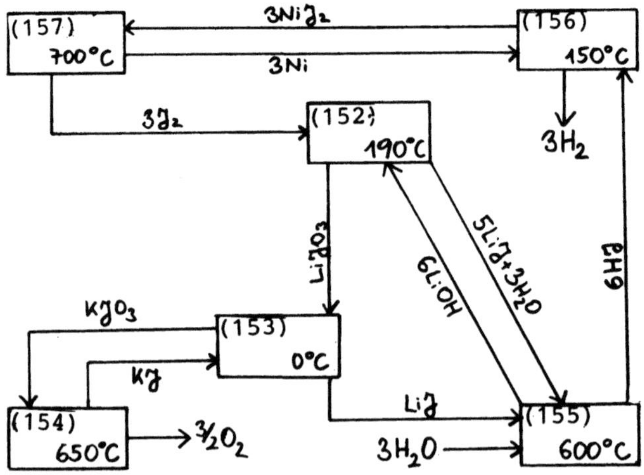

Abb. 13: Flußdiagramm des Prozesses Wentorf "C" /26/.

3.2.7. Sonstige Zyklen

Eine ganze Reihe von Systemen lassen sich in die bisherigen Abschnitte nicht einordnen und sind in Tabelle 6 angeführt. Es sei noch einmal darauf hingewiesen, daß die Einteilung der thermochemisch geschlossenen Zyklen nicht sehr zwingend ist. Sie wurde durchgeführt, um die Diskussion übersichtlicher gestalten zu können.

SYSTEME		ELEMENTE	T (°C)	REAKTIONEN
Oxid/ Sulfat	M.Bowman, USAEC, 1974	Ba,Mo,S	--	3
Oxid/ Carbonat	M.Bowman, USAEC, 1974	U, C	--	3
Bromid/ Sulfat	M.Bowman, USAEC, 1974	Cr, Br, S	8oo	4
Kalium-Selenid	R.G.Hickman et al, Univ.California	K,Se,V	7oo	5
Magnesium-Selenid	R.G.Hickman et al, Univ.California	Mg,Se,V	5oo	5
Methan/ Methanol	R.G.Hickman et al, Univ.California	C,As	7oo	5

Tab.6: Sonstige Zyklen zur H_2-Erzeugung.

3.2.7.1. Zyklen mit Oxiden und ähnliche Systeme

In einem USAEC-Bericht wird eine größere Anzahl von Zyklen, ausgehend von allgemeinen theoretischen Überlegungen beschrieben /12/.

Oxid/Karbonat:

$U_3O_8 + H_2O + 3CO_2 \longrightarrow 3UO_2CO_3 + H_2$		---	(158)
$3UO_2CO_3 \longrightarrow 3UO_3 + 3CO_2$		---	(159)
$3UO_3 \longrightarrow U_3O_8 + 1/2O_2$		---	(160)

Bromid/Sulfat:

$SO_2 + Br_2 + 2H_2O \longrightarrow H_2SO_4 + 2HBr$	100^oC	(161)
$H_2SO_4 \longrightarrow H_2O + SO_2 + 1/2O_2$	800^oC	(162)
$2CrBr_2 + 2HBr \longrightarrow 2CrBr_3 + H_2$	---	(163)
$2CrBr_3 \longrightarrow 2CrBr_2 + Br_2$	---	(164)

Oxid/Sulfat:

$SO_2 + xH_2O + BaMoO_4 \longrightarrow BaSO_3 + MoO_3.xH_2O$	---	(165)
$BaSO_3 + H_2O \longrightarrow BaSO_4 + H_2$	---	(166)
$BaSO_4 + MoO_3 \longrightarrow BaMoO_4 + SO_2 + 1/2O_2$	---	(167)

Oxid/Karbonat-Zyklen [(158) bis (160)] beruhen auf der Reaktion von CO_2 mit Metalloxiden zu Metall-Karbonaten (ΔS^o = - 42 kcal/Mol, ^oK). Solche Mechanismen beinhalten die Addition von einem Sauerstoffatom an ein Metall oder Metalloxid bei folgender Reaktion mit CO_2, um ein Karbonat zu bilden und die höhere Valenz zu stabilisieren. Bei Metall/O_2-Systemen mit mehreren Oxiden sind jedoch meist die niedrigeren Oxide stabiler. Eine Ausnahme bildet Uran, doch sind praktische Untersuchungen an (158) bis jetzt erfolglos geblieben /12/.

Oxid/Sulfat-Systeme besitzen als Grundlage die Reaktion von gasförmigem SO_3 mit Metalloxiden unter Bildung von Metallsulfaten (ΔS^o = - 43 kcal/Mol, ^oK). Noch besser erscheint es, von SO_2 auszugehen, dieses zuerst mit O_2 zum Trioxid zu oxidieren (168), und dann die Reaktion mit dem Metalloxid folgen zu lassen (169). Für die kombinierte Reaktion ist ΔS^o = - 65,6 kcal/Mol, ^oK.

$$SO_{2(g)} + H_2O_{(l)} + MO \longrightarrow MSO_4 + H_{2(g)} \qquad (168)$$

$$MSO_4 \longrightarrow MO + SO_{2(g)} + 1/2O_2 \qquad (169)$$

M ist ein Metall und jede der beiden Reaktionen besteht aus zwei Schritten.

Geeignet erscheinen die wenig stabilen Zink- und Kobalt-Sulfate, für die Reaktion (168) thermochemisch bei ungefähr 13o°C begünstigt ist. Als maximaler thermischer Wirkungsgrad des Zyklus wurden 85 % HHV errechnet. Von den sehr stabilen Sulfaten kann jenes von Kupfer nützlich sein. Hier beträgt (Wasserdampf, p = 1 atm) die günstigste Temperatur für (168) ungefähr 3oo°C, die Zersetzungstemperatur liegt bei 115o°C: für praktische Nutzung müßte man Niederdruckverfahren ausarbeiten. Durch den größeren Wärmeverbrauch gegenüber den weniger stabilen Sulfaten beträgt für $MgSO_4$ η_{th} maximal 75 % HHV. Die größten Nachteile für einfache Oxid/Sulfat-Systeme, wie sie bisher beschrieben wurden, stellen unerwünschte Seitenreaktionen von (159) dar. Aus diesen Gründen verliefen praktische Experimente bisher nicht sehr erfolgreich /12/.

In komplizierteren Oxid/Sulfatsystemen bevorzugt man daher die Bildung sehr stabiler Sulfate: um die Zersetzung bei vernünftigen Temperaturen durchführen zu können, läßt man das Sulfat mit einer beigefügten Substanz reagieren, wobei SO_3 bzw. SO_2 und O_2 freigesetzt werden. Die Reaktionen (165) und (166) sind untersucht, Wasserdampf fördert den Ablauf. Besonders gut eignet sich als beigefügte Verbindung Molybdän-Trioxid aus physikalischen (nicht flüchtig bei der verwendeten Temperatur), chemischen (das Hydrat ist eine leichtere Säure als das Bisulfit-Ion) und thermodynamischen Gründen /12/.

In Bromid/Sulfat-Zyklen beschleunigt Brom, wenn es in Reaktion (168) zugefügt wird, die Reaktionsgeschwindigkeit: wenig stabile Sulfate und HBr werden gebildet. Aus obigen Gründen (Seitenreaktionen) scheint ein anderer Zyklus, der auf der Bildung von Schwefelsäure beruht, vorteilhafter. (161) ist praktisch untersucht: sehr konzentrierte H_2SO_4 und wasserfreies HBr entstehen. Dieses System ist vor allem aus technischen Gründen einer näheren Untersuchung würdig, da an den wichtigsten Wärme-Transport-Schritten (161) und (162) nur Gase und Flüssigkeiten beteiligt sind.

Auch der thermische Wirkungsgrad ist theoretisch hoch, wenn eine geeignete Methode zur Zersetzung von HBr vorhanden ist /36/. Eine Reihe ähnlicher, auf Schwefel basierender Zyklen mit relativ hohen thermodynamischen Wirkungsgraden werden untersucht /54/.

3.2.7.2. Zyklen mit der Hydrolyse von Seleniden

Die folgenden Reaktionen zeigen Systeme mit Alkali- bzw. Erdalkaliseleniden.

K-Selenid:				
$K_2Se + 2H_2O$	$\longrightarrow$	$2KOH + H_2Se$	1oo°C	(17o)
H_2Se	$\longrightarrow$	$H_2 + Se$	2oo°C	(171)
$3/2Se + 2KOH$	$\longrightarrow$	$K_2Se + 1/2SeO_2 + H_2O$	7oo°C	(172)
$V_2O_4 + 1/2SeO_2$	$\longrightarrow$	$V_2O_5 + 1/2Se$	327°C	(173)
V_2O_5	$\longrightarrow$	$V_2O_4 + 1/2O_2$	5oo°C	(174)
Mg-Selenid:				
$MgSe + 2H_2O$	$\longrightarrow$	$Mg(OH)_2 + H_2Se$	1oo°C	(175)
$2H_2Se$	$\longrightarrow$	$2H_2 + 2Se$	2oo°C	(176)
$2Se + Mg(OH)_2$	$\longrightarrow$	$H_2Se + 1/2MgSe + 1/2MgSeO_4$	---	(177)
$2V_2O_4 + 1/2MgSeO_4$	$\longrightarrow$	$2V_2O_5 + 1/2MgSe$	---	(178)
$2V_2O_5$	$\longrightarrow$	$2V_2O_4 + O_2$	5oo°C	(179)

Im K-Selenid-System scheint Reaktion (17o) gut in einem fünfstufigen Zyklus in essigsaurem Medium möglich /12/. (171) bietet keine Schwierigkeiten, (172) muß nach dem derzeitigen Stand der Untersuchungen bei dieser hohen Temperatur ausgeführt werden. Für die Zersetzung von Selendioxid kann man auch einen dreistufigen Zyklus mit As_2O_4verwenden, doch bietet V_2O_4 (173) einige Vorteile: es ist ungiftig, die Trennung ist einfacher und die Temperatur niedriger.

Ein Vorteil der Verwendung von Mg-Selenid ist die Tatsache, daß pro zwei Mol produzierten Wasserstoffs [(175) und (176)] nur o,5 Mol $MgSeO_4$ regeneriert werden muß [(177) bis (179)]. Außerdem ist $MgSeO_4$ wegen seiner geringeren Stabilität nicht sehr schwer zersetzbar.

Zwei große Nachteile behindern jedoch die großtechnische Verwendung der Selenzyklen, obwohl sie thermodynamisch sehr günstig erscheinen: da die leichtflüchtigen Selenverbindungen sehr giftig sind, verteuert eine sichere Handhabung im technischen Maßstab die Anlagekosten. Weiters bleibt die Frage offen, ob Selen in großen Quantitäten und billig vorhanden ist /12/.

3.2.7.3. Methan-Zyklen

Ein typisches Beispiel für Systeme,die mit Methan arbeiten, ist folgender Zyklus /37/:

$CH_4 + H_2O$	$\longrightarrow$	$CO + 3H_2$	7oo°C	(18o)
$CO + 2H_2$	$\longrightarrow$	CH_3OH	23o°C	(181)
$CH_3OH + As_2O_4$	$\longrightarrow$	$CH_4 + As_2O_5$	227°C	(182)
$1/2As_2O_5$	$\longrightarrow$	$1/2As_2O_3 + 1/2O_2$	7oo°C	(183)
$1/2As_2O_5 + 1/2As_2O_3$	$\longrightarrow$	As_2O_4	---	(184)

Sowohl Reaktion (18o) als auch (181) sind Grundlage wichtiger chemischer Industrie und gut erforscht (Pkt. 3.1.4.3.2.). In beiden werden feste Katalysatoren verwendet, in (181) z.B. Nickel und in (181) Zink/Kupfer-Chromit. Zur Senkung von Temperatur, Druck und damit der Kosten müssen jedoch noch geeignetere Katalysatoren gefunden werden. Thermodynamische Betrachtungen wurden durchgeführt. Dieses System zeichnet sich durch vernachlässigbare Materialprobleme (Korrosion) aus, doch ist vor allem bei der Reaktion von Methanol zu Methan [(182) bis (184)] noch kaum experimentelle Arbeit geleistet worden.

3.2.8. Mit Elektrolyse kombinierte Verfahren

Solche Prozesse verwenden elektrische Energie in einem Schritt eines Zyklus, der weniger Spannung benötigt als die direkte Wasser-Elektrolyse. Eine besondere Eignung ergibt sich zum Ausnützen von off-peak-Energie. Die meisten dieser Verfahren beginnen mit einer umgekehrten Deacon-Reaktion und schließen Elektrolyse von Chlor-Wasserstoff oder einem metallischen Halogen an. Tabelle 7 zeigt einige Beispiele.

SYSTEME		ELEMENTE	T (^{o}C)	REAKTIONEN
HCl	N.C.Hallett, Air Prod., 1965	Cl	7oo	2
HJ	--	J	--	2
Kupferchlorid	--	Cu,Cl	7oo	3
Eisenchlorid	--	Fe,Cl,N	7oo	4
Quecksilber-chlorid	--	Hg,Cl	7oo	3
Bromid/ Sulfat	M.Bowman, USAEC, 1974	S,Br,Cr	8oo	4
SO_2	W.Juda/ B.Moulton	S	--	-

Tabelle 7: Mit Elektrolyse kombinierte Verfahren.

HCl:

$Cl_2 + H_2O \longrightarrow 2HCl + 1/2O_2$ 7oo°C (185)

$2HCl \xrightarrow{el.} H_2 + Cl_2$ 3oo°C (186)

HJ:

$J_2 + H_2O \longrightarrow 2HJ + 1/2O_2$ --- (187)

$2HJ \xrightarrow{el.} H_2 + J_2$ --- (188)

Das HCl-System wird im Zusammenhang mit dem Energieproblem intensiv untersucht /42,52/. Bockris /53/ berechnete für dieses System einen Preis von 3,3o US$/MBtu, für den HJ-Zyklus 2,o8 US$/MBtu (bei 1oo prozentiger Ausnutzung des produzierten H_2; Strompreis = o,7 ¢/kWh).

Abb. 14 zeigt ein Blockschema des HCl-Zyklus.

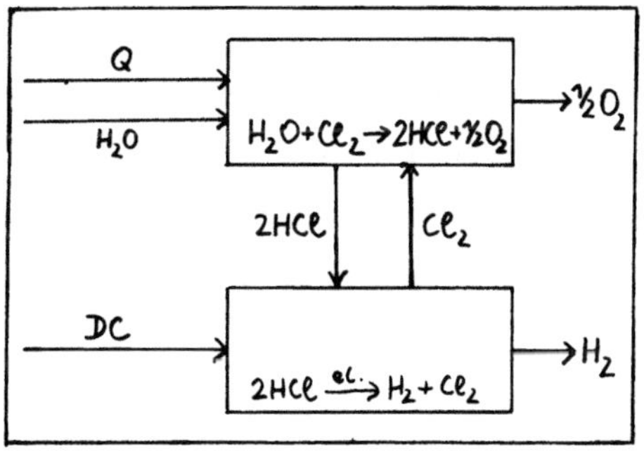

Abb. 14: Blockschema für den gemischt elektrolytisch-thermochemischen HCl-Zyklus /52/.

Cu-Chlorid:

$Cl_2 + H_2O$	$\longrightarrow$	$2HCl + 1/2O_2$	7oo°C	(189)
$2HCl + 2CuCl$	$\xrightarrow{el.}$	$2CuCl_2 + H_2$	2oo°C	(19o)
$2CuCl_2$	$\longrightarrow$	$2CuCl + Cl_2$	3oo°C	(191)

Fe-Chlorid:

$Cl_2 + H_2O$	$\longrightarrow$	$2HCl + 1/2O_2$	7oo°C	(192)
$2HCl + 2FeCl_2$	$\xrightarrow{el.}$	$2FeCl_3 + H_2$	2oo°C	(193)
$2FeCl_3 + 2NO$	$\longrightarrow$	$2FeCl_2 + 2NOCl$	175°C	(194)
$2NOCl$	$\longrightarrow$	$2NO + Cl_2$	15o°C	(195)

Hg-Chlorid:

$Cl_2 + H_2O$	$\longrightarrow$	$2HCl + 1/2O_2$	7oo°C	(196)
$2HCl + 2Hg$	$\longrightarrow$	$2HgCl + H_2$	3oo°C	(197)
$2HgCl$	$\xrightarrow{el.}$	$2Hg + Cl_2$	5oo°C	(198)

Abschätzungen der Wirtschaftlichkeit ergeben folgendes Resultat /53/ (bezogen auf einen Strompreis von o,7 ¢/kWh): 1 MBtu H_2 kostet demnach beim Fe-Chlorid-System (192)-(195) 3,26 US$, beim Cu-Chlorid-Zyklus (189)-(191) 2,26 US$ und für das Zinn-Chlorid-System 2,23 US$.
Eisenchlorid kommt daher teurer als die herkömmliche Wasserelektrolyse, Zinn-Chlorid zeigt unerwünschte Nebenprodukte. Die weitaus ökonomischste kombinierte Methode ist ein System mit Elektrolyse von CuCl.

Beim elektrolytischen Bromid/Sulfat-Verfahren wird die Zersetzung von HBr, das innerhalb des unter Pkt. 3.2.7.1. in den Reaktionen (161) bis (164) beschriebenen Systems erzeugt wird, mit elektrischer Energie durchgeführt /12,53/.

Im SO_2-Prozeß vermeidet man die Bildung von Sauerstoff bei der Elektrolyse durch Verwendung von Schwefeldioxid (199) /44/.

$$SO_2 + 2H_2O_{(l)} \rightarrow H_2SO_{4(aq)} + H_2 \qquad (199)$$

Die Gesamtspannung beträgt für die Elektrolyse von Wasser ohne SO_2-Zugabe 1,6 bis 2,4 Volt, und mit SO_2-Zugabe nur o,74 bis 1,62 Volt, jeweils für eine Stromdichte von 1oo bis 5oo mA/cm^2 (Pkt. 2.5.2.3.).

3.2.9. Wirtschaftliche Betrachtungen

Eine ganze Anzahl von Autoren führt Analysen der Ökonomie der Wasserstoffgewinnung mit thermochemisch geschlossenen Systemen durch /1,4,6,8,1o,24,45,48/. Die Kosten werden vor allem durch Primärenergie und Materialien bestimmt. Seltenere Materialien können bis zu 8o % der Gesamtherstellungskosten von Wasserstoff ausmachen. Die Kapitalkosten sind zur Zeit noch spekulativ, sie können mit 1o bis 2o % abgeschätzt werden. Der eine Vorteil gegenüber Elektrolyse ist eine Reduktion in Kapital- oder/und Betriebskosten, der zweite ergibt sich aus der Verringerung der Gesamterfordernis an thermischer Energie. Von den wirtschaftlich vielversprechenden Verfahren fallen die meisten in einen Bereich von η_{th} = 3o - 5o % HHV. Ein Vergleich zeigt, daß ungefähr ein Viertel der angebotenen Systeme bezüglich des Wirkungsgrades der Elektrolyse unterlegen, ein Viertel gleichwertig und die Hälfte überlegen sind /17/. Pessimistischen Berechnungen von Funk /4/ mit η_{th} = 18 % HHV (VCl_3-Zyklus) stehen optimistische bezüglich der Mark-Zyklen mit η_{th} = 47 %HHV bei gegenwärtiger Technologie und η_{th}= 6o % HHV als Zukunftsberechnung gegenüber /1, 15/. Schulten vom Reaktorzentrum Jülich schätzt den höchstmöglichen Wirkungsgrad auf ~ 6o % LHV, Hanneman /1o/ (Gen.Electric) auf ~ 5o %.

Tabelle 8 zeigt eine Abschätzung der Entwicklung von Anlagekosten und Wirkungsgrad /6,45,46/.

Jahr	1985	199o	2ooo	2o2o
Wirkungsgrad	o,5o	o,6o	o,7o	o,8o
Kapitalkosten ¢/kW (Thermal input)	31,25	25	25	16,25

Tabelle 8: Anlagekosten und Wirkungsgrad für die thermochemische Zersetzung von H_2O /46/.

Ein Vergleich mit dem Preis von Strom, der aus herkömmlichen Anlagen gewonnen wurde (Kernreaktor liefert Primärenergie, Verbrennungsturbinen mit CH_4 als Rohstoff, Überland-Leitungen) läßt die Konkurrenzfähigkeit von Systemen mit thermochemisch offenen Zyklen, die sich zeitlich noch steigert, erkennen. Berechnungen mit Sonne als Primärenergiequelle und Sonnenzellen /47/ ergeben höhere Preise /45/.
Obwohl noch keine völlig ausgereifte thermochemische Methode vorliegt und daher Kapitalkosten nur mehr oder weniger exakt abschätzbar sind, dürften diese Energiesysteme sehr vielversprechend sein.

Tabelle 9 zeigt eine Gegenüberstellung von Charakteristika einzelner ausgewählter thermochemischer Wasserstoff-Herstellungsmethoden /8/.

System	Mark 1	VCl_2	Mark 7	Cs_2O	HCl-El.
Kapitel	3.2.3.1.	3.2.4.1.	3.2.4.3.	3.2.6.1.	3.2.8.
Reaktionszahl	4	4	5	4	2
η (HHV)	58%	17,5%	53%	48%	33%
η (LHV)	49,3%	14,7%	44,8%	41%	28%
T_{max} (^{o}C)	73o	725	8oo	1o5o	8oo
Prozeßwärmeanteil an T_{max}	26%	3o%	32%	7o%	7%
Ges. Energieinput (kWh/kg H_2)	66,3	224,1	75,4	82,9	119,9
Prozeßwärme (kWh/kg H_2)	51,4	9o,2	38,4	72,7	8,o
Trennarbeit etc. (kWh/kg H_2)	4,2	36,4	-	2,6	7,2
Wärmeverlust (kWh/kg H_2)	2,6	93,7	36,9	7,3	7o,7
Elektr. Arbeit (kWh/kg H_2)	-	-	-	-	3o,6
Ausgangsdruck von H_2 (atm)	15	1	1	1	19

Tab. 9: Charakteristika einiger thermochemisch geschlossener Methoden /8/.

Von den vielen Zyklen,die vorliegen, sind die Prozesse Mark 1 von Euratom/Ispra (Pkt. 3.2.3.1.) und VCl_3 von General Motors (Pkt. 3.2.4.1.) am ausgereiftesten. Aus der obigen Zusammenstellung ist ersichtlich, daß Mark 1 von den angeführten Zyklen in der Energiebilanz am günstigsten liegt. Exakte Vergleiche lassen sich nur bedingt durchführen, da die einzelnen Systeme quantitativ sehr unterschiedlich untersucht sind; kinetische Daten oder gar technologische Einzelheiten fehlen meist. Trennungsarbeiten etc. werden oft bei der Berechnung des Wirkungsgrades vernachlässigt.

Thermodynamisch sind alle Zyklen realisierbar, grundlegende Schwierigkeiten gibt es jedoch bezüglich Kinetik, Trennungen,

Wärmeaustauschsystemen, Materialanforderungen und zu großen Mengen an umgesetzten Chemikalien, die, auch wenn sie billig sind (Eisenoxid, Cl_2) doch zu 99,99 % rückgewonnen werden müssen.

Prinzipiell sind die direkte Benutzung von thermischer Energie und das Recycling der verwendeten Chemikalien, wie oben gezeigt wurde, dennoch ökonomisch attraktiv. Der Energieumsatz ist effizienter als bei fast allen anderen Methoden zur H_2-Gewinnung. Zu beachten ist, daß erst ab einer Temperatur von 65o - 7oo^{o}C die Rentabilität des Verfahrens gewährleistet ist. Thermochemisch geschlossene Zyklen benötigen daher Energiequellen mit rel. hoher Temperatur, sodaß ihre Entwicklung eng mit der von Hochtemperatur-Primärenergie (z.B.HTGR) verbunden ist /1,5,6,48,49/. Ein rasches und koordiniertes Vorantreiben der Forschung ist notwendig (Pkt.3.2.1.), damit die geschlossenen Zyklen mittelfristig eingesetzt werden können.

3.2.1o. Literaturverzeichnis

/1/ Euratom, Progress Rep. 3, EUR-5o59 e (1972)
/2/ K.F.Knoche, J.Schubert, Europ.Comm. study Agreement, o45-72-7-ECID (F) (1973)
/3/ J.L.Russell, J.T.Porter in "Hydrogen Energy", ed.T.N. Veziroglu, Part A, 517, Plenum Press, N.Y. (1975)
/4/ J.E.Funk, W.L.Conger, R.H.Carty in "Hydrogen Energy", ed.T.N.Veziroglu, Part A, 457, Plenum Press, N.Y. (1975)
/5/ R.N.Quade, A.T.McMain, in "Hydrogen Energy", ed.T.N. Veziroglu, Part A, 137, Plenum Press, N.Y. (1975)
/6/ F.Joly in "Hydrogen Energy", ed.T.N.Veziroglu, Part A, 279, Plenum Press, N.Y. (1975)
/7/ K.F.Knoche, J.Schubert, VDI-Forsch.-Heft, 549, 25 (1972)
/8/ Rep.NASA/ASEE, "Hydrogen Energy Carrier",II, 31 (1973)
/9/ J.B.Pangborn, J.C.Sharer in "Hydrogen Energy", ed.T.N. Veziroglu, Part A, 499, Plenum Press, N.Y. (1975)
/1o/ G.P.Kerns, General Electric Corp.-TEMPO, Rep.GE 72 TMP-53 (1972)
/11/ J.E.Funk, R.M. Reinstrom, I & EC Process Design Develop., 5, 336 (1966)
/12/ M.Bowman, Rep.LA-UR-741459 (USAEC), Univ.California, Los Alamos Lab. (1974)
/13/ J.E.Funk,163rd Nat.Meet.Am.Chem.Soc., 16 (4), 79 (1972)
/14/ G.De Beni, C.Marchetti, Eurospectra, 9 (2), 46 (197o)
/15/ C.Marchetti, Chem.Econ.& Eng.Rev., 5, 7 (1973)
/16/ Euratom, Progress Rep. 1, EUR-4776 e (197o)
/17/ Euratom, Progress Rep. 2, EUR-4955 e (1971)

/18/ Synth.Ammonia & Nitrates Lim.of Billigham Stockton on Tees, Brit.Pat. 232, 431 (1924)
/19/ G.De Beni, Luxemburg Pat. 6o372 (1969)
/2o/ S.Dorner, C.Keller in "Hydrogen Energy", ed.T.N.Veziroglu, Part A, 155, Plenum Press, N.Y. (1975)
/21/ K.A.Kobe, Inorg.Proc.Ind., McMillanCo, N.Y., 91 (1948)
/22/ J.E.Funk, R.M.Reinstrom, "System Study of Hydrogen Generation by Thermal Energy", II, Suppl.A des Rep. TID 2o441, General Motors, Washington (1964)
/23/ G.De Beni, French Pat. 2.o35.558 (197o); Ger.Offen, 2.oo5.o15 (197o)
/24/ R.E.Chao, Ind.Eng.Chem., Prod.Res.Dev., 13, 94 (1974)
/25/ G.De Beni in "Hydrogen Energy", ed.T.N.Veziroglu, Part A, 471, Plenum Press, N.Y. (1975)
/26/ R.H.Wentorf, R.E.Hanneman, Science, 185, 311 (1974)
/27/ "A Hydrogen Energy System", ed.D.P.Gregory, Pub. L 21173, Amer.Gas Assoc., Chikago (1972)
/28/ P.Harteck, S.Dondes, J.Chem.Phys., 23, 9o2 (1955) und J.Chem.Phys., 26, 1717 (1957)
/29/ G.Juppe, Eurospectra, 8, 39 (1969)
/3o/ E.S.Fishburne, K.R.Bilwakesh, R.Edse, J.Chem.Phys. 45, 16o (1966)
/31/ S.S.Barton et al., J.Phys.Chem, 71, 4573 (1967)
/32/ G.De Beni, C.Marchetti, Eurospectra, 9, 46 (197o)
/33/ D.W.Allen, Paper 935 D, Soc.of Aut.Eng.Nat.Meet., Baltimore (1964)
/34/ B.J.Mayland, G.E.Hays, Chem.Eng.Progr., 45, 452 (1949)
/35/ D.W.Montgomery et al., Ind.Eng.Chem., 4o, 6o1 (1948)
/36/ A.R.Miller, H.Jaffé, U.S.-Pat. 3, 49o, 871 (197o); U.S.-Pat. 3, 436, 261 (1969); Aerojet-Gen.Corp.
/37/ R.G.Hickman, O.H.Krikorian, W.J.Ramsey in "Hydrogen Energy", ed. T.N.Veziroglu, Part A, 483, Plenum Press, N.Y. (1975)
/38/ D.Souriau, Germ.Pat., 2.221.5o9 (1972); Gaz de France
/39/ R.Schulten, ref.M.Knoche, Proc.Round Table on Direct Hydrogen Prod., EUR/C-IS/1o62/1/69 e, 24, Ispra (1969)
/4o/ B.M.Abraham, F.Schreiner, Science, 1o9, 959 (1973)
/41/ H.Cremer, J.Schubert, G.Steinborn, T.Ritterbex, K.F.Knoche, Proc.III/19, BNES Conf., London (1974)
/42/ M.Dokiya, Y.Kotera, Int.J.Hydrogen Energy, 1, 117 (1976)
/43/ G.H.Schuetz, Int.J.Hydrogen Energy, 1, 379 (1977)
/44/ W.Juda, D.Moulton, Chem.Eng.Symp.Ser., 59 (1972)
/45/ W.Hausz, Gen.Electric Corp.-TEMPO, Rep.72 TMP-15 (1972)
/46/ C.Marchetti et al., Round Table on Direct Hydrogen Production, EUR/C-IS/1o62/1/69 e, Ispra (1969)
/47/ A.B.Meinel, M.P.Mainel, Physics Today, 44 (1972)
/48/ H.Barnert, R.Schulten in "Hydrogen Energy", ed. T.N.Veziroglu, Part A, 115, Plenum Press, N.Y. (1975)
/49/ J.D.Balcomb, A.T.McMain in "Hydrogen Energy", ed.T.N. Veziroglu, Part A, 129, Plenum Press, N.Y. (1975)
/5o/ K.F.Knoche, H.Cremer, G.Steinborn, Int.J.Hydrogen Energy, 1, 23 (1976)
/51/ J.E.Funk, Int.J.Hydrogen Energy, 1, 33 (1976)
/52/ N.C.Hallett, NASA Publ. CR-73226 (1968)
/53/ J.O'M Bockris in "Hydrogen Energy", ed. T.N.Veziroglu, Part A, 371, Plenum Press, N.Y. (1975)
/54/ M.A.Soliman, W.L.Conger, R.H.Carty, J.E.Funk, K.E.Cox, Int.J.Hydrogen Energy, 1, 265 (1976)

4. Wasserstofferzeugung mit Hilfe von Sonnenenergie

4.1. Einführung in die Problematik

von K.J.Hartig, G.Kittel und N.Getoff

Es wird zuerst eine kurze Einführung in die Problematik gegeben. Nach einer Analyse der Sonnenenergie folgt ein Abriß der Grundlagen der Wechselwirkung zwischen Licht und Materie. Einer Definition von Ausbeuten schließt sich zuletzt eine Besprechung der direkten Photolyse von Wasser an.

4.1.1. Sonne als Primärenergiequelle

Im Zuge der seit einigen Jahren geführten Diskussion über eine ausreichende Energieversorgung der Menschheit in der Zukunft wird als ultima ratio immer die vollständige Ausnutzung der Sonnenenergie ins Treffen geführt. Dafür sind mehrere Gründe verantwortlich:

1. Die Sonnenenergie ist praktisch unerschöpflich (zumindest in vorstellbaren Zeiträumen).
2. Diese Energie steht völlig kostenlos zur Verfügung und ist auf der Erdoberfläche allgemein verteilt.
3. Die Ausnutzung der Sonnenenergie erfordert eine Technologie, die, von heutigen Erkenntnissen ausgehend, durchaus realisierbar erscheint.
4. Die Sonnenenergie - Technologie ist umweltfreundlich.

Die Sonnenenergie muß in andere Energieformen umgewandelt werden, um transportier- und speicherbar zu sein /1/. Mit Hilfe von Spiegeln, absorbierenden Platten, Kollektoren, Fokussierung etc. erfolgt die direkte Umwandlung in Wärmeenergie, die dann entweder am Ort selbst verwendet bzw. als Heißwasser (Dampf) oder Elektrizität (Dampfgeneratoren) weiter transportiert wird /2-8/.

Eine weitere Möglichkeit ist die direkte Umwandlung von Sonnenenergie in elektrische Energie mit Hilfe von Sonnenzellen, die den Photoeffekt ausnützen. Diese Technologie wird auf breitester Basis vorangetrieben. Die durchgeführten Forschungen und Versuchsprogramme (z.B.ERDA-USA) sind in vielen Büchern und Zeitschriften publiziert. Es wird hier darauf verzichtet, bestimmte Arbeiten hervorzuheben.

Von entscheidender Bedeutung für dieses Kapitel ist die Umwandlung der Sonnenenergie mittels photochemischer Prozesse /9,1o/. Jede endotherme photochemische Reaktion ist im Endeffekt Umwandlung von Lichtenergie in chemische (oder elektrische) Energie, und ein kinetisch stabiles Photoprodukt, wie z. B. Wasserstoff, läßt sich als Treibstoff betrachten, weil es gelagert, transportiert und hierauf mit Energiebildung in eine andere chemische Spezies umgewandelt werden kann. Direkte Umwandlung von Lichtenergie in chemische Energie wäre daher prinzipiell ein sehr nützlicher Weg. Zur Erzeugung von Wasserstoff als Energieträger mit Hilfe von Sonnenenergie über photochemische Prozesse eignet sich als Ausgangssubstanz am besten Wasser. Es ist billig, umweltfreundlich, reichlich vorhanden und wird außerdem bei der Nutzung der chemischen Energie, die im H_2-Molekül gespeichert ist (Brennstoffzellen etc.), wieder zurückgewonnen /11/.

Prinzipiell läßt sich Wasserstoff photochemisch aus Kohlenwasserstoffen gewinnen, diese werden jedoch in der Zukunft vorzugsweise als Rohstoffe für chemische Synthesen, Pharmazeutika usw. verwendet werden /12/.

Wenn man davon ausgeht, die Sonnenenergie als einen Hauptträger der zukünftigen Energieversorgung zu betrachten /13/, so erweisen sich von den H_2-Energiekonzepten diejenigen mit photochemischer Wasserspaltung als besonders vorteilhaft. Am Rande sei erwähnt, daß H_2 auch in der Natur manchmal als Vermittler zwischen Sonnenlicht und Biosphäre dient /14/. Es sei noch darauf hingewiesen, daß H_2 aus Wasser mit Hilfe von Sonnenenergie auch über Kollektoren thermisch /15/ und über Sonnenzellen elektrolytisch /16,17/ erzeugt werden kann /18/. Thermische und elektrolytische H_2-Erzeugungsmethoden werden in Pkt. 2 und Pkt. 3 dieses Buches behandelt.

4.1.2. Charakteristika der Sonnenstrahlung

Die Sonneneinstrahlung beträgt bei normalem Einfall außerhalb der Erdatmosphäre 1353 Wm^{-2} und das Sonnenspektrum gleicht dem der Strahlung eines Schwarzen Körpers bei 6ooo°K /19/. Die spektrale Verteilung auf der Erde ändert sich aber durch Streuung an Aerosolen, sowie durch Absorption durch Sauerstoff, Ozon, Wasserdampf und CO_2. Das Ausmaß der Änderung hängt vor allem vom Luft/ Masse Verhältnis a/m (air mass ratio) ab, das das Verhältnis der optischen Weglänge des Sonnenlichts durch die Atmosphäre zur Weglänge darstellt, wenn die Sonne im Zenit steht. So bedeutet: außerterrestrisches Sonnenlicht a/m = O, Licht der Sonne im höchsten Stand a/m = 1 und Licht aufgehender oder untergehender Sonne a/m = 25 (Maximalwert).

Abb. 1 zeigt das Sonnenspektrum für normalen Einfall mit verschiedenen Werten von a/m bei unbedecktem Himmel /2o/. Je höher a/m ist, umso mehr IR- und UV- Anteil wird in der Atmosphäre absorbiert und desto höher ist der Anteil des sichtbaren Lichts. Tab. 1 zeigt die Energieverteilung von Sonnenlicht mit a/m = 2 (Sonnenhöhe = 3o°) /2o/. Aus Tab. 2 sind Sonnenleistung (bei normalem Einfall), Gesamt-Photonenstrom und mittlere Photonenenergie für verschiedene a/m ersichtlich /21/. Darüberhinaus ist die tatsächlich auf der Erde erhältliche Sonnenenergie noch von geographischer Lage, Wetter etc. abhängig, wobei auf die Fachliteratur hingewiesen sei.
Am Rande sei noch erwähnt, daß photosynthetischer Energieerzeugung /22/, Ausnutzung des Wärmegradienten der Ozeane /23,24/ und allen Formen von Windenergie /25/ die Primärenergiequelle Sonne zugrunde liegt (s.Pkt.1, Abb. 2).

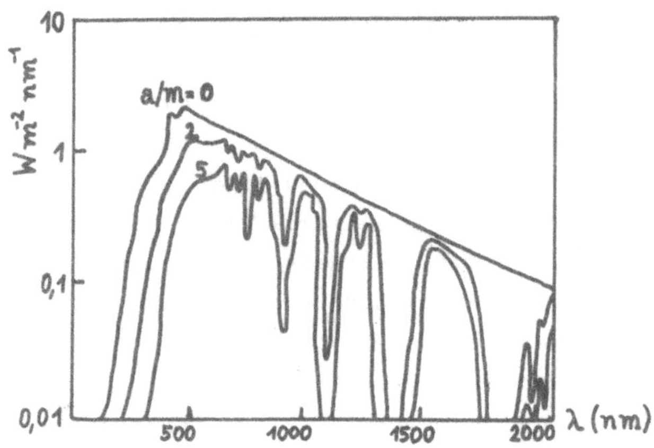

Abb. 1: Sonnenspektrum bei normalem Einfall für a/m = o, a/m = 2 und a/m = 5 (p = 76o mm, H_2O-Gehalt = 2o mm, Staubgehalt = 3oo Teilchen/cm^3, Ozongehalt = 2,8 mm /2o/.

Spektralgebiet	Wellenlänge (nm)	Wellenzahl (cm^{-1})	Sonnenstrahlung	
			Wm^{-2}	Anteil %
Ultraviolett	bis 315	über 31,746	o	o
Nahes UV	315 - 4oo	31,746 - 25,ooo	2o,o	2,7
Blau	4oo - 51o	25,ooo - 19,6o8	1o8,o	14,6
Grün/Gelb	51o - 61o	19,6o8 - 16,383	118,o	16,o
Rot	61o - 7oo	16,383 - 14,286	1o2,o	13,8
Nahes IR	7oo - 92o	14,286 - 1o,87o	174,o	23,5
Infrarot	92o - 14oo	1o,87o - 7,143	16o,o	21,6
	über 14oo	unter 7,143	58,o	7,8
			74o,o	1oo,o

Tab. 1: Energieverteilung im Sonnenspektrum auf der Erde (a/m = 2) /2o/.

Luft/ Masse-Verh. a/m	Nieder-schlags-wasser w (cm)	Kommentar	Strahlung (Wm^{-2})	Photonen-strom ($nsec^{-1}$ m^{-2})	Mittlere Photonen-energie (eV)
0	0	Außerhalb der Atmosphäre	135o	$5,8 \times 1o^{21}$	1,48
1	0	Sonnenhöhe=9o°	1o6o	$5,o \times 1o^{21}$	1,32
2	0	" =3o°	88o	$4,3 \times 1o^{21}$	1,28
3	0	" =2o°	75o	$3,9 \times 1o^{21}$	1,21
3	5	" =2o°	59o	$3,2 \times 1o^{21}$	1,18
1	0	Bedeckter Himmel	12o	$5,2 \times 1o^{2o}$	1,14

Tab. 2; Parameter des Sonnenspektrums als Funktion der Absorptionsbedingungen /21/.

Die Nachteile der Sonnenenergie liegen in der Unterschiedlichkeit infolge von Wetterbedingungen sowie Tag- und Nachtfolge, die praktisch von vornherein nur eine etwa 5o %ige Auslastung der Sonnenenergieanlagen zuläßt. Auch die geringe Kraftdichte trägt dazu bei, daß Sonnenenergieanlagen wahrscheinlich relativ große räumliche Ausdehnung benötigen werden /26/. Diese Diskontinuität der Primärenergiequelle zwingt aber auch dazu, die Sonnenenergie in speicher- und transportierbare Energieformen umzuwandeln.

4.1.3. Grundlagen der Wechselwirkung von Strahlung und Materie

4.1.3.1. Absorption, Anregung und Energieabgabe

Die Absorption von Licht bzw. höher-energetischen Formen elektromagnetischer Strahlung (UV, Röntgen, γ) bewirkt zwei Prozesse: Anregung und Ionisation. Die elektronisch angeregten Moleküle (AB) können verschiedene Desaktivierungsprozesse eingehen (siehe Gl. 1):

$AB \xrightarrow{\text{Licht}} AB^{*}$ → Lumineszenz
→ strahlungslose Desaktivierung
→ Elektronenabgabe (1)
→ Photolyse

Die ersten beiden Prozesse (Lumineszenz bzw. strahlungslose Desaktivierung) sind durch das Schema in Abb.2 dargestellt.

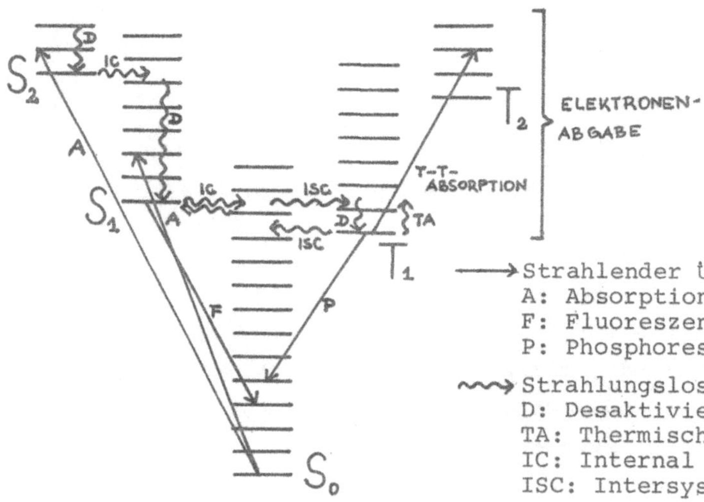

→ Strahlender Übergang:
A: Absorption
F: Fluoreszenz
P: Phosphoreszenz

⇝ Strahlungsloser Übergang:
D: Desaktivierung
TA: Thermische Anregung
IC: Internal Conversion
ISC: Intersystem Crossing

Abb. 2: Vereinfachtes Jablonski-Schema.

Der angeregte Zustand (1. Singlett S_1, 2. Singlett S_2 etc.) kann durch Stöße, Schwingungen, Umlagerung der Solvathülle, Moleküldeformationen usw. strahlungslos desaktivieren (Hauptteil der Energieabgabe) /27/.

Internal conversion (IC) ist ein strahlungsloser Übergang zwischen zwei Zuständen gleicher Multiplizität (z.B. $S_2 \longrightarrow S_1$), Intersystem crossing (ISC) ein strahlungsloser Übergang zwischen zwei Zuständen verschiedener Multiplizität (z.B. $S_1 \longrightarrow T_1$). Von den angeregten Zuständen (Lebensdauer ungefähr 10^{-8} – 10^{-11}sec.) kann das AB^{*} unter Abgabe von Strahlungsenergie (Luminiszenz) wieder zum Grundzustand zurückkehren, Fluoreszenz (F) erfolgt vom Singlett, Phosphoreszenz (P) vom Triplett (T_1). Dies sind die Möglichkeiten der Energieabgabe angeregter Moleküle ohne äußere chemische Veränderungen

(Photophysikalische Prozesse) /28/. Gemäß Gl. 1 kann ein Teil der angeregten Moleküle in polaren Lösungsmitteln (z.B. H_2O) e^- abgeben. Dabei werden Radikalkationen oder Radikale und Kationen gebildet /29-31/. Die emittierten e^- können einerseits direkt in einen äußeren Stromkreis übertreten oder eine chemische Reaktion auslösen, z.B. die Bildung einfacher Primärprodukte /28-31/. Bei der Photolyse (Gl.1) wird das Molekül je nach Struktur und absorbierter Energie in verschiedene Bruchstücke (Radikale, Ionen, Radikalionen, stabile Produkte) gespalten. Wenn die absorbierte Energie das Ionisierungspotential des Moleküls überschreitet, erfolgt eine Ionisierung (Bildung von e^- und positiv geladenen Teilchen).

Die angeregten Moleküle selbst können ebenfalls rasch reagieren, weil durch die Anregungsenergie die Energiebarriere zwischen Anfangs- und Endzustand verringert wird (Abb.3).

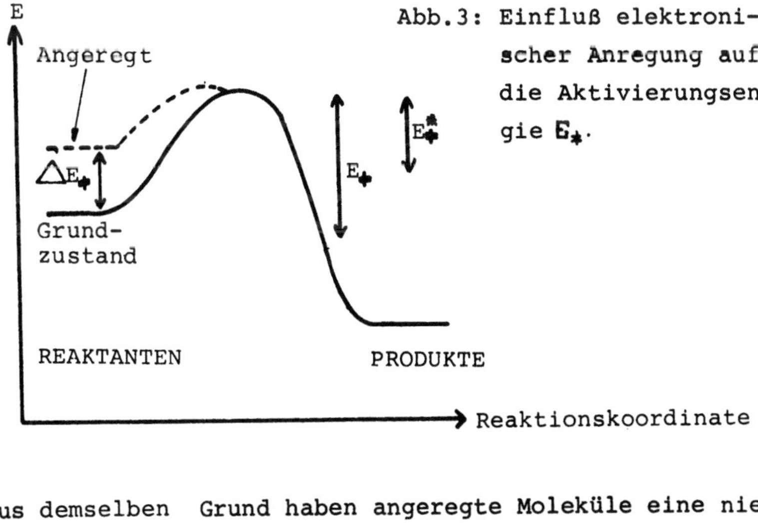

Abb.3: Einfluß elektronischer Anregung auf die Aktivierungsenergie E_*.

Aus demselben Grund haben angeregte Moleküle eine niedrigere Ionisationsenergie (Donatoreigenschaft) und eine größere Elektronenaffinität (Acceptoreigenschaft) als der Grundzustand /32/. Die Redoxeigenschaften des angeregten Zustandes unterscheiden sich ebenfalls von denen des Grundzustandes /33/.

4.1.3.2. Quantenausbeuten

Nach Bodenstein ist die Quantenausbeute (Φ) durch die Zahl der umgesetzten Moleküle (n) eines absorbierenden Stoffes pro Zahl der absorbierten Quanten (Nhν) gegeben:

$$\Phi = \frac{dn/dt}{Nh\nu/dt} \qquad (2)$$

Die Summe aller Quantenausbeuten der Einzelprozesse (Φ_i) ist immer kleiner oder gleich 1 (2. photochemisches Grundgesetz).

$$\sum_{i=1}^{n} \Phi_i \leq 1 \qquad (3)$$

Gewöhnlich mißt man aber die Produkt-Quantenausbeute (Φ_P), wobei es gleichgültig ist, ob das stabile Produkt P direkt in einem primären Prozeß oder in einer sekundären thermischen Reaktion aus Radikalen bzw. Atomen gebildet wird. Im übrigen erfolgt die Definition analog (Gl.2):

$$\Phi_P = \frac{d[P]/dt}{Nh\nu/dt} \qquad (4)$$

Die Produktquantenausbeute kann 1 überschreiten ($\Phi_P \gg 1$: Kettenreaktion).

4.1.3.3. Direkte Photolyse von Wasser

Wasser absorbiert nur im Vakuum-Ultraviolett (VUV-Gebiet - $\lambda < 200$ nm). Die elektronisch angeregten Moleküle können unter Bildung folgender Primärprodukte photolysieren /28/:

$$H_2O \xrightarrow{h\nu} H_2O^* \longrightarrow H(^2S_{1/2}) + OH\ (^2\Pi) \qquad (5)$$

$$\longrightarrow H(^2S_{1/2}) + OH\ (^2\Sigma^+) \qquad (6)$$

$$\longrightarrow H_2 + O(^1D) \qquad (7)$$

Eine Reihe von Autoren haben die Photolyse des Wassers mit VUV-Licht untersucht. Die Ergebnisse streuten wegen nicht übereinstimmender Aktinometrie sehr. Alle diese Resultate wurden später auf ein Aktinometersystem bezogen und in Einklang gebracht /34/.

Untersuchungen über die Photolyse von flüssigem Wasser wurden von Getoff et al. /35,36/ durchgeführt und die Quantenausbeuten der Primärprodukte (H·, ·OH) bei verschiedenen Wellenlängen unter Anwendung von Radikalfängern bestimmt (Tab. 3).

VUV-Licht (Å)	Φ(H·, ·OH)	$\Phi(e^{\ominus}_{aq}, H_2O^*)$
1849	o,33 ± o,o1	$o,o2 < \phi < o,o4$
147o	o,72 ± o,o2	$o,o37 < \phi < o,o75$
1236	1,o3 ± o,o2	$o,o6 < \phi < o,12$

Tab. 3: Quantenausbeuten (Φ) der Primärprodukte der Wasserphotolyse /35/.

Die Photoionisation von Wasser kann durch Strahlung mit einer Energie ($E_{h\nu}$) erfolgen, wobei gilt:

$$E_{h\nu} > E_F\ (H_2O/e^-_{aq}) - E_F\ (H_2O^+/H_2O) \quad (8)$$

Berechnungen dieses Schwellenwerts ergaben 6,3 eV /37/, praktisch jedoch erfolgt Photoionisation erst ab 6,7 eV /35/.

Bestrahlt man ohne Anwesenheit von Radikalfängern mit VUV-Licht von λ = 184,9 nm, so erhält man ein Φ (H,OH) = = o,o2 : unter diesen Bedingungen rekombiniert der größte Teil von H und OH wieder zu Wasser. Weitere Hinweise über dieses Gebiet sind in Literatur /35/ enthalten.

Die direkte Photolyse zeigt zwar hohe Quantenausbeuten (Tab. 3), doch überlappt das Absorptionsspektrum von Wasser mit dem Sonnenspektrum auf der Erde nicht (Abb.5). Aus diesem Grund greift man auf solche Methoden zurück, die indirekt mit Photokatalysatoren arbeiten (s.Abb. 4), um die niederenergetischen Photonen des Sonnenspektrums (λ > 32o nm) auszunützen.

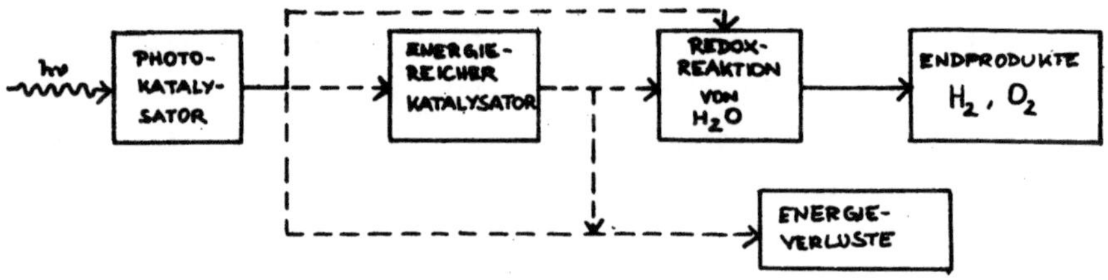

Abb.4: Schematische Darstellung der indirekten Methoden zur Wasserspaltung mit "Photokatalysatoren" /42/.

Andererseits zeigt Abb. 5 auch, daß die benötigte Gesamtenergie für Reaktion (9) nur 56,7 kcal/Mol beträgt.

$$H_2O \longrightarrow H_2 + 1/2\ O_2 \qquad (9)$$

Diese Energie ist bei weitem geringer als die reine Bindungsenergie und entspräche einer Wellenlänge von 5o7 nm. So könnte Wasser durch sichtbares Licht gespalten werden, wenn es gelingt, sich eines biphotonischen Prozesses zu bedienen. Ein anderer Umweg wäre die Koppelung von thermischen und photochemischen Reaktionen oder von elektrochemischen und photochemischen Reaktionen /43/.

Die niedrigste Energie für eine unimolekulare Spaltung von Wasser liegt bei 116 kcal/Mol, was der Bildung von molekularem Wasserstoff und atomarem Sauerstoff im Grundzustand entspricht. Auch der niedrigste elektronisch angeregte Zustand von Wasser liegt nach neuen Experimenten /39/ und theoretischen Berechnungen /4o/ darüber. Daraus ergibt sich, daß Sonnenstrahlung die Photolyse des Wassers nicht direkt verursachen kann. Man müßte für diesen Zweck VUV-Licht anwenden, was nicht ökonomisch ist. Einen Zukunftsaspekt in dieser Hinsicht stellt das hochenergetische Licht dar, das bei Kernverschmelzung neben Wärme auftritt (s.Pkt.5.).

Für eine allgemeine Abschätzung möglicher photochemischer Prozesse seien folgende Bedingungen hervorgehoben /41/:

a. Das elektronische Absorptionsspektrum des Systems muß mit dem Emissionsspektrum der Sonne überlappen, falls man Sonnenenergie als Primärquelle verwendet.

b. Das elektronisch angeregte System kann eine endotherme photochemische Reaktion eingehen.

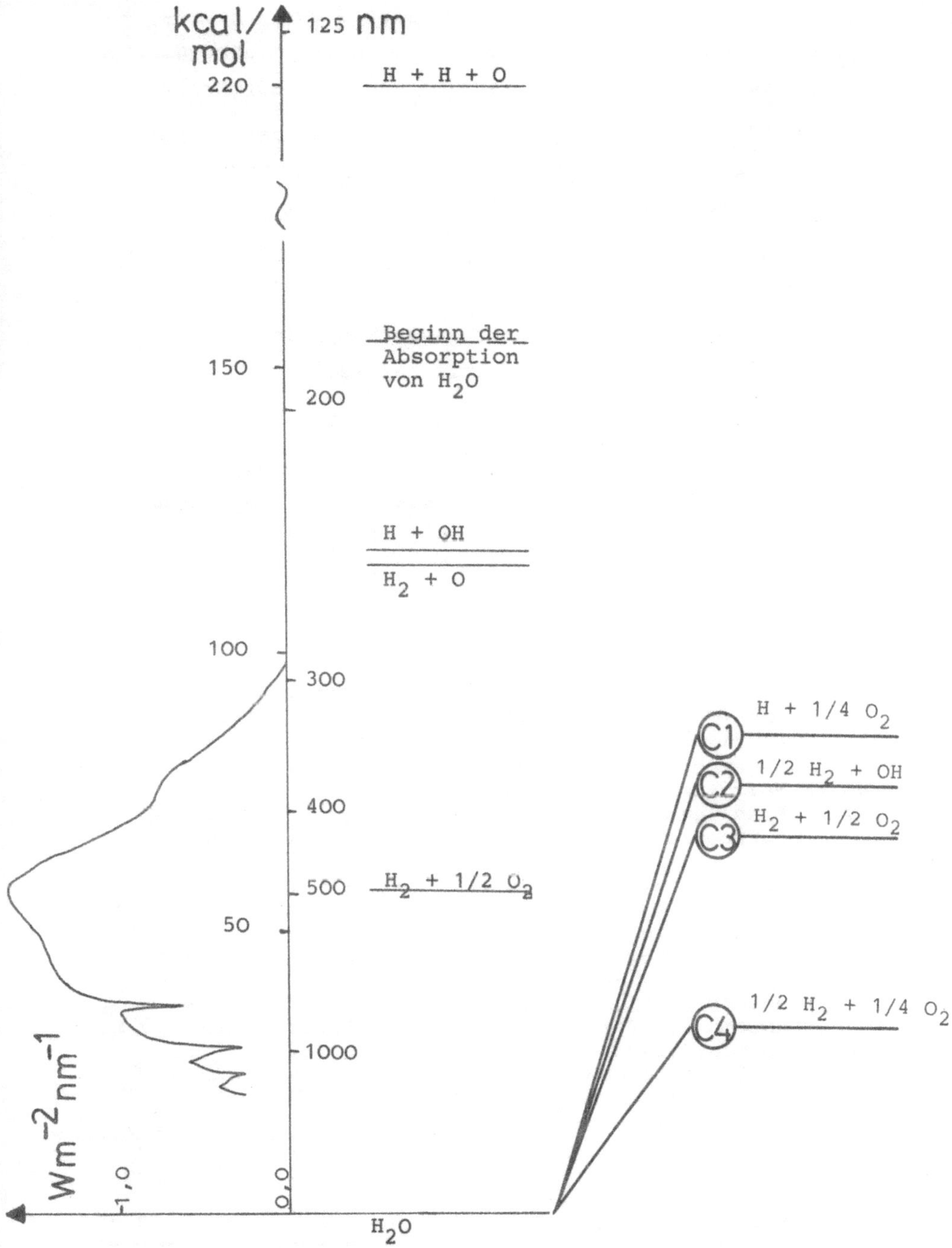

Abb.5: Links ist die spektrale Verteilung der Sonne mit a/m = 1 aufgetragen, rechts die verschiedenen thermodynamischen Energieniveaus unimolekularer Dissoziation von Wasser /38/.

c. Hierauf sollen weitere photochemische oder thermische Reaktionen folgen, die das System in den ursprünglichen Zustand zurückführen (Geschlossener Kreisprozeß).

d. Im Zyklus sollte mindestens eine der exothermen Reaktionen eine sog. nutzbringende sein und unter kontrollierten Bedingungen ablaufen.

e. Quantenausbeuten und Wirkungsgrad sollen möglichst hoch sein.

f. Die Reaktanten der "nutzbringenden" Reaktion (z.B. H_2) sollten lager- und transportierbar sein.

g. Das System muß möglichst wirtschaftlich sein.

Den Punkten d., e. und f. entspricht die Photolyse des Wassers (Bildung von Sauerstoff und Wasserstoff) mit nachfolgender Verbrennung (Bildung von Wasser und Freisetzen von Energie).

4.1.4. Literaturverzeichnis

/1/ J.Keeney, H.Weinstein, G.M.Haas, Nature, 253, 719 (1975)

/2/ J.O'M.Bockris in "Hydrogen Energy", ed.T.N.Veziroglu, Part A, 371, Plenum Press, N.Y. (1975)

/3/ A.L.Hammond, Science, 184 (4134), 278 (1974)

/4/ M.Wolf, Science, 184 (4134), 382 (1974)

/5/ J.A.Kelley, E.A.Laumann, NASA-Study, "H_2-tomorrow", Jet.Propulsion Lab., Calif.Inst.Technol., Dez.(1975)

/6/ D.M.Gross, J.L.Meylen, Battelle Inst., Genève, "Thermal Solar Energy Conversion" (1973)

/7/ J.Courvoisier, "Solar Energy limitations and possibilities", Vortrag, Wien (1976)

/8/ Report "Wärmegewinnung durch Sonnenenergie", ISTA-Solartechnik, Mannheim BRD (1976)

/9/ C.Marchetti, A.S.Manne, IIASA-Paper Hydrogen Mechanisms and Strategies of Market Penetrations (1973)

/1o/ M.Calvin, Science, 184 (4134), 375 (1974)

/11/ L.Moggi, "Photochemical Conversion of Solar Energy", Vortrag, photochem.Symp.ital.Wissenschafter Wien (1975)

/12/ J.O'M.Bockris, Pure & Appl. Chem., 47 (1), 25 (1976)

/13/ E.Broda, "Remarks about nuclear and solar energy", 24th Pugwash Conf. on Science and World Affairs, Baden bei Wien (1974)

/14/ C.Marchetti, Chem.Econ. & Eng. Review, 5 (1), 7 (1973)

/15/ P.I.Seebacher, A.P. Sabol, "Solar Hydrogen Generation" NASA, Langley Res.Center (1975)

/16/ E.N.Costogue, R.K.Yasui, Int.Solar Energy Congr. & Exp., Sec. 21/4, CONF-75o712, Los Angeles (1975)

/17/ P.T.C.Bentels, Int.Solar Energy Congr. & Exp., Sec. 21/2, CONF-750712, Los Angeles (1975)
/18/ E.L.Ralph, Solar Energy, 14, 1 (1972)
/19/ "Solar Electromagnetic Radiation", NASA-Monograph,SP-8005
/20/ P.Moon, J.Franklin Inst., 230, 583 (1940)
/21/ J.J.Loferski, J.Appl.Phys., 27, 777 (1956)
/22/ J.R.Benemann, "H_2-Production from water and sun-light by Photosynthetical Proc.", Univ.Calif.S.Diego, Dec.(1973)
/23/ A.Lavi, C.Zenet, IEEE Spectrum, 10, 22 (1972)
/24/ Solar Sea Power Congress,Carnegie Mellon Univ.USA (1972)
/25/ J.O'M Bockris, "Energy, the Solar Hydrogen Alternative", The Architectural Press, London (1975)
/26/ Report, NASA/ASEE, Hydrogenergy Carrier, Vol I,Vol.II (1973)
/27/ M.S.Henry, M.Z.Hofmann, Int.Conf on the Photochemical Conversion and Storage of Solar Energy, London, Ontario, Can., Aug.(1976)
/28/ J.G.Calvert, J.N.Pitts, "Photochemistry", Wiley, N.Y.(1966)
/29/ G.Köhler, N.Getoff, Chem.Phys.Lett., 26 (4), 525 (1974)
/30/ J.Zechner, G.Köhler, G.Grabner, N.Getoff, Chem.Phys. Lett., 37 (2), 297 (1976)
/31/ C.Kaler, N.Getoff, Österr.Akad.d.Wiss., math.-naturw. Kl.,Sitzber., 183, 157 (1974)
/32/ H.Gerischer, Farad. Discuss, 58, 219 (1974)
/33/ Th.Förster, Ann.Phys.2, 55 (1948)
/34/ N.Getoff, Monatshefte f. Chemie,99, 136 (1968)
/35/ N.Getoff, G.O.Schenck, Ber.Bunsenges.f.Phys.Chemie, 72, 288 (1968)
/36/ N.Getoff, G.O.Schenck, Photochem. Photobiol. 8, 167 (1968)
/37/ J.W.Boyle, J.A.Ghormley, J.Hochanadel, J.F.Riley, J.Phys.Chem., 73, 2886 (1969)
/38/ Handbook of Geophysics, Macmillan, New York (1960)
/39/ R.Azria, F.Fiquet-Fayard, Compt.Rend.Acad.Sci. (Paris), 273 B, 944 (1971)
/40/ R.P.Hosteny, A.R.Hinds, A.C.Wahl, M.Krauss, Chem.Phys. Lett., 23, 9 (1973)
/41/ V.Balzani, L.Moggi, M.F. Manfrin, F.Boletta, M.Gleria, Science 189 (4206), 852 (1975)
/42/ S.N.Paleocrassas in "Hydrogen Energy", ed.T.N.Veziroglu, Part A, 243, Plenum Press, N.Y. (1975)
/43/ T.Ohta, N.Kamiya, Rep., 9th Intersoc.Energy Conv. Conf., 749024, 317, San Francisco (1974)

4.2. Homogene Photoredox - Methoden

von G. Kittel, K.J. Hartig und N. Getoff

Es wird zuerst eine theoretische Einführung in Photoredox-Reaktionen und die Wirkungsweise sogenannter "Photokatalysatoren" gegeben. An die Definition einiger Wirkungsgrade schließt sich die Beschreibung theoretischer Zyklen und deren praktischer Möglichkeiten an.

4.2.1. Einführung

4.2.1.1. Der Begriff "Photokatalysator"

Bei den homogenen Photoredox-Methoden liegt der notwendige "Photokatalysator", dessen Absorptionspektrum mit dem der Sonne überlappt, im allgemeinen als Ion einer gelösten anorganischen Salzverbindung vor. Der H_2-erzeugende Schritt läuft homogen in der Lösung ab. Organische Verbindungen - auch Farbstoffe - erweisen sich für solche Verfahren meist als zu instabil /1/.

Die photokatalytisch wirkenden Salze gehen sog. Redox-Prozesse ein, d.h. gekoppelte Oxidation und Reduktion. Sie werden z.B. in der Lichtreaktion (Einstrahlung von Sonnenlicht - photochemischer Schritt) oxidiert und reduzieren gleichzeitig Wasser. Im zweiten Schritt (Dunkelreaktion), der meistens thermisch verläuft, wird das Salz wieder regeneriert, indem es zur Ausgangsform zurückreduziert wird. Die kritischen Punkte solcher photoinduzierten Redoxreaktionen sind folgende /2/:

1. Die Redoxeigenschaften der angeregten Zustände.
2. Die Bildung von Radikalen im primären Photodissoziationsschritt.
3. Die Effizienz des Elektronen-Übetragungsschrittes.
4. Das Vorhandensein einer Elektronen-Rücktransferreaktion.

Diese Punkte beeinflussen die Ausbeute sowohl in intermolekularen als auch in intramolekularen Photoredox-Reaktionen in homogener Lösung.

4.2.1.2. Wirkungsgrade

Wirkungsgrade bestimmen die Effizienz einer Methode durch Vergleich von hineingesteckter zu herausgeholter Energie.

4.2.1.2.1. Grenzwirkungsgrad η_{ult}

Alle Lichtquantenumwandler sind Grenzwertmaschinen: es gibt eine bestimmte Grenz-Photonenenergie E_g (diese kann ein Halbleiter-band gap, die Austrittsarbeit einer Metalloberfläche oder die Energie des ersten angeregten Singlett-Zustandes des Moleküls sein etc.), unter der die Photonen nicht absorbiert werden bzw. nicht das gewünschte Produkt liefern (auch völlig absorbierte Photonen mit $E > E_g$ müssen nicht unbedingt wirksam sein, weil meist Schwingungsrelaxationen im angeregten Zustand noch vor dem Ladungsübertragungsprozeß stattfinden). Der Anteil $(E - E_g/E)$ wird als Wärme vernichtet und nur (E_g / E) ist wirklich wirksam. Wird nun ein Quantenumwandler mit weißem Licht bestrahlt, dessen Strahlungsspektrum durch die Funktion f(E) und dessen Photonen - Flußdichte durch die Funktion N(E) beschrieben sind, so ist der Anteil des einfallenden Lichtes, der wirksame Arbeit leisten kann, gegeben durch /3/:

$$\eta_{ult} = \frac{E_g \cdot \int_{E_g}^{\infty} f(E) \cdot d\ln E}{\int_{E_g}^{\infty} f(E) dE} = \frac{E_g \cdot \int_{E_g}^{\infty} N(E) \cdot dE}{\int_0^{\infty} E \cdot N(E) \cdot dE} \quad (1)$$

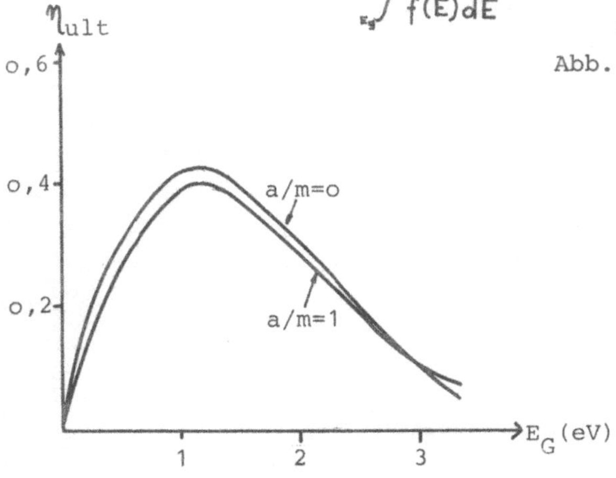

Abb. 1: zeigt η_{ult} als Funktion von E_g für Sonnenlicht mit a/m = o und a/m = 1. η_{ult} hat das Maximum bei ~ o,45 und der optimale E_g-Wert verschiebt sich von 1,1 eV zu ein wenig höheren Werten mit steigendem a/m. Die meisten PEC-Maschinen arbeiten nur weit oberhalb von E_g = 1,1 eV (≙ Licht mit λ= 1112,7 nm) gut /3/.

4.2.1.2.2. Lichtabsorptions-Wirkungsgrad η_{abs}

Obenstehend war die unrealistische Voraussetzung, daß alle Photonen von $E \geq E_g$ durch das System völlig absorbiert würden. Gleichung (1) muß mit dem Faktor A_E, der die optische Extinktion des Systems für Photonen der Energie E darstellt, modifiziert werden /3/:

$$\eta_{abs} = \frac{E_g \cdot \int_{E_g}^{\infty} A_E \cdot f(E) \cdot d\ln E}{\int_0^{\infty} f(E) \cdot dE} = \frac{E_g \cdot \int_{E_g}^{\infty} A_E \cdot N(E) dE}{\int_0^{\infty} E \cdot N(E) dE} \tag{2}$$

4.2.1.2.3. Gesamtwirkungsgrad η_{ges}

Als Gesamtwirkungsgrad wird die Energie des erzeugten Energieträgers (E_P) - z.B. H_2 - bei 1oo %iger Ausnutzung im Vergleich zur eingestrahlten Energie aller Photonen ($Nh\nu$) bezeichnet:

$$\eta_{ges} = \frac{E_P}{Nh\nu} \tag{3}$$

η_{ges} setzt sich aus dem Absorptionswirkungsgrad und der Summe der Produktquantenausbeuten über alle Wellenlängen des eingestrahlten Spektrums zusammen:

$$\eta_{ges} = \eta_{abs} \cdot \int_{\nu=0}^{\infty} \frac{d\nu}{Nh\nu} \cdot \frac{d[P]}{dt} \tag{4}$$

[P]: Produktkonzentration

4.2.1.3. Nachteile homogener Methoden

Die entscheidende Schwierigkeit bei homogenen Photoredox-Reaktionen liegt in der Reduktion von H^+ (Gl.5).

$$2H^+ + 2\,e^- \longrightarrow H_{2(g)} \tag{5}$$

Um nämlich die Bildung der sehr reaktiven H-Atome in einem 1 e^- - Übertragungsschritt (Gl.6) zu vermeiden, muß eine 2 e^--Übertragungsreaktion ablaufen (d.h. $\Phi \leq$ o,5), oder ein Photokatalysator gefunden werden, der von H nicht angegriffen wird.

$$H^+ + e^- \longrightarrow H \qquad (6)$$

Die meisten organischen Farbstoffe können weder 2 e^- übertragen noch sind sie gegen H-Atome inert /4/. Eine Möglichkeit, dies zu umgehen, ist die Verwendung heterogener Systeme (Pkt.4.3.) /5/.

Die ersten grundlegenden Erfahrungen wurden mit einfachen Metallverbindungen gemacht (Pkt.4.2.2.), die sich jedoch aus verschiedenen Gründen meist als zu ineffizient erwiesen, weshalb derzeit vor allem Komplexverbindungen untersucht werden (Pkt.4.2.4., 4.2.5.). Eine eigene Klasse stellen Verfahren dar, die alle auf der Sensibilisation durch Jod beruhen (Pkt. 4.2.3.). In Pkt. 4.2.6. werden die einzelnen homogenen Verfahren einander besonders in ökonomischer Hinsicht gegenübergestellt. Selbstverständlich können solche homogenen Photoredoxmethoden in einem oder mehreren Schritten mit anderen Verfahren gekoppelt sein, so z.B. mit thermochemisch-geschlossenen Zyklen (Pkt.4.2.3.) oder elektrochemischen Vorgängen. Bezüglich elektrochemischer Grundlagen (Elektrodenpotentiale etc.) muß auf Pkt. 2 verwiesen werden.

4.2.2. Methoden mit einfachen anorganischen Metallverbindungen

4.2.2.1. Zyklen mit Oxidation des Photokatalysators in der Lichtreaktion

Ein sehr einfaches System für die katalytische Photodissoziation von H_2O kann auf einem X/X^+-Redoxpaar beruhen, das ein Elektrodenpotential $E_o > 1{,}23$ V besitzt. X ist hier das photokatalytisch wirkende Salz. Wie oben (Pkt.4.2.1.) angedeutet, wird X in der Lichtreaktion photochemisch angeregt und reduziert das Wasser in einem Energieübertragungsschritt, wobei X selbst oxidiert wird (X^+). Andererseits kann X^+ das Wasser in einem thermischen Prozeß oxidieren, wird selbst zu X zurückreduziert, und der Kreis ist geschlossen:

C1:

$$X + H_2O \xrightarrow{h\nu} X^* + H_2O \longrightarrow X^+ + H\cdot + OH^- \quad (7)$$

$$X^+ + 1/2\ H_2O \longrightarrow X + H^+ + 1/4\ O_2 \quad (8)$$

$$1/2\ H_2O \xrightarrow{h\nu} H + 1/4\ O_2 \quad (9)$$

$$X \longrightarrow e^- + X^+ \quad (1o)$$

$$e^- + H^+ \longrightarrow H\cdot \quad (11)$$

Dieses System genügt zwar den Bedingungen b) und c) (Pkt.4.1.3.3.),nicht aber der Bedingung a). Es läßt sich rechnerisch zeigen,daß die Grenzenergie E_g (ergibt sich aus den Enthalpieunterschieden des Gesamtprozesses) für das System C1 bei 86 kcal/Nhν liegt,was einem λ= 332 nm entspricht.Das ist zwar viel niedriger, als bei der direkten Dissoziation erforderlich ist, doch gemäß Abb. 5 (Pkt.4.1.3.3.) läßt sich nur ~ 1 % der Sonnenenergie nutzbar machen /11/. Als $X/X^{\pm}$-Paar liegen praktische Untersuchungen für Ce^{3+}/Ce^{4+} /7-1o/ und Fe^{2+}/Fe^{3+} /11,12/ vor, wobei man aber letztlich Licht mit λ~25o nm benötigt. Die zur Zeit erreichbare Quantenausbeute $\Phi(H_2)$ mit Ce^{4+}/Ce^{3+} ist äußerst niedrig, und zwar $< 1o^{-3}$. Bei der auf diesem Prinzip konstruierten Photozelle /8/ läuft die Dunkelreaktion /9/, d.h. die Reaktion von Ce^{4+} (= X^+) mit H_2O schon thermisch bei 3o°C ab. Längerwelliges Licht geht durch die H_2-Kammer hindurch und wird von einer schwarzen Platte absorbiert; die Lösung hinter der Platte (O_2-Kammer) wird erhitzt und Reaktion (8) läuft unter O_2-Bildung ab. Vor der Platte entsteht H_2 (H_2-Kammer) infolge der Absorption kurzwelligen UV-Lichts (253,7 nm) durch Ce^{3+} (=X) (Abb.2).

Im allgemeinen liegt das Metall komplexgebunden vor, z.B. Cerchlorat als Aquo-Komplex. Die Anregung durch Lichtenergie erfolgt in den Charge-Transfer-Banden. Die endgültige O_2- und H_2-Bildung wird mit Hilfe von Umlagerungsreaktionen in Aquo-Komplexen erklärt /7,8/.

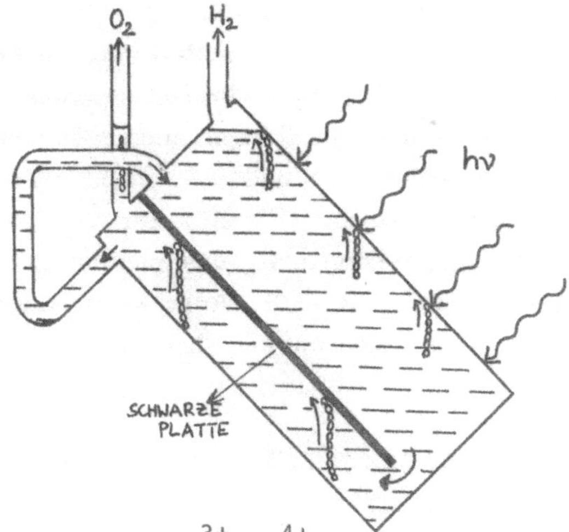

Abb. 2: Schema einer Ce^{3+}/Ce^{4+} Zelle /9/.

Mit Aquo-Komplexen von Fe^{2+}/Fe^{3+}-Sulfat erreicht man zwar eine Quantenausbeute $\Phi(H_2) \sim 0,7$, doch wird in diesem Fall der Photokatalysator kontinuierlich verbraucht /11/.

$$[Fe^{2+}(H_2O)_6] \xrightarrow{h\nu} [Fe^{2+}(H_2O)_6]^* \longrightarrow [Fe^{3+}(H_2O)_6] + e^-_{aq} \qquad (12)$$

$$e^-aq + H^+_{aq} \longrightarrow H\cdot \qquad (13)$$

Der Eisensulfat-Aquo-Komplex wirkt bei Anregung mit Licht von $\lambda \leq 305$ nm als e^--Donator und es wird Fe^{3+} gebildet /13/. Matheson und Rabani /14/ wählten $MnSO_4$ / $ZnSO_4$ als Modell aus. Mn^{2+} wird zu Mn^{4+} photooxidiert und es folgt eine Bruttoübertragung von zwei Elektronen auf das Zn^{2+}, welches zum Metall reduziert wird. In den Einzel-Reaktionsschritten wird zuerst Mn^{3+} (bzw. Zn^+) gebildet, die im weiteren Verlauf zu Mn^{2+} und Mn^{4+} bzw. Zn^{2+} und Zn^o disproportionieren. Das metallische Zink reduziert Wasser zu H_2, Mn^{4+} fällt als MnO_2 aus. Allerdings wird Zn^o durch den Braunstein auch teilweise zu Zn^{2+} zurückoxidiert. Genauere Untersuchungen und die Problematik der Photosensibilisierung in diesem Fall wird in Literatur /14/ beschrieben .

Die Halogenkomplexe von Cu (I) (Br^-, J^-) können photochemisch zu Cu (II) oxidiert werden, wobei das in saurer Lösung vorhandene H^+ zu 1/2 H_2 reduziert werden kann. Die absorbierten Wellenlängen liegen unter 32o nm, die Quantenausbeuten zwischen o,1 und o,7 /15/. Das optimale Medium für diese Komplexe ist 1 M HCl für Chloro-Komplexe und o,3 M HBr für Bromo-Komplexe. Die photoaktive Spezies ist möglicherweise CuX_3^{2-} (X = Cl, Br). Nach einer energetisch günstigen Rückreaktion zum Cu-Komplex wird derzeit gesucht /15/.

4.2.2.2. Zyklen mit Reduktion des Photokatalysators in der Lichtreaktion

Hier muß das Y/Y^- Salzpaar ein Elektrodenpotential $E_o < 0$ besitzen:

C2:

$$Y + H_2O \xrightarrow{h\nu} Y^* + H_2O \longrightarrow Y^- + H^+ + \cdot OH \quad (14)$$

$$Y^- + H_2O \longrightarrow Y + OH^- + 1/2\ H_2 \quad (15)$$

$$H_2O \xrightarrow{h\nu} 1/2\ H_2 + \cdot OH \quad (16)$$

Die Dunkelreaktion (15) läuft ebenfalls thermisch ab. Die Grenzenergie E_g = 78 kcal/Nhν (367 nm) ist geringer als bei C1, aber die Ausnützung des Sonnenspektrums ist immer noch nicht groß (Abb. 5 in Pkt. 4.1.3.3.). Praktische Untersuchungen wurden mit Eu^{3+}/Eu^{2+} von Stein et al. /16,17/ bzw. mit Cr^{3+}/Cr^{2+} von Balzani et al. /18,19/ durchgeführt. Die Metalle sind wieder komplexgebunden (z.B. Eu als Aquochlorato-Komplex) und die Anregung erfolgt auch hier, wie i.a. für alle derartigen Methoden, in den Charge-Transfer-Banden. Nur sehr hochenergetische Strahlung war tatsächlich effektiv und $\Phi(H_2)$ sehr klein.

Außer der immer noch hohen Grenzenergie E_g gibt es bei C2 noch weitere Schwierigkeiten: einerseits solche experimenteller Art, z.B. die der Trennung von H_2 und O_2, und andererseits solche in Zusammenhang mit der niedrigen Quantenausbeute: diese wird vermutlich dadurch verursacht, daß in den primären Photoreaktionen (7) bzw. (14) der oxidierte bzw. reduzierte Katalysator und das korrespondierende Radikal H· bzw. ·OH eng aneinander in einem Lösungsmittelkäfig gebildet werden, was Rekombination fördert und Φ(H) bzw. Φ(OH) niedrig hält. Alle Systeme mit Radikalbildung besitzen diesen Nachteil.

4.2.2.3. Zyklen mit Zweielektronenübergängen in der Lichtreaktion

Balzani et al. /18/ stellten ein hypothetisches System auf, bei dem zwei Elektronen vom "Katalysator" auf das Wasser übertragen werden. Molekularer H_2 wird direkt in der Lichtreaktion (17) gebildet. Anschließend erfolgt eine spontane thermische Reaktion (Transfer zweier Elektronen) unter Bildung von molekularem O_2 (Dunkelreaktion (18)):

C3:

$$Z + H_2O \xrightarrow{h\nu} ZO + H_2 \qquad (17)$$

$$ZO \longrightarrow Z + 1/2\ O_2 \qquad (18)$$

$$H_2O \xrightarrow{h\nu} H_2 + 1/2\ O_2 \qquad (19)$$

Für flüssiges Wasser ist die Grenzenergie E_g = 68 kcal/Nhν (42o nm) weit besser als bei C1 oder C2. Theoretisch könnten 6 % der Sonnenenergie genützt werden (siehe Abb.5 in Pkt.4.1.3.3.). Da sich keine Radikale bilden, sind Rückreaktionen vernachlässigbar und hohe Quantenausbeuten (H_2) zu erwarten. Die Schwierigkeit liegt im Finden eines realen Systems: ein 2 e^--Übergang von einer einfachen Spezies (z.B. Metallion) auf H_2O, kann von so niederenergetischen Photonen kaum verursacht werden. Bis jetzt gibt es auch noch keine praktischen Ergebnisse.

4.2.3. Methoden mit Sensibilisation durch Jod

Bei diesen Systemen handelt es sich um kombinierte photo- und thermochemische Methoden /2o/. Die grundlegende Reaktion ist die Photoreaktion von J_2 (als J_3^- in Lösung vorliegend), das angeregt wird und ein metallisches Kation X^{2+} (z.B. Fe^{2+}) sensibilisiert, wobei das Kation oxidiert wird:

$$J_3^- + 2\ Fe^{2+} \xrightarrow{h\nu} (\ J_3^-\ )^* + 2\ Fe^{2+} \longrightarrow 3J^- + 2\ Fe^{3+} \qquad (2o)$$

Die Anregung erfolgt im Bereich von 65o bis 366 nm (entspricht 1,9 bis 3,37 eV) mit einer Quantenausbeute $\Phi\ (J^-) \sim 1$. Es sind verschiedene Zyklen praktisch untersucht worden, wobei die wichtigsten im folgenden beschrieben werden.

4.2.3.1. α-Zyklus

Er beruht auf der photosensibilisierten Oxidation von Nitrit zu Nitrat in Gegenwart von Jod (21). Der Zyklus wird durch die Rückbildung von J_2 (22) und Nitrit (23) geschlossen, die beiden letzteren Reaktionen sind thermochemischer Natur /2o-24/:

$$J_2 + XYO_2 \xrightarrow{h\nu} (\ J_2\ )^* + XYO_2 + H_2O \longrightarrow XYO_3 + 2\ HJ\ [2o^\circ C] \qquad (21)$$

$$2\ HJ \longrightarrow J_2 + H_2 \qquad [T_2] \qquad (22)$$

$$XYO_3 \longrightarrow XYO_2 + 1/2\ O_2 \qquad [T_3] \qquad (23)$$

$$H_2O \xrightarrow{h\nu} H_2 + 1/2\ O_2 \qquad (24)$$

In Tabelle 1 werden die Nitrate verschiedener untersuchter Metalle (X) und die entsprechend erforderlichen Temperaturen T_2 und T_3 gezeigt /2o/.

X	Y	T_2(°C)	T_3(°C)
Li	N	400-450	477
Na	N	400-450	525
K	N	400-450	535
Rb	N	400-450	548
Cs	N	400-450	585

Tab. 1: Praktisch im α- Zyklus verwendete Metalle und Temperaturen /20/.

Während normale thermochemisch geschlossene Zyklen /25/ nach dem derzeitigen Stand der Forschung immer noch eine maximale Temperatur von ~800°C benötigen, kann die im α- Zyklus erforderliche Maximaltemperatur ($T \leq 600°C$) von üblichen Reaktoren oder unter Umständen aus der Sonne bezogen werden. Schwierigkeiten gibt es vor allem chemischer Natur (z.B. reduziert J^- das Nitrit), die sich unter Umständen durch NO-Atmosphäre vermeiden lassen /20,24/.

Eine Variante des α-Zyklus stellt der ß-Zyklus dar, wobei die Jodrückbildung (22) ebenfalls photochemisch abläuft:

$$2\ HJ \xrightarrow{h\nu} (2\ HJ)^* \longrightarrow J_2 + H_2 \qquad (h\nu,\ 20°C \text{ statt } T_2) \qquad (25)$$

4.2.3.2. γ-Zyklus

Dieses System wurde mit X = Fe und Y = SO_4 untersucht /26/. Der große Vorteil gegenüber dem α-Zyklus liegt in der Tatsache, daß beim γ-Zyklus $T_3 \ll T_2$ ist - im Endeffekt ist T_3 nur mehr ~ 250°C:

$$\left.\begin{array}{lll} J_2 + 2\ XY + 2\ H_2O & \xrightarrow{h\nu} (J_2)^* + 2\ XY + 2\ H_2O & h\nu \\ (J_2)^* + 2\ XY + 2\ H_2O & \longrightarrow 2\ X(OH)Y + 2\ HJ & 20°C \end{array}\right\} \quad (26)$$

$$2\ HJ \longrightarrow H_2 + J_2 \qquad T_2 \qquad (27)$$

$$2\ X(OH)Y \longrightarrow 2\ XY + H_2O + 1/2\ O_2 \qquad T_3 \qquad (28)$$

$$H_2O \xrightarrow{h\nu} H_2 + 1/2\ O_2 \qquad (29)$$

Die Hauptschwierigkeiten sind auch hier chemischer Natur, so kann $Fe(OH)SO_4$ z.B. nur bei pH = 2,5 - 4,5 isoliert werden. Analog dem ß-Zyklus läßt sich im Prinzip ein δ-Zyklus aufstellen, bei dem außer Reaktion (26) auch (27) photochemisch abläuft /2o,24,25,27/.

Die katalytischen Substanzen, die gebraucht werden, sind billig (z.B. Eisensulfat). An Energie benötigen diese sog. "Yokohama-Zyklen" nur starkes Sonnenlicht.

4.2.4. Photoredox-Methoden mit binuklearen Komplexen

4.2.4.1. Theoretische Überlegungen

Diesbezüglich wurden theoretische Überlegungen von Balzani et al. /18/ durchgeführt. In binuklearen Koordinationsverbindungen wird durch geeignete geometrische Anordnung von "Katalysator" und "Substrat" im angeregten Zustand die Bildung von O_2, H_2 oder H_2O_2 ohne Zwischenbildung von Radikalen oder Atomen als möglich betrachtet (Abb. 3):

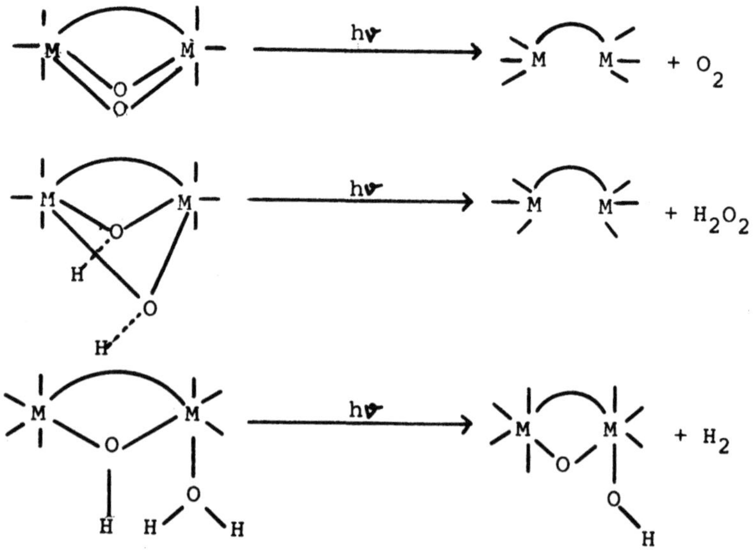

Abb. 3: Schematische Darstellung der photochemischen Bildung von H_2, O_2, H_2O_2 aus binuklearen Übergangsmetall-Komplexen /18/.

Um nun den Zyklus zu schließen, muß man wieder die Originalstruktur herstellen, und es ist leicht einzusehen, daß es schwierig ist, ein reales System zu finden. Theoretisch lassen sich die Vorstellungen folgenderweise präzisieren: die zwei Metallatome sollten z.B. miteinander von einem makrocyclischen Liganden gebunden sein, um ein Brechen der molekularen Struktur zu vermeiden. Weiters sollte die Lichtreaktion diejenige Menge von Elektronen transportieren, die notwendig ist, um Radikalbildung zu vermeiden. Diese theoretischen Vorstellungen sind schematisch dargestellt:

I)

$$(ML\text{-}O_2)_{ox} \xrightarrow{h\nu} (ML\text{-}O_2)^*_{ox} \longrightarrow (ML)_{red} + O_2 \quad (3o)$$

$$(ML)_{red} + 2\ H_2O \longrightarrow (ML\text{-}O_2)_{ox} + 2\ H_2 \quad (31)$$

$$2\ H_2O \xrightarrow{h\nu} O_2 + 2\ H_2 \quad (32)$$

E_g = 136 kcal/Nhν (21o nm).

II)

$$(ML\text{-}(OH)_2)_{ox} \xrightarrow{h\nu} (ML\text{-}(OH)_2)^*_{ox} \longrightarrow (ML)_{red} + H_2O_2 \quad (33)$$

$$H_2O_2 \longrightarrow 1/2\ O_2 + H_2O \quad (34)$$

$$(ML)_{red} + 2\ H_2O \longrightarrow (ML\text{-}(OH)_2)_{ox} + H_2 \quad (35)$$

$$H_2O \xrightarrow{h\nu} H_2 + 1/2\ O_2 \quad (29)$$

E_g = 68 kcal/Nhν (42o nm).

III)

$$(ML\text{-}H_2)_{red} \xrightarrow{h\nu} (ML\text{-}H_2)^*_{red} \longrightarrow (ML)_{ox} + H_2 \quad (36)$$

$$(ML)_{ox} + H_2O \longrightarrow (ML\text{-}H_2)_{red} + 1/2\ O_2 \quad (37)$$

$$H_2O \xrightarrow{h\nu} H_2 + 1/2\ O_2 \quad (29)$$

E_g = 68 kcal/Nhν (42o nm).

M...Metall

L...Ligand

Daraus ist ersichtlich, daß eine Grenzenergie E_g = 21o nm nötig ist, um $4e^-$ aufeinmal zu übertragen (32) während für einen $2e^-$-Übergang (29) nur ein E_g = 42o nm gebraucht wird. Die Komplexität und die Zahl der Reaktionen, die notwendig sind, um das System in den ursprünglichen Zustand zurückzuführen, steigt also sehr stark mit zunehmender Zahl von e^- an, die in der Photoreaktion übertragen werden. Auf diesem Gebiet wird z.B. derzeit der Mangankomplex $[(dipyr)_2 Mn(O)_2Mn(dipyr)_2]^{3+}$ untersucht /28/ /29/. Er scheint ein möglicher O_2-erzeugender "Katalysator" bezüglich Reaktion (3o) zu sein. Es ist bekannt, daß Mn-Komplexe in grünen Pflanzen an der Entstehung von O_2 bei der Photosynthese beteiligt sind.

$$[(dipyr)_2Mn \genfrac{}{}{0pt}{}{<O>}{<O>} Mn(dipyr)_2]^{3+} \xrightarrow{h\nu} O_2 + ? \qquad (38)$$

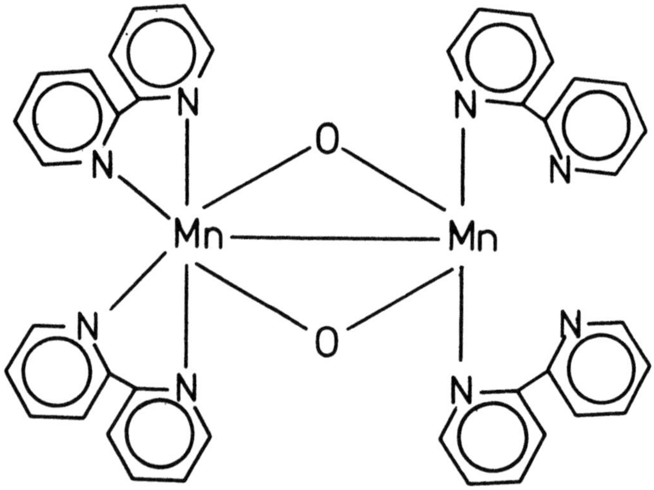

Abb. 4: Schematische Darstellung der räumlichen Ausdehnung des binuklearen Mn-Komplexes.

4.2.4.2. Hydrid-Komplexzyklen

C3':

$$cis - ML_nH_2^{z+} \xrightarrow{h\nu} ML_n^{z+} + H_2 \qquad (39)$$

$$ML_n^{z+} + H_2O \longrightarrow ML_n^{(z-2)+} + 2\ H^+ + 1/2\ O_2 \qquad (4o)$$

$$ML_n^{(z-2)+} + 2\ H^+ \longrightarrow cis - ML_n^{z+} \qquad (41)$$

$$H_2O \xrightarrow{h\nu} H_2 + 1/2\ O_2 \qquad (29)$$

In der Lichtreaktion setzt der cis-dihydrido-Komplex spontan molekularen H_2 frei. Der gebildete Komplex oxidiert Wasser und geht schließlich eine zweifache Protonierung zurück zum Dihydrido-Komplex ein (C3-Zyklus) /18/.

In einem anderen System wird der Ausgangskomplex in der Lichtreaktion (42) in sein Monohydrido-Derivat übergeführt, das bimolekular unter H_2-Abspaltung zum Dimer mit Metall-Metall-Bindung reagiert (Reaktion (43)). Schließlich dissoziiert das Dimer und die zwei Fragmente werden von H_2O unter Bildung von molekularem O_2 zum Ausgangskomplex zurückreduziert (C4-Zyklus) (44).

C4:

$$ML_n + H^+ \xrightarrow{h\nu} ML_nH^+ \qquad (42)$$

$$ML_nH^+ \longrightarrow 1/2\ (ML_n)_2^{2+} + 1/2\ H_2 \qquad (43)$$

$$1/2\ (ML_n)_2^{2+} + 1/2\ H_2O \longrightarrow ML_n + H^+ + 1/4\ O_2 \qquad (44)$$

$$1/2\ H_2O \xrightarrow{h\nu} 1/2\ H_2 + 1/4\ O_2 \qquad (45)$$

Da letztlich zwei Photonen verwendet werden, um nur ein Molekül H_2O zu photolysieren, ist nur eine Grenzenergie E_g = 34 kcal/Nhv (841 nm) nötig. Theoretisch kann man daher ~4o % des Sonnenlichtes ausnutzen (siehe Abb. 5 in Pkt.4.1.3.3.). Für diesen Zweck werden entweder zwei Photonen simultan vom "Katalysator" absorbiert oder eine Zwischenverbindung muß sich bilden, die genügend stabil ist, um mit anderen Molekülen zu reagieren /18/.

Praktische Untersuchungen, die auf der Ausnützung der sehr ausgedehnten Chemie des angeregten Zustandes von Übergangsmetallen beruht /3o,31/, werden von Balzani et al. /6,18/ durchgeführt. Man experimentiert z.B. mit cis-Kobalt-Komplexen (46) oder mit Iridiumkomplexen (47):

$$(\text{cis - Co(phen)(PR}_3)_2\text{H}_2)^+ \xrightarrow{h\nu} (\text{Co(phen)(PR}_3)_2)^+ + \text{H}_2 \quad (46)$$

$$2\ \text{HIr(PF}_3)_4 \xrightarrow{h\nu} (\text{PF}_3)_4\text{Ir - Ir(PF}_3)_4 + \text{H}_2 \quad (47)$$

Reaktion (46) entspricht der Lichtreaktion (39) im C3 - Zyklus, Reaktion (47) der Reaktion (43) im C4-Zyklus.

Ähnlich funktioniert ein System mit N-methylphenazin-Kationen (NMP^+) als lichtabsorbierendem Farbstoff (λ< 5oo nm) /32/.

$$\text{NMP}^+ \xrightarrow{h\nu} (\text{NMP}^+)^* + 1/2\ \text{H}_2\text{O} \xrightarrow{\text{pH=3}} \text{NMPH}^+ + 1/4\ \text{O}_2 \quad (48)$$

$NMPH^{\dot{+}}$ konnte als stabiles Radikal isoliert werden. Die Quantenausbeute für $NMPH^{\dot{+}}$ beträgt o,3 bei pH = 7 und o,98 bei pH = 3 /33/. Sonnenenergie könnte mit Hilfe dieses Farbstoffes Wasser zu O_2 zerlegen; allerdings ist es bis jetzt noch nicht gelungen, H_2 aus $NMPH^+$ chemisch unter Rückbildung von NMP^+ zu gewinnen, außer durch elektrolytische Zersetzung mit relativ hohem Energieaufwand. Als Photolyseprodukt tritt noch zusätzlich Pyanocyanin auf, sodaß der "Photokatalysator" langsam abgebaut wird.

4.2.5. Monomolekulare Komplex-Schichten als Photokatalysator

In jüngster Zeit wurden "Katalysatoren" (z.B. tris(2,2'-bipyridin)Ru^{2+}, (λ_{max} ~ 43o nm) gefunden, deren angeregte Zustände sowohl als e^--Donatoren, als auch als Acceptoren wirken können /34-38/. Die gesamte Anregungsenergie des Komplexes kann genutzt werden, ein e^- auf eine langlebige reduzierbare Spezies (gemäß ihres Redox-Potentiales) zu übertragen (z.B. H^+ zu 1/2 H_2 reduzieren), also Wasser unter Einfluß von Sonnenlicht zu zersetzen /39,4o/. Diese Substanzen wurden bis jetzt in Form von stark hydrophoben Derivaten (z.B. bis(dihydrocholesteryl)ester, 4,4' dicarboxy - 2,2'-bipyridin-Derivate), die völlig wasserunlöslich sind, als dünne Filme auf Glasoberflächen fixiert /41/ (siehe Abb. 5).

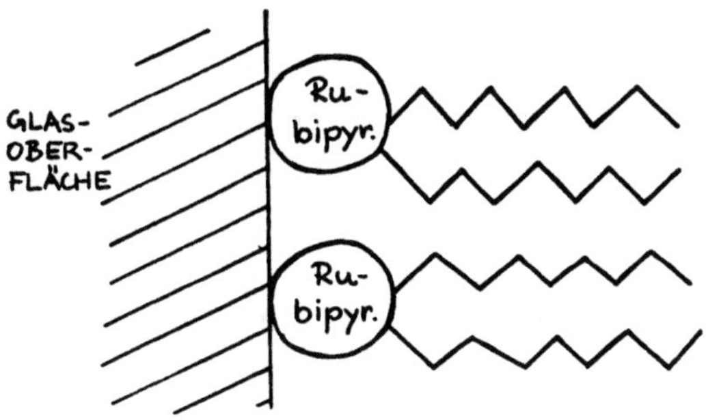

Abb. 5: Schematische Darstellung der Struktur mono-molekularer Komplexschichten /41/.

Diese Platten wurden in Serie in Wasser getaucht. Durch Belichtung entstehen H_2 und O_2 in Folge der Zersetzung von Wasser. Eine mögliche Begleitreaktion zur O_2-Bildung kann durch Zersetzung von OH^- durch die gebildeten Ru(III)-Komplexe erfolgen /42/. Die bemerkenswerte Tatsache, daß diese Ru-Komplexe nur als monomolekulare Schichten, nicht aber in Lösung, Wasser bei Belichtung zersetzen, kann auf eine Herabsetzung der Energie-Barriere für den e^--Transfer bzw. auf eine Erhöhung der Energie-Barriere für die Rekombination durch die hydrophobe Umgebung und die spezielle räumliche Anordnung (s.Abb. 5) zurückgeführt werden. Die bis jetzt durchgeführten orientierenden Versuche sind zwar vielversprechend, zeigen aber auch, daß "Katalysator" während der Reaktion teilweise abgebaut wird /43/.

4.2.6. Vergleiche und Zusammenfassung

Verwendet man metallische Salzverbindungen als Photokatalysatoren, so ergeben sich, besonders in der technischen Ausführung, Schwierigkeiten, da die Absorptionsmaxima der meisten verwendeten Metallsalze Peaks mit $\lambda < 35o$ nm besitzen. Bei dieser Wellenlänge kann aber nur < 3 % des Sonnenspektrums auf der Erde ausgenützt werden (s.Abb. 5 in Pkt. 4.1.3.3.). Überhaupt stecken die meisten dieser Methoden noch in theoretischen Untersuchungsstadien, wobei die untersuchten

Systeme mit Metallkomplexen, insbesondere mit Hydridokomplexen, bzw. die Yokohama-Zyklen am vielversprechendsten erscheinen. Die in den bis jetzt praktisch ausgeführten Systemen errechneten Gesamtwirkungsgrade η_{ges} sind extrem klein /44/. Bei Regenerierung des Photokatalysators liegen zur Zeit die η_{ges} zwischen $2{,}4 \cdot 1o^{-3}$ % /44/ und $1{,}3 \cdot 1o^{-3}$ % /7/. Diese Werte konnten bei Versuchen im Labormaßstab erreicht werden. η_{ges} = 1,63 % erreicht man mit Fe-Salzen /11/, die ein $\Phi(H_2) \sim$ o,7 besitzen, doch wird hier der Photokatalysator kontinuierlich verbraucht. Als theoretischer erreichbarer Maximalwert von η_{ges} bei Verwendung von Salzverbindungen /44/ wurden 3 % ermittelt. Eine frühere Untersuchung über die Effizienz anderer Salzverbindungen blieb fruchtlos /45/.

Es sei noch erwähnt, daß es Bestrebungen gibt, auch andere Treibstoffe homogen herzustellen, z.B. ein NOCl-System /46-48/, ein $AgCl/Fe^{2+}$-System /49,5o/ oder ein Fe^{2+}/Br^{2+}-System /51,52/. Energiespeicherung in organischen Systemen, z.B. unter Benutzung energiereicher Isomere wird ebenfalls in Betracht gezogen /53-57/.

Anlagekosten und Verfahrenskosten lassen sich derzeit nicht berechnen, da diese Systeme über orientierende Laborversuche und Wirkungsgradberechnungen noch nicht hinausgekommen sind /24/. Lediglich für Yokohamazyklen, die in allen Schritten auf der Ausnutzung von Sonnenenergie beruhen, liegen Abschätzungen mit 1,5o US$/MBtu H_2 vor /58/. Momentan ist die Forschung hauptsächlich auf der Suche nach neuen Komplexverbindungen, besonders von Seltene Erd-Komplexen und Mn-Komplexen, von denen man sich hervorragende photokatalytische Eigenschaften und bessere Sonnenspektren-Ausnutzung verspricht. Erst wenn die Laborversuche eine befriedigende Effizienz erreichen, können großtechnische Anlagen geplant werden.

4.2.7. Literaturverzeichnis

/1/ C.H.Giles, C.D.Shah, C.P.Johari, Textile Res.J., 38, 1o48 (1968)

/2/ L.Moggi, Int.Conf.on the Photochemical Conversion and Storage of Solar Energy, London, Ont., Aug. (1976)

/3/ M.D.Archer, J.Appl.Electrochem. 5 (1), 17 (1975)

/4/ S.Markiewicz et al., Int.Conf. on the Photochemical Conversion and Storage of Solar Energy, London, Ont., Aug. (1976)

/5/ J.R.Bolton, Int.Conf. on the Photochemical Conversion and Storage of Solar Energy, London, Ont., Aug. (1976)

/6/ A.Juris, M.T.Gandolfi, M.F.Manfrin, V.Balzani, J.Am. Chem.Soc., 98, 1o47 (1976)

/7/ L.J.Heidt in "Solar Energy Research", ed.F.Daniels, J.Duffie, Univ.Wisconsin Press (1955)

/8/ L.J.Heidt, A.J.Mc Millan, J.Am.Chem.Soc., 76, 2135 (1954); Science 117, 6 (1953)

/9/ L.J.Heidt in "Photochemistry", Mc Graw Hill Encyclopedia of Science and Technology, Mc Graw Hill Book Co. (1967)

/1o/ R.J.Marcus, Science, 123, 399 (1956)

/11/ L.J.Heidt et al., J.Phys.Chem., 66, 336 (1962)

/12/ N.Getoff, Österr.Chemiker Zeitung, 63 (2), 41 (1962)

/13/ N.Getoff, Z.Natf.B 17, 87 (1962)

/14/ M.S.Matheson, J.Rabani, Int.Conf.on the Photochemical Conversion and Storage of Solar Energy, London, Ont., Aug. (1976)

/15/ K.L.Stevenson, D.D.Davis, Int.Conf. on the Photochemical Conversion and Storage of Solar Energy, London, Ont., Aug. (1976)

/16/ Y.Haas, G.Stein, M.Tomkiewicz, J.Phys.Chem., 74, 2558 (197o)

/17/ Y.Haas, G.Stein, R.Tenne, Isr.J.Chem., 1o, 539 (1972)

/18/ V.Balzani, L.Moggi, M.F.Manfrin, F.Bolletta, M.Gleria Science 189 (42o6), 852 (1975)

/19/ M.Gleria, M.F.Manfrin, V.Balzani, Proc.of the VI. Convegno Nazionale di Chimica Inorganica, Firenze A-32 (1972)

/2o/ T.Ohta, N.Kamiya, J.Chem.Soc.Japan, 72, 96 (1969)

/21/ B.M.Abraham, F.Schreiner, Science 18o, 959 (1973)

/22/ B.M.Abraham, F.Schreiner, Science 182, 1373 (1973)

/23/ L.R.Forss, Science 182, 1372 (1973)

/24/ T.Ohta, Chem.Econ. & Eng. Rev., 6 (7), 7 (1974)

/25/ T.Ohta, S.Asakura, M.Yamaguchi, N.Kamiya, N.Gotoh, T.Otagawa, Int.J.Hydrogen Energy, 1, 113 (1976)

/26/ R.C.Bhanerji, N.R.Dhar, Z.Anorg. & Allg.Chem. 134, 172 (1924)

/27/ T.Ohta, S.Asakura, M.Yamaguchi, N.Kamiya, 1oth Reg. Intersoc.Energy Conversion Engineering Conf., IEEE N.Y., (1975)

/28/ M.Calvin, Science 184, 375 (1974)
/29/ S.R.Cooper, M.Calvin, Science 185, 376 (1974)
/3o/ V.Balzani, V.Carassiti in "Photochemistry of Coordination Compounds", Acad.Press, London (197o)
/31/ G.Santori, P.D.Fleischauer, A.W.Adamson, Progr. Inorg.Chem., 17, 1 (1972)
/32/ J.R.Bolton, Int.Solar Energy Congr. & Exp. Sec. 22/6, CONF.-75o712 L.A.Calif., (1975)
/33/ V.S.Chew, J.R.Bolton, Int.Conf. on the Photochemical Conversion and Storage of Solar Energy, London, Ont., Aug. (1976)
/34/ J.N.Demas, A.W.Adamson, J.Am.Chem.Soc., 95, 5159 (1973)
/35/ C.R.Bock, T.J.Meyer, D.G.Whitten, J.Am.Chem.Soc, 96 471o (1974)
/36/ G.Navon, N.Sutin, Inorg.Chem. 13, 2159 (1974)
/37/ G.S.Lawrence, V. Balzani, Inorg.Chem. 13, 2976 (1974)
/38/ S.Roffia, M.Ciano, J.Elanal.Chem., 77 (3), 349 (1977)
/39/ R.Lewis, New Scientist, 651, 17.Juni (1976)
/4o/ C.R.Bock, D.G. Whitten, J.Am.Chem.Soc., 97, 29o9 (1975)
/41/ G.Sprintschnik, H.W.Sprintschnik, P.P.Kirsch, D.G. Whitten, J.Am.Chem.Soc., 98 (8), 2338 (1976)
/42/ C.Creutz, N.Sutin, Proc.Natl.Acad.Sci. USA, 72, 2858 (1975)
/43/ G.Sprintschnik, H.W.Sprintschnik, D.G.Whitten, Int.Conf.on the Photochemical Conversion and Storage of Solar Energy, London, Ont. Aug. (1976)
/44/ S.N.Paleocrassas in "Hydrogen Energy", ed. T.N.Veziroglu, Part A, 243, Plenum Press, N.Y. (1975)
/45/ R.E.West, H.Mahoud, D.G.Burhard, H.Ito, R.S.Kirk, Fin. Rep.Contract AF-19 (6o4) 842o, Project no. 6694/Task 6694o, P.E.C. Corp., Boulder, Colorado (1963)
/46/ O.S.Neuwirth, J.Phys.Chem, 63, 17 (1959)
/47/ R.J.Marcus, H.C.Wohlers, Solar Energy, 5, 121 (1961)
/48/ W.E.McKee, E.Findl, J.D.Margerum, W.B.Lee, US Dept. Comm., Office Tech.Services, AD 267o6o (1961)
/49/ S.Zaromb, M.E.Lasser, F.Kalhammer, J.Elchem.Soc., 1o8, 42 (1961)
/5o/ S.Zaromb, US 3,114,658; Dec. (1963)
/51/ E.Rabinowitch, W.H.Stockmayer, J.Am.Chem.Soc., 64, 335 (19 (1942)
/52/ S.Chen, N.N.Lichtin, G.Stein, Science, 19o (4217), 879 (1975)
/53/ B.H.Clampitt, D.E.German, US 3,o31,52o; April (1962)
/54/ G.Stein, Isr.J.of Chemistry, 14, 213 (1975)
/55/ R.R.Hautala, J.Little, E.Sweet, Solar Energy, in Vorbereitung (1977)
/56/ Ch.Kutal, D.P.Schwendiman, P.Grutsch, Solar Energy, in Vorbereitung (1977)
/57/ W.H.F.Sasse, Solar Energy, in Vorbereitung (1977)
/58/ J.O'M.Bockris in "Hydrogen Energy", ed.T.N.Veziroglu, Part A, 243, Plenum Press, N.Y. (1975)

4.3. Heterogene Photoredox - Methoden (Photoelektrochemische Methoden)

von K.J. Hartig, G. Kittel und N. Getoff

Am Anfang erfolgt eine Einführung in die einfachen Grundlagen von Halbleitern und in die Prozesse in den Systemen Halbleiter/Elektrolyt und Halbleiter/elektromagnetische Strahlung. Diese Grundlagen werden in bezug auf Wasserspaltung diskutiert, und Wirkungsgrade bzw. Ausbeuten definiert. Im darauffolgenden Abschnitt (Pkt.4.3.2.) werden Untersuchungen fester gewöhnlicher Halbleiter als Elektrodenmaterialien zunächst theoretisch, dann praktisch betrachtet. Hinzu kommen noch die Möglichkeiten, durch anodische Oxidschichten die Ausbeute zu verbessern. In einem weiteren Kapitel (Pkt.4.3.3.) wird die Photosensibilisierung durch halbleitende oder nicht halbleitende Farbstoffe an den Elektroden untersucht, worauf ein Exkurs auf Membransysteme, die biologische Verhältnisse simulieren, folgt. Der letzte Teil (Pkt.4.3.5.) behandelt dann die Photosensibilisierung der Wasserspaltung durch Farbstoffzusatz zum Elektrolyten in einer elektrochemischen Zelle. Zuletzt werden - soweit überhaupt möglich - ökonomische Vergleiche angestellt.

4.3.1. Einführung in allgemeine Grundlagen

Für die elektrolytische Zersetzung von H_2O ist ein Potentialunterschied (Zersetzungsspannung) von 1,23 V ($\Delta E_{el} \geq 1,23$ V) zwischen Anode und Kathode nötig. Theoretische und thermodynamische Grundlagen der Elektrolyse wurden in den einführenden Teilen von Pkt. 2 ausführlich behandelt /1/. Dieser Potentialunterschied entspricht gemäß (1) einer freien Energie (Δ G) von 56,7 kcal/Mol für einen 1-Elektronenübergang.

$$G = -n.F.\Delta E_{el} \qquad (1)$$

n....Zahl der Elektronen,die an der Reaktion beteiligt sind
F....Faraday-Konstante (96.847 Coul)

E_{el} ... Elektrische Energie, Zersetzungsspannung, reversible Zellspannung.

Diese Zersetzungsspannung kommt auch einer Strahlungsenergie von $\lambda \sim$ 5oo nm gleich, was gut mit dem Sonnenspektrum übereinstimmt (Pkt.4.1.3.3.Abb. 5). Es ist daher im Prinzip möglich, H_2O zu zersetzen, wenn man sich photoelektrochemischer (PEC) Effekte an den Elektroden bedient. Diese PEC-Effekte werden zumeist nur zur Erzeugung elektrischen Stromes benutzt (Solarzellen !) /2/.

Als photoelektrochemisch wird ein Effekt verstanden, bei welchem die Bestrahlung eines Elektrode/Elektrolyt-Systems eine Änderung im Elektrodenpotential (offener Stromkreis) oder im Stromfluß (geschlossener Stromkreis) hervorruft. Die Ursache dafür kann in einer photochemischen Reaktion in der Lösung selbst liegen, deren Produkte elektrisch aktiv sind, oder in einer photosensitiven Membran oder Elektrode. Diese Effekte sind nicht ungewöhnlich und man wird kaum ein Elektrode/Elektrolyt-System finden, das gegenüber absorbiertem Licht völlig unempfindlich ist. Im allgemeinen sind jedoch PEC-Effekte an reinen Metallelektroden sehr klein (Größenordnung von mV oder nA); sie werden durch Phänomene wie Elektronenemission von der Metalloberfläche, Photolyse einer an der Elektrode adsorbierten Solutspezies oder einfach durch den thermischen Effekt der absorbierten Strahlung verursacht /3, 4/. Starke PEC-Effekte findet man an Halbleiterelektroden mit oder ohne Farbstoffsensibilisierung: diese werden entweder durch photoinduzierte Ladungsinjektion in die Elektrode oder durch Zersetzung der Elektrode selbst hervorgerufen. Ähnliche Effekte in der photosensitiven Membran der Zelle können einen PEC-Effekt auf die Elektroden übertragen (durch Änderung der Konzentration der elektrisch aktiven Ionen in der Lösung). Schließlich werden PEC-Effekte an fast jeder Elektrode beobachtet, die in eine photolysierte Lösung taucht, weil sich die photoinduzierten Konzentrationsänderungen auf das Elektrodenpotential auswirken /5-1o/.

Energieumwandlung im eigentlichen Sinn kann nur dann stattfinden, wenn das einfallende Licht die thermodynamischen Verhältnisse beeinflußt. Das Energieniveau einer Komponente des Systems wird geändert. Im Gegensatz dazu wird bei Photokatalyse nur die kinetische Barriere verringert, sodaß ein prinzipiell thermodynamisch möglicher Stromfluß z.B. durch Herabsetzen einer Überspannung auch praktisch erfolgen kann: dabei handelt es sich aber nicht um Umwandlung von Licht in elektrische Energie /1/.

4.3.1.1. Grundlagen der Halbleitertechnik

Um den Mechanismus dieser Effekte genauer zu erklären, ist es notwendig, kurz auf einige Grundlagen der Halbleitertechnik einzugehen.

Halbleiter sind kristallisierte Körper, die wegen ihres molekularen Aufbaus bei tiefsten Temperaturen elektrische Isolatoren sind, d.h. keine elektrische Leitfähigkeit besitzen. Durch thermische oder optische Energiezufuhr bilden sich im Halbleiter bewegliche Ladungsträger, sodaß sich seine Leitfähigkeit bei Zimmertemperatur manchmal bereits der von Metallen nähert. Je nach der für verschiedene Stoffe unterschiedlichen Herkunft und Art der Ladungsträger unterscheidet man Ionen- und Elektronenhalbleiter.

Reine Ionenhalbleiter sind Kristalle vom NaCl (Kochsalz) - oder AgJ (Silberjodid) - Typ, die aus positiven und negativen Ionen bestehen und Gitterfehler oder Störstellen unterschiedlichster Art besitzen:

a) Ein Ion liegt nicht am richtigen, sondern an einem Zwischengitterplatz. Sein eigentlicher Ort bleibt leer (Frenkel-Defekt).
b) Ein Ion tritt an die Oberfläche aus. Es bleibt eine Leerstelle (Schottky-Defekt).

c) Einbau von "Fremd"-Atomen oder -Ionen in das Gitter oder auf Zwischengitterplätze. Alle diese und noch weitere Kristallfehler lockern das Gitter auf, und das Anlegen einer Spannung führt zu einer Ionenwanderung.

Elektronenhalbleiter sind kovalente Kristalle (z.B. Ge, Si), aber auch bestimmte Gruppen von Ionenkristallen. Wie in reinen Metallen erfolgt der Stromtransport durch Elektronen, die aber im Halbleiter erst durch Energiezufuhr aus ihren Bindungen gelöst werden. Am absoluten Nullpunkt ist z.B. ein reiner Si-Kristall ein Isolator, erhöht man jedoch die Temperatur, so können sich Elektronen aus ihrer Bindung lösen. In die entstandene Lücke kann ein Nachbarelektron springen usw.
Durch ein angelegtes elektrisches Feld wandern nun nicht nur die Elektronen, sondern auch die Lücken (h^+), diese natürlich in entgegengesetzter Richtung. Diese Wanderung der "positiven Löcher" oder "Defektelektronen" liefert einen, den Elektronen gleichwertigen Beitrag zur Leitfähigkeit, die "Löcherleitung", die zusammen mit der Elektronenleitung die sogenannte "Eigenleitung" des Kristalls ausmacht. Jeder Temperatur entspricht ein Gleichgewicht aus Bildung und Rekombination der Elektron-Loch-Paare.

Im Bänder-Modell (Abb. 1, Abb. 2) befinden sich die Elektronen, die die chemischen Bindungen verursachen, im Valenzband fest gebunden. Bei tiefen Temperaturen ist das höherenergetische Leitfähigkeitsband unbesetzt (Isolatorzustand), die zwischen beiden Bändern liegende Energiestufe (E_G) ist für Elektronen verboten.
Durch ausreichende Zufuhr thermischer oder optischer Energie wird ein Valenzelektron ins Leitfähigkeitsband gehoben, im Valenzband bleiben entsprechend viele Löcher zurück. Neben der Temperatur ist also die Ladungsdichte durch die Breite der verbotenen Zone (E_G) charakterisiert, die in Elektronen-Volt (eV) ausgedrückt wird. Zusätzlich zur Eigenleitung kann noch Störstellenleitung

zu erhöhter Leitfähigkeit beitragen, was vor allem durch kontrollierten Einbau von Fremdatomen verursacht wird. (s.Abb. 2). Ist deren Valenzelektronenzahl größer als die des Gitteratoms, so ist das überschüssige Elektron nur schwach an die Störstelle gebunden und kann leicht ins Leitfähigkeitsband gehoben werden (Donatorenatome mit einem Energieniveau knapp unter dem Leitfähigkeitsband).

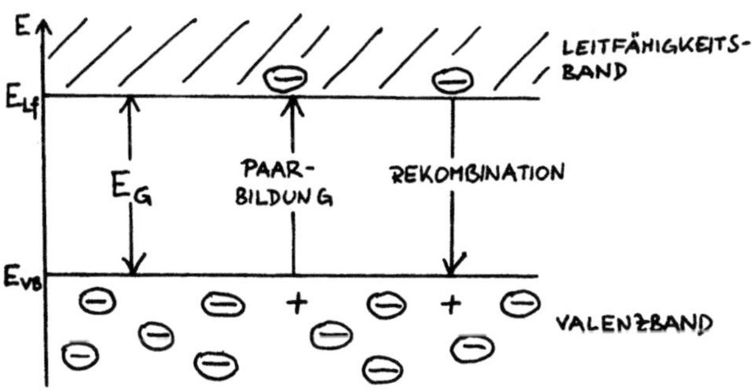

Abb. 1: Bändermodell der Eigenleitung.

⊖ ... Elektron

\+ ... Defekt (Loch)

E_{Lf}.. untere Bandkante des Leitfähigkeitsbandes

E_{VB}.. obere Bandkante des Valenzbandes

$E_G = E_{Lf} - E_{VB}$... Breite der verbotenen Zone.

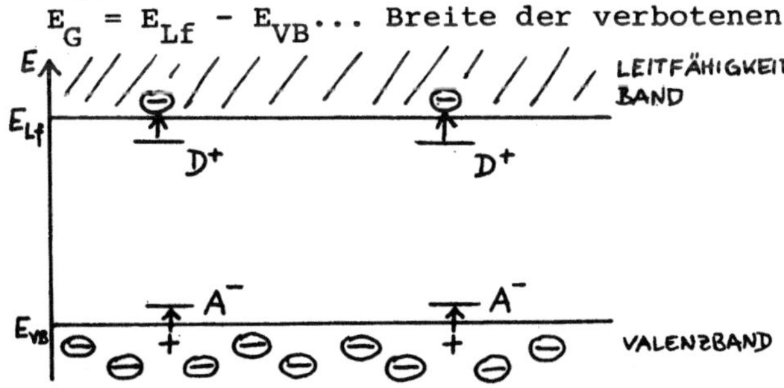

Abb. 2: Bändermodell der Störstellenleitung.

D^+ ... ionisierte Donatoren

A^- ... ionisierte Acceptoren

Im umgekehrten Fall handelt es sich um Elektronenacceptoren, deren Energieniveau knapp ober dem Valenzband liegt. Da die Ionisierungsenergie (< o,1 eV) solcher Fremdatome äußerst gering ist, sind sie schon bei Zimmertemperatur sämtlich ionisiert. Halbleiter mit eingebauten Donatoren nennt man n - L e i t e r (Überschuß an e^-), solche mit eingebauten Acceptoren p - L e i t e r (Überschuß an h^+).

Solche Elektronenleitung tritt in Ionenkristallen vor allem bei Metalloxiden (z.B. TiO_2), - Sulfiden und - Seleniden auf. Auf weitere Grundlagen der Halbleiter kann hier nicht detailliert eingegangen werden. Es sei auf die umfangreiche Standardliteratur verwiesen, z.B. /11, 12/. Es seien nur noch einige Effekte erwähnt, die auftreten, wenn Halbleiter als Elektroden in Elektrolyten eingebracht werden.

4.3.1.2. System: Halbleiter/Elektrolyt

Redoxprozesse in Lösung werden aufgrund ihres Standardredoxpotentials definiert. Bei Elektronenübertritten in heterogenen Systemen erfolgt dies durch die Angabe der Fermienergie (E_F). Die Fermienergie wird auf das Energieniveau eines Elektrons in einem Elektronengas im Vakuum (Definition aus der Festkörperphysik) bezogen. Die E_F tritt am Schnittpunkt der Elektronenverteilungsfunktionen (Fermifunktionen) von besetzten und unbesetzten Niveaus auf, sodaß das Maximum der Elektronenverteilungsfunktion des besetzten Bandes unterhalb, und das Maximum der Elektronenverteilungsfunktion des unbesetzten Bandes oberhalb der E_F liegt /13/. In einem Leiter liegt die E_F innerhalb des besetzten Bandes. Innerhalb eines reinen Halbleiters entspricht die E_F dem halben Wert der Fermiverteilungsfunktion (E_F^o).

Beim Eintauchen eines Halbleiters in Lösung, d.h. in einem heterogenen System, stellt sich durch Ladungsträgeraustausch ein thermisches Gleichgewicht ein, das durch die gleiche E_F charakterisiert ist. An der Grenzfläche Halbleiter/Elektrolyt (Übergang von Raumladungsschicht im Halbleiter zu Helmholtzschicht im Elektrolyten) tritt allerdings aufgrund der Unterschiede in den Elektronenaustrittsarbeiten ein Ladungsträgerüberschuß auf /2/.

Als e^-- oder h^+-Austrittsarbeit bezeichnet man die minimale Energie, die notwendig ist, damit ein e^- oder h^+ durch eine Potentialbarriere (Grenzfläche oder Ähnliches) treten kann. In einem Halbleiter ist diese Austrittsarbeit gleich dem Bandabstand E_G zwischen Maximum der Potentialbarriere und den Fermikanten. Der vorhin erwähnte Ladungsträgerüberschuß bedingt einen Potentialabfall in der Raumladungsschicht des Halbleiters, der vom Unterschied zwischen Fermienergie des überschußladungsfreien Halbleiters (E_F^o) und der Fermienergie des Redoxelektrolyten bestimmt wird ($E_{F,redox}$). Dadurch kommt es zu einer Bandbeugung (V_{SC}) im Halbleiter, deren Funktion es ist, analog einer Schottkybarriere Ladungsträgertrennungen und damit eine Raumladungsschicht aufrechtzuerhalten. Bei einem bestimmten Redoxpotential des Elektrolyten tritt kein Ladungsträgerüberschuß im Halbleiter auf (E_F^o) und somit keine Bandbeugung. In Abwesenheit der Raumladung ist das Leitfähigkeitsband also ungebeugt bis zur Grenzfläche und das damit korrespondierende Redoxpotential wird als Flachbandpotential (E_{FB}) bezeichnet. Der Wert von E_{FB} hängt vom Halbleiter (Art und Dotierung) und vom Elektrolyten (Zusammensetzung und Konzentration) ab /14-16/ (s.Abb. 3).

Gleichgewichtsbedingungen, die die Ausbildung einer Photospannung begünstigen, sind immer dann gegeben, wenn die Überschußladung und die damit verbundene Bandbeugung durch Wanderung ins Elektrodeninnere eine Verarmung an Mehrheitsladungsträgern in der Grenzfläche hervorruft. So wird die Rekombination von e^- und h^+ unterdrückt. Deswegen sind auch Ge- und Si-Halbleiterelektroden ungeeignet, weil sie im Gleichgewicht des polarisierten Zustandes eine inverse Ladungsschicht ausbilden /17,18/.

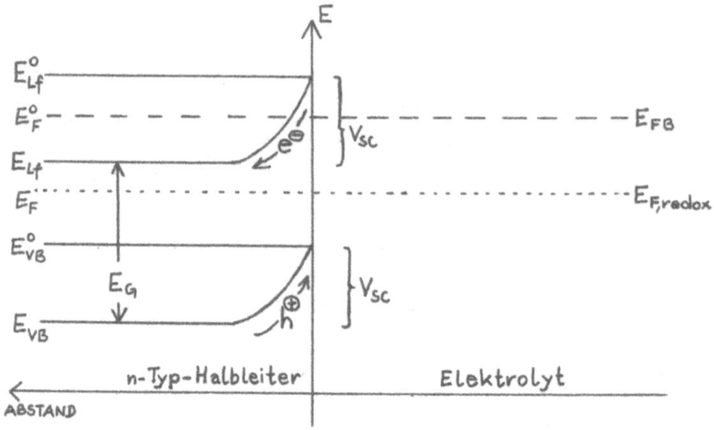

Abb. 3: Schematische Darstellung der Energieverhältnisse an der Grenzfläche Halbleiter/Elektrolyt /3/.

E_{Lf}...	Energie der Leitfähigkeitsbandkante	im Gleichgewicht mit dem Elektrolyten
E_{VB}...	Energie der Valenzbandkante	

Index (^{o}) ... für Flachbandbedingungen.
Die Bandbeugung (V_{SC}) entspricht der Differenz zwischen E^o_F und E_F.

In wäßrigen Redoxsystemen hängen Standardredoxpotential (E_o) und Fermienergie (E_F) folgendermaßen zusammen (bezogen auf Elektronengas im Vakuum; E_o in [V], E_F in [eV]).

$$E_o = -(4{,}5 \pm 0{,}15) - E_F \tag{2}$$

wobei -(4,5 ± o,15) die Energiedifferenz (in eV) zwischen einem Elektron in der Gasphase (Elektronengas) und der Fermienergie der Normalwasserstoffelektrode [$E_o(H^+/H_2)$] darstellt /13, 19/.

4.3.1.3. System: Halbleiter/Elektromagnetische Strahlung (Photoeffekte)

Durch Einstrahlung und Absorption elektromagnetischer Wellen bilden sich im Kristall freibewegliche Ladungsträger (innerer Photoeffekt). Es entsteht somit eine Photoleitfähigkeit im Halbleiter, die als Grundlage verschiedener Effekte dienen kann (s.Abb. 4).

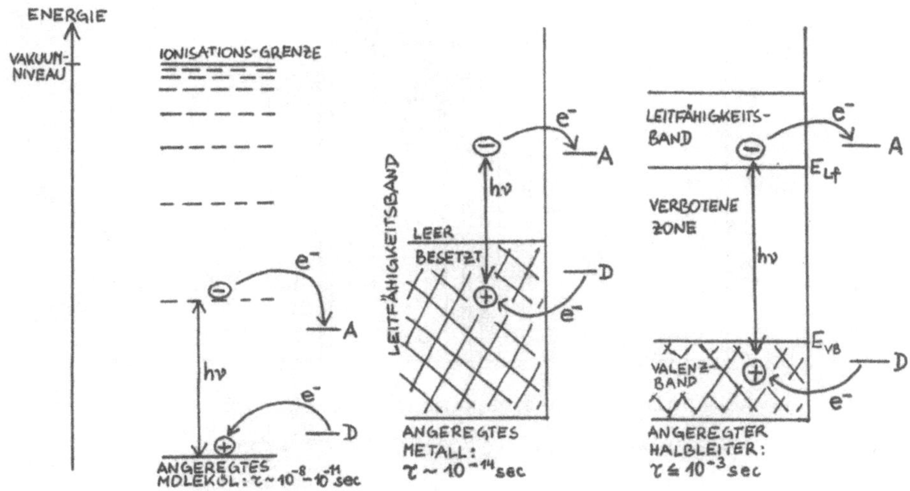

Abb. 4: Schema der Anregungsvorgänge und des Ladungsträgeraustausches verschiedener Substanzen /3/. (A und D stehen für Elektron-Acceptoren bzw. Donatoren, die Ladungsträgertransport ermöglichen können). τ: Lebensdauer

4.3.1.3.1. Photovoltaischer Effekt

Beim photovoltaischen Effekt handelt es sich einfach um die vorhin ausgeführte Photoproduktion von Elektronen und Löchern, die zum Beispiel beim Anlegen einer Spannung an den Kristall oder bei direkter Kopplung von p- und n-Halbleitern /2o/ oder an der Grenzfläche heterogener Systeme (z.B. Halbleiter/Elektrolyt, Photomembran/Elektrolyt) zu einem Stromfluß führt /21/. Dieser Vorgang ist nicht von chemischen Änderungen begleitet. Die eingestrahlten Photonen müssen eine bestimmte Energie besitzen, die größer als der Energieunterschied (E_G) zwischen Leitfähigkeitsband und Valenzband (s.Gl.3) ist.

$$h\nu_{krit} \geq E_G \tag{3}$$

Die für die Umwandlung von Sonnenlicht (o,5 bis 2,o eV) in elektrische Energie optimale E_G liegt zwischen ein und zwei eV (s.Abb. 5) /22/.

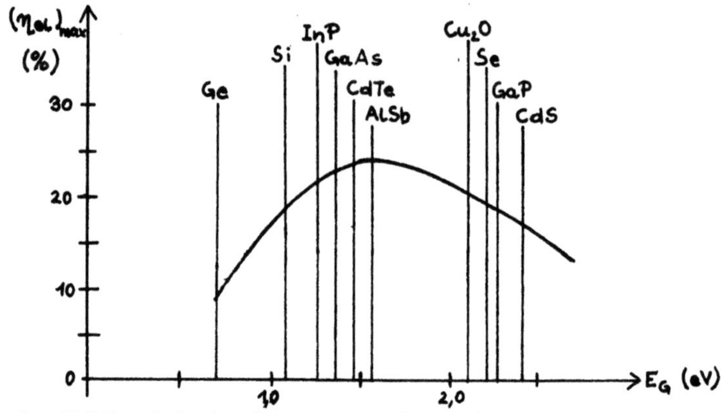

Abb. 5: Abhängigkeit des maximalen elektrischen Wirkungsgrades $(\eta_{el})_{max}$ von E_G /22/.

Dieser Effekt wird zur Erzeugung elektrischen Stroms (Sonnenzellen) technisch genutzt; da sich dieses Kapitel, wie schon vorhin erwähnt (Pkt. 1.1.), mit photochemischer Erzeugung von H_2 befaßt, wird hier nicht näher auf Sonnenzellen und ihre Technologie eingegangen /23/. Es sei jedoch nochmals darauf hingewiesen, daß der, mittels Sonnenzellen erzeugte elektrische Strom über Elektrolyseverfahren durchaus auch zur Herstellung von H_2 verwendet werden kann. Der Wirkungsgrad für die Stomerzeugung beträgt 1o bis 15 % /25/, der Wirkungsgrad der Elektrolyseverfahren 7o - 8o % /26/ und somit der Gesamtwirkungsgrad nur 7 - 12 %.

4.3.1.3.2. Photogalvanischer Effekt

Beim photogalvanischen oder Becquerel-Effekt wird die photoinduzierte Ladungsträgertrennung im Halbleiter mit elektrochemischen Vorgängen gekoppelt (PEC-Effekt, Photoelektrolyse). Die entstandenen Löcher können als e^--Acceptoren dienen, und damit der Halbleiter als anodische Halbzelle verwendet werden, während die photoinduzierten Leitfähigkeitselektronen in den äußeren Stromkreis wandern und Kathoden-Reaktionen in Gang setzen können. Auch die Ionenwanderung über die Grenzfläche kann durch elektronisch angeregte Zustände beeinflußt werden, jedoch in viel geringerem Maße als e^--oder h^+-Transfer /3/. Eine PEC-Zelle ist nun eine elektrochemische Zelle, bei der eine

(Me/Elektrolyt/Halbleiter) oder beide Halbzellen (p-Typ/Elektrolyt/n-Typ) einen PEC-Effekt aufweisen. Die grundsätzlichen Komponenten und Prozesse einer solchen Zelle sind in Abb. 6 dargestellt.

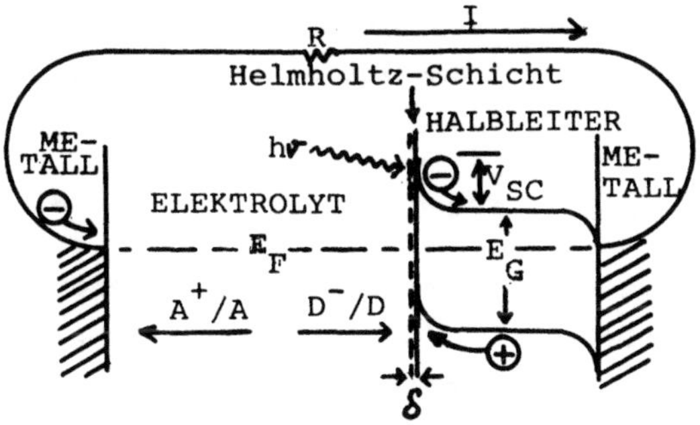

I... Stromstärke
R... Widerstand
δ... Helmholtz schicht

A^+... e^--Acceptor (z.B. H^+)
D^-...e^--Donator (z.B. OH^-)

Abb. 6: Schema einer PEC-Zelle /27/.

Die grundlegenden Transferreaktionen der Ladungsträger sind in Gleichung (4,5,6) dargestellt:

$$A^+ + e^- \longrightarrow A \qquad (4)$$

$$D^- + h^+ \longrightarrow D \qquad (5)$$

falls A und D über ein Redoxgleichgewicht miteinander verbunden sind:

$$A^+ + D^- \rightleftharpoons A + D \qquad (6)$$

4.3.1.4. Mechanismen der Elektrodenreaktionen

$$H_2O_{(l)} \longrightarrow H_{2(g)} + \tfrac{1}{2} O_{2(g)} \qquad (7)$$

In Reaktion (7) benötigt die Zersetzung von 1 Mol H_2O eine Enthalpie (ΔH^o) von 68,3 kcal/Mol (= 295 kJ/Mol = 2,96 eV/Molekül) bzw. eine freie Energie (ΔG^o) von 56,69 kcal/Mol (= 237 kJ/Mol = 2,46 eV/Molekül). Es ist daher eine Energiezufuhr von 2,46 eV/Molekül nötig, um Wasser zu spalten. Die Schwellenergie für die direkte Reaktion beträgt ungefähr 6,5 eV/Molekül. Sonnenlicht könnte daher nicht direkt benützt werden, sondern es muß ein schrittweiser Prozeß an einer photokatalytischen Oberfläche stattfinden, indem zwei oder mehr Quanten/Molekül zersetztes Wasser verwendet würden. Die lt. Gleichung (1) benötigte Energie für einen $1e^-$-Übertragungsschritt (Hauptprozeß der Photoelektrolyse) ist demnach nur mehr 1,23 eV, eine Energie, die mit Sonnenlicht durchaus erreicht werden kann.

Belichtet man eine Halbleiteranode in einem wäßrigen Elektrolyten, so findet in deren Umgebung Oxidation von Wasser statt (8):

$$H_2O \longrightarrow 2\,H^+ + 2\,e^- + 1/2\,O_2 \qquad (8)$$

Die dabei dem Wasser entzogenen Elektronen rekombinieren mit den photoinduzierten Löchern h^+ (Geschwindigkeitsbestimmender Schritt). Der innere Photoeffekt erzeugt h^+/e^--Paare, wobei die e^- über das Leitfähigkeitsband in den äußeren Stromkreis wandern (Stromfluß).
An der Kathode treten diese wieder in den Elektrolyten aus (e^-_{aq}) und bewirken die Reduktion von H^+ (Bildung von H_2): Gleichung (9,1o).

Primärreaktion:

$$e^-_{aq} + H^+_{aq} \longrightarrow H + H_2O \qquad (k = 2{,}4.1o^{1o}\ /28/) \qquad (9)$$

$$H + H \longrightarrow H_2 \qquad (k = 1{,}5.1o^{1o}\ /29/) \qquad (1o)$$

Diese Vorgänge sind aus Gründen der Elektroneutralität spontan und das Anlegen einer äußeren Spannung ist nicht nötig.

Diese Möglichkeit, Sonnenlicht zur Photoelektrolyse von Wasser in O_2 und H_2 anzuwenden, wurde von Fujishima und Honda /3o/ zuerst praktisch durchgeführt. Erst in jüngster Zeit wurde eine größere Anzahl von Arbeiten über Photoelektrolyse veröffentlicht /31-39/. Die theoretischen Bedingungen für den Stromdurchgang durch eine PEC-Zelle stellten Matthews und Khan auf /4o/. Viel untersucht ist auch die Natur der Grenzflächen zwischen Halbleiter und Elektrolyt /41,42/.

An der Grenzfläche zwischen p-Typ-Halbleiterkathode und Elektrolyt ist der folgende Schritt geschwindigkeitsbestimmend (Die Energie der H^+_{aq} - Zustände liegt 1,o - 2,2 eV unter dem Vakuum):

$$p - HL\ (e^-) + H_3O^+ \longrightarrow p - HL \ldots H \ldots H_2O^* \qquad (11)$$

Die Energie der Barriere, die das e^- dabei überwinden muß, ist in Abb. 7 dargestellt /43/.

Die Löcher können nicht über die Energiebarriere übertreten und bauen eine positive Ladung im Halbleiter auf, die die Bandbeugung verringert und E_F im Halbleiter unter die E_F an der Oberfläche drückt /44/.

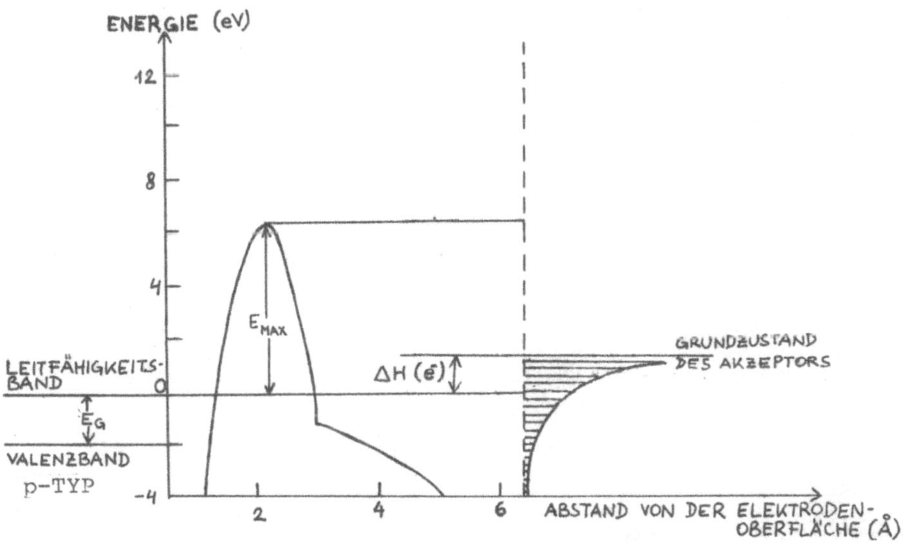

Abb. 7: Potentialverhältnisse an der Halbleiter-Elektrolyt-Oberfläche /43/.

An der Grenzfläche zwischen n-Typ-Halbleiter-Anode und Elektrolyt sind die Verhältnisse weitaus komplizierter. Zwei Reaktionen sind dabei bestimmend: die anodische Auflösung des Halbleiters und der Oxidationsschritt. Für letzteren kann folgende geschwindigkeitsbestimmende Reaktion angenommen werden (12):

$$n\text{-}HL(h^+) + OH^-_{aq} \longrightarrow n\text{-}HL\text{----}OH\text{----}H_2O \qquad (12)$$

Die Potentialverhältnisse an der n-Typ-Oberfläche sind in Abb. 8 dargestellt /43/.

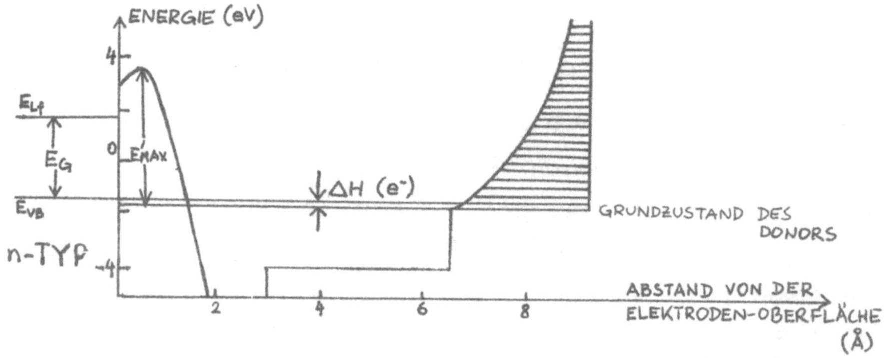

Abb. 8: Potentialverhältnisse an der n-Typ-Halbleiter-Elektrolyt-Oberfläche /43/.

Eine direkte Rekombination von e^- des Donors (OH^-) mit h^+ kann nur dann erfolgen, wenn die Energie des Grundzustands des Donors niedriger ist als die obere Kante des Valenzbandes an der Oberfläche ($\Delta H(e^-) < 0$). Durch Übertritt der h^+ wird im n-Typ-Halbleiter eine negative Ladung aufgebaut, welche die Bandbeugung verringert und E_F im Halbleiter gegenüber E_F an der Oberfläche erhöht. Durch Stromschluß neutralisieren die e^- aus dem n-Typ-Halbleiter die h^+ des p-Typ-Halbleiters, die E_F werden ausgeglichen und die erzeugte elektrische Energie entspricht der anfänglichen Differenz der E_F im Halbleiter /44/.

Tabelle 1 gibt einige Eigenschaften von Halbleitern wieder, die zur Umwandlung von Sonnenenergie nötig sind /43/.

4.3.1.5. Quantenausbeuten

Die Quantenausbeute für die Energieumwandlung wird folgendermaßen definiert:

$$\Phi_{el} = \frac{n_e}{Nh\nu} \qquad (13)$$

n_e ... Zahl der e^-, die in den Halbleiter eintreten bzw. von ihm austreten.

$Nh\nu$ .. Zahl der einfallenden Photonen.

Eigenschaft	p-Typ	n-Typ
e^--Affinität	3-4 eV	----
E_G	1-2,5 eV	1-2,5 eV
e^--Beweglichkeit · Lebenszeit	$10^{-9} cm^2/V$	$10^{-9} cm^2/V$
Flachband-Potential	0,42 V	0,0 V Existenz von Oberflächen-Zuständen nötig.

Tabelle 1: Zur Umwandlung von Sonnenenergie notwendige Halbleitereigenschaften /43/.

Für n-Typ-Halbleiter wurden niedrige, für einige p-Typ-Halbleiter hohe Quantenausbeuten theoretisch berechnet. Die Quantenausbeute der Halbleiter-Elektroden kann durch folgende Effekte beeinflußt werden:

1. Angelegte äußere Spannung
2. Energie des eingestrahlten Photons (Abb. 9)
3. Lebensdauer der e^- im Halbleiter (Rekombinationsgeschwindigkeit)
4. e^--Affinität des Halbleiters
5. Breite der verbotenen Zone E_G (Abb. 10)
6. e^--Beweglichkeit

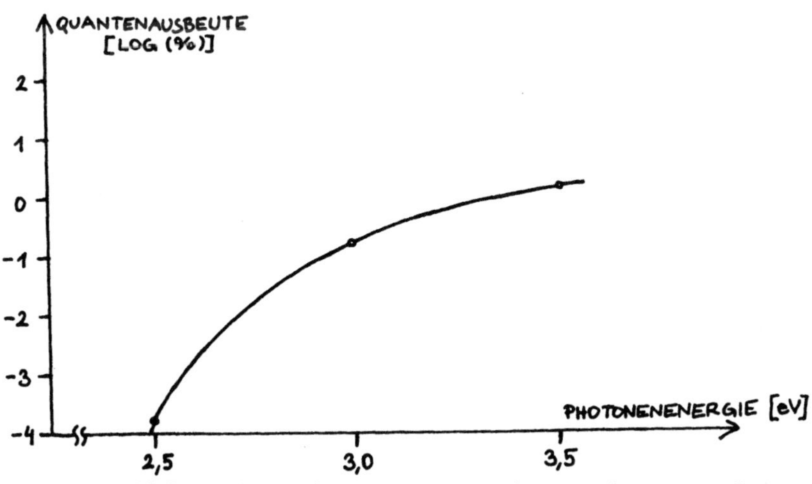

Abb. 9: Abhängigkeit der Quantenausbeute (p-Typ-Halbleiter) von der Photonenenergie /43/.

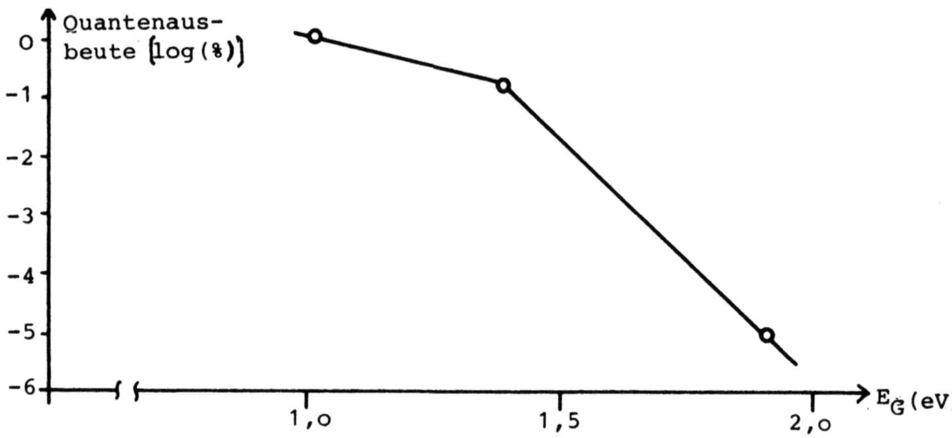

Abb. 1o: Abhängigkeit der Quantenausbeute (p-Typhalbleiter) von E_G /43/.

Die Quantenausbeuten von PEC-Zellen setzen sich aus den Quantenausbeuten der Einzel-Elektroden zusammen.

$$E_{Zelle} = E_K - E_A - I.R_{Zelle} \quad (14)$$

E_{Zelle} ... Zellpotential,
E_K .... Kathodenpotential , E_A ... Anodenpotential,
$I.R_{Zelle}$ ... Verluste in der Zelle.

Folgende Bedingungen sollten für eine effektive Energieumwandlung erfüllt werden /2,27,42/:

1. Starke Absorption des einfallenden Lichtes in der Raumladungsschicht der Halbleiterelektrode (schwachdotierter Halbleiter). Dieser Bereich umfaßt ~ 10^3-10^4 Å.
2. Die Bandbeugung V_{SC} soll möglichst groß sein (Abb. 3). Diese ist abhängig vom Halbleiter/Elektrolyt-Paar und den ablaufenden elektrochemischen Reaktionen (o,1 eV).
3. E_G des Halbleiters soll mit der Energie des Sonnenspektrums übereinstimmen.
4. Die elektrochemische Reaktion an der Halbleiter/Elektrolyt-Grenzfläche darf die Halbleiteroberfläche nicht zerstören und die Geschwindigkeit des Ladungsaustausches nicht herabsetzen.

5. Die Überspannungen an den Elektroden müssen möglichst gering gehalten sein. Eine Ausnahme stellt die Polarisationsüberspannung an der Anode dar, die einen Minimumwert nicht unterschreiten darf, um eine langsame Rückreaktion zu gewährleisten (etwa o,4 eV) /1/.
6. Die Ohm schen Verluste in den Elektroden und im Elektrolyt müssen möglichst klein sein.
7. Einkristalle sind für PEC-Zellen nicht notwendig. Das Material (dünne Halbleiterschichten) soll eine ziemlich niedrige Ladungsträgerkonzentration besitzen.
8. Die Energien der relevanten elektronischen Niveaus des Halbleiters müssen mit dem Redoxpotential der reaktiven Spezies in der Lösung übereinstimmen.

Die Energiedifferenz zwischen dem Redoxpotential E_o und dem Valenzband E_{VB} liegt zwischen o,4 und o,8 eV, um die Möglichkeit auszuschließen, daß Minderheitsladungsträger vom Redoxpaar in das Valenzband des Halbleiters übertragen werden können. E_F soll sich nicht sehr von E_{Lf} unterscheiden (z.B. bei TiO_2 o,oo3 - o,1 eV /24/).
Bei Berücksichtigung der oben angeführten Abschätzungen beträgt die Differenz zwischen der erreichbaren Photospannung und der Bandbreite E_G des Halbleiters mindestens 1 eV. Zur Wasserspaltung (1,23 eV) muß der verwendete Halbleiter daher ein E_G von mehr als 2,23 eV besitzen /1/.

4.3.1.6. Wirkungsgrade

4.3.1.6.1. Spannungswirkungsgrad für offene Stromkreise η_{V_o}

Wird durch die Bestrahlung einer PEC-Halbzelle eine Änderung im Potential des offenen Stromkreises von ΔV_o hervorgerufen, so definiert man η_{V_o} wie folgt:

$$\eta_{V_o} = \frac{e \cdot \Delta V_o}{E_G} \qquad (15)$$

e ... elektronische Einheitsladung in Coulomb

Das Potential des offenen Stromkreises der beleuchteten PEC-Elektrode wird dadurch bestimmt, daß Loch-Elektron-Paare genauso schnell gebildet wie verbraucht werden und keinen Netto-Stromfluß verursachen. Die Bildungsgeschwindigkeit ist von der Intensität des eingestrahlten Lichtes und der optischen Dichte der Halbzelle abhängig. Thermische Bildung kann relativ vernachlässigt werden. Die Rekombinationsgeschwindigkeit ergibt sich aus strahlender Rekombination, sowie nichtstrahlenden physikalischen und chemischen Quenchingprozessen im System. η_{V_o} ist daher nur teilweise von Konstanten abhängig und kein grundlegender Parameter des Systems, stellt aber ein Maß für den durch die Lichtabsorption im System produzierten Ladungstransfer dar. Wenn man die Rekombinationsgeschwindigkeit gleich Null setzt, so hängt η_{V_o} von dem Absorptionskoeffizienten (α) und der Ausdehnung der Raumladungsschicht (δ) ab: Gleichung (16).

$$\eta_{V_o} = \frac{e^{-\alpha \cdot \delta_{eff}}}{1 + \alpha \cdot \delta_p} \qquad (16)$$

δ_{eff} ... effektive Ausdehnung der Raumladungsschicht, abhängig von Donorkonzentration (Dotierung), Dielektrizitätskonstante und der Funktion (Elektrodenpotential gegen Flachbandpotential).

δ_p ..... Diffusionslänge der Löcher

Ein analoger Faktor kann in Terms der Änderung der freien Energie ΔG bei der photochemischen Reaktion aus Gleichung (1) abgeleitet werden:

$$\eta_{V_o} = \frac{\Delta G}{nF} \cdot \frac{e}{E_G} \qquad (17)$$

4.3.1.6.2. Photonenstromwirkungsgrad η_Φ

Mit I_{lim} (Grenzstrom, der unabhängig vom Potential und proportional der Lichtintensität ist), ergibt sich für η_Φ /9/:

$$\eta_\Phi = \frac{I_{Lim}/e}{\int_{E_G}^{\infty} A_E N(E) dE} \qquad (18)$$

A_E... optische Extinktion des Systems für Photonen der Energie E

N(E). Photonenfluß - Dichtefunktion

e ... Elektronische Ladung in Coulomb

η_Φ ist abhängig von Lösungskonzentration, Zellgeometrie und anderen Faktoren, die den Massentransfer in der Zelle bestimmen. η_Φ ist ein Maß für den durch Licht induzierbaren Stromfluß.

4.3.1.6.3. Strom/Spannungswirkungsgrad η_{iV}

Die theoretisch erreichbare Energie einer PEC-Halbzelle, die durch Umsetzen von Licht mit der Spektralverteilung in einen Elektronenfluß entsteht, wäre durch ($\eta_{abs} \cdot \eta_{V_0} \cdot \eta_\Phi \cdot \Pi$) und der theoretische Energieumwandlungsgrad durch ($\eta_{abs} \cdot \eta_{V_0} \cdot \eta_\Phi$) gegeben. (Bezüglich η_{abs} s.Pkt. 4.2.1.2.2.) In der Praxis hängt letzterer aber noch von den Photostrom/Spannung-Charakteristika der Halbzelle ab. Das Verhältnis von tatsächlich zu theoretisch gelieferter Energie (η_{iV}) ist wie folgt:

$$\eta_{iV} = \frac{I \cdot \Delta V}{I_{Lim} \cdot \Delta V_0} \qquad (19)$$

I ... reale Stromstärke

ΔV . reale Zellspannung

4.3.1.6.4. Elektrischer Wirkungsgrad η_{el}

Unter Berücksichtigung der obigen Ableitungen ergibt sich η_{el} zu /9/:

$$\eta_{el} = \eta_{abs} \cdot \eta_{V_0} \cdot \eta_{\Phi} \cdot \eta_{IV} \qquad (20)$$

η_{el} ist ein Maß für die tatsächliche Umwandlung der Lichtenergie in elektrischen Strom (Photovoltaischer Effekt). η_{el} ist nicht konstant und mit dem Potential (V) von der Summe der inneren Verluste durch Ohm'schen Widerstand, Ladungstransfer-Überspannung und Konzentrationspolarisation der Halbzelle abhängig. Weiteres über die elektrochemischen Faktoren und Wirkungsgrade ist aus Kapitel 2 (Elektrolysemethoden) ersichtlich. Beispiele für Berechnungen der Wirkungsgrade der verschiedenen photochemischen Methoden liefert Paleocrassas /45/.

4.3.1.6.5. Gesamtwirkungsgrad für PEC-Halbzellen η_{PEC}

Um das Verhältnis von investierter Lichtenergie zu gewonnener H_2-Energie festzustellen, muß noch die H_2-Quantenausbeute einbezogen werden, sodaß gilt (21):

$$\eta_{PEC} = \eta_{ges} \cdot \eta_{V_0} \cdot \eta_{\Phi} \cdot \eta_{IV} \qquad (21)$$

wobei $\eta_{ges} = \eta_{abs} \cdot \Phi_{H_2}$ (22)

Die verschiedenen Wirkungsgrade wurden damit besprochen. Es wurde impliziert, daß eine photoelektrische Maschine im Prinzip monochromatisches Licht der Frequenz E_G/h mit perfektem Wirkungsgrad in nützliche Arbeit umwandeln kann: dies ist nur bei einem photoelektrischen Umwandler möglich, der bei 0^oK arbeitet. Bei jeder höheren Temperatur T emittiert die Maschine die charakteristische thermische Strahlung von T, und als Carnot-Grenzwirkungsgrad ergibt sich $(T_s-T)/T_s$, wobei T_s die "Temperatur" der einfallenden Strahlung ist /46/. Diese Begrenzung (2. thermodynamisches Grundgesetz) ist auch bei der Berechnung der oberen Umwandlungsgrenze von Strahlungsenergie in chemische freie Energie verwendbar /47-49/.

Wenn die einfallende Strahlung (T_s) von einem schwarzen Körper wie Sonnenlicht ($T_s \sim 6000^{o}K$) kommt, ergibt sich mit $T = 300^{o}K$ als Carnot-Grenzwirkungsgrad: 95 %.

4.3.1.7. Einteilung photoelektrochemischer Zellen

4.3.1.7.1. Kontinuierliche photoregenerative Zellen

Die Belichtung erzeugt eine photochemische Reaktion, die die Umkehrung der spontanen Elektrodenreaktion darstellt /22/. Die Gesamtzusammensetzung der Zelle ist invariant, die Zelle arbeitet nur bei Belichtung und hat keine Speicherkapazität. Man benützt sie, wenn die photochemische Reaktion nicht genügend stabil zur Trennung und Lagerung ist /9/.

4.3.1.7.2. Zyklische photoregenerative Zellen

Diese stellen Speicherbatterien dar, bei denen die Produkte der Zellenentladung durch Belichtung zum ursprünglichen Zelltreibstoff regeneriert werden: die Zellentladung ist thermodynamisch spontan und die Ladung daher endoenergetisch. Man unterscheidet zwischen Ladung mit offenem und solcher mit geschlossenem Stromkreis /9/.

4.3.1.7.3. PEC-Zellen mit Chemikalienverbrauch

Man wandelt leicht erhältliche Chemikalien in nützliche Produkte um. Durch Sammlung der Produkte erreicht man Energiespeicherung.

Für die Problemstellung dieses Berichtes ist besonders der letztere Zelltypus relevant ($H_2O \longrightarrow H_2, O_2$), obwohl auch die ersten beiden für die Energieproblematik sehr wichtig sind (Sonnenzellen zur Umwandlung in elektrische Energie etc.)/9/.

Im folgenden werden die derzeit praktisch untersuchten Systeme angeführt. Pkt.4.3.2. beschreibt Methoden, bei denen eine oder beide Elektroden aus festen Halbleitern bestehen. In Pkt.4.3.3. werden sensibilisierte Halbleiterelektroden, in Pkt.4.3.4. Membranverfahren und in Pkt.4.3.5. Methoden mit Farbstoffen beschrieben. Eine Gegenüberstellung der einzelnen Verfahren - besonders in ökonomischer Hinsicht - erfolgt abschließend in Pkt.4.3.6.

4.3.2. Reine Halbleiter als Elektroden

4.3.2.1. Einführung in die Problematik an Hand von n-TiO_2

Wenig Aufmerksamkeit wurde dem Zusammenhang zwischen Photoelektrochemie und H_2-Produktion gewidmet, bis Fujishima und Honda /3o,39,48/ dies experimentell mit einer n-Typ-Halbleiterelektrode (TiO_2) in wäßrigem Elektrolyt untersuchten. Ausgehend von den allgemeinen Überlegungen in Pkt.4.3.1. soll nun an Hand von n-TiO_2 auf die theoretischen Probleme näher eingegangen werden, die sich aus der Verwendung fester, halbleitender Elektroden zur Energieumwandlung ergeben.

Abb. 11 zeigt ein vereinfachtes Energiediagramm einer homogenen PEC-Zelle (Abb. 12), bestehend aus n-TiO_2-Anode, saurem Elektrolyt und metallischer Gegenelektrode (z.B. Platin) /32,34,35,5o/.

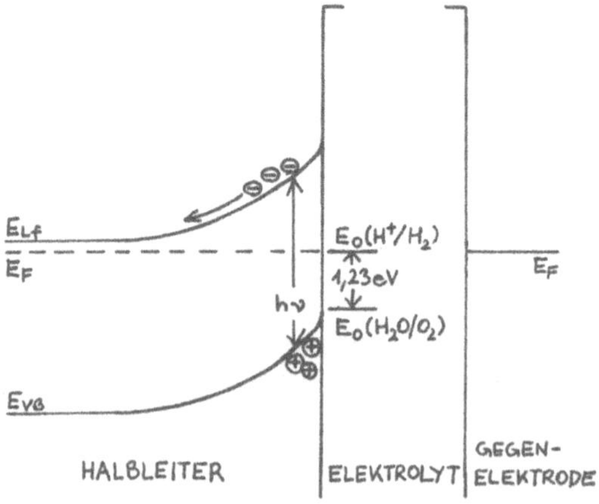

Abb.11: Vereinfachtes Energiediagramm einer homogenen PEC-Zelle /32/.

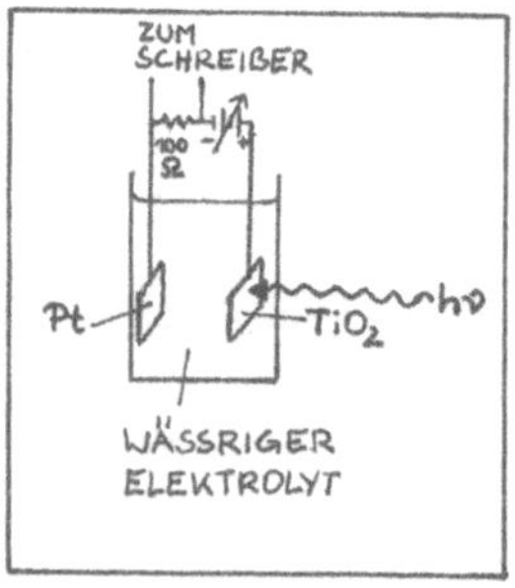

Abb.12: Homogene PEC-Zelle mit n-TiO_2 / Pt-Elektroden /35/.

Die zwei Elektroden sind durch einen äußeren Stromkreis miteinander verbunden, sodaß das Ferminiveau für beide gleich ist. Durch den unterschiedlichen Charakter von Halbleiter und Elektrolyt sind die Energiebänder des Halbleiters an der Oberfläche gebogen, sodaß an der Halbleiter/Elektrolyt-Grenzfläche eine Art Schottky-Barriere besteht (s.Pkt.4.3.1.). Wird nun die Halbleiter-Oberfläche mit einer Energie bestrahlt, die mindestens E_G entspricht, entstehen Loch/e^--Paare, die durch das elektrische Feld der Barriere getrennt werden und nach Transfer oder Tunneling Reaktionen verursachen (Pkt.4.3.1.4.) /44,5o/.

Von den Bedingungen für eine effiziente PEC-Zelle (Pkt.4.3.1.5.) seien zwei nochmals hervorgehoben: die Energiebänder an der Halbleiter/Elektrolyt-Grenzfläche müssen gebogen sein (V_{SC}), um eine Trennung von Löchern und e^- zu ermöglichen, und die relevanten elektronischen Niveaus müssen übereinstimmen, d.h. das Löcherniveau der Anode (n-Typ-Halbleiter) mit $E_o(H_2O/O_2)$ und das Ferminiveau der Anode (n-Typ-Halbleiter) E_F mit $E_o(H^+/H_2)$ /51/. In Abb. 11 ist letztere Übereinstimmung gegeben, in einem praktischen homogenen System n-TiO_2/plat. Pt (O_2 im Elektrolyten bei der Kathode gelöst!) ähnelt jedoch die Kathode einer O_2-Elektrode und E_F liegt ziemlich tief unter E_o (H^+/H_2), z.B. $\sim$o,8 eV für pH = o /32/. Dann ist jedoch der energetisch bevorzugte Prozeß nicht der e^--Transfer von der Kathode auf das H^+/H_2-Niveau (s.Gl. 9), sondern auf das H_2O/O_2-Niveau, was die Reduktion von O_2 bewirkt. In saurer Lösung gilt dann Gleichung (23):

$$2\,e^- + 2\,H^+ + 1/2\,O_2 \longrightarrow H_2O \qquad (23)$$

In diesem Fall arbeitet daher die Zelle <u>photogalvanisch</u>, d.h. der Durchgang von Strom durch den äußeren Stromkreis ist <u>nicht</u> von H_2-Produktion begleitet. Dabei ergeben sich sowohl für Einkristall-,als auch für polykristalline TiO_2-Anoden, sowie für $SrTiO_3$-Anoden äußere, auf den Strom bezogene η_{V_0} von 8o bis 85 % bei $h\nu \approx 4$ eV. Die inneren Wirkungsgrade betragen nach Korrekturen für Reflexion und Absorption ungefähr 1oo % (η_{iV}). Dies zeigt, daß die Bandbeugung in TiO_2 unter photogalvanischen Bedingungen ausreicht, genügend Loch/e^--Paare zu trennen, und daß die O_2-Überspannung an der Halbleiter/Elektrolyt-Grenzfläche für beleuchtete Elektroden vernachlässigbar ist /32/. Durch Absaugen des gebildeten O_2 oder Verdrängen durch N_2- bzw. Ar-Spülung erreicht man für dasselbe homogene Zellsystem PEC-Bedingungen. Abb. 13 zeigt die Energieverhältnisse eines solchen Systems.

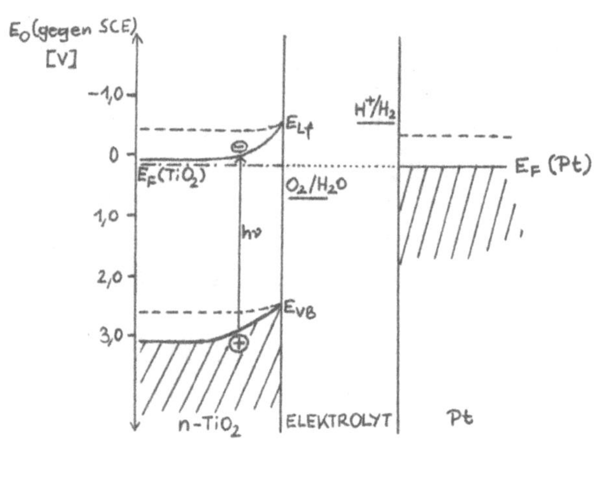

Abb. 13: Energieverhältnisse im System n-TiO_2/ wäßr. Elektrolyt (pH = 4,7)/Pt.
Die ausgezogenen Linien zeigen den Gleichgewichtszustand im Dunklen, die unterbrochenen Linien den steady state bei Beleuchtung /34/.

Ein Stromfluß benötigt nun die Übertragung der e^- von der Kathode auf das H^+/H_2-Niveau lt. Gleichung (9). Entsprechend Abb. 13 können bei Beleuchtung der Anode zwar die gebildeten Löcher mit H_2O unter O_2-Bildung reagieren, die e^- jedoch nicht, da E_F (Pt) viel niedriger als E^o (H^+/H_2) ist. Dadurch sammeln sich die e^- im Platin an, was ein Ansteigen von E_F(Pt) und damit auch von $E_F(TiO_2)$ bewirkt. Dies verursacht nun einerseits durch die Herabsetzung der Bandbeugung (Reduktion des Potentialgradienten bzw. des elektrischen Feldes in der Raum-Ladungs-Schicht) eine Erhöhung der Rekombinationswahrscheinlichkeit von e^- und h^+, andererseits durch die Verminderung des Unterschiedes zwischen E_F und $E_o(H^+/H_2)$ einen erhöhten e^--Transfer von der Kathode in die Lösung unter H_2-Bildung. Wenn sich beide Vorgänge im Gleichgewicht befinden (steady state), ist die Zahl der e^-, die an der Pt-Elektrode mit H^+ reagieren, gleich der Zahl der e^-, die von der Oberfläche des TiO_2 ohne Rekombination ins Innere fließen. Weil dabei das Flachbandpotential der Elektrode nur wenig von $E_o(H^+/H_2)$ verschieden ist (o,1 - o,2 eV), die Rekombinationswahrscheinlichkeit von e^- und h^+ in der Halbleiteranode jedoch sehr groß ist, ergibt sich in homogenen Zellen lediglich ein maximaler Gesamtwirkungsgrad (η_{PEC}) von o,6 % /34/ bis maximal 2 % /32/.

4.3.2.2. Verbesserte Methoden

Folgendermaßen kann die niedrige Quantenausbeute verbessert werden:

4.3.2.2.1. Andere Halbleiter

Eine Verbesserung kann durch das Auffinden eines n-Typ-Halbleiters erreicht werden, der geeigneter ist als TiO_2, d.h. dessen Bandbeugung zur Trennung von h^+ und e^- auch noch ausreicht, wenn E_F (Anode) = E_o (H^+/H_2) ist. Dies erfordert einen Wert für die Flachbandenergie, der um einige Zehntel Volt negativer ist als bei TiO_2 /32/. Beispiele sind $SrTiO_3$ (E_G =3,2 eV, V_{SC} um o,2 eV negativer als bei TiO_2) und $CaTiO_3$(E_G = 3,4 eV, V_{SC} =-o,5V)/51,52/.

4.3.2.2.2. Anlegen einer Hilfsspannung

Durch das Anlegen einer äußeren Hilfsspannung von einigen Zehntel Volt kann man die Ferminiveaus adjustieren (Abb. 13) /31,32,35,43/.

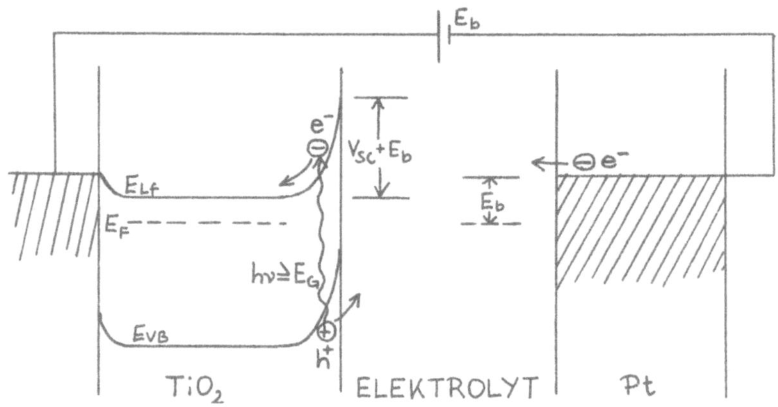

Abb. 14: Energieverhältnisse einer PEC-Zelle mit angelegter äußerer Hilfsspannung /31/.

Abb. 14 zeigt ein Energiediagramm für Photoelektrolyse mit äußerer anodischer Hilfsspannung (E_b). Eine Berechnung der benötigten E_b ergibt /31,52/:

$$E_G + E_b = \Delta G/nF + V_{SC} + (E_{Lf} - E_F) + iR + V_H + \bar{\eta}_A + \bar{\eta}_K \quad (24)$$

E_b ... äußere Hilfsspannung

$\Delta G/nF$.. Änderung der freien Energie/ e^- für die Netto-Elektrolyt-Reaktion.

$E_{Lf}-E_F$ ... Differenz zwischen Leitfähigkeitsband und Ferminiveau im Halbleiter

V_H... Potentialabfall durch die Helmholtz-Schicht

$\bar{\eta}_A, \bar{\eta}_K$.. Überspannungen an Anode bzw. Kathode.

4.3.2.2.3. In Serie-Schalten einer photogalvanischen Zelle

Eine PEC-Zelle wird dabei mit einer analogen, photogalvanisch arbeitenden Zelle (Pkt. 4.3.1.3.) in Serie geschaltet. Die Anoden beider Zellen werden beleuchtet, und die durch die photogalvanische Zelle gebildete Spannung wird als Hilfsspannung der PEC-Zelle verwendet. Dabei ist, von der Gesamtzahl der auf die Anoden beider Zellen einfallenden Photonen ausgehend, ein theoretisches η_{PEC} von ~ 2o % zu erwarten /32/.

4.3.2.2.4. Heterogene PEC-Zelle

Bei einer heterogenen PEC-Zelle sind Kathoden- und Anodenraum durch eine Salzbrücke getrennt (s.Abb. 15)/31/ /32,35,48/.

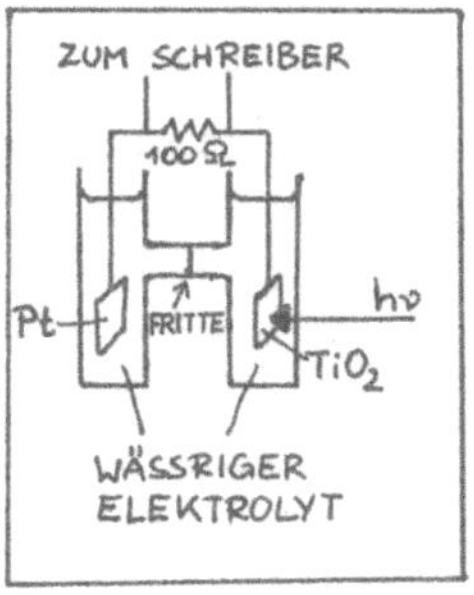

Abb. 15: Heterogene PEC-Zelle /35/.

Diese Methode benützt zum Adjustieren der E_F die EMK (elektromotorische Kraft) der Zelle, die sich durch den Unterschied im pH-Wert der Lösungen im Kathoden- bzw. Anodenraum ergibt. Eine Erhöhung der H_2-Ausbeute benötigt eine erhöhte EMK der Zelle: letztlich vergrößert man an der Kathode die H^+-Konzentration, an der Anode den pH-Wert /53/. Allerdings ergibt sich wegen der Elektrodenreaktionen (25 und 26) nach längerer Zeit eine Abnahme des Säuregehalts im Raum um die Pt-Elektrode bzw. des basischen Charakters der TiO_2-Elektrolyt-Lösung /48/:

$$\text{Anode } (nTiO_2): \; 4\,OH^- + 4\,h^+ \longrightarrow 2O_2 + 2H_2 \qquad (25)$$

$$\text{Kathode (Pt)}: \; 4\,H^+ + 4e^- \longrightarrow 2H_2 \qquad (26)$$

Mit einer solchen Methode lassen sich η_{PEC} von ungefähr 1o % erreichen /32,54/.

4.3.2.2.5. p-Typ-Halbleiter als Kathode

Eine Erhöhung des Wirkungsgrades ist auch zu erreichen, wenn man als Kathode statt Pt einen p-Typ-Halbleiter mit einem niedrigeren E_G als bei der n-Typ-Elektrode ($\Rightarrow E_G(n) > E_G(p)$) nimmt. Die Zelle ist so konstruiert, daß die einfallende Strahlung zuerst die Anode erreicht, die die Photonen mit $E > E_G(n)$ absorbiert, während von den restlichen Photonen solche mit $E_G(n) \gtrapprox E \gtrapprox E_G(p)$ von der Kathode absorbiert werden. Dadurch kann man einen größeren Teil des Sonnenspektrums ausnützen. Das Energiediagramm einer solchen Zelle ist in Abb. 16 zu sehen.

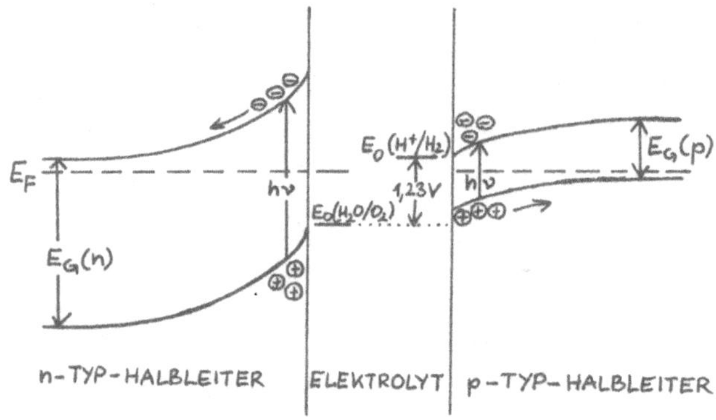

Abb. 16: Energieverhältnisse im System n-Typ-Halbleiter/ Elektrolyt/p-Typ-Halbleiter /32/.

Für die Photoelektrolyse gilt Gleichung (27)

$$E_G(n) + E_G(p) - V_{SC}(n) + V_{SC}(p) - E_F(n) + E_F(p) = \\ = \Delta G/nF - \bar{\eta}_A(n) + \bar{\eta}_K(p) + iR + V_H \qquad (27)$$

$V_{SC}(n)$.... Bandbeugung der Anode } jeweils ~o,3 eV
$V_{SC}(p)$.... Bandbeugung der Kathode

Daraus folgt für wäßrige Elektrolyten Gleichung (28):

$$E_G(n) + E_G(p) \geq 1{,}23 + V_{SC}(n) + V_{SC}(p) \geq 1{,}8 \text{ eV} \qquad (28)$$

Für einige Systeme seien die einzelnen Parameter von Gleichung (27) in Tabelle 2 vergleichend aufgestellt /55/.

	n-GaP/ Pt	p-GaP/ Pt	n-TiO_2/ Pt	n-GaP/ p-GaP	n-TiO_2/ p-GaP
$E_G(n)$	2,25	-	3,o	2,25	3,o
$E_G(p)$	-	2,25	-	2,25	2,35
$V_{SC}(n)$	-1,46	-	-o,21	-1,46	-o,21
$V_{SC}(p)$	-	o,75	-	o,75	o,75
E_b	-o,2o	1,4o	o,4o	-o,6o	-
$\Delta G/nF$	o,41	1,23	1,23	o,41	1,23
$\bar{\eta}_A$ (n)	§	o,4	§	§	§
$\bar{\eta}_K$ (p)	o,o2	§	o,o2	§	§
iR	o,o5	o,o5	o,o5	o,o5	o,o5
V_H	o,o2	o,o2	o,o2	o,o2	o,o2
E-Bilanz	1,4	1,9	2,o	1,o	2,9

Tab. 2: Daten einiger PEC-Zellkombinationen (Energieangaben in eV; §: noch nicht bekannt) /55/.

Die technische Seite des Problems - Aussehen und Bereiten der Elektroden - sowie spezielle Forschungen sollen in den folgenden Abschnitten behandelt werden.

4.3.2.3. Einige Verfahren im Detail

4.3.2.3.1. n-TiO_2-Anoden

Wie schon in Pkt.4.3.2.1. erwähnt, wurden heterogene Photo-Redox-Reaktionen zuerst von Fujishima und Honda /3o,48/ untersucht, die eine n-TiO_2-Anode in wäßrigem Elektrolyt verwendeten, wobei das Sonnenspektrum mit einer Xenon-Lampe simuliert wurde. Abb. 17 zeigt Strom/Spannungskurven, die im Dunkeln und bei Bestrahlung mit Licht von $\lambda \leqq 415$ nm (Dies entspricht dem n-TiO_2 "band-gap" von $\sim$ 3,o eV) erhalten wurden. Der anodische Photostrom entsteht durch die Bildung von molekularem Sauerstoff, und eine Reaktion, wie sie Abb. 18 zeigt, läuft ab.

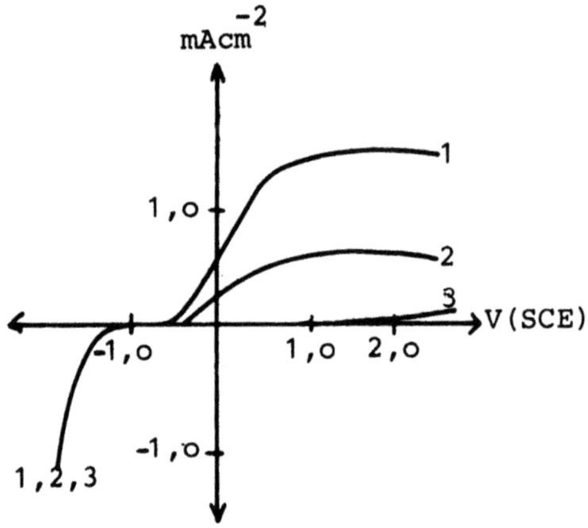

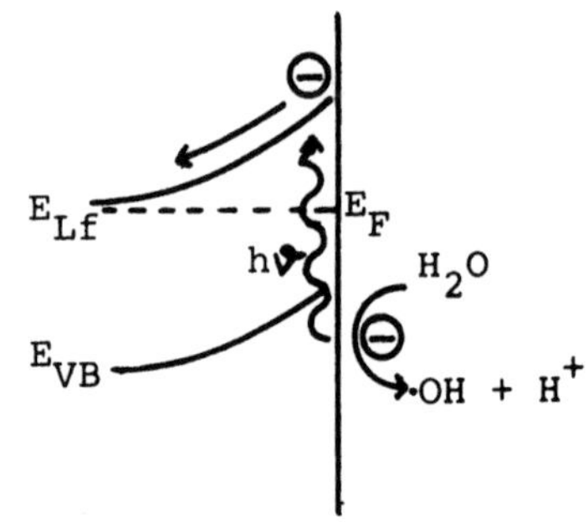

Abb.17: I/U-Kurven für eine n-TiO_2-Elektrode/3o/:Bestrahlung mit 5oo W Xe-Lampe bei pH = 4,7;
Kurve 1 = Lichtintensität 2I,
Kurve 2 = Lichtintensität I,
Kurve 3 = Dunkelstrom

Abb.18: PEC-Oxidation von H_2O an einer n-TiO_2-Elektrode unter anodischen Bedingungen./3o/:
E_{Lf} = Kante des Leitfähigkeitsbandes
E_{VB} = Kante des Valenzbandes
E_F = Ferminiveau

Photonenabsorption in der Halbleiterelektrode regt ein e^- aus dem Valenzband ins Leitfähigkeitsband an; das entstehende Loch im Valenzband wird durch den Transfer eines e^- von einem H_2O-Molekül gefüllt, sodaß sich •OH und über adsorbierte Zustände im weiteren Verlauf O_2 bildet /232,233/. Das oben ersichtliche Plateau im Photostrom entspricht der Grenzwirksamkeit der e^--Injektion in das Leitfähigkeitsband unter anodischen Bedingungen, wobei Elektronen ins Elektrodeninnere wandern (Abb. 18). Dieselben Autoren stellten fest, daß der anodische Photostrom bei - o,5 V einsetzt, was ein negativeres Potential ist, als das der H_2-Produktion bei diesem pH: sie konstruierten daher eine Zelle Pt (plat.)/wässr. Elektrolyt/TiO_2 und beobachteten einen Stromfluß in gleicher Richtung bei Bestrahlung der TiO_2-Elektrode. Daraus ergab sich folgendes Schema:

$$TiO_2 + 2\,h\nu \longrightarrow 2\,e^- + 2\,h^+ \quad \text{Anodenreaktion} \quad (29)$$

$$2\,h^+ + H_2O \longrightarrow 1/2\,O_2 + 2\,H^+ \quad \text{(am } TiO_2\text{)} \quad (3o)$$

$$2\,e^- + 2\,H^+ \longrightarrow H_2 \quad \text{Kathodenreaktion (am Pt)} \quad (31)$$

$$H_2O \xrightarrow{2\,h\nu} H_2 + 1/2\,O_2 \quad \text{Gesamtreaktion} \quad (32)$$

Bei λ= 415 nm wurde eine Quantenausbeute $\Phi(H_2) \sim 0,1$ beobachtet, wobei allerdings nähere experimentelle Daten fehlen /48/. Schon früher kamen Memming et al. /56/ bei der Untersuchung der O_2-Bildung mit bestrahltem TiO_2 in anderem Zusammenhang zu einem ähnlichen Ergebnis.

Meistens verwendet man die Rutil-Form von TiO_2 /57/. Einerseits wurden Anoden aus TiO_2-Einkristallen hergestellt, andererseits polykristalline Plättchen aus bei 75o °C heiß - gepreßtem, gepulvertem Rutil (unter einem Druck von 6oo atm). Um die Plättchen leitend zu machen, wurden sie im Vakuum 3 Stunden bei ungefähr 6oo °C erhitzt, was sie durch den Verlust von O_2 zu einem n-Typ macht und ihnen eine blaue Färbung gibt. Andere Anoden wurden hergestellt, indem Titan-Folien bei ~6oo °C in einer O_2-Atmosphäre mindestens 3 Stunden erhitzt wurden, um polykristalline TiO_2-Filme zu erzeugen. Abb. 19 zeigt die Unterschiede im Absorptionsmaximum für zwei verschieden dicke Filme /32/.

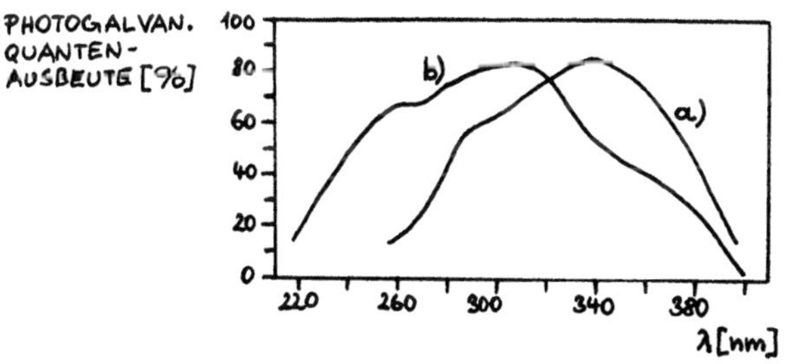

Abb. 19: Abhängigkeit der photogalvanischen Ausbeute von der Wellenlänge des eingestrahlten Lichtes für TiO_2-Filme von a) 7 μm und b) < 2 μm Dicke /32/.

Mit kleinen Abänderungen sind alle TiO_2-Anoden analog hergestellt /35,4o,48,231,235,236/. Als Kathode wird meist plat.Platin in Netzform, manchmal auch Silber verwendet.

Daß fast alle theoretischen Untersuchungen TiO_2-Elektroden verwenden, liegt darin begründet, daß sich TiO_2 bei Bestrahlung unter anodischen Bedingungen im Gegensatz zu ZnO /58/ und CdS /59/ nicht zersetzt: dies erklärt sich vielleicht aus der starken kovalenten Bindung im TiO_2-Gitter /6o/. Die folgenden Abb. 2o - 23 lassen einen Vergleich zwischen den Strom/Spannungs-Charakteristika von n-TiO_2-Einkristall (Abb. 2o), n-TiO_2-polykristallinem Film (Abb. 21), CdS-dünnem Film (Abb. 22) und GaP-Einkristall (Abb. 23) zu /49/. Beim TiO_2-Einkristall (Abb.2o) ist zu beachten, daß der Photostrom bei stärkerer Beleuchtung ab o,3 - o,4 V stark ansteigt, begleitet von sichtbarer H_2-Entwicklung; bei ~1,o V ist der Photostrom hinsichtlich der anodischen Hilfsspannung wieder gesättigt, diese Sättigung ist aber nun proportional der Intensität des eingestrahlten Lichtes (A > B).

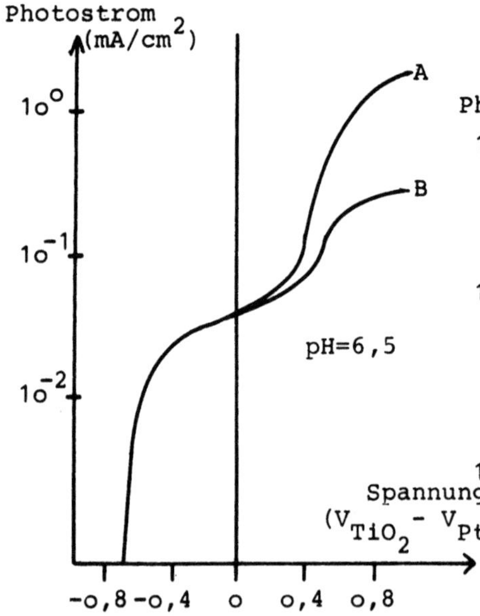

Abb. 2o: Strom/Spannungs-Charakteristika einer Einkristall-n-TiO_2-Elektrode /49/.

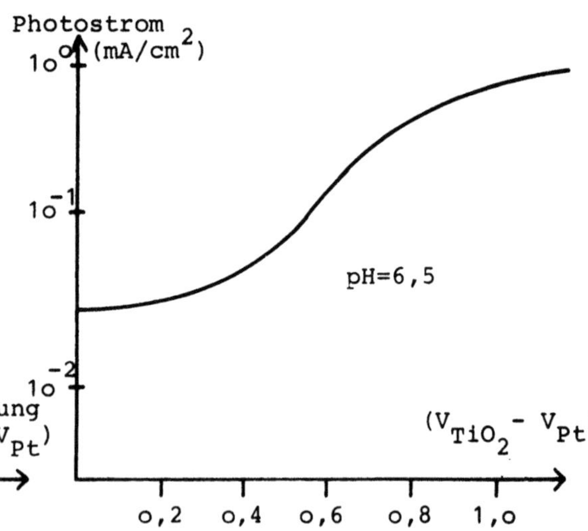

Abb. 21: Strom/Spannungs-Charakteristika eines n-TiO_2-Filmes auf der Anode /49/.

Ebenso wie für TiO_2-Filme ist für TiO_2-Einkristalle das Anlegen einer anodischen Hilfsspannung von ~o,3-o,4 V nötig. CdS-Filme benötigen nur noch o,o5 V, n-GaP-Einkristalle arbeiten sogar ohne anodische Hilfsspannung (Abb.23) mit einem Wirkungsgrad von ~6 % . Leider sind sowohl CdS als auch GaP photoelektrochemisch instabil /61/.

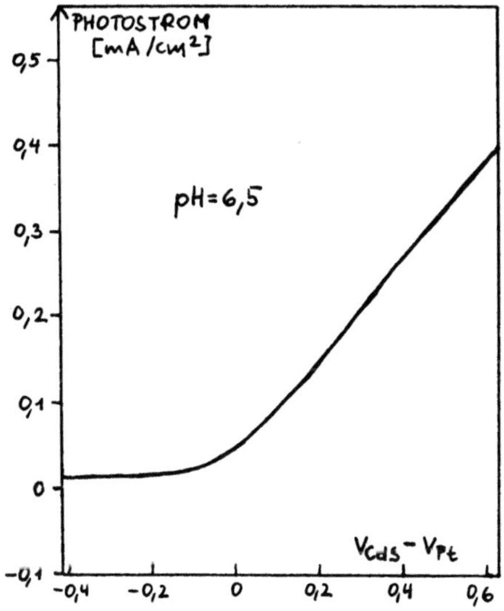

Abb. 22: Strom/Spannungs-Charakteristika einer CdS-Film-Elektrode /49/.

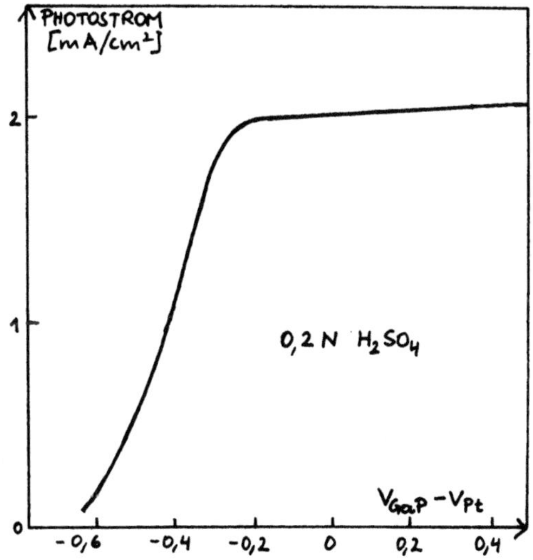

Abb. 23: Strom/Spannungs-Charakteristika einer Einkristall-GaP-Elektrode /49/.

Tabelle 4 zeigt eine Bilanz für TiO_2-Einkristall, Tabelle 3 für TiO_2-Filme, CdS-Filme und GaP-Einkristall /49/.

Elektrode	Lichtquelle	Innerer Zell-widerstand [Ω]	Hilfsspannung [V]	η_{PEC} [%] [a]
o,3μ- TiO_2 Film	26 mW/cm^2 vom nahen UV (3oo - 4oo nm)	3oo	1,o o,8 o,6	1,1 1,o o,8
CdS-Film (3o μ)	1oo mW/cm^2 weißes Licht	34o	o,8 o,4 o,2	o,4 o,3 o,2
GaP-Ein-kristall	1oo mW/cm^2 weißes Licht	15o 315 55o	o o o	5,8 3,9 1,5

Tab. 3: Vergleich einiger Elektrodentypen /49/.

Zelle 1)	Elektrolyt	Innerer Zellwiderstand [Ω]	Hilfsspannung [V]	Hilfsspannung [mW]	H_2-Ausbeute [mW] 2)	η_{PEC} [%] 3)
homogen	1 N Phosphatpuffer	38o	1,o	o,99	1,47	2,4
			o,9	o,77	1,26	2,5
			o,8	o,55	1,o2	2,4
			o,7	o,36	o,77	2,1
			o,6	o,2o	o,5o	1,5
			o,5	o,o95	o,28	1,o
	1 N Phosphatpuffer	215	1,o	1,4o	2,o7	3,4
			o,8	o,84	1,56	3,7
			o,6	o,32	o,8o	2,4
	o,1 N KOH	22o	1,o	1,37	2,o3	3,4
			o,8	o,86	1,6o	3,8
			o,6	o,38	1,o6	3,2
	o,2 N H_2SO_4	65	1,o	1,68	2,49	4,1
			o,8	o,94	1,75	4,1
			o,6	o,33	o,81	2,4
heterogen (ΔpH in 2 Elektrolyträumen)	o,1 n KOH (TiO_2); o,2 N H_2SO_4 (Pt)	3oo	o	1	1,87	9,5
			-o,2	-o,16 4)	1,16	6,7
			-o,4	-o,12 4)	o,46	2,9
			+o,2	o,33	2,43	1o,7
			+o,4	o,74	2,73	1o,1

Tab. 4: Bilanz für einige Zellen mit Einkristall-TiO_2-Anoden /49/.

Erklärung: 1) Lichtquelle: optisch - nahes UV; 19,7 mW/cm^2 (3oo - 4oo nm).

2) basierend auf ΔH = 3,543 $mW/cm^3 H_2$ (Verbrennung)

3) η_{PEC}: investierte Energie der Hilfsspannung abgezogen.

4) aus der Zelle gewonnene elektr. Kraft.

4.3.2.3.2. Neu entwickelte Halbleiter-Elektroden-Materialien

Experimentell untersucht wurden auch Kristalle vom Perovskit-Typ, wie $CaTiO_3$ /51/, $SrTiO_3$ /32/ und $BaTiO_3$ /36, 62/. Deren Flachbandpotential ist zwar negativer als das von n-TiO_2, E_G mit 3,2 - 3,4 eV jedoch größer, sodaß ein noch geringerer Anteil des Sonnenlichts absorbiert werden kann. Die Perovskite werden in Plättchen bei 135o ^oC in Luft gepreßt ($\varrho \sim 5{,}5\ g/cm^3$) und gebrannt, anschließend im H_2-Strom bei 8oo - 12oo ^oC reduziert. $BaTiO_3$ liegt oberhalb des Curiepunktes von 12o ^oC in kubischer Form vor. Die E_G beträgt nur mehr 2,6 eV. Ta_2O_5 oder Nb_2O_5 - Dotierung kann dies auch schon bei tieferer Temperatur bewirken. Dadurch könnte eine bessere Ausnutzung des Sonnenspektrums erreicht werden /62/.

Eine weitere Verbesserung gelang durch Verwendung von Ilmenit ($FeTiO_3$) und Fe_2TiO_4-Spinell. Die Behandlung erfolgt durch Zusammenschmelzen einer stöchiometrischen Mischung von Fe, Fe_2O_3 und TiO_2 bei 15oo ^oC. Das Flachbandpotential beträgt - 1,o V, in 1 m NaOH ist E_G 2,8 eV, sodaß $FeTiO_3$ die günstigen Eigenschaften des $SrTiO_3$ mit einer niedrigeren E_G verbindet /63/. Fe_2TiO_4 wird derzeit untersucht, E_G ist jedenfalls noch geringer als bei $FeTiO_3$ /63/.

Aufgrund der gleichen Kristallstruktur wie Rutil-TiO_2 wurde erst unlängst begonnen, SnO_2 genauer zu untersuchen /64/. Die mit Sb gedopten SnO_2-Einkristalle besitzen eine relativ hohe Stabilität /65,66/ und eine E_G von 3,5 eV /67/. Als Elektrolyt wird NaOH verwendet (1,o - 12 M), und man benötigt zur H_2-Entwicklung eine Hilfsspannung bis o,9 V. Auch H_2O_2 wird als Nebenprodukt gebildet. Die maximale Quantenausbeute des e^--Flusses beträgt bei $\lambda =$ = 254 nm o,27 /64/. Weitere Ergebnisse liegen zur Zeit noch nicht vor.

Da auch andere Perovskite günstige n-Typ-Halbleiter-Eigenschaften aufweisen /68/, werden derzeit auch Tantalate wie $KTaO_3$ bzw. $KTa_{o,77}Nb_{o,23}O_3$ untersucht /69/. Die Kristalle wurden in Impflösungen gezüchtet und teilweise reduziert. Während der Photoreaktionen ist die Halbleiter-Elektrode stabil, der Photostrom fällt allerdings nach einiger Zeit ab. Um einen konstanten Photostrom während der ganzen Bestrahlungsdauer zu erreichen, muß eine geringe Hilfsspannung von o,o5 - o,19 V angelegt werden. E_G ist mit 3,5 bzw. 3,6 eV jedoch sehr hoch, und Licht mit $\lambda <$ 37o nm muß verwendet werden. Die Quantenausbeute des e^--Flusses beträgt o,5.

Ein System mit weit geringerer E_G ist WO_3 (E_G = 2,7 eV). Dies ermöglicht bereits eine 12 %ige Ausnutzung des Sonnenspektrums /7o/. Die Halbleiter-Elektrode ist in den meisten Elektrolyten bei mäßigem pH stabil/229/, bei angelegter kathodischer Hilfsspannung diffundiert jedoch H_2 reversibel in das Elektrodenmaterial. Das Flachbandpotential beträgt + o,3 V bei pH = 1,75, sodaß an der Elektrodenoberfläche fast keine Bandbeugung existiert, was auf die hohe e^--Affinität des WO_3 zurückgeführt werden kann. Zur H_2-Produktion muß daher eine relativ hohe anodische Hilfsspannung angelegt werden /7o/. Bei einer systematischen Untersuchung verschieden hergestellter Elektrodenmaterialien erwies sich WO_3 neben TiO_2 und Fe_2O_3 als vorteilhaft /23o/.

Versuche, die anodische Auflösung von Halbleitern mit niedrigem E_G zu umgehen, zeigten, daß eine dünne Edelmetallhaut ausreichenden Schutz bietet /71/. n-GaP wurde mit einem Goldfilm von 25o Å Dicke überzogen und bildete in 1 N KOH die anodische, p-GaP in 1 N HCl die kathodische Halbzelle /44/. Bestrahlung mit einer Wolfram-Halogen-Lampe von 15o W liefert o,3 ml H_2/Stunde bei o,7 mA Photostrom und o,7 V Zellspannung. An der n-GaP-Anode entsteht H_2O_2. Polarisationsphänomene werden durch Zugabe von stark reduzierenden (Kathodenraum) bzw. stark oxidierenden (Anodenraum) Depolarisatoren unterdrückt.

Das Aufbringen von Metallen wie Pd, Ni, Cu oder Pt auf die Oberfläche von Si- bzw. p-GaP-Halbleiterelektroden zeigt ebenfalls katalytische Effekte /227/. Nur bei monomolekularen Schichten von Edelmetallen an CdS oder ZnO wird durch direkte Charge Transfer-Anregung der adsorbierten Zustände Photostrom gefunden /228,242/.

Kallmann, Pope /72,73/ beobachteten die Zersetzung von Wasser bei Bestrahlung eines dünnen Anthracenkristalls mit Licht von λ= 365 nm, der zwei identische o,o1 M NaCl-Lösungen trennt. Der Kristall absorbiert das Licht so stark, daß die optische Anregung inhomogen ist und eine Spannung (Demberspannung durch die verschiedenen Wanderungsgeschwindigkeiten von e^- und Löchern) quer durch den Kristall entsteht /74,75/. An der beleuchteten Seite wird das H_2O zu H_2 reduziert, an der dunklen entsteht O_2. Licht mit einer Intensität von o,3 $mWcm^{-2}$ würde eine Photospannung von 1oo - 2oo mV erzeugen, aber der Photostrom wird durch den Widerstand der Membran so stark begrenzt, daß die maximale Ausbeute der Energieumwandlung nur 2 x $1o^{-6}$ % beträgt.

Ähnlich verlaufen Prozesse an bestrahltem 2,5-bis-(p-diäthylaminophenyl) - 1,3,4 - oxadiazol /76/ und 1,5-Diphenyl - 3,β - Stirylpyrazolin. Die Ausbeute an O_2 aus der Zersetzung von Wasser wurde gemessen /77/.

Wäßrige Suspensionen von Halbleitermaterial zeigen oft photokatalytisches Verhalten zu Lösung/Phase-Redoxreaktionen: Beleuchtung erzeugt Löcher und e im Katalysator und diese reagieren mit e^--Donatoren und e^--Acceptoren in der Lösung:

$$HL \longrightarrow e^- + HL\text{-}h^+ \quad \text{(in der festen Phase)} \qquad (33)$$

$$HL\text{-}h^+ + D \longrightarrow D^+ + HL \qquad (34)$$

$$e^- + A \longrightarrow A^- \qquad (35)$$

HL ... Halbleiter

Wasser kann sowohl Donor als auch Acceptor sein. Kuznetsov /78/ berichtete, daß Wasserdampf bei UV-Bestrahlung (1,8 MHz, J_2-Resonanzlampe) von pulverisiertem HfO_2 und BeO_2 zu H_2 und O_2 zersetzt wird. Die Quantenausbeute ist gering ($\Phi(H_2)$ = o,oo3 für HfO_2 bei λ= 254 nm und $\Phi(H_2)$= = o,o2 für BeO_2 bei λ= 2o6 nm).

Im Zusammenhang mit diesen Untersuchungen sei auf die Entstehung von H_2O_2 hingewiesen. Es läßt sich durch Bestrahlung von sauerstoffhältigen Suspensionen von ZnO, CdS und CdSe darstellen. Die stationäre Konzentration ist gering, da auch die Peroxid-Zersetzung photosensibilisiert ist /79/. Frühere Arbeiten /79-81/ schrieben die Reaktion der Photobildung von Ladungsträgern im Festkörper zu, ZnO sollte nur eine rein katalytische Rolle in der endothermen Bildung von H_2O_2 besitzen. Neuere Arbeiten /82/ zeigen, daß es sich eher um Photokorrosion als um Photokatalyse handelt: die lichterzeugten Löcher im ZnO verursachen nicht die Photooxidation von H_2O, sondern die Hydrolyse des Feststoffes.

Wie schon erwähnt, läßt sich eine Verbesserung von $\Phi(H_2)$ bei Verwendung von PEC-Methoden mit Halbleiter-Elektroden erreichen, wenn man für die Kathode statt Platin einen p-Typ-Halbleiter (z.B. p-GaP) verwendet. (s.Pkt.4.3.2.2.5.) /83,84,235/. Für eine Zelle mit dem Aufbau n-TiO_2/H_2O/p-GaP wird keine anodische oder kathodische Hilfsspannung mehr benötigt. Die p-GaP-Elektrode allein hat mit 1,3 V kathodischer Hilfsspannung einen Gesamtwirkungsgrad von o,1 % /85/.

Nach Benderskij /86/ ist auch folgende Kathode vorstellbar: an einer, aus TiO_2 Pulver gepreßten, auf 125o - 13oo ^oC erhitzten und mit 1 Atom % Nb legierten Platte läßt sich H_2 bei Bestrahlung erzeugen, wenn die Elektroden noch zusätzlich mit Platin überzogen wurden, was die H_2-Überspannung stark reduziert.

Eine weitere Verbesserung ergibt sich durch anodische Oxidfilme (s.Pkt. 4.3.2.4.). Schließlich kann man die Halbleiterelektrode sensibilisieren, wenn man auf der Oberfläche z.B. einen halbleitenden Farbstoff adsorbiert /87/. Darüber wird im Pkt. 4.3.3. berichtet.

4.3.2.4. Elektroden mit anodischen Oxidfilmen

4.3.2.4.1. Grundprinzipien

Durch das Aufbringen von Oxidschichten auf Elektroden kommt es zur Ausbildung von zwei Grenzflächen: Elektrolyt/Oxid und Oxid/Metall (Anodenmaterial). So haben wir es hier mit ganz anderen Phänomenen zu tun als bei einer reinen Halbleiter-Elektrode (Pkt.4.3.2.1.). Der Oxidfilm wirkt wegen seines Ladungsträgermangels als Isolator, und auf eine enge Region (1ooo - 5ooo Å Dicke) können hohe elektrische Felder aufgebracht werden. Unter der Annahme eines rein Ohm`schen Kontaktes der Oxid-Anodenmaterial-Grenzfläche wird die Elektrolyt/Oxid-Grenzfläche für die entscheidenden Vorgänge verantwortlich gemacht /2/. n-Typ-Halbleiter-Oxide (z.B. TiO_2) sollten in Kontakt mit dem Elektrolyten Austauschverhalten zeigen und die anodische Richtung des Stromes blockieren /88/. Wie aus Abbildung 24 ersichtlich, ist dies jedoch bei stärker dotierten n-Typ-Halbleiter-Filmen nicht mehr der Fall.

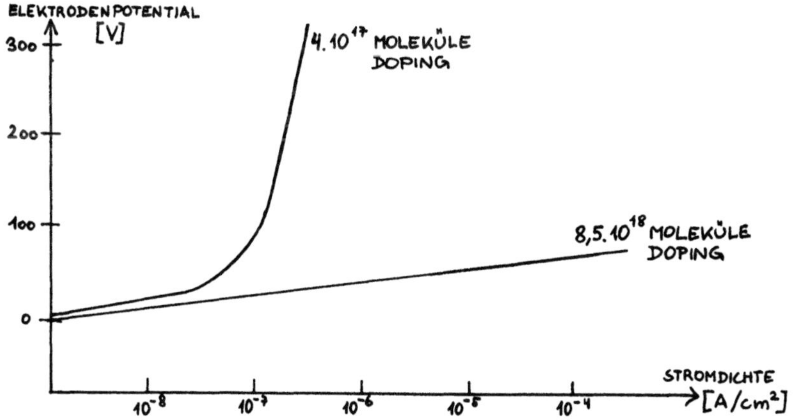

Abb. 24: Anodenstrom/Spannungskurve für einen n-Typ-Halbleiter-Feststoff bei Anlegen einer äußeren Spannung an die Elektrode /88/.

Bei Beleuchtung der Elektrode mit Photonen von $E > E_G$ (Halbleiter-Film) tritt ebenfalls ein Potential-Unterschied auf (Abb. 25).

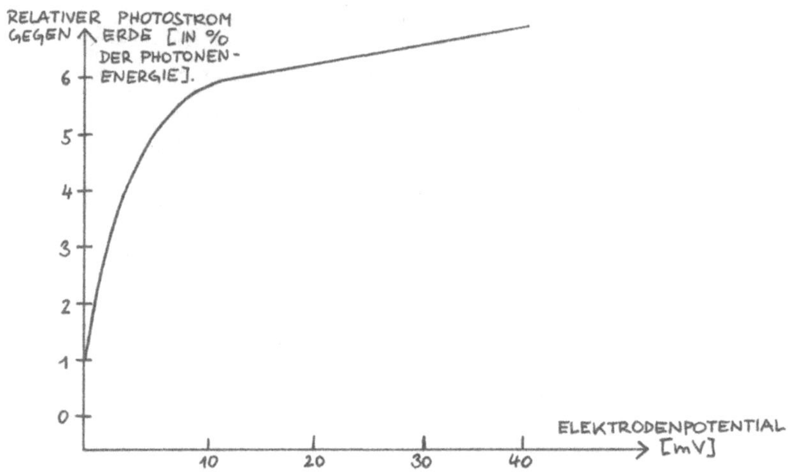

Abb. 25: Relativer Photostrom/Elektrodenpotentialkurve /88/.

Aus diesen beiden Abbildungen 24,25 kann auch erklärt werden, daß der Ladungsträgertransport über Tunnel-Effekt von e^- erfolgt. Wenn das Oberflächenfeld durch eine angelegte äußere Spannung oder durch den Photoeffekt groß genug ist, können e^- aus besetzten Niveaus der Oberfläche direkt in ein leeres Leitfähigkeit-Band gehoben werden. Dies ist der geschwindigkeitsbestimmende Schritt. Schematisch ist der Vorgang in Abbildung 26 dargestellt.

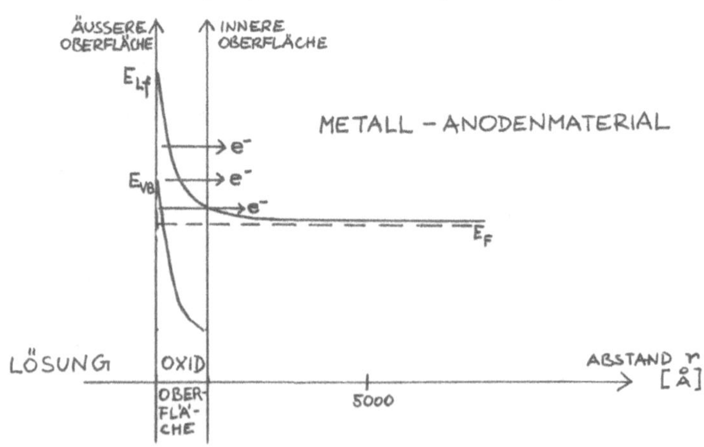

Abb. 26: Schema des e^--Tunnel-Effekts an der Anodenoberfläche /89/.

Die besetzten Niveaus, von denen aus der Tunnel-Effekt erfolgt, sind entweder Oberflächen-Zustände innerhalb des verbotenen Bereichs oder Niveaus nahe der Valenz-Band-Kante. Ein Modell dieses Mechanismus zeigt das Reaktionsschema in Abbildung 27.

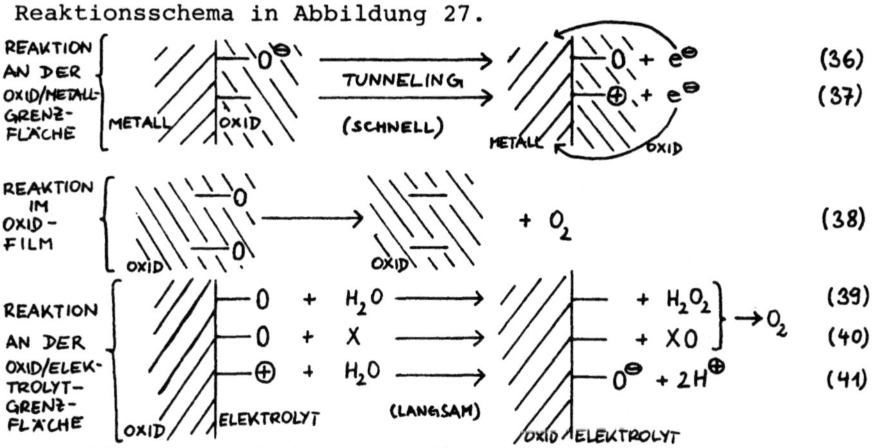

Abb. 27: Schematische Darstellung der Reaktionen an der Elektrode/Oxid/Elektrolyt-Grenzfläche /89/.

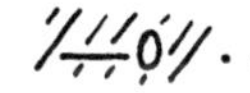 .. Kristallgitter des Halbleiter-Filmes: gebundener Sauerstoff

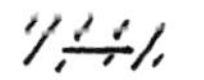 ... Oxidion-Leerstellen im Gitter

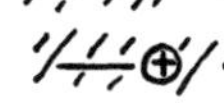 ... Löcher

Oxidionen-Leerstellen sind meist Donoren und geben sehr rasch e^- ab (s.Reaktion 37). Die Rückbildung erfolgt durch Reaktion mit dem Elektrolyten (41). Die erfolgte Gesamtreaktion unter Beteiligung des Halbleiter-Feststoffs ist daher die anodische O_2-Entwicklung (42).

$$2\ H_2O \longrightarrow O_2 + 4\ H^+ + 4\ e^- \qquad (42)$$

Die e^-, die ins Leitfähigkeitsband des Oxidfilms übergeführt wurden, treten sofort über die Metall-Anode (Ohm scher Kontakt) in den äußeren Stromkreis über und können in den Kathoden-Reaktionen (9),(1o) H_2 aus H^+ produzieren. Oxidschichten auf n-Typ-Halbleitern wirken wie p-Typ-Halbleiter-Schichten, wobei sich das Valenz-Band des n-Typ-Halbleiters im Falle des Nichtgleichgewichts bei Stromdurchgang bis über die E_F des p-Typ-Halbleiters biegen kann /7o/. Als zusätzlich beeinflussende Effekte wurden Penetration von h^+ in den Film /91/, Existenz von lokalen Leitfähigkeitsdefekten /92/ und Auftreten sog. "spots", d.h. von p-n-diodischen Stellen innerhalb des Films /93,94/ genannt.

Die entscheidenden Unterschiede zur normalen Halbleiter-Elektrode ohne Oxidfilm liegen in /89/:

1. der Rolle des Oberflächen-Oxidfilms als reaktiver Zwischenstufe (Katalysator),
2. der Lage der Energiebarriere für den e^--Übertritt in der Oxidschicht - damit innerhalb der Elektrode - und nicht in der diffusen Helmholtz-Doppelschicht,
3. der Größe der Energiebarriere, die relativ zum äußeren Feld klein ist
4. und der definierten Ausdehnung der Raumladung.

Bei p-Typ Halbleitern fließt der kathodische Strom sofort, sogar bei Halbleitern geringer Dotierung, sodaß hier keine Sensibilisierung durch Filme nötig ist und auch nicht erfolgen kann, da die oben angeführten Oberflächenmechanismen nicht auftreten. Auch die Korrosionsprobleme sind vergleichsweise gering.

4.3.2.4.2. Praktische Anwendungen

Es wurden einige praktische Versuche mit Oxidschichten, die auf metallischem Anodenmaterial aufgebracht wurden, durchgeführt. Rutil-TiO_2 auf Ti erwies sich wegen der hohen Dielektrizitätskonstante des Rutils als besonders gut geeignet /89,95/. Außerdem überlappt das Valenzband des TiO_2 mit den 2p-Zuständen des Sauerstoffs /68/. Bei Bestrahlung mit einer 1oo W-Hochdruck-Hg-Lampe betrug die erhaltene Stromdichte in NaOH 1 mA/cm^2 und die EMK 1 V. Bei Anlegen einer Zusatz-EMK von o,3 V wird H_2 an der Kathode entwickelt. Zusätze einer reduzierbaren Spezies (Fe^{3+}, O_2) zur Kathode erhöhen den Stromfluß /95/.

Eine andere untersuchte Zelle (TiO_2-Film auf Ti) ergab 6,6 l H_2/m^2 TiO_2, was einem Gesamtwirkungsgrad von o,4 % entspricht /237/. Zur Verminderung der Korrosion von Halbleitern mit geringer E_G wurde versucht, dünne Filme von Isolatoren oder Halbleitern mit großer Bandbreite (TiO_2, Al_2O_3, Si_3N_4, Nb_2O_5, SnO_2) auf GaAs und GaAlAs aufzubringen /234/. Hydrierte Mo-Oxidfilme auf n-GaAs verhindern ebenfalls die Korrosion /238/.

Auch Filme von $KTaO_3$, Ta_2O_5 und ZnO wurden untersucht /89/. Aufmerksamkeit wurde auch Filmen von SnO_2, HgO, Sulfiden, Seleniden und Telluriden geschenkt /96/.

Eine besondere Bedeutung erlangte in diesem Zusammenhang die kontrollierte verbesserte Herstellung dünner Filme. Sie können entweder im Vakuum aufgedampft /97/, aufgesprüht /98/ oder anodisch aufgetragen werden /99/.

4.3.3. Photoelektrische Methoden mit sensibilisierten Halbleiterelektroden

4.3.3.1. Einführung in die theoretischen Grundlagen

Wie aus Abschnitt 4.3.2. hervorgeht, sind die bisherigen PEC-Anwendungen durch sehr geringe Quantenausbeuten charakterisiert. Dies ist v.a. auf die geringe Reaktionsgeschwindigkeit der Elektronenabgabe an den n-Typ-Halbleiter der Anode zurückzuführen. In den letzten Jahren wurden aus diesem Grund sehr viele Arbeiten über die Mechanismen und die mögliche Photosensibilisation von Prozessen an Halbleitern durchgeführt /59,87, 1oo-1o2/.

Halbleiter mit breitem Bandabstand ($E_G > 3$ eV) brauchen höhere Anregungsenergien und können daher das Sonnenspektrum schlecht ausnutzen, solche mit schmalen Bandabstand ($E_G < 3$ eV) neigen - v. a. bei Bestrahlung - in elektrochemischer Umgebung dazu, unstabil zu sein: so werden z.B. Elektroden aus Ge, Si, GaAs, CdSe und GaP (sowie ZnO und CdS unter Bestrahlung) unter anodischen Bedingungen oxidativ, Cu_2O reduktiv zersetzt /59,1o3/. Diese Probleme umgeht man durch Verwendung von Halbleiterelektroden mit breiter verbotener Zone, die man sensibilisiert, indem man an die Oberfläche einen halbleitenden Farbstoff in Einzel- oder Mehrfachschichten adsorbiert. Da der Farbstoff einen kleineren Bandabstand besitzt, kann man das Sonnenspektrum besser ausnützen und erreicht höhere Quantenausbeuten /1oo-1o6/.

Gegenüber den Verhältnissen in Lösung verschieben sich bei adsorbierten Farbstoffen sowohl Absorptionsspektrum als auch E_o, letztere bis zu o,8 eV. Bei Anregung tritt Charge Transfer zwischen Adsorbens und Substrat auf /117, 12o/. Die Wechselwirkung im adsorbierten Zustand reduziert die Lebensdauer des angeregten Zustandes durch ISC (äußerer Schweratomeffekt). Excimer-Bildung wird gehindert. Der photosensibilisierte e^--Transfer ist von der Lage und der Besetzung der Franck-Condon-Niveaus abhängig. Der Vorteil der Adsorption liegt darin, daß der Reaktionspartner bereits vorgegeben ist, während in Lösung erst Diffusion erfolgen muß, die mit der Lebensdauer des angeregten Zustandes kompetiert /117/. Bei zu starker Wechselwirkung zwischen Adsorbens und Substrat treten chemische Reaktionen im angeregten Zustand auf /239/.

4.3.3.1.1. Nichthalbleitende Farbstoffe als Sensibilisatoren

Im nichthalbleitenden Farbstoff erfolgt die photonische Anregung in einem höheren Energieniveau /3/. Wenn das angeregte Niveau des Farbstoffs oberhalb der Leitfähigkeits-Bandkante liegt, erfolgt die e^--Injektion, und ein anodischer Photostrom fließt, wie Abb.28 zeigt (z.B.ZnO, SnO_2).

Befindet sich das nur teilweise besetzte Grundniveau des angeregten Farbstoffes unterhalb der Valenzband-Kante, so erfolgt h^+-Injektion ins Valenzband und ein kathodischer Photostrom kann fließen (z.B.GaP, SiC, Anthracen, Pyren, Perylen) /3,12o,243/.

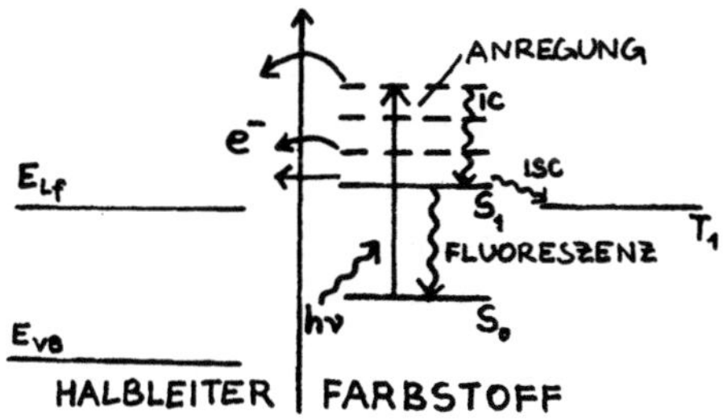

Abb. 28: Schema der Photosensibilisierung einer Halbleiter-Elektrode mittels eines nichthalbleitenden Farbstoffes /117/.

Wegen der großen Geschwindigkeit der Photosensibilisierungs-Reaktion ($\sim 1o^{-9}$sec) einerseits, und weil andererseits eine Koppelung des 1. Singletts des angeregten Sensibilisators mit dem Kontinuum des Halbleiter-Leitfähigkeitbandes nicht nachgewiesen werden konnte /1o7,1o8/, handelt es sich wahrscheinlich bei dem geschwindigkeitsbestimmenden Schritt des Energie- bzw. Ladungstransportes um einen Tunnel-Effekt von e^- oder h^+. Dieser Tunnel-Effekt wird meist noch dadurch verstärkt, daß Oberflächenzustände innerhalb des verbotenen Bereichs des Halbleiters oder innerhalb der Energie-Barriere Ladungsträger einfangen können, von wo aus thermische Anregung ins Leitfähigkeits-Band erfolgen kann /87, 1o9/. Zusätzlich kann die Anregungsenergie bzw.

der angeregte Zustand des Farbstoffes mit überlappenden Oberflächen-Zuständen, die bereits mit Ladungsträgern besetzt sind, austauschen, sodaß diese e^- injizieren bzw. durch Depopulation die h^+-Konzentration im Valenzband erhöhen /1o7, 11o, 111/ (siehe Abb. 28).Auch die Absorption eines zweiten Photons an der Halbleiter-Elektroden-Oberfläche kann direkt diesen letzten Schritt bewerkstelligen /112/.

Die treibende Kraft des Ladungsträger-Austausches ist das elektrische Feld der Raumladungsschicht der Grenzflächen /113/. Die Quantenausbeuten dieser Prozesse sind oft relativ niedrig, da als Konkurrenzschritte Desaktivierung des angeregten Farbstoffes, internal conversion, intersystem crossing zum Triplett, Fluoreszenz bzw. Phosphoreszenz auftreten können /114/. Die entscheidenden Kriterien sind dabei die Lebensdauer und Stabilität des angeregten Zustands, die Überlappungswahrscheinlichkeit mit Oberflächen-Zuständen, e^--Affinität des Halbleiters, e^--Abgabewahrscheinlichkeit des angeregten Zustands, Übergangswahrscheinlichkeit ins Triplett usw.

Grundlegende Forschungen über die Natur des e^--abgebenden Zustandes sowie die photophysikalischen Primärprozesse werden in aller Welt auf breitester Basis durchgeführt /115,116,241,244/. Bei Verwendung von Farbstoffen, die selbst halbleitend sind, ist die Zahl der Konkurrenzreaktionen eingeschränkt.

4.3.3.1.2. Halbleitende Farbstoffe als Sensibilisatoren

Bei Anregung erfolgt in halbleitenden Farbstoffen e^-/h^+-Paarbildung. Überlappen einander die Valenzbänder des Farbstoffsensibilisators und der Halbleiterelektrode, die Leitfähigkeitsbänder dagegen nicht (Abb. 29), so erfolgt nun eine Lochinjektion ins Valenzband der Elektrode. Rücktransfer eines e^- aus dem Leitfähigkeitsband des Farbstoffes ist unmöglich, wenn ein e^--Acceptor mit geeignetem Redoxpotential in der Lösung vorhanden ist: dieser wird mit hoher Quantenausbeute reduziert.

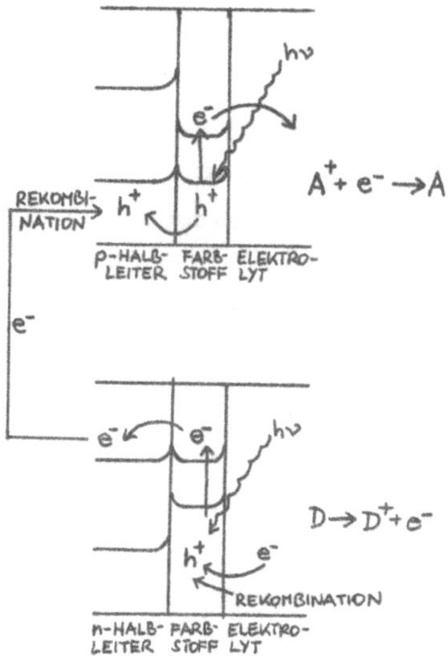

Abb. 29: Schema der Sensibilisierung durch einen halbleitenden Farbstoff bei Überlappung der Valenzbänder.
A...Acceptor

Abb. 3o: Schema der Sensibilisierung durch einen halbleitenden Farbstoff bei Überlappung der Leitfähigkeitsbänder.
D...Donor

Analog erfolgt im umgekehrten Fall (nur Überlappung der Leitfähigkeitsbänder, Abb. 3o) Photo-Oxidation eines e^--Donors in der Lösung. Die Einzelschritte der Ladungsträgerwanderung sind ähnlich den im Pkt. 4.3.3.1.1. angeführten, geschwindigkeitsbestimmend ist der Tunnel-Effekt. Eine scharfe Trennung zwischen nichthalbleitenden und halbleitenden Farbstoffen läßt sich außerdem nicht konsequent durchführen /121/.

4.3.3.1.3. Bedingungen für eine effiziente Photosensibilisierung

Die Effekte von Kristallfehlstellen und lokalisierten Energieniveaus auf der Halbleiteroberfläche, sowie von angeregten Zuständen und Verunreinigungen bei Farbstoff oder Elektrode können beträchtlich sein. Die geometrische Struktur des adsorbierten Farbstoff-Filmes bestimmt sein photochemisches Verhalten /1oo,119/. Limitierende Bedingungen für e^-- oder h^+-Übertragung auf den Halbleiter sind folgende /1o7, 114/:

1. Das 1. Singlett des Farbstoffs muß nahe dem Leitfähigkeitsband des Halbleiters liegen bzw. überlappen.
   Nur energetisch ähnliche Zustände erlauben Charge Transfer zwischen Elektroden und adsorbiertem Farbstoff /119/.

2. Der Übertragungsschritt muß in etwa $1o^{-9}$ sec erfolgen (dies ist schneller als die durchschnittliche Lebensdauer des angeregten Zustandes des Farbstoffs)
3. Die Effektivität der Sensibilisierung hängt nicht von der Existenz von Photoleitfähigkeit im festen Sensibilisator selbst ab.
4. Die Art der Ladungsträger im Sensibilisator muß mit der Art der Eigenleitfähigkeit des Halbleiters übereinstimmen.
5. Die Beweglichkeit der Ladungsträger im Farbstoff muß relativ groß sein, damit die Rekombinationswahrscheinlichkeit herabgesetzt ist.
6. Die Farbstoffmoleküle sollen hohe photochemische Stabilität besitzen.
7. Die geometrische Struktur des adsorbierten Farbstoff-Filmes ist zusätzlich entscheidend: Monomolekulare Farbstoffschichten sind ideal, eine Anhäufung des Farbstoffes am Substrat kann das Absorptionspektrum durch Dimerbildung etc. verschieben /122/. Die genaue Kristallstruktur von Mehrfachschichten wirkt sich stark auf die tatsächliche Beweglichkeit des Ladungsträgers aus. Mit steigender Filmdicke sinkt im allgemeinen die Quantenausbeute durch Selbstabsorption, obwohl der Anteil des absorbierten Lichtes wächst.
8. Die Effizienz der Photosensibilisierung wird durch Gase mit hoher e^--Affinität, die an der Oberfläche der Halbleiter -Elektrode adsorbiert wurden, gesteigert (z.B.: O_2, Xe). Diese erhöhte Sensibilisierung wird durch zusätzliche Oberflächen-Zustände, die innerhalb des verbotenen Bandes liegen und als lokale e^--Acceptoren wirken, hervorgerufen.

4.3.3.2. Untersuchungen zur praktischen Anwendbarkeit

Tabelle 5 zeigt eine Auswahl von Farbstoffen, wie sie Meier /123/ angibt. Die Substrate (Elektrodenmaterialien)für diese Farbstoffe sind AgCl /124, 125/, AgBr /126/, AgJ, TlCl, TlBr, TlJ, NaCl, HgJ_2, CdS /1oo/, ZnO /1o5, 127-129/, PbO, Cu_2O /3/, HgO, SnO_2 /2, 13o/, CdO sowie Anthracen u.ä. organische Verbindungen.

Sensibilisator	Ladung	Halbleiter-Typ des Elektrodenmaterials	Substrat
Kryptocyanin	+	p	AgBr, CdS
Erythrosin	-	p	ZnO
Fluorescein	-	p	ZnO
Mesocyanin	nichtion.	p	CdS
Phtalocyanin	"	p	ZnO, HgO
Chlorophyll	"	p	ZnO, HgO, AgCl.

Tab. 5: Auswahl von sensibilisierenden Farbstoffen und zugehörigen Substraten nach Meier /123/.

4.3.3.2.1. Dünne Farbstoff-Filme

Studien von kathodischen Prozessen wurden von Tributsch et al. /1oo, 1o8, 122/ an GaP-Elektroden unternommen, die Quantenausbeute einer monomolekularen Schicht von Rhodamin B ist ~ o,1 - o,3. Monomolekulare Schichten von Pinacyanol auf CdS absorbieren Licht mit λ = 6oo nm, Kryptocyaninabsorbiert bei 75o nm und Neocyanin bei 8oo nm (Abb. 31, 32) /11o/.

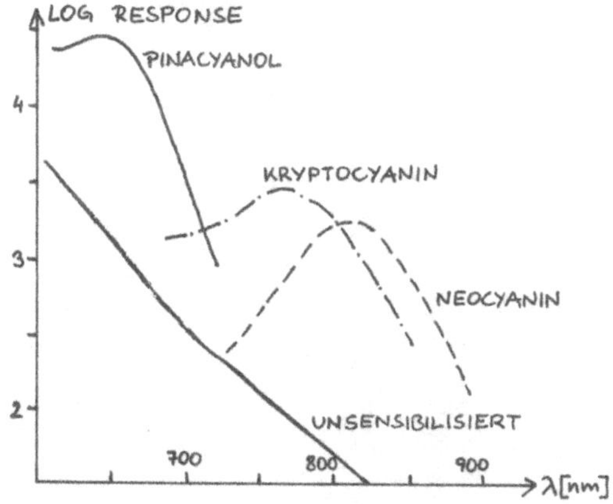

Abb. 31: Effekte bei der Sensibilisierung mittels an CdS adsorbierter Farbstoffe /11o/.

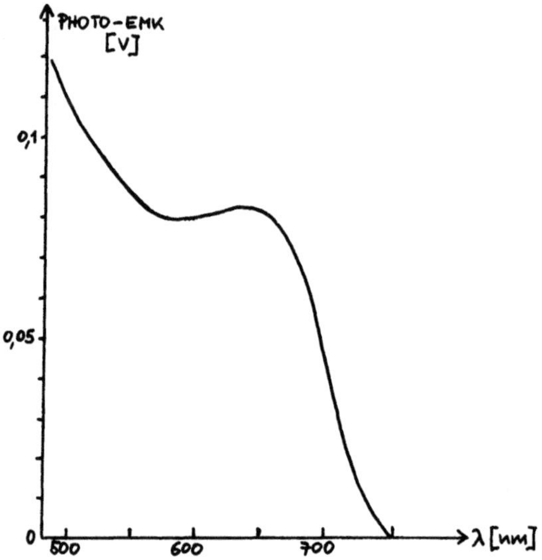

Abb. 32: Abhängigkeit des Photostroms von λ des eingestrahlten Lichtes für das System CdS/Pinacyanol /11o/.

Es handelt sich dabei und bei den ebenfalls untersuchten Farbstoffen Malachitgrün und Kristallviolett /11o, 131, 132/ um kationische Farbstoffe, wobei die beiden letzteren eine niedrige Quantenausbeute aufweisen /133/. Auch die Sensibilisator-Eigenschaften von 4-Nitrosopyridin-1-Oxid sind untersucht worden /134/. AgCl-Elektroden können mit Chlorophyll bei λ ~ 4o5 nm sensibilisiert werden /9/. Chlorophyll, bzw. Cu-Phthalocyanin-Schichten auf GaP (λ_{max} ~ 55o nm) wurden bis jetzt nur bezüglich ihres photovoltaischen Verhaltens untersucht. Experimente in wäßrigem Elektrolyten stehen noch aus /135/.
N, N'-Distearyl-Homologe von Carbocyaninen konnten SnO_2-Elektroden sensibilisieren /12o/. Cyanin-Farbstoffe auf p-Chloranil-Einkristallen konnten zur Aufklärung des Verhaltens von monomeren und dimeren adsorbierten Schichten beitragen /119/.

Weitere Untersuchungen mit Rhodamin B und Phloxin B als Sensibilisator sind erfolgt /1o9,118,136/, auch mit Methylenblau wird experimentiert /137-139/. Versuche erfolgten ferner mit Bengalisch-Rosa, Eosin Gelb, Acridin-Orange, Bromthymol-Blau und Thymolphthalein /14o/. Ein

System Bengalisch-Rosa auf TiO_2/1M KCl/Pt wurde vorgeschlagen /14o/. Eine Kombination mit der Photoreduktion gelöster Farbstoffe (Pkt. 4.3.4.) ist möglich. Farbstoffmischungen, z.B. Rhodamin B (Xanthen-Farbstoff) mit Orange I und Orange II (Azofarbstoffe) wurden auf ZnO aufgetragen. Der Mechanismus der verschiedenen e^-- bzw. Energieübertragungsschritte kann nicht verallgemeinert werden /24o/. Für ZnO- und TiO_2-Systeme sind Chelatbildner wie Alizarin oder Alizarin S gut geeignet. Es treten jedoch noch Probleme mit der Haftung des Farbstoffes auf der Elektrodenoberfläche auf. Organische Farbstoffe bleichen auch mit der Zeit durch irreversible anodische Oxidation /141/ und verlieren ihre Sensibilisator-Eigenschaften. Zugabe von sogenanntem "Supersensitizer" d.h. speziellen e^--Donatoren wie Hydrochinon oder Allylthioharnstoff zur Lösung kann diese Effekte verhindern. Durch die Reduktionseigenschaften erhöhen diese "Supersensitizer" zusätzlich den Photostrom an den meisten n-Halbleiter-Elektroden /12o/. P-Phenyldiamin bewirkt noch einen zuzusätzlichen e^--Tunnel-Effekt im Halbleiter sogar im Dunkeln /139/. Die Übertragung von h^+-Ladungsträgern in Elektroden von p-GaAs kann mit Hilfe von Benzthiazolundecacyanin bereits im Infrarot sensibilisiert werden /9/. Ebenfalls nur photogalvanisch wurde erst neulich das System CdS-Halbleiterelektrode/$Fe(CN)_6^{3-}$ untersucht /142/.

Farbstoffe, die üblicherweise als photographische Desensibilisatoren Verwendung finden, wie Phenosafranin, Pinacryptol Grün, Methylenblau, Naphtholgrün etc. haben eine zweifache Funktion /1o7/. Sie fungieren einerseits auf vorher beschriebene Weise als Photosensibilisatoren wie andere Farbstoffe, andererseits aber in ihrem Grundzustand, d.h. in nicht angeregter Form, als Elektronenfänger. Daraus resultiert die Ausbildung einer elektrischen Doppelschicht an der Oberfläche der Elektrode, wobei die negative Ladung im absorbierenden Farbstoff überwiegt, und die entsprechende positive Ladung an der Oberfläche des Halbleiters lokalisiert ist. So bildet sich eine verkehrt gepolte p-n-Diode /42/. Anionische bzw. deprotonierte Farbstoffe, deren negative Ladungsdichte relativ groß ist, sensibilisieren (wegen des e^--Übertragungsmechanismus) n-Typ-Halbleiter, p-Typ-Halbleiter werden nicht von anionischen Farbstoffen sensibilisiert. Die Umkehrung für kationische Farbstoffe (wie z.B. Safranin T, Nilblau) ist jedoch nicht allgemein gültig.

Die reduzierte Form des Sensibilisators besitzt zwar viel stärkere e^--Donator-Wirkung, die Effizienz der Photo-Sensibilisierung ist jedoch um etwa zwei Größenordnungen geringer als die der nichtreduzierten Form.

Die Quantenausbeuten der Ladungsinjektion bei sensibilisierten Halbleiterelektroden sind im allgemeinen relativ hoch und aus dem bisher Gesagten ist eine Sonnenenergie-Umwandlungszelle mit solchen Elektroden leicht vorstellbar. Diese hohe Quantenausbeute wird aber meist mittels monomolekularen Schichten erzielt. Die sehr dünnen Schichten können jedoch auch bei gut geeignetem Farbstoff nur weniger als 1 % des einfallenden Lichtes absorbieren. Eine praktische Quantenausbeute, die nicht auf dem Elektronenfluß der absorbierten, sondern der einfallenden Photonen beruht, kann daher nur ziemlich gering sein. Eine Lösung wäre eventuell die Verwendung eines durchsichtigen, mikroporösen, festen Halbleiters als zu sensibilisierendem Substrat /9/.

4.3.3.2.2. Dicke Pigmentfilme

Dickere Schichten einer geeigneten gefärbten Substanz können selbst als halbleitende Elektrode wirken, wobei das zwischenliegende Metall einfach als Kontakt dient. Das Lichtabsorptionsprofil wird in einer solchen Schicht natürlich nicht gleichmäßig sein (Lambert-Beer-Gesetz), sodaß die optische Anregung von einer Ladungs- oder Energieübertragung durch das Innere des Farbstoffs zum Metall gefolgt sein muß. Untersuchungen gibt es z. B von Meier /123/ und Wang /143/. Letzterer berichtete über den von Licht verursachten Transfer von elektrischer Ladung in mehr als 7o-molekularen Schichten von Pigmentmolekülen (Zn-Tetraphenylporphyrin) in der Halbzelle und demonstrierte auch die Zersetzung von Wasser mittels zweier solcher Halbzellen in Serie. Untersuchungen mit kleineren Effekten gibt es von Pt/Chlorophyll /44/ und Pt/Cu-Phthalocyanin /145/. Eine Metallelektrode, mit ~1o molekularen Schichten Viktoriablau B überzogen, die in eine Ascorbinsäurelösung eintaucht, zeigt ebenfalls nur geringe Effekte /146, 147/. Dies wird auf Quenching des angeregten Farbstoffs an der Metalloberfläche zurückgeführt, und kann entweder durch einen Energietransfer des Förster-Typs /148/ oder durch Zwei-Elektronen-Transfer /136/ erklärt werden. An der Metall/Farbstoff-Grenzfläche bildet sich ein p-n-Kontaktpotential aus, das lichtinduzierte Minderheitsladungsträger ungehindert übertreten läßt, Mehrheitsladungsträger jedoch behindert /1o2/. Über das Modell der Ladungsinjektion in dicken Schichten berichteten Meier /87, 1o2/ und Nelson /111/.

Folgende Probleme treten bei Verwendung relativ dicker Pigmentfilme auf: Ladungs- und Energieübertragungsgeschwindigkeiten sind auch bei Verwendung organischer Einkristalle im allgemeinen gering (schwache Kopplung in molekularen, organischen Kristallen, schmälere Leitfähigkeitsbänder als z.B. anorganische Halbleiter wie Silizium). Erhöht man die Dunkel- und Photoleitfähigkeit von Farbstoffen durch Doping oder geringe strukturelle Modifikationen /149/, so bleibt der Widerstand der meisten dicken Filme immer noch extrem hoch. Verwendet man polykristalline Farbstoff-Filme, so bilden die Korngrenzen Fallen für die Ladungsträger.

4.3.4. Elektronische Prozesse und Photosensibilisierung in Membranen und Micellen

4.3.4.1. Einführung

Dünne Membranen oder Micellen (simulierte Zelluntereinheiten, sog. "flüssige" Membranen /15o/) zeichnen sich durch besondere elektrochemische Eigenschaften aus. Zumeist sind sie für eine bestimmte Sorte von Ladungsträger undurchlässig (semipermeable Membran). Dadurch kommt es zur Ausbildung elektrochemischer Doppelschichten /124,226/. Bei Stromdurchgang durch solche Membranen er-

erfolgen gekoppelte Redoxreaktionen,die durch die einseitige Ladungsträgerwanderung in den Membranen – und dadurch aufgebaute Membranpotentiale – in Gang gesetzt werden. Der Hauptvorteil solcher Membranen ist die Trennung der Primärprodukte, sodaß keine Rekombination von Radikalen oder Rückredoxreaktionen auftreten können (siehe Abb. 33 und 34) /151/.

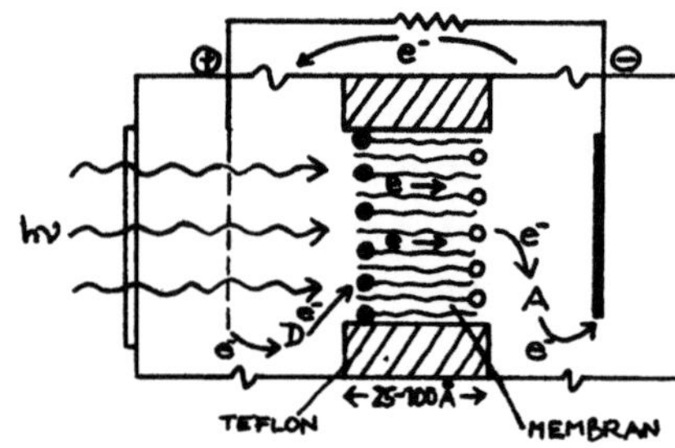

Abb. 33: Schematische Wirkungsweise einer Doppelschicht-Membran /152/.

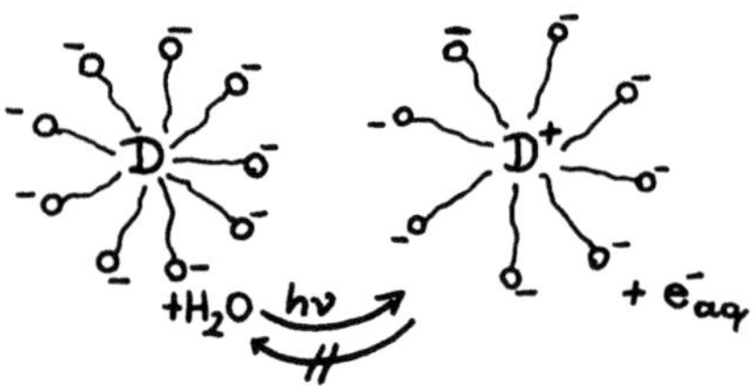

Abb. 34: Schematische Wirkungsweise von Micellen /152/.

Farbstoffe, die photosensibilisiert werden, Acceptoren oder Donatoren können in diese Membran eingebaut werden oder adsorbiert werden, um die Reaktionen in einem definierten Rahmen ablaufen zu lassen und um sich der Trenneigenschaften der Membranen zu bedienen.

Als Vorbild dafür werden biologische Systeme angesehen, die sich zur Realisierung ihrer lebensnotwendigen Reaktionen fast ausschließlich asymmetrischer (vektorieller)

Membranen bedienen /153-157/. Die heutige Forschung ist bemüht, vektorielle Membranen aufzubauen. Diese können entweder ultradünne feste Strukturen besitzen oder flüssige Membranen sein. Ein allgemeines Schema von Redoxreaktionen an ultradünnen Membranen stellt Abb. 35 dar /158/.

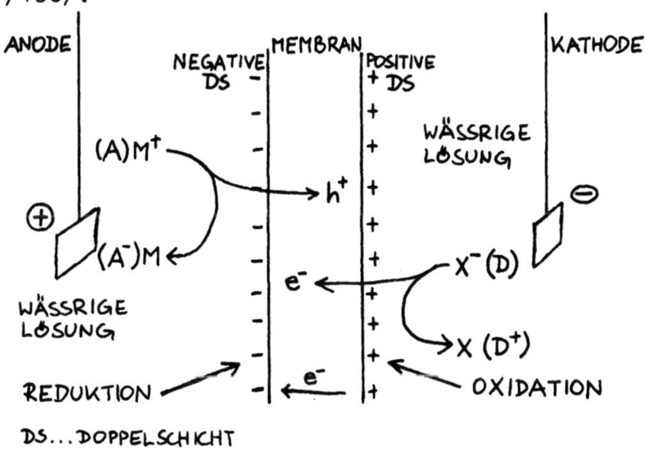

Abb. 35: Schema der Redoxreaktionen an ultradünnen Membranen /158/.

In den meisten Experimenten benötigt man eine äußere, an die Elektroden angelegte Spannung, um die Redox - reaktionen in Gang zu setzen. Spontane Redoxreaktionen sind äußerst selten /159, 16o/. Die Elektronen und Löcher werden durch die Membran voneinander getrennt /161/.

4.3.4.2. Praktische Anwendungen

4.3.4.2.1. Membranen

Als relativ hoch entwickelte Beispiele solcher Membranen, die bereits künstlich hergestellt werden können (bis zu 1 cm^2, für größere Flächen: Rastersystem /162/), gelten Doppelschicht-Lipidmembranen /163,164/: diese Membran wird durch Injektion einer Lipidlösung auf ein Loch in der hydrophoben Trennfläche (z.B. Teflon) zweier wäßriger Elektrolyte hergestellt. Die Dicke beträgt $\sim$ 4o - 14o Å, der elektrische Widerstand $1o^6$ - $1o^9$ Ω, die Widerstandsfähigkeit geht bis zu elektrischen Feldern von $1o^5$ V . cm^{-1}. Bei Bestrahlung mit Licht tritt Absorption, gefolgt von photoelektrischen Effekten auf /165/. Die photoelektrischen Effekte können ebenfalls ein elektrochemisches Membranpotential aufbauen bzw. ein vorhandenes beeinflussen. Allerdings erreicht dieses Potential erst durch Anwesenheit von e^--Acceptoren in der Lösung eine nennenswerte Größe /166/. Ein elektrisches Feld, das von vornherein an der Membran liegt (vorgegebene Asymmetrie), erhöht den Photoeffekt stark /167/. Zur besseren Ausnutzung des Sonnenspektrums können Farbstoffe an der Doppelschicht-Lipid-Membran adsorbiert werden (intrinsische und/oder spektrale Sensibilisierung) /168/. Dies ist in Abbildung 36 schematisch dargestellt.

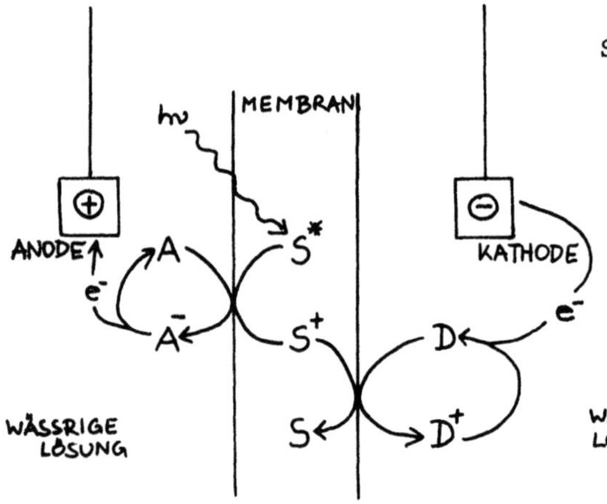

S ... Membranpigment als Photosensibilisator (z.B. Chlorophyll)

Abb. 36: Schema der Wirkungsweise pigmentierter Doppelschicht-Lipid-Membranen /168/.

Untersuchte e^--Acceptoren /167/sind: Methylviologen /169/ Methylrot (pH ≤ 5) /169/, Methylenblau /166, 17o/, Thionin /171/, Rhodamin B, Kongorot und Phthalocyanin (Mg) /172/. Alle diese Farbstoffe erhöhen die Photospannung bis zu 6 mV (bei Methylenblau). Eine Weiterentwicklung dieser Systeme sowohl in Richtung größerer Stromausbeuten als auch in Richtung Mehrstufenprozesse über

Methylviologen ($E_o(MV^{2+}/MV^+)$ ist nahe $E_o(H^+/1/2\ H_2)$ siehe Pkt.4.3.5., Abb. 44) ist geplant /173/.

4.3.4.2.2. Micellen

Photoionisation oder Triplett-Bildung von Phenothiazin ($\lambda \leqq$ 35o nm), Tetramethylbenzidin ($\lambda \leqq$ 35o nm) /174, 175/, Durochinon /176/ als Pigmente in anionischen oder kationischen Micellen (Na-Laurylsulfat, Duodecyltrimethyl-Ammoniumchlorid) können ebenfalls endergonische Redoxprozesse in Gang setzen /13, 177/. Als Elektrolyt wurden H_2O oder H_2O/Methanol-Mischungen verwendet. Weitere Redox-Systeme (z.B.Chlorophyll) werden erst untersucht /178, 179/. Auch über mögliche Mehrstufensysteme (z.B. Chlorophyll-Plastochinon) werden Überlegungen angestellt /18o/. Die durch Photoionisation bzw. Anregung des, an die Micellen adsorbierten Farbstoffs, erzeugten Elektronen können nur mit sehr geringer Wahrscheinlichkeit mit den Radikalkationen in der Micelle rekombinieren /181/: sie solvatisieren in der Lösung und reagieren teilweise laut Gleichung (43) zu H_2:

$$e^-_{aq} + e^-_{aq} \longrightarrow H_2 + 2OH^- \qquad (43)$$

$$k = 6.1o^9\ M^{-1}\ sec^{-1} \quad /182,183/$$

Die Quantenausbeute der Elektronen, und damit noch vielmehr die von H_2, ist relativ gering.

Die angeregten Zustände der oben erwähnte Farbstoffe wirken selbst stark reduzierend und reagieren mit einem geeignetem Acceptor (A) in der Lösung. Für Tetramethylbenzidin (TMB) [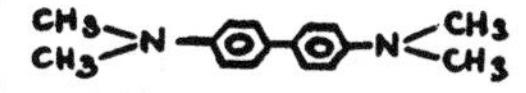]

gilt Gleichung (44):

$$TMB \xrightarrow{h\nu} TMB + A \longrightarrow TMB^+ + A^- \qquad (44)$$

Die Rückreaktion (45) erfolgt thermisch unter e^--Austausch (Stromerzeugung in getrennten Zellen):

$$TMB^+ + A^- \longrightarrow TMB + A \qquad (45)$$

Als Acceptor wurden Eu^{3+} und Durochinon untersucht /174/. Der oxidierte Acceptor (A) kann mit einem weiteren Produkt reagieren. So wurde z.B. aus NO_3^- das Oxidans NO_2^- erzeugt /184/. Mit angeregtem Durochinon (DQ) kann CO_3^{2-} über das Durochinon-Triplett $(DQ)^T$ direkt zu $CO_3^{\cdot}$ reagieren, wie das folgende Reaktionsschema (46) bis (5o) zeigt:

$$\left.\begin{array}{l} DQ \xrightarrow{h\nu} (DQ)^* \xrightarrow{ISC} (DQ)^T \\ (DQ)^T + CO_3^{2-} \longrightarrow DQ^- + CO_3^{\cdot} \quad k = 7.1o^7\ M^{-1}sec^{-1} \end{array}\right\} \quad (46)$$

$$DQ + CO_3^{\cdot} \longrightarrow DQ^- + CO_3 \quad k = 2.1o^9\ M^{-1}sec^{-1} \quad (47)$$

$$CO_3 \longrightarrow CO_2 + 1/2O_2 \quad (48)$$

$$CO_2 + 2OH^- \longrightarrow CO_3^{2-} + H_2O \quad (49)$$

Gesamtreaktion:

$$2DQ + 2OH^- \longrightarrow 2DQ^- + 1/2O_2 + H_2O \quad (5o)$$

Die relativ hohe Geschwindigkeit von Reaktion (46) kann trotz der Membrangrenzen durch e^--Tunnel-Effekt und relativ großen Wechselwirkungsbereich erklärt werden /185/. Dafür, daß die Weiterreaktion gemäß Gleichung (47) verläuft und nicht der Rücktransfer des Elektrons vom Durosemichinon (siehe Gleichung (51)),

$$DQ^- + CO_3^{\cdot} \longrightarrow DQ + CO_3^{2-} \quad (51)$$

ist neben den vorhin beschriebenen Membranbedingungen auch das Spinverbot (DQ^T als Reaktionspartner) verantwortlich /186/. Während der Zeit möglicher Spinrelaxation tritt Diffusion des CO_3^- - Radikalanions von seinen Reaktionspartnern weg ein, sodaß mit einem Durochinon der Membran Reaktion (47) eintreten kann. Der Zerfall des gebildeten Kohlenperoxids (CO_3) über Reaktion (48) und (49) zeigt, daß durch diese Reaktionsfolge O_2 aus H_2O gewonnen wird. Weder zur Rückreaktion von DQ^- zum Ausgangsprodukt DQ, noch zur möglichen Gewinnung von H_2 aus H^+ liegen bis jetzt Ergebnisse vor. Die Forschung auf diesem Gebiet wird aber sehr intensiv vorangetrieben /13/.

4.3.5. Farbstofflösungen als Elektrolyte

4.3.5.1. Theoretische Grundlagen

Diese Methoden beruhen auf Anregung von photosensiblen, halbleitenden Farbstoffen in der Lösung. Als Farbstoffe können organische und anorganische Substanzen Verwendung finden. Meist wird im Falle organischer Farbstoffe durch die Photoreaktion die reduzierte Form erzeugt, die in der Dunkelreaktion wieder zurückgebildet wird /1o4/ (siehe Abb. 37). Solche Reaktionen laufen recht schnell ab.

$$S \xrightarrow{h\nu} S^* \qquad (52)$$

Photoinduzierter Schritt:

$$S^* + D \longrightarrow S_{red} + D^+ \qquad (53)$$

Endotherme Reaktion (Energiespeicherung)

Thermischer Schritt:

$$D^+ + S_{red} \longrightarrow S + D \qquad (54)$$

Exotherme Reaktion (Energieabgabe)

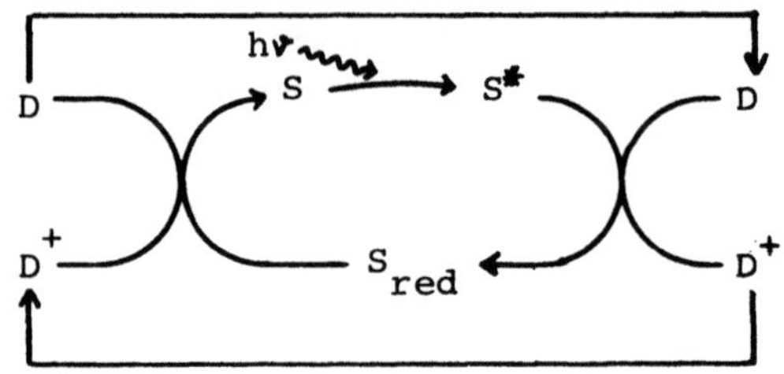

Abb.37: Einfaches Reaktionsschema der photosensibilisierten Redoxreaktionen des Donators (D) mit Hilfe des Farbstoffs (S).

Bei Anwesenheit von Acceptoren (A) in der Lösung treten folgende zusätzliche Reaktionen auf /187/(siehe Abb. 38):

$$D^+ + A^- \rightleftharpoons D + A \qquad (55)$$

$$A + S_{red} \rightleftharpoons S + A^- \qquad (56)$$

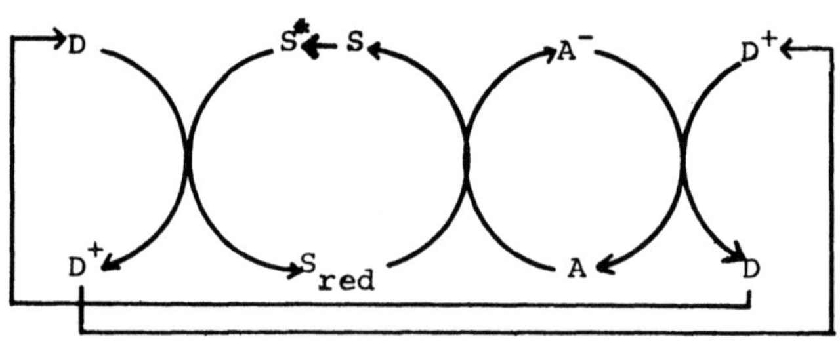

Abb. 38: Einfaches Schema der photosensibilisierten Redoxreaktionen des Donators (D) und Acceptors (A) mit Hilfe des Farbstoffs (S).

Daraus ist ersichtlich, daß bei Anwesenheit von Donatoren und Acceptoren in der Lösung das System immer wieder an seinen Ausgangspunkt , nämlich das Gleichgewicht der Redoxreaktion (55) zurückkehrt. Es ist hier also angebracht, Donor und Acceptor räumlich voneinander zu trennen, und den Elektronentransfer über eine leitende Brücke vollziehen zu lassen (eine photoelektrochem. Zelle).

Ein Energieschema soll das besser erläutern /9/
(siehe Abbildung 39 und 4o):

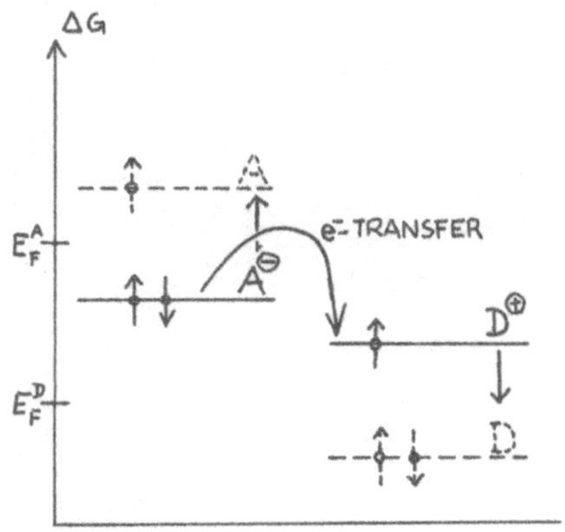

Abb. 39: Energieschema der Dunkelreaktion der PEC-Zelle (Redoxgleichgewicht (55))/9/.
Anfangssituation: ausgezogene Linien,
Endsituation: unterbrochene Linien.

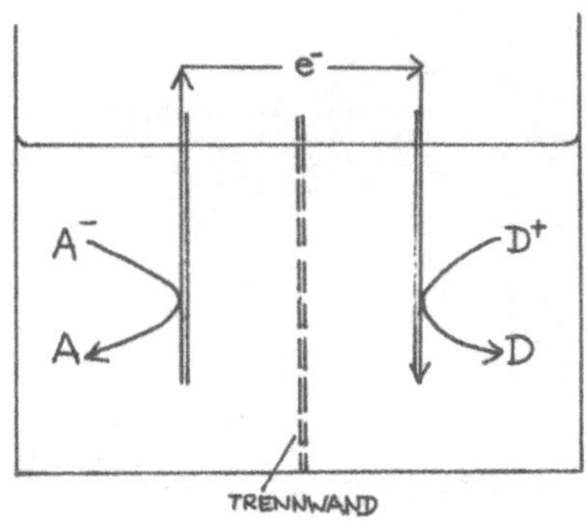

Abb. 4o: Entladung der Batterie durch äußeren Stromfluß /9/.

Diese Reaktionen laufen freiwillig ab und erzeugen Strom solange, bis sich Gleichgewicht eingestellt hat, d.h. die Batterie entladen ist (s.Abb. 4o). Bei Bestrahlung tritt nun der in Abbildung 42 schematisch dargestellte Effekt auf, was auch als Aufladung der Batterie durch Licht aufgefaßt werden kann (s. Abb. 41).

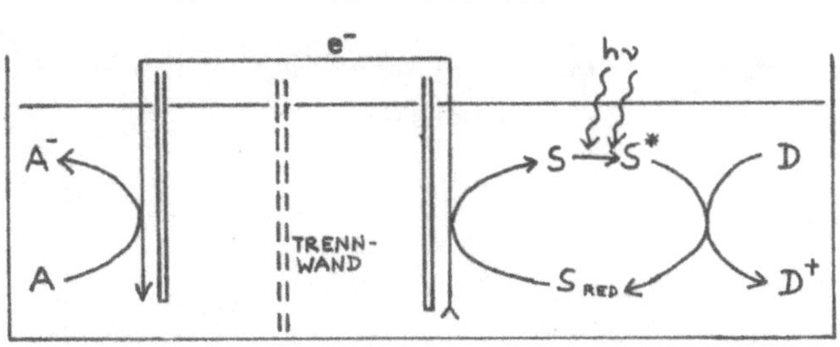

Abb. 41: Aufladung der Batterie durch Licht/9/.

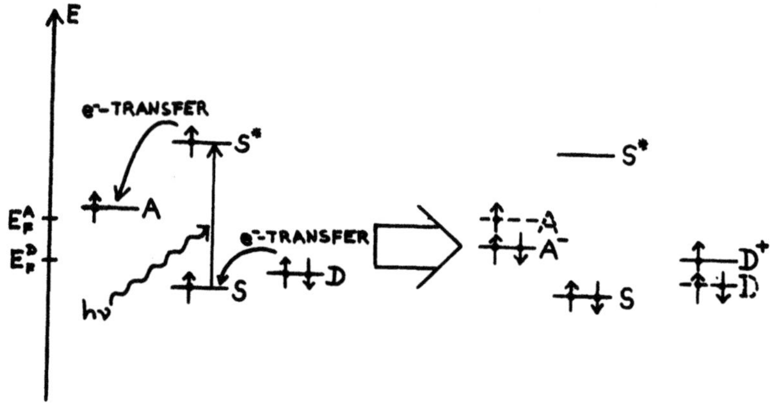

Anregung, Sensibilisierung und Elektronentransfer

Situation nach erfolgter Sensibilisierung

Abb. 42: Energieschema der Lichtreaktion /9/: Ausgangssituation: unterbrochen, Endsituation: ausgezogen.

Durch die Bestrahlung wird die Donor-Halbzelle negativer als die Acceptor-Halbzelle (meist 1oo bis 2oo mV /188/) und die Reaktionen (54) und (55) laufen umgekehrt. Die Anregung des Elektrons hat dem System genügend Energie zugeführt, um die Reaktionen thermodynamisch gesehen bergauf zu treiben /189/. So kann S t r o m durch Sonnenenergie erzeugt werden (photogalvanische Zelle). Um jetzt W a s s e r s t o f f durch photoelektrochemische Reaktionen über photosensible Farbstoffe zu erzeugen, muß das als Elektrolyt dienende Wasser gespalten werden. Wasser selbst hat sowohl ausgezeichnete e^--Donator- als auch Acceptoreigenschaften und kann in beiden Halbzellen Verwendung finden. Die Reaktionen (52), (57) bis (61) sind die theoretisch grundlegenden:

$$S \longrightarrow S^* \qquad (52)$$

Photoinduzierter Schritt:

$$2\ S^* + H_2O \longrightarrow 2\ S_{red} + 2\ H^+ + 1/2\ O_2 \qquad (57)$$

Nachfolgende Schritte:

$$2\ S_{red} + 2\ H_2O \longrightarrow 2\ S + H_2 + 2\ OH^- \qquad (58)$$

$$2\ H^+ + 2\ e^- \longrightarrow H_2 \qquad (59)$$

$$2\ OH^- \longrightarrow 1/2\ O_2 + 2\ e^- + H_2O \qquad (60)$$

Gesamtreaktion:Wasserspaltung:

$$2\ H_2O \longrightarrow 2\ H_2 + O_2 \qquad (61)$$

Durch Anlegen von geeigneter Zusatzspannung kann aus einer Koppelung von photoelektrochemischen mit elektrochemischen Reaktionen H_2 gewonnen werden /190/. Es können auch in beiden Halbzellen verschiedene Farbstoffe verwendet werden, wobei der eine in Acceptorform und der andere in Donatorform angeregt wird /191/. Schema 43 soll diesen Sachverhalt darlegen:

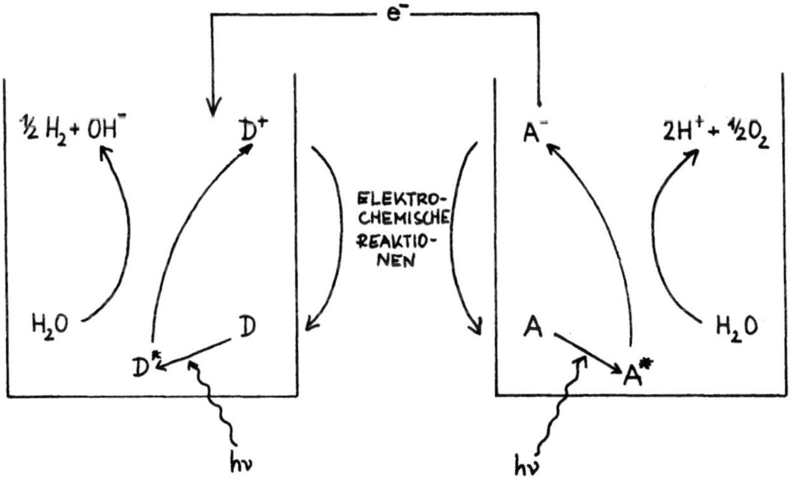

Abb. 43: Schema der Zerlegung von H_2O durch Photosensibilisation mit Donatoren und Acceptoren /191/.

Hierbei wird der Farbstoff (D) bzw. (A) durch die elektrochemische Reaktion wieder in seine ursprüngliche Form, den Grundzustand, zurückgeführt. Der Elektronentransfer erfolgt von der reduzierten Form des Acceptors (A^-) zur oxidierten Form des Donators (D^+), nötigenfalls unter Anlegen einer zusätzlichen Spannung. Die Größe dieser Zusatzspannung kann aus den Normal-Potentialen des Donors bzw. Acceptors gegen das H_2 / H^+ - Normalpotential berechnet werden. Je kleiner diese Zusatzspannung ist, desto größer ist die Ausnutzung der Sonnenenergie.

Weitere Bedingungen für eine sinnvolle Ausnutzung solcher Prozesse zur photolytischen Wasserstofferzeugung sind:

1. Die thermische Relaxation der angeregten Zustände des Reaktanten (H_2O) muß gewährleistet sein. Möglichst wenig radikalische Zwischenstufen dürfen sich bilden.
2. Die Reaktion des Reaktanten zum metastabilen Produkt (H_2) muß exergonisch sein, sonst ist das Produkt kein Energiespeicher.
3. Oder die Aktivierungsenergie für die Reaktion des Produkts(H_2) zum Rohstoff (H_2O) zurück (zum Zwecke der Energiefreisetzung) muß annähernd gleich Null sein.
4. Die Quantenausbeute für die Produktbildung (H_2) ist immer ≤ 1.
5. Es können immer nur Teile des Sonnenspektrums absorbiert werden.

4.3.5.2. Einige praktische Beispiele

4.3.5.2.1. Reduktion als Lichtreaktion

Schon lange bekannt ist beispielsweise die photochemische Entfärbung der Thiazinfarbstoffe Thionin oder Methylenblau in Kopplung mit Fe^{2+}-Ionen /9, 3o, 19o, 192/.
Der Thiazingrundkörper:

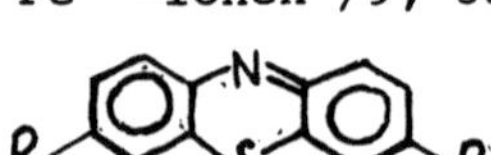

wird dabei durch das Licht zu:

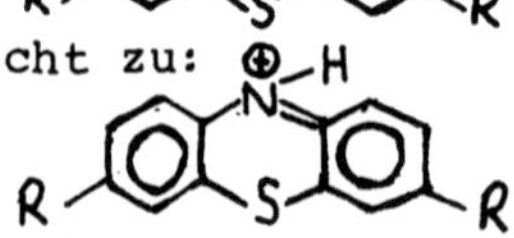

reduziert.

Für das Thionin (Th) / Fe^{2+}-System läuft folgende Gesamtreaktion (62) ab /193/:

$$1/2\ Th + Fe^{2+} \underset{Dunkel}{\overset{h\nu}{\rightleftharpoons}} 1/2\ Leu\text{-}Th + Fe^{3+} \qquad (62)$$

Es handelt sich hierbei um Fe-Thionin-Charge-Transfer-Komplexe, die den e^--Transfer ermöglichen. Da beide Einzelschritte, nämlich die Reduktion des Thionins zu Semithion ($ThH_2^{\cdot+}$) und die Oxidation des Fe^{2+} endotherm sind, ist die Gesamtreaktion stark endoenergetisch (ΔG = 4o kJ bei pH = 2) /194/. Die Produkte Fe^{3+} und Leucothionin (Leu-Th) sind praktisch farblos. Die Farbstoffe (Thionin und Methylenblau) absorbieren bei 5oo - 7oo nm, was gut mit dem Sonnenspektrum übereinstimmt. Leu-Th/Th ist elektrochemisch gut, und Fe^{3+} / Fe^{2+} mäßig reversibel. Reaktion (62) kann daher als Grundlage eines Photonenkonverters in Betracht gezogen werden. Die photochemische Reaktion ist noch dazu frei von Nebenreaktionen; als nachteilig erweist sich aber die hohe Geschwindigkeit der Rückreaktion.

Als Beispiel für die Wirkung seien hier die Reaktionsmechanismen in saurer Lösung bei Thionin/Fe^{2+} (62) skizziert, deren Kinetik genau erforscht ist /195-197/.

Hinreaktionen:

$$(ThH^+) \xrightarrow{h\nu} (ThH^+)^* \qquad (63)$$

$$(ThH^+)^* \xrightarrow{ISC} (ThH^+)^T \qquad (64)$$

$$(ThH^+)^T \xrightarrow{H^+} (ThH_2^{2+})^T \qquad (65)$$

$$(ThH_2^{2+})^T \longrightarrow ThH^+ + H^+ \qquad (66)$$

$$\xrightarrow{Fe^{2+}} {}^{\cdot}ThH_2^+ + Fe^{3+} \qquad (67)$$

Rückreaktionen:

$${}^{\cdot}ThH_2^+ \xrightarrow{{}^{\cdot}ThH_2^+} ThH^+ + ThH_3^+ \qquad (68)$$

$$\xrightarrow{Fe^{3+}} ThH^+ + Fe^{2+} + H^+ \qquad (69)$$

$$ThH_3^+ + Fe^{3+} \longrightarrow Fe^{2+} + {}^{\cdot}ThH_2^+ + H^+ \qquad (7o)$$

$(ThH^{+})^{T}$ ist der Triplettzustand von Thionin, ThH_2^{+} das halbreduzierte Semithion, und ThH_3^{+} Leucothionin. Das photogalvanische Verhalten dieses Systems war Gegenstand zahlreicher Untersuchungen /171, 188, 192, 198, 199/. Das Herabsetzen der Geschwindigkeit der Rückreaktion (68) (69) und (7o) wurde mit ätherischen Emulsionen /2oo, 2o1/ und Acetonitril /196/ versucht. Die Konzentration des Thionins in der Ausgangslösung beträgt ca. $1o^{-5}$ Mol/l. Die photolysierte Lösung, die im photostationären Zustand teilweise gebleicht ist, enthält eine geringe Konzentration von Leucofarbstoff und eine wachsende Konzentration von Fe^{3+} - entsprechend Gleichung (62). Dies verringert das Elektrodenpotential, da das Farbstoffpaar ein geringeres Standardelektrodenpotential E_o besitzt als Fe^{2+}/Fe^{3+} und auch reversibel ist (siehe Abb. 44). Fe^{2+}/Fe^{3+} erreicht Grenzstrombedingungen bei höheren Überspannungen als Th/Leu-Th. Unter den Bedingungen eines geschlossenen Stromkreises ist daher der Nettoprozess an der beleuchteten Elektrode anodisch /9/, und folgende Reaktionen laufen ab:

In der Lösung nahe der Anode	$1/2\ Th + Fe^{2+} \underset{Dunkel}{\overset{h\nu}{\rightleftharpoons}} 1/2\ Leu\text{-}Th + Fe^{3+}$	(71)
An der beleuchteten Anode (LICHTREAKTION)	$1/2\ Leu\text{-}Th \longrightarrow 1/2\ Th + e^-$	(72)
	$Fe^{3+} + e^- \longrightarrow Fe^{2+}$	(73)
An der dunklen Kathode (DUNKELREAKTION)	$Fe^{3+} + e^- \longrightarrow Fe^{2+}$	(74)

Reaktion (72) hat eine größere Geschwindigkeit als Reaktion (73), es gibt keine chemische Nettoreaktion und der Konverter sollte unbegrenzt arbeiten können. Allerdings ist der von der Zelle produzierte Strom sehr gering: die sich theoretisch ergebende photostationäre Konzentration von Leucofarbstoff ist klein und dazu kommt noch, daß der Leuco-Farbstoff in der Lösung produziert wird und die Diffusion zur Kathode mit den Rück-Reaktionen (68) bis (7o) kompetiert. Dagegen kann man höchstens das Verhältnis Elektrodenoberfläche / Lösungsvolumen so groß wie möglich machen /198/.

η_{el}(Pkt.4.3.1.6.4.) der Fe^{2+}/ Th-Zelle ist daher vor allem durch den niedrigen Wert von η_{Φ}(Pkt.4.3.1.6.2.) begrenzt, von dem einige Messungen vorliegen: Rabinowitch $<$ 1 % /188/, Miller o,12 % /192/, Potter und Thaler $3 \cdot 10^{-4}$ % /198/. Zur Verbesserung des Wirkungsgrades muß man die Geschwindigkeit der Rückreaktion herabsetzen oder z.B. die Quantenausbeute der photochemischen Reaktion durch katalytische Effekte steigern.

Die Photoreduktion von Thionin oder verwandten Farbstoffen durch Ascorbinsäure oder Allylthioharnstoff (an Stelle des Fe^{2+}/ Fe^{3+} Redoxpaares) wird durch Beigabe von Azulen erhöht /2o2/. Das Triplett des Thioninfarbstoffs reagiert mit dem Azulen zum Radikalkation schneller als mit Allylthioharnstoff. Dieser allerdings wird vom Azulenradikal-Kation weiter oxidiert (Reaktion (75)).

$$\text{Azulen}^{+} + \text{Allylthioharnstoff} \longrightarrow \text{Azulen} + [\text{Allylthioharnstoff}]^{+} \qquad (75)$$

Auf ähnlichen Prinzipien beruhen Zellen mit den Farbstoffen Proflavin und Phenosafranin mit Ascorbinsäure oder Metall- EDTA als reduzierendem Agens. Tl (I)-EDTA z.B. wird von Thionin zu Tl (III)-EDTA oxidiert /2o3/, Co (II)-EDTA reagiert identisch /2o4/. Die Zellspannung betrug zwar o,4 V, die Leistung jedoch nur 2o μW, wegen der raschen Rückreaktion von S_{red} (54) /2o5, 2o6/.

Es sei nochmals darauf hingewiesen, daß mit Fe^{2+} / Th und verwandten Zellen nur elektrischer Strom aus Sonnenlicht erzeugt wird (rein photogalvanische Zellen, s. Abb. 4o bis 42) /9/.

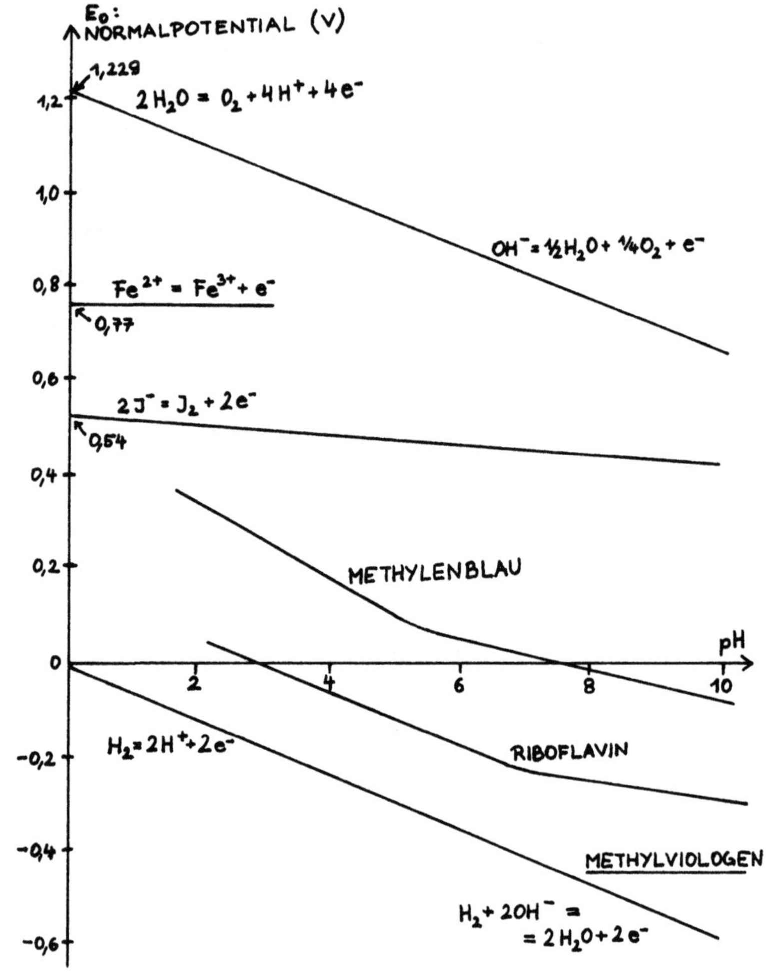

Abb. 44: Standardelektrodenpotentiale von Redoxpaaren /19o/.

4.3.5.2.2. Oxidation als Lichtreaktion

Der Natur nachempfundene Systeme, in denen Chlorophyll angeregt wird, wobei Elektronen auf einen Acceptor übertragen werden, können o,5 bis 1 V Spannung liefern /124, 2o7, 2o8/. Chlorophyll a ist das Pigment in der Photosynthese (s.Pkt.4.4.) , das die größte Basizität (= Donoreigenschaft) besitzt /2o9/. Als Acceptor wurden v.a. Plastochinon und Ubichinon verwendet /21o/. Diese und ähnliche Systeme wurden als Lösungen, als Membranschichten, oder als lebende Organismen (Algen, etc.) untersucht und stellen so einen Übergang zu biologischen Methoden (s.Pkt.4.4.) dar.

Ein System, das in Umkehrung des Fe / Thionin - Systems in Licht oxidiert wird und als Dunkelreaktion Reduktion aufweist, besteht aus $Ru(bipyr)_3^{2+}$ - Komplexen und Fe^{3+}. Aus der Erkenntnis, daß die CT-angeregten Zustände von Ru^{2+} und Os^{2+} - $(bipyr)_3$ bzw. $-(phen)_3$ - Komplexen /211/ durch O_2, Fe^{2+}, $Co(phen)_3^{3+}$, $Ru(NH_3)_6^{3+}$, $Os(bipyr)_3^{3+}$ und $Fe(CN)_6^{3-}$ vollständig gequencht werden, schlossen N. Sutin und Chin Tung Lin /212/ auf einen Energietransfer durch Elektronenübertragung. Besonders bei $Ru(bipyr)_3^{2+}$/ Fe^{3+} war diese Übertragung und damit der photogalvanische Effekt sehr groß (siehe Abb. 45).

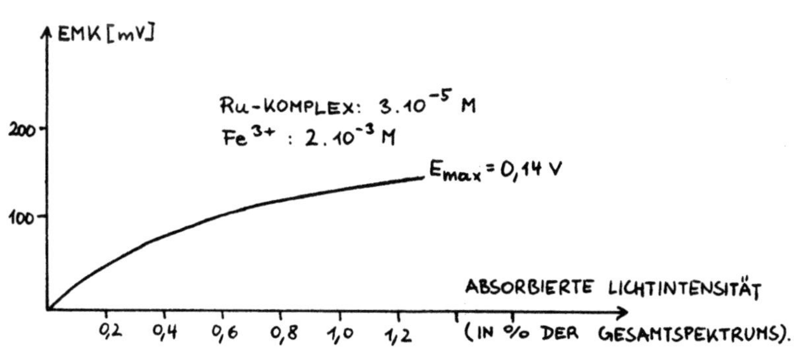

Abb. 45: EMK einer $Ru(bipyr)_3^{2+}$ / Fe^{3+}-Halbzelle in Abhängigkeit von der Lichtintensität des absorbierten Lichtes /212/.

Weitere Vorteile dieses Systems sind seine Stabilität auch gegenüber Sauerstoff. Es gibt keine reaktiven Zwischenstufen, d.h. wenig Seitenreaktionen, und die Wellenlänge der maximalen Absorption beträgt 452 nm, was nahe dem Sonnenmaximum liegt. Durch Ligandenaustausch kann auch die Lebensdauer der Ru-Komplexe vergrößert und das Reduktionspotential von Ru^{3+} verringert werden, was die Effizienz vergrößern kann:
z.B.: $[Ru(tripyr)(bipyr)(NH_3)]^{2+}$, $[Ru(bipyr)_2(CN)_2]$.
Versuche in dieser Richtung sind im Gange /211/, ebenso wie Untersuchungen mit $Os(bipyr)_3^{3+}$ / $Os(bipyr)_3^{2+}$ - Systemen, die eine E_{max} von o,96 V aufweisen /212/.

Ein Modell, das die Verschiebung von Dissoziationsgleichgewichten (76) durch Bestrahlung untersucht, erwies sich ebenfalls als erfolgreich hinsichtlich Stromerzeugung /213/.

$$Aryl_3\,C^+ + CN^- \underset{}{\overset{h\nu}{\rightleftharpoons}} Aryl_3\,CCN \qquad (76)$$

4.3.5.2.3. Mehrstufensysteme

Methylenblau (MB) kann ähnlich wie Thionin verwendet werden /214/. Methylenblau wird photochemisch zu Leucomethylenblau (MBH) reduziert (Abb. 43: $A^* \longrightarrow A^-$ (77)). Das in der Lösung vorhandene leichte Reduktionsmittel (Triäthanolamin oder Fe^{2+}) wird ebenfalls photochemisch oxidiert (Abb. 43: $D^* \longrightarrow D^+$ (78)). In der darauffolgenden Dunkelreaktion (79) kehrt das System unter Abgabe von elektrischem Strom in seine Ausgangsposition zurück /188/.

Lichtreaktion:

$$MB \rightsquigarrow (MB)^* \longrightarrow MBH \qquad (77)$$

$$Fe^{2+} \longrightarrow (Fe^{2+})^* \longrightarrow Fe^{3+} \qquad (78)$$

Dunkelreaktion:

$$MBH + Fe^{3+} \longrightarrow MB + Fe^{2+} + H^+ \qquad (79)$$

Die dabei abgegebene elektrische Spannung beträgt 15o bis 2oo mV bei pH 2 - 3 /188/. Wie aus Abb. 44 ersichtlich, hat MB ein viel positiveres Redoxpotential als H_2 / H^+, sodaß direkte Wasserstoffentwicklung nicht erwartet werden kann, auch wenn man in Betracht zieht, daß das Potential von MB/MBH bei Beleuchten der Elektroden um etwa 2oo mV negativer wird.

Zur Erzeugung von H_2 kann aber das in diesem System gebildete MBH elektrolytisch zersetzt werden. Ein Teil der Gesamtenergie der H_2 - Zersetzung (- 1,23 V) wird dabei durch die photochemische Redoxreaktion MB/MBH geliefert, sodaß die angelegte Spannung geringer sein muß, ein Teil der Gesamtenergie also durch Sonnenenergie geliefert wird, wie in Abb. 46 dargestellt.

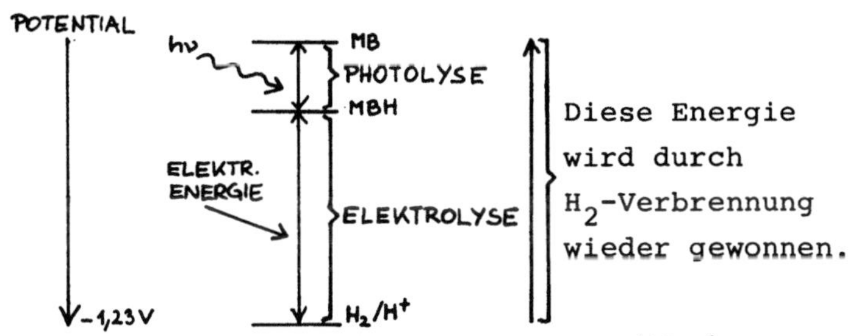

Abb. 46: Energieschema der MB/MBH-Halbzelle /19o/.

Es handelt sich hierbei eigentlich um die Kombination von homogenen Redoxreaktionen (s.Pkt. 4.2.) mit Elektrolyse.

Zu rein photoelektrochemischer Wasserstofferzeugung müßten weitere Zwischenstufen eingeschaltet werden, um das Redoxpotential immer mehr dem der Normalwasserstoff-Elektrode anzunähern. Schematisch kann das etwa so dargestellt werden, wobei A_1 und A_2 verschiedene Acceptoren mit verschiedenem Redoxpotential sein sollen /214/:

$$A_1 \rightsquigarrow A_1^* \quad (8o)$$

$$A_1^* + A_2^- \longrightarrow A_1^- + A_2 \quad (81)$$

$$A_2 + 1/2\ H_2O \longrightarrow A_2^- + H^+ + 1/4\ O_2 \quad (82)$$

Solche Systeme wurden unter Verwendung von Methylenblau untersucht. Als A_1 dient Methylenblau, Riboflavin oder Proflavin und A_2 Methylviologen (MV^{2+}), dessen Redoxpotential dem von H_2 / H^+ nahekommt (s. Abb. 44), sodaß nur mehr sehr wenig Energieaufwand nötig ist, um H_2 aus H_2O zu erzeugen. MV^{2+} ist in H_2O farblos und absorbiert sichtbares Licht nicht. Riboflavin, Proflavin, $Ru(2, 2'-bipyr)_3^{2+}$ - Komplexe oder Acridin-Orange /215/ wirken als photochemischer Katalysator und reduzieren das farblose MV^{2+} zu intensiv grünen $MV^{\dot{+}}$ /19o, 216/. Das Radikalkation $MV^{\dot{+}}$ kann zur Untersuchung auch direkt durch UV-Bestrahlung in den Absorptionsbanden hergestellt werden /217/.

Nur die Anode (Treibstoffelektrode) wurde untersucht, der Elektrodenprozeß ist wie folgt vorzustellen (s.Abb.47).

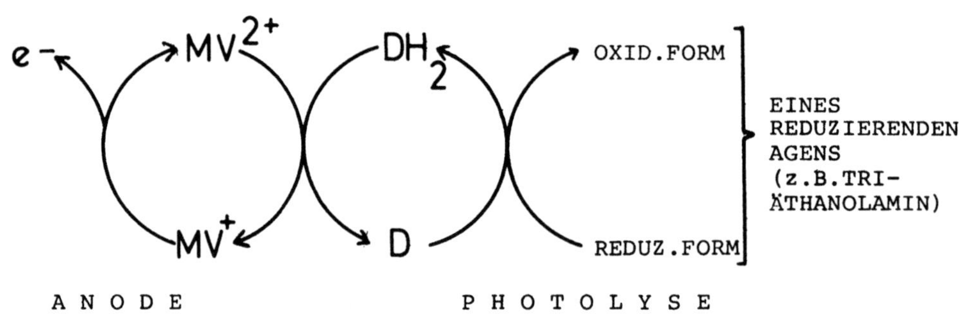

Abb. 47: Schema der Redox-Reaktionen in der Mehrstufenhalbzelle, D... Farbstoff /19o/.

MB, Riboflavin (Rf) und Proflavin (Pf) wurden als Farbstoff (D) untersucht; Triäthanolamin als reduzierendes Agens verwendet (Abb. 48). In jedem Fall wird das Elektrodenpotential bei Bestrahlung rasch negativ. Proflavin zeigt den besten photokatalytischen Charakter. Im Falle von MV-Pf wird das Normalpotential bei Bestrahlung bis auf

17o mV dem E_o (H_2/H^+) angenähert. Der Maximalwert des anodischen Stroms von MV - Pf war etwa 2oo $\mu A/cm^2$ /217/. Allerdings ist bis jetzt - wie bereits erwähnt - nur die Anode untersucht.

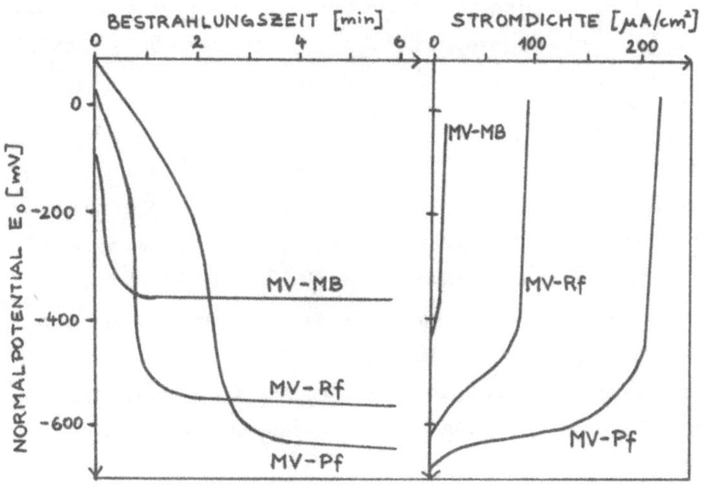

Abb. 48: Photovoltaischer Effekt und anodische Polarisation eines Systems MV/Farbstoff/reduz.Agens /19o/.

4.3.6. Vergleiche und Abschätzungen der einzelnen Methoden

Die sehr umfangreichen Arbeiten auf dem Gebiet heterogener Systeme zur Sonnenenergiespeicherung sind bis jetzt zumeist eher theoretischer Natur. Praktische Untersuchungen sind bis heute meistens noch nicht so weit, daß man sich schon eine genaue Zelltechnologie vorstellen könnte. Aus diesem Grunde sind ökonomische Abschätzungen eher ungenau und mit Vorsicht zu betrachten. Zur Beurteilung der Wirtschaftlichkeit photogalvanischer Methoden sollte der Vergleich mit schon funktionierenden und kommerziell verwerteten photovoltaischen Systemen dienen. Eine geringere Ausnützung des Sonnenspektrums durch PEC-Zellen wird eventuell durch niedrigere Herstellungskosten etc. ausgeglichen. Im allgemeinen kann aber gesagt werden, daß einige der prinzipiellen Schwierigkeiten homogener Methoden mit Hilfe heterogener Systeme umgangen werden /218/, und daß photoelektrochemische Vorgänge energetisch weitaus günstiger ablaufen als rein photochemische oder rein elektrochemische Prozesse /49/. Wegen des $2e^-$-Übertragungsschrittes zur Erzeugung von H_2 muß für die für Reaktion (7)

$$H_2O_{(l)} \longrightarrow H_{2(g)} + 1/2\ O_{2(g)} \qquad (7)$$

benötigte Gesamtenergie von 237,2 kJ/Mol (ΔE_o = 2,46 eV) nur die Hälfte von den Photonen aufgebracht werden. Die benötigte Energie beträgt also nur 118,6 kJ/Einstein, was bei 1oo %igem Wirkungsgrad einer Wellenlänge von 1o12 nm entsprechen würde. Wegen des zweiten Hauptsatzes der Thermodynamik läßt sich bei dieser Energieumwandlung aber höchstens 7o % der Gesamtenergie wieder gewinnen; praktisch beträgt der Gesamtwirkungsgrad aber nur 4o %, weil Relaxation, Abwärme, gekoppelte Reaktionsschritte etc. Energie ungenutzt verbrauchen. Die effektive Wellenlänge wäre also etwa 4oo nm, also an der Grenze des sichtbaren Lichtes.

Der maximale Wirkungsgrad für TiO_2-Systeme bei 1oo %iger Ausnutzung der Photonen mit einer Energie $E \geq 3$ eV beträgt 11 % /62/. Die Nachteile von TiO_2-Elektroden sind die E_G von 3 eV ($\lambda \leq$ 4oo nm, nur 4 % der a/m des Sonnenspektrums /7o/), die benötigte Hilfsspannung und die geringe Quantenausbeute für kleine Hilfsspannungen /35,219/. Der Gesamtwirkungsgrad beträgt somit nur o,82 % /2,3o, 45,48/. Für eine Zelle, die H_2 und O_2 bei o,5 V Zellspannung und einen maximalen Stromfluß von 3 mA/cm^2 erzeugt, wurden Kostenberechnungen angestellt /22,22o, 222/. Bei 1,1o US$/kg für das Elektrodenmaterial und einem geschätzten Wirkungsgrad von 3 % belaufen sich die Kosten der Wasserstoff-Produktion auf ~ 1 US$/MBtu H_2, wobei o,5o US$/MBtu H_2 für Wartung, o,25 US$/MBtu H_2 für

Speicherung und o,26 US$/MBtu H_2 für die eigentliche Herstellung von H_2 angenommen werden /22/.
Andere Schätzungen der Kosten des Elektrodenmaterials betragen 53 US$/m^2 /221/ bis 1oo US$/m^2 /223/. Das benötigte Areal beträgt 66 m^2/kW /22o/. Tabelle 5 stellt die Abhängigkeit der H_2-Kosten von Wirkungsgrad (η_{PEC}) und Kosten der Anlage dar /24/.

Zell-Effizienz (η_{PEC})	H_2-Kosten in US$/MBtu H_2		
	Anlagekosten in US$/m^2		
	1o	2o	5o
1o %	2,9o	5,8o	14,5o
2o %	1,45	2,9o	7,25
3o %	1,oo	1,9o	4,8o
4o %	o,7o	1,45	3,6o

Tab.5: Kostenabschätzungen von PEC-Zellen in Abhängigkeit von Wirkungsgrad und Anlagekosten /224/.

Als akzeptabler Preis für Wasserstoff kann etwa 2,o bis 4 US$/MBtu angenommen werden, sodaß bei Zellkosten von 15 bis 2o US$ /m^2 ein Gesamtwirkungsgrad von 2o bis 25 % erreicht werden müßte, um wirtschaftlich konkurrenzfähig zu sein /224/.

Die neueren Entwicklungen auf der Basis der TiO_2-Systeme können allerdings schon viel bessere Wirkungsgrade erreichen. Eine Reihung läßt sich grob folgendermaßen durchführen (83) /63, 69/.

$$SnO_2 < TiO_2 \sim KTaO_3 < SrTiO_3 < FeTiO_3 \qquad (83)$$

Für $SrTiO_3$ (λ = 33o nm) wurden bei o,35 V Hilfsspannung 2o % Quantenausbeute gemessen /69/, was etwa 1o % elektischem Wirkungsgrad (η_{el}) entspricht /51/. Bei 1,5 V Hilfsspannung konnte bis 2o % Effizienz (η_{el}) gemessen werden. $BaTiO_3$ kann 6o % Photostromeffizienz (η_{Φ}) bei 95 % iger Ausnutzung von Photonen einer Energie $E \geq 3$ eV erreichen /62/. Diese Berechnungsgrundlage für $SrTiO_3$ ergibt 8o - 85 % Photostromeffizienz (η_{Φ}). Für $CaTiO_3$

wurden 3o bis 4o % elektrischer Wirkungsgrad (η_{el}) errechnet /51/. Die orientierenden Versuche mit $FeTiO_3$ sind bis jetzt sehr vielversprechend /63/. Der große Vorteil der Perovskite ist ihre Stabilität und der geringe technische Aufwand (damit billiges Material), der Nachteil die große E_G, und damit ungenügende Ausnutzung des Sonnenspektrums. Tantalate haben einen elektrischen Wirkungsgrad von 6 % bei o,25 V Hilfsspannung /36/, dies entspricht einem Gesamtwirkungsgrad (η_{PEC})von ca. 1 %. Außerdem sind die Elektrodenmaterialien noch ziemlich teuer.

Andere in Pkt.4.3.2.angeführten Systeme sind technisch noch sehr unausgereift, die Quantenausbeuten differieren sehr stark und zumeist tritt anodische Auflösung der Halbleiterelektrode ein. Das optimale Energie-Termschema eines zur Wasserspaltung geeigneten Halbleitermaterials kann aus Abb. 49 entnommen werden.

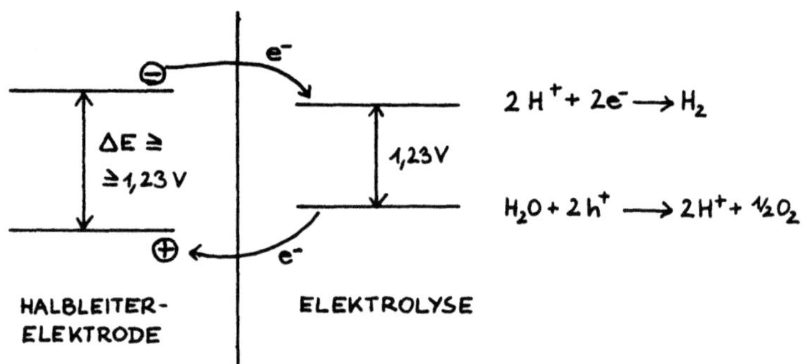

Abb. 49: Optimales Energie-Termschema eines Halbleiters zur Wasserspaltung /21/.

Außerdem muß der Halbleiter gegen Zersetzung äußerst stabil sein. Die Suche nach solchen Halbleitern wird in jüngster Zeit auf breitester Basis vorangetrieben.

Bei Verwendung von p-Typ/Elektrolyt/n-Typ-Elektrolyse-Anlagen verdoppelt sich der Gesamtwirkungsgrad nahezu, sodaß der theoretisch berechnete Gesamtwirkungsgrad (η_{PEC}) 4o bis 45 % beträgt /224/. Der bisher einzig untersuchte Typ ist die p-Gap/H_2O/n-TiO_2-Zelle, die bis jetzt aber nur einen Gesamtwirkungsgrad (η_{PEC})

von o,25 % (wegen hohen Elektrodenüberspannungen und hohem inneren Zellwiderstand) erreicht hat /55/.

Zu dem Problemkreis anodischer Oxidschichten liegen bis jetzt theoretische und mechanistische Überlegungen vor. Die praktischen Untersuchungen beschäftigen sich vorderhand hauptsächlich mit der Herstellung dünner Filme an den Anodenmaterialien. Die bisherigen Untersuchungen konnten allerdings beweisen, daß die benötigte Hilfsspannung reduziert wird. Versuchsserien zur genaueren Erforschung möglicher Oxidfilme sind erst geplant /96/.

Auch die farbstoffsensibilisierten Elektroden sind momentan in ihrem Wirkungsgrad gegenüber reinen Halbleiterelektroden nicht konkurrenzfähig. Sie sind aber durch eine hohe Photoeffizienz der Ladungsinjektion ausgezeichnet /195/. Diejenigen Farbstoffe, die hohe Quantenausbeuten ermöglichen, zersetzen sich meist mit der Zeit. Ein typischer Wert dafür ist etwa 5,5 % Gesamtwirkungsgrad (η_{PEC}) für Stromerzeugung für das $CdS/Fe(CN)_6^{3-}$-System /142/. Stabile Farbstoffe, die ausreichende Quantenausbeuten haben, konnten bis jetzt noch nicht gefunden werden. Außerdem sind die Farbstoffe nur in dünnen Schichten (zumeist monomolekular) auf den Elektroden aufgebracht und können so nur 1 % des Sonnenlichts absorbieren. Die Entwicklungen auf diesem Gebiet stehen allerdings erst am Anfang. Mit der Sensibilisierung durch etwas dickere Farbstoffschichten könnten etwa 4o % Ausnutzung der Sonnenenergie erreicht werden. Die Absorptionseffizienz der anschließenden Ladungsträgerübertragung (η_{v_0}) liegt bei etwa 85 %. So läßt sich ein theoretischer Gesamtwirkungsgrad (η_{PEC}) von 28 % berechnen /45/. Die Nachteile dickerer Farbstoffschichten liegen in dem bis jetzt ungelösten Problem des hohen inneren Widerstands. In Hinblick auf die Kostenfrage liegen die sensibilisierten Halbleiterelektroden noch relativ ungünstig, da sich die Farbstoffe bei Langzeitbetrieb immer geringfügig zersetzen und als Ausgangsmaterial auch nicht sehr billig sind. Es ist jedoch möglich, daß bei großtechnischer Nutzung diese Kosten nicht mehr ins Gewicht fallen, genauere Aussagen über die ökonomische Sachlage lassen sich zum derzeitigen Stand der Entwicklung jedoch nicht treffen /22o, 223/.

Sensibilisierung an Membranen oder Micellen hat den Vorteil, an sich wasserunlösliche Farbstoffe verwendbar zu machen, einen definierten Reaktionsbereich zu besitzen und sofortige Trennung der Produkte zu ermöglichen, wodurch die Rekombinationswahrscheinlichkeit geringer und die Quantenausbeute größer wird /176/. Außerdem kann dadurch das Problem der Absorption in monomolekularen Schichten durch lamellenartige Anordnung technisch viel besser gelöst werden /21/. Zur Ionisation, d.h. zur Freisetzung von Elektronen, benötigt man außerdem aufgrund struktureller Erleichterungen nur relativ geringe Photonenenergie. Bis jetzt wurden Membransysteme noch nicht zur Wasserstoffgewinnung angewandt, die Weiterentwicklung ist jedoch geplant. Die Kostenfrage ist noch völlig ungeklärt, es ist jedoch anzunehmen, daß künstliche Membransysteme oder Micellen aufgrund ihrer Komplexität relativ teuer herzustellen sein werden.

Systeme, die einen photosensiblen Elektrolyten besitzen, in dem Kathode und Anode einen Elektronenfluß ermöglichen, sind bis jetzt zumeist nur zur Stromerzeugung (als photogalvanische Zellen) angewandt worden. Mit Cu(I)-Komplexen werden etwa 11 kW/km^2 Sonnenlicht erzeugt, bei 275 nm Wellenlänge beträgt der Gesamtwirkungsgrad aber bereits 7,2 % /225/. Zur Wasserstoffgewinnung müssen meist mehrere Zwischenschritte (Redoxreaktionen) eingebaut werden, in denen allerdings relativ viel Energie verloren geht. Prinzipiell ist zu sagen, daß ein System zur Wasserstoffgewinnung um so besser ist, je einfacher es ist. Theoretische Abschätzungen halten Wirkungsgrade (η_{PEC}) von 7 % für möglich /45/. Die Verwendung von Farbstoffen als Sensibilisatoren, sowohl an Elektroden, Membranen oder auch als Elektrolyten ist jedenfalls noch mit den meisten theoretischen und technischen Problemen behaftet. Besonders die Fragen der Stabilität sind nicht so einfach zu lösen. Entscheidend ist jedoch, daß Farbstoffe spektral sehr günstig liegen und bis zu 4o % des Sonnenspektrums ausnutzen könnten. Somit läßt sich also sagen, daß solche Sensibilisierungsverfahren große Aussichten für die Zukunft haben. Die bisherigen Forschungsergebnisse sind ermutigend, und der Durchbruch zum großtechnischen Verfahren wird bei intensiver Weiterentwicklung im Laufe der nächsten 2o bis 3o Jahre erwartet. Ein Problem stellen zur Zeit noch die Kosten der Elektrodenmaterialien und Sensibilisatoren dar, die aufgrund ihrer hochspezifischen Eigenschaften sehr teuer sind /73, 74/. Bei Herstellung in großen Mengen können diese Kosten aber stark reduziert werden. Es ist jedoch zu bedenken, daß viele der verwendeten Halbleitermaterialien nicht gerade unerschöpflich in der Natur vorkommen. Die Entwicklung geht aber auch dahin, künstliche Halbleiter zu entwickeln, um von den begrenzten Vorkommen unabhängig zu werden.

Diejenigen Nachteile, die in der Natur der Energiequelle Sonne selbst liegen (Tag und Nachtgleiche und Diffusität der Sonneneinstrahlung) lassen sich naturgemäß nicht überwinden, es ist jedoch zu überlegen, ob nicht die Vorteile der Umweltfreundlichkeit, der Unerschöpflichkeit etc. diese Nachteile bei weitem überwiegen.

4.3.7. Literaturverzeichnis

/1/ J.Manassen, D.Cahen, G.Hodes, A.Sofer, Nature, 263, (5573), 97 (1976)

/2/ H.Gerischer, J.Elektroanal.Chem., Interfacial Elektrochem., 58, 263 (1975)

/3/ H.Gerischer, Isr.J.Chem., 14, 138 (1975)

/4/ G.C.Barker, Ber.Buns.Ges.f.Phys.Chem., 75, 228 (1971)

/5/ A.W.Copeland, O.D.Black, A.B.Garrett, Chem.Rev., 31, 177 (1942)

/6/ P.J.Hillson, E.Rideal, Proc.Roy.Soc., A216, 458 (1953)

/7/ K.M.Sancier in Trans Conf.on Solar Energy Vol. V, Univ. of Arizona Press, Tucson, Arizona (1953)

/8/ T.Kuwana, Electroanal.Chem., 1, 197 (1966)

/9/ M.D.Archer, J.Appl.Electrochem., 5 (1), 17 (1975)

/1o/ R.H.Wilson, Int.Conf.on the Photochemical Conversion and Storage of Solar Energy, London, Ontario, Aug.(1976)

/11/ E.Spenke, in "Elektronische Halbleiter" Springer-Verlag Berlin-Heidelberg-New York (1965)

/12/ W.J.Moore, "Physical Chemistry", Longmans, London (1962)
/13/ A.Henglein, M.Grätzel, Int.Conf.on the Photochemical Conversion and Storage of Solar Energy, London, Ontario Aug. (1976)
/14/ J.F.Dewald, Bell.System Techn.J. 39, 615 (196o)
/15/ V.A.Myamlin, Yu.V. Pleskov, Elektrokhim.of Semiconductors Nauka, Moskwa (1965), Plenum Press N.Y. (1967)
/16/ H.Gerischer, Semicond.Electrochem. in "Physical Chemistry" Vol. 9 A, ed. L.Eyring et al., Academic Press N.Y. (197o)
/17/ H.Bohnenkamp, H.J.Engell, Z.Elektrochem. 61, 1184 (1957)
/18/ U.Hesten, Z.Naturf., 16A, 14o1 (1961)
/19/ F.Lohmann, Z.Naturf., 22A, 843 (1967)
/2o/ T.S.Moss, G.G.Burrell, B.Ellis "Semiconductor Optoelectronics", Butterworth, London (1973)
/21/ H.Gerischer, Int.Conf.on the Photochemical Conversion and Storage of Solar Energy, London, Ontario, Aug. (1976)
/22/ J.O'M Bockris, "Energy:The Solar Hydrogen Alternative", The Architectural Press, London (1975)
/23/ F.C.Treble, US-NTIS, AD-A Rep. O11o84 (1974)
/24/ J.B.Goodenough in "Progress in Solid State Chemistry", ed.H.Reiss, 5, 145, Pergamon Press, N.Y. (1971)
/25/ L.M.Magid, Proc.1st Semiannual Solar Photovoltaic Conversion Program Conf. JPL-Document, 5o4o-13, 2, L.A. (1975)
/26/ A.J.Konopka, D.P.Gregory, 1oth Intersoc.Energy Conversion and Engineering Conf., 1184 (1975)
/27/ W.W.Anderson, Y.G.Chai, Energy Conversion, 15, 85 (1976)
/28/ J.Barker, Trans Faraday Soc., 66 (6), 1498 (197o)
/29/ G.Fricke, J.Thomas, Rad.Res.Suppl., 4, 35 (1964)
/3o/ A.Fujishima, K.Honda, Nature, 238, 37 (1972)
/31/ A.J.Nozik, Nature, 257, 383 (1975)
/32/ J.G.Mavroides et al., Mat.Res.Bull., 1o, 1o23 (1975)
/33/ H.Yoneyama et al., Electrochim.Acta, 2o, 341 (1975)
/34/ T.Ohnishi, Y.Nakato, H.Tsubomura, Ber.Bunsenges. Phys.Chem. 79 (6), 523 (1975)
/35/ M.S.Wrighton et al., Proc.Natl. Acad.Sci. US, 72 (4), 1518 (1975)
/36/ M.S.Wrighton et al., J.Am.Chem.Soc., 98 (1o), 2774 (1976)
/37/ K.L.Hardee, A.J.Bard, J.Elektrochem.Soc., 122, 139 (1975)
/38/ J.Keeney et al., Nature, 253, 719 (1975)
/39/ A.Fujishima et al, J.Elektrochem. Soc., 122, 1487 (1975)
/4o/ D.B.Mattews, S.U.M.Khan, J.Res.Inst.Catal.Hokkaido Univ. 22 (1), 1 (1974)
/41/ A.J.Nozik, J.Physics C: Solid State Physics, 5, 3147 (1972)
/42/ D.J.Benard, P.Handler, Surface Sci., 4o (1), 141 (1973)
/43/ J.O'M. Bockris, K.Uosaki, 1st World Hydrogen Energy Conf., Miami Beach, Florida, March (1976)
/44/ Wm.E.Pinson Int.Conf.on the Photochemical Conversion and Storage of Solar Energy, London, Ontario, Aug. (1976)
/45/ S.N.Paleokrassas in "Hydrogen Energy", ed. T.N.Veziroglu, Part A, 243, Plenum Press N.Y. (1975)
/46/ R.G.Mortimer, R.Mazo, J.Chem.Phys., 35, 1o13 (1963)
/47/ L.N.M.Duysens, Plant Physiology, 37, 4o7 (1962)
/48/ A.Fujishima, K.Honda, Bull.Chem.Soc.Japan, 44, 1148 (1971)
/49/ A.J.Nozik, 1st World Hydrogen Energy Conf., Miami Beach, Florida, March (1976)
/5o/ H.Kuhn, D.Mobius, Angew.Chemie, 83, 672 (1971)
/51/ D.I.Tchernev, Int.Conf.on the Photochemical Conversion and Storage of Solar Energy, London, Ontario, Aug. (1976)

/52/ D.I.Tchernev,US Patent 3.925,212 (1974)
/53/ F.Lohmann, Ber.Bunsenges.f.Phys.Chem., 7o, 428 (1976)
/54/ K.Honda, in Rep. of NSF/RANN-Workshop, Boston Univ. (1974)
/55/ A.J.Nozik, Appl.Phys.Letters, 29 (3), 15o (1976)
/56/ F.Möllers, H.J.Tolle, R.Memming, J.Elektrochem.Soc., 121, 116o (1974)
/57/ S.P.Pappas, W.Kuhhirt, Int.Conf. on the Photochemical Conversion and Storage of Solar Energy, London, Ontario, Aug. (1976)
/58/ H.Gerischer, J.Elektrochem.Soc., 113, 1174 (1966)
/59/ R.Williams, J.Chem.Phys., 32, 15o5 (196o) (196o)
/6o/ S.P.Pappas. R.M.Fischer, J.Paint.Technol., 46 (599), 65 (1974)
/61/ R.Memming, G.Schwandt, Elektrochim.Acta, 13, 1329 (1968)
/62/ J.H.Kennedy, W.H.Frese, Int.Conf.on the Photochemical Conversion and Storage of Solar Energy, London, Ont. (1976)
/63/ D.S.Ginley, Int.Conf.on the Photochemical Conversion and Storage of Solar Energy, London, Ont. (1976)
/64/ M.S.Wrighton, D.L.Morse et al., J. Am.Chem.Soc., 98, 44 (1976)
/65/ F.Möllers, R.Memming, Ber.Bunsenges. f. Phys.Chem., 76 , 469 (1972)
/66/ H.Kim., A.Laitinen, J.Elektrochem.Soc., 122, 53 (1975)
/67/ M.Nagasewa, S.Shionoya, J.Phys.Soc. Japan, 3o, 1118 (1971)
/68/ P.J.Boddy, D.Khang, Y.S.Chen, Elektrochim Acta, 13, 1311 (1968)
/69/ A.B.Ellis, S.W.Kaiser, M.S. Wrighton, J.Phys.Chem., 8o (12), 1325 (1976)
/7o/ M.A.Butler, Int.Conf.on the Photochemical Conversion and Storage of Solar Energy, London, Ont., Aug. (1976)
/71/ Y.Nakato et al., Chem.Letters, 884 (1975)
/72/ H.Kallmann, M. Pope, J.Chem.Phys., 3o, 585 (1959)
/73/ H.Kallmann, M. Pope, Nature, 188, 935 (196o)
/74/ S.Dellante, G.Giro, G.Orlandi, Consilio Nazionale delle ricerche, quaderni dell' area di ricerca dell' Emilia Romagna (1971)
/75/ R.Haberkorn et al., Ber.Bunsenges. f. Phys.Chem., 77, 928 (1973)
/76/ P.G.Di Marco, F.Boletta, S.Emmi, G.Giro, La Chimia e L' Industria, 53 (6), 573 (1971)
/77/ F.Boletta, P.G.Di Marco, Atti dell' Istituto Veneto di Scienze, Lettere ed Arte Tomo CXXV (1967)
/78/ V.N.Kuznetsov, A.A. Lisachenko, F.I.Vilesov, Kinat.Katal., 13, 1o82 (1972)
/79/ R.E.Stephens, B.Ke, D.Trivich, J.Phys.Chem., 59, 966 (1955)
/8o/ J.G.Calvert in "Introduction to the Utilization of Solar Energy", ed. A.M.Zarem, D.D.Erway, Mc Graw Hill (1963)
/81/ J.G.Calvert, K.Theurer, G.T.Rankin, W.M.Mc Nevin, J.Am.Chem.Soc., 76, 2575 (1955)
/82/ D.R.Dixon, T.W.Healey, Austr.J.Chem., 24, 1193 (1971)
/83/ A.J.Nozik, Int.Conf.on the Photochemical Conversion and Storage of Solar Energy, London, Ont., Aug. (1976)
/84/ A.Mitsui in "Hydrogen Energy", ed. T.N.Veziroglu, Part A, 3o9, Plenum Press, N.Y. (1975)
/85/ M.Tomkiewicz, J.M.Woodall, Int.Conf.on the Photochemical Conversion and Storage of Solar Energy, London, Ont., (1976)
/86/ V.A.Benderskij, J.M. Zolatovskij et al., Dokl.Akad. NAUK, SSSR. 222 (3), 6o6 (1975)
/87/ H.Meier, Photochem.Photobiol., 16 (4), 219 (1972)
/88/ W.Ch.v.Geel, Physica, 17, 761 (1961)
/89/ P.J.Boddy, J.Elektrochem.Soc., 115 (2), 199 (1968)
/9o/ K.Seeger, "Semiconductor Physics", Springer Wien-N.Y. (1973)

/91/ F.Schmidt, J.Appl.Physics, 28, 278 (1957)
/92/ D.A.Vermilyea, J.Appl.Physics, 27, 963 (1956)
/93/ W.Ch.v.Geel, H.C. Bouma, Philips Res.Rep. 5, 461 (195o)
/94/ L.Young, "Anodic Oxide Films", Acad.Press.N.Y., (1961)
/95/ J.Keeney, D.H.Weinstein, G.M.Haas, Nature, 253, 719 (1975)
/96/ L.M.Peter, Int.Conf.on the Photochemical Conversion and Storage of Solar Energy, London, Ont., Aug. (1976)
/97/ J.de Klerk, E.Kelly, Rev.Scient.Instrum., 36, 5o6 (1975)
/98/ M.H.Francombe, Trans.Nat.Vac.Symp., Am.Vac.Soc., 1o, ed. E.Bancroft, Macmillan, N.Y. (1963)
/99/ W.Mc Neill, L.L.Gruss, D.G.Husted, J.Elektrochem.Soc., 112, 713 (1965)
/1oo/ H.Tributsch, H.Gerischer, Ber.Bunsenges.f.Phys.Chem., 73, 85o (1969)
/1o1/ H,Gerischer, Surface Sci., 13, 265 (1969)
/1o2/ H.Meier, in "Spectral Sensitization", Focal Press (1968)
/1o3/ R.H.Schöppel, H.Gerischer, Ber.Bunsenges.f.Phys.Chem., 75, 1237 (1971)
/1o4/ H.Tributsch, Photochem. Photobiol., 16, 261 (1972)
/1o5/ H.Gerischer, H.Tributsch, Ber.Bunsenges.f.Phys.Chem., 72, 427 (1968)
/1o6/ H.Gerischer et al., Elektrochim.Acta, 13, 15o9 (1968)
/1o7/ A.Terenin, I.Akimov, J.Phys.Chem., 69 (3), 73o (1965)
/1o8/ R.Memming, H.Tributsch, J.Phys.Chem., 75, 562 (1971)
/1o9/ R.B.Culver, D.P.Sorensen, J.Chem.Phys., 38, 2975 (1965)
/11o/ R.C.Nelson, J.Opt.Soc.Am., 46, 13 (1956)
/111/ R.C.Nelson, J.Phys.Chem., 69, 714 (1965)
/112/ A.C.Albrecht, G.E.Johnson, Int.Conf.on Photosensibilisation in Solids, Chicago (1964)
/113/ H.Gerischer, Ber.Bunsenges.f.Phys.Chem., 77,771 (1973)
/114/ F.Willig, Int.Conf.on the Photochemical Conversion and Storage of Solar Energy, London, Ont.,Aug. (1976)
/115/ G.Köhler, N.Getoff, Chem.Phys.Letters, 26,(4),525 (1974)
/116/ J.Zechner, G.Köhler, G.Grabner, N.Getoff, Chem.Phys. Letters, 37 (2), 297 (1976)
/117/ H.Gerischer, Farad.Disc.Chem.Soc., 58, 219 (1974)
/118/ H.J.Danzmann, K.Hauffe, Z.G.Szabo, Z.Phys.Chem. NF, 1o4 (3), 95 (1977)
/119/ H.Killesreiter, Farad.Disc.Chem.Soc., 58, 271 (1974)
/12o/ R.Memming, Farad.Disc.Chem.Soc., 58, 261 (1974)
/121/ A.Terenin, E.Putzeiko, I.Akimov, Disc.Faraday Soc., 27, 83 (1958)
/122/ H.Tributsch, Ber.Bunsenges.f.Phys.Chem., 73, 582 (1969)
/123/ H.Meier, J.Phys.Chem., 69, 719 (1965)
/124/ J.S.Conolly, Int.Conf.on the Photochemical Conversion and Storage of Solar Energy, London, Ont.,Aug.(1976)
/125/ H.Metzner, K.Fischer, Progr.in Photosynth.Res., Vol. II, 1o27 (1969)
/126/ H.Gerischer, H.Selzle, Elektrochim.Acta, 18, 799 (1973)
/127/ H.Gerischer, H.Tributsch, Ber.Bunsenges.f.Phys.Chem., 73, 251 (1969)
/128/ K.Hauffe, et al., Photograph.Korrespondenz, 1o4, 113 (1968)
/129/ K.Hauffe, M.Pusch, J.Range, Z.Phys.Chem.(Frankfurt), 64, 122 (1969)
/13o/ R.Memming, Photochem. Photobiol., 16, 325 (1972)
/131/ R.E.Kay, E.R.Warwick, US Patent 3.844,843 (Philco Ford Corp.)(1974)
/132/ R.E.Kay, E.R.Warwick, US Patent 3,9oo,945 (Philco Ford Corp.)(1973)

/133/ R.C.Nelson, J.Chem.Phys., 23, 155o (1955)
/134/ S.Roffia, M.A.Raggi, M.Ciano, J.Elektroanal.Chem.62,397(1975)
/135/ T.Imura et al. Int.Conf.on the Photochemical Conversion and Storage of Solar Energy, London, Ont.,Aug. (1976)
/136/.R.Memming, G.Küsten, Ber.Bunsenges.f.Phys.Chem.,76,4 (1972)
/137/ S.Roffia, G.Feroci, J.Elektroanal.Chem.Interfacial Chem., 41, 367 (1973)
/138/ P.Favero, A.M.Mirri, Ric.Sci. 28, 2532 (1958)
/139/ H.Tsubomura, T.Ohnishi et al., Int.Solar Energy Congress and Exposition, Sec. 21/12, CONF-75o712,L.A. (1975)
/14o/ M.Spitler ,M.Calvin, Int.Conf.on the Photochemical Conversion and Storage of Solar Energy, London, Ont. (1976)
/141/ C.H.Giles, C.D.Shah, Trans.Faraday Soc., 65 (9), 25o8 (1969)
/142/ H.Gerischer, J.Gobrecht, Ber.Bunsenges.f.Phys.Chem., 8o (4), 327 (1976)
/143/ J.H.Wang, Proc.Natl.Acad.Sci., US, 62,653 (1969)
/144/ V.A.Benderskij et al., Biofizika, 16, 415 (1971)
/145/ Yu.S.Shuov, V.A.Antonovich, G.G.Komissarov, Russ. J.Phys.Chem., 42, 142o (1968)
/146/ L.B.Anderson, E.V.Ballon,S.A.Greenberg,Lockheed Missiles & Space Co. Rept.DA 36 - o36 SC-85245 (1962)
/147/ L.B.Anderson, S.A.Greenberg, G.B.Adams, Adv.in Chemistry Vol. 64, Am.Chem.Soc, (1967)
/148/ Th.Förster, Ann.Phys. 2, 55 (1948)
/149/ H.Meier, W.Albrecht, U.Tschirwitz, Angew.Chemie 11, 1o51 (1972)
/15o/ M.Grätzel, H.Scherer, Int.Conf. on the Photochemical Conversion and Storage of Solar Energy, London, Ont.(1976)
/151/ P.Länger, G.W.Pohl, A.Steinemann, H.W.Trissl in "Perspectives of Membrane Biology", 1st Mexican Soc. Biochem.Symp., ed.S.O.Estrada, Acad.Press,N.Y. (1974)
/152/ R.E.Schwerzel, J.R.Hoyland, Int.Conf.on the Photochemical Conversion and Storage of Solar Energy, London, Ont.(1976)
/153/ E.Broda, Report to UNESCO/WMO, Solar Energy Symp. Geneva (1976)
/154/ A.Szent-Gyorgyi, Nature, 148, 157 (1941)
/155/ H.T.Tien in "Solid State Physics and Chemistry", ed. P.F.Weller, Marcel Dekker, N.Y. (1972)
/156/ P.Feigelson (ed.) Ann.N.Y. Acad.Sci, 158 (1969)
/157/ H.T.Witt et al., Colloqu.Gesell.Biol.Chem., 24, 261 (1968)
/158/ J.Janusieviciene, V.Kaikaris, Chem.Chem.Technol., 6, 157 (1965)
/159/ A.C.Becquerel, Compt.Rend., 64,919 (1867)
/16o/ A.C.Becquerel, Compt.Rend., 85,169 (1877)
/161/ E.Katz in "Photosynthesis in Plants", ed.W.E.Loomis & J.Franck, Iowa State College, Iowa (1949)
/162/ H.T.Tien, priv.Kommunikation (1976)
/163/ A.Goldup et al. "Recent Progress in Surface Science", Vol.3., Acad.Press, N.Y. (197o)
/164/ H.T.Tien in "The Chemistry of Bio-Surfaces", ed. L.M.Hair, Marcel Dekker, N.Y., (1971)
/165/ H.T.Tien, Nature, 219, 272 (1968)
/166/ H.T.Tien, S.P.Verma, Nature,227, 1232 (197o)
/167/ H.T.Tien, Photochem.Photobiol., 16, 271 (1972)
/168/ J.Bourdon, B.Schnuriger, in "Physics & Chemistry of the Organic Solid State", ed.D.Fox, M.M.Labes, A.Weissberger, Vol. 3, Wiley, N.Y. (1967)
/169/ V.B.Evstigneev, in "Elementary Photoprocesses in Molecules", ed. B.S.Neporent, Consultants Bureau, N.Y.(1968)
/17o/ V.S.Mylnikow,in "Elementary Photoprocesses in Molecules", ed. B.S.Neporent, Consultants Bureau, N.Y.(1968)

/171/ E.Rabinowitch, J.Chem.Phys., 8, 56o (194o)
/172/ D.Kearns, M.Calvin, J.Chem.Phys., 29, 95o (1958)
/173/ H.T.Tien, Int.Conf. on the Photochemical Conversion and Storage of Solar Energy, London, Ont., Aug. (1976)
/174/ S.Alkaitis, M.Grätzel, J.Am.Chem.Soc., 68, 3549 (1976)
/175/ K.Takamoto et al., Bull Chem.Soc. Japan, 41, 764 (1968)
/176/ A.Henglein, M.Grätzel, S.A.Alkaitis, Ber.Bunsenges. Phys.Chem., 79 (6), 541 (1975)
/177/ S.A.Alkaitis, G.Beck, M.Grätzel, J.Am.Chem.Soc., 97, 5723 (1975)
/178/ M.Grätzel, R.Scheerer, Int.Conf.on the Photochemical Conversion and Storage of Solar Energy, London, Ont., Aug. (1976)
/179/ J.J.Katz, J.Norris, Curr.Topics Bioenerg., 5, 41 (1973)
/18o/ R.L.Willson, Trans.Faraday Soc., 67, 3o2o (1971)
/181/ S.C.Wallace et al., Chem.Phys.Letters, 23, 359 (1974)
/182/ A.Kira, J.K.Thomas, J.Phys.Chem., 78, 196 (1974)
/183/ S.Gordon, E.J.Hart, Disc.Faraday.Soc., 36, 214 (1963)
/184/ A.J.Frank, M.Grätzel, Int.Conf.on the Photochemical Conversion and Storage of Solar Energy, London, Ont., Aug. (1976)
/185/ A.P.Carapelluci, D.Mauzerall, Ann. of the N.Y. Acad. Sci., 244, 214 (1975)
/186/ H.Schulten, A.Weller et al., preprint, (1976)
/187/ M.D.Archer, Indian J.Chem., 9 (7), 19 (1975)
/188/ E.Rabinowitch J.Chem.Phys., 8, 551 (1940)
/189/ M.D.Archer Internat. Symp.on the interdisciplinary aspects of Photochemistry, Barcelona (1976)
/190/ T.Ohta, N.Kamiya, J.Chem.Soc.Japan 72, 96 (1969)
/191/ J.R.Bolton, Internat.Solar Energy Congress and Expositon, Sec. 22/6, CONF-75o712, L.A. (1975)
/192/ L.J.Miller, Final Report AF-33-(161)-7911, Sunstrand Aviation (1962)
/193/ R.Gomer, Prelim.Report, Memo. Techn.Notes, Materials Research Council, Summer Conf., 2, 171 (1973)
/194/ R.W.Harrington, Int.Solar Energy Congress and Exposition, Sec. 22/1, CONF-75o712, L.A. (1975)
/195/ N.N.Lichtin, Int.Conf.on the Photochemical Conversion and Storage of Solar Energy, London, Ont., Aug. (1976)
/196/ P.D.Wildes, et al., Int.Conf. on the Photochemical Conversion and Storage of Solar Energy, London, Ont., (1976)
/197/ C.G.Hatchard, C.A.Parker, Trans.Faraday Soc., 57, 1o41 (1961)
/198/ A.E.Potter, L.H.Thaler, Solar Energy, 3, 1 (1957)
/199/ R.A.Hann, G.Read, D.R.Rosseinski, P.Wassell, Nature, (Phys.Science) 244, 126 (1973)
/2oo/ E.Rabinowitch, D.Frackowiak, J.Phys.Chem., 7o, 3o12 (1966)
/2o1/ E.Rabinowitch, K.G.Mathai, J.Phys.Chem., 66, 663 (1962)
/2o2/ M.Hafner, U.Steiner, S.Schreiner, H.E.A.Kramer, Z.Phys. Chem., Neue Folge 86, 22o (1973)
/2o3/ R.N.Tarafdar, K.K.Rohatgi-Mukherjee, Int.Conf. on the Photochemical Conversion and Storage of Solar Energy, London, Ont., Aug. (1976)
/2o4/ S.Srinivasan, F.J.Salzano, Proc.of the 1st World Hydrogen Energy Conf., Part II, 6B-23, Miami Beach, Florida, März (1976)
/2o5/ H.P.Silverman, W.Momyer, M.Eisenberg, Proc. of the 14th Annual Power Sources Conf. (196o)
/2o6/ M.Eisenberg, H.P.Silverman, Electrochim Acta, 5, 1 (1961)
/2o7/ J.R.Harbour, G.Tollin, Photochem. Photobiol., 19, 69 (1974)

/2o8/ P.Paul, R.P.Choudry, Int.Conf.on the Photochemical Conversion and Storage of Solar Energy, London, Ont. (1976)
/2o9/ T.Imura, T.Furutsuka, K.Kawabe, Photochem. Photobiol., 22, 129 (1975)
/21o/ R.K.Clayton, R.T.Wang, Methods Enzymol., 23, 696 (1971)
/211/ R.C.Young, T.J.Meier, D.G.Whitten, Int.Conf. on the Photochemical Conversion and Storage of Solar Energy, London, Ont., Aug. (1976)
/212/ N. Sutin, Chin Tung Lin, J.Phys.Chem., 8o (2), 97 (1976)
/213/ Yu.S.Lebedev, G.A.Kersunovskij, Russ. J.Phys.Chem., 49, 527 (1975)
/214/ T.Ohta, N.Kamiya, 9th Intersoc.Energy Conversion Conf., San Francisco, Aug. (1974)
/215/ S.Markiewicz, Int. Conf. on the Photochemical Conversion and Storage of Solar Energy, London, Ont., Aug. (1976)
/216/ N.Kamiya, M.Okawara,J.Chem.Soc.Japan, Ind.Chem.Sect 72, 96 (1969)
/217/ I.S.Shchegoleva, Int.Conf. on the Photochemical Conversion and Storage of Solar Energy, London, Ont., Aug. (1976)
/218/ L.Moggi, Int.Conf. on the Photochemical Conversion and Storage of Solar Energy, London, Ont., Aug. (1976)
/219/ W.Gissler, P.L.Lensi, S. Pizzini, J.Appl. Electrochem., 6, 9 (1976)
/22o/ J.O'M, Bockris, in "Hydrogen Energy", ed.T.N.Veziroglu, Part A, 371, Plenum Press, N.Y. (1975)
/221/ R.H.Plumlee, Sandia Lab. Res. Report, SLA 73-o163, 122, Albuquerque,New Mex. (1973)
/222/ J.H. Kelley, E.A. Lauman, NASA Study,"Hydrogen Tomorrow: Demands and Technology Requirements", Jet Prop.Lab., Calif. Inst. Technol., Dez. (1975)
/223/ G.J.Cioni, Solar Cell Division, L.B.J. Space Center, NASA, Houston, Texas (1973)
/224/ A.J.Nozik, Proc. of the 11th Intersoc. Energy Conversion Engineering Conf., State Line, Nevada, Sept. (1976)
/225/ K.L. Stevenson, D.D.Davis, Int.Conf. on the Photochemical Conversion and Storage of Solar Energy, London, Ont., Aug. (1976)
/226/ L.R.Fischer, D.G.Oakenfull, Chem.Soc.Rev., 16 (1), 25 (1977)
/227/ Y.Nakato, S.Tonomura, H.Tsubomura, Ber.Bunsenges. Phys.Chem., 8o (12), 1289 (1976)
/228/ D.Kolb, M.Przasnyski, H.Gerischer, Z.Phys.Chem.NF, 93, 1 (1974)
/229/ G.Hodes, D.Cahen, J.Manassen, Nature, 26o, 312 (1976)
/23o/ K.L.Hardee, A.J.Bard, J.Elchem.Soc., 124, 215 (1977)
/231/ K.Hauffe, H.Ravelinge, D.Rein, Z.Phys.Chem.NF, 1o4 (1-3), 89 (1977)
/232/ E.C.Dutoit, F.Cardon, W.P.Gomes, Ber.Bunsenges.Phys. Chem., 8o (12), 1285 (1976)
/233/ R.I.Brickley, R.K.M.Vayanti, Farad.Disc.Chem.Soc., 58, 194 (1974)

/234/ M.Tomkiewicz, J.M.Woodall, J.Elchem.Soc., in Vorbereitung
/235/ J.O'M.Bockris, K.Uosaki, J.Elchem.Soc., 124, 98 (1977)
/236/ L.A.Harris, R.H.Wilson, J.Elchem.Soc., 123, 1o1o (1976)
/237/ A.Fujishima, K.Kohayakawa, K.Honda, J.Elchem.Soc., 122, 1487 (1975)
/238/ S.Gourgaud, D.Elliott, J.Elchem.Soc., 124, 1o2 (1977)
/239/ H.Moesta, D.Breuer, N.Trappen, Ber.Bunsenges.Phys. Chem., 73, 879 (1969)
/24o/ K.Hauffe, U.Bode, Farad.Disc.Chem.Soc., 58, 281 (1974)
/241/ G.Semerano et al., "Dye Sensitization", Focal Press, London (197o)
/242/ D. Laser, A.J.Bard, Chem.Phys.Lett., 34, 6o5 (1975)
/243/ F.Willig, M.E.Michel-Beyerle, Photochem.Photobiol., 16, 371 (1972)
/244/ Organic Molecular Photophysics, Vol.1,2, ed. J.B.Birks, Wiley-Interscience, London (1975)

4.4. Biologische Wasserstoffgewinnung

von G.A. Peschek

4.4.1. Einleitung und Übersicht

Der im Gefolge des Schlagwortes "Energiekrise" in den letzten Jahren mehr und mehr ins Blickfeld getretene Begriff der Wasserstoff-Ökonomie /1-7/ hat auch an eine technische Nutzbarmachung biologischer Prozesse für die Wasserstoffgewinnung denken lassen /8-14/. Die Anfänge derartiger Bemühungen datieren aber schon bis zum Jahre 1922 zurück /15-17/. Tatsächlich scheint nichts naheliegender zu sein als der Gedanke, die in der Natur fertig vorliegenden wasserstoffproduzierenden Organismen aus ihrem natürlichen Verband für unsere eigenen Bedürfnisse gewissermaßen abzuzweigen. Durch die Biochemie des Vorgangs selbst bedingte Komplikationen stehen jedoch einer unmittelbaren Übertragung des biologischen Rezeptes auf technische Verfahren im Wege. Im folgenden wird über die Problematik dieser Möglichkeit berichtet.

Die Fähigkeit zur Freisetzung elementaren Wasserstoffs findet sich innerhalb der gesamten belebten Natur ausschließlich auf der Entwicklungsstufe der Prokaryonten (Bakterien) sowie bei einigen (eukaryotischen) Algen. Die Prokaryonten, zu denen Bakterien (im engeren Sinn) und Blaualgen (Blaubakterien, Cyanobacteria) zu rechnen sind, lassen sich von allen anderen lebenden Zellen (eukaryotischen Zellen) eindeutig abgrenzen.

In Abb. 1 ist eine Gegenüberstellung beider Zelltypen schematisch gezeigt. Daraus ist ersichtlich, daß der Blaualge ein von einer Kernmembran gegen das Cytoplasma abgegrenzter Zellkern mit mitotischem Teilungsmechanismus fehlt. Das genetische Material trägt ein einziges, meist ringförmiges, frei in der Zellmitte (im Centroplasma) liegendes Chromosom. Weiters fehlen intrazelluläre, von gesonderten Membranen umgrenzte Organellen, wie Mitochondrien oder Chloroplasten. Wenn vorhanden, sind die Elektronentransportsysteme von Atmung bzw. Photosynthese auf frei das Cytoplasma durchziehenden intracytoplasmatischen Membranen lokalisiert. Die Zellwand bei Prokaryonten weist eine charakteristische, nur hier anzutreffende chemische Zusammensetzung auf /18/.

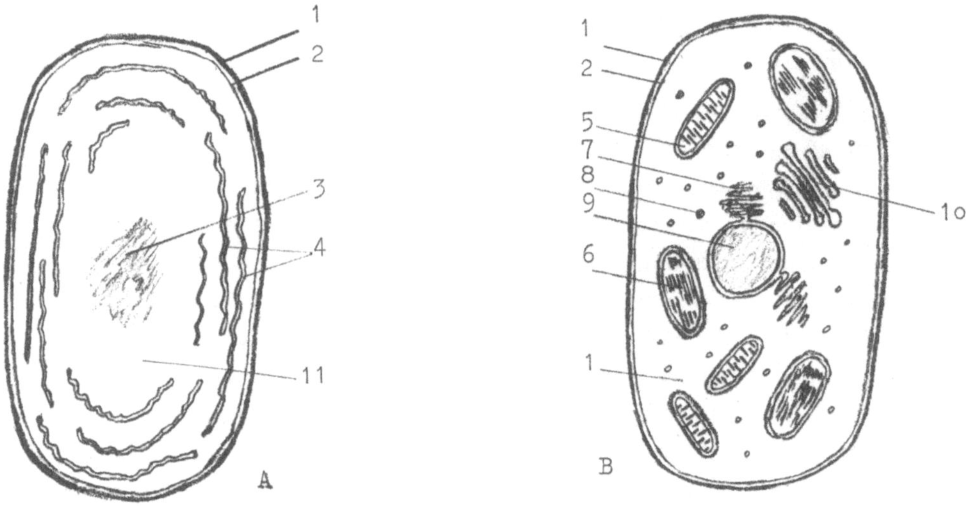

Abb. 1: Gegenüberstellung von prokaryotischer und eukaryotischer Zellorganisation.

A: prokaryotische, photosynthetische Zelle (Blaualge)
- 1 ... Zellwand
- 2 ... Zellmembran (Plasmalemma)
- 3 ... Centroplasma mit genetischem Material (Chromosom)
- 4 ... intracytoplasmatisches Membransystem (gemeinsamer Ort von Atmung und Photosynthese)
- 11 ... Cytoplasma

B: eukaryotische, photosynthetische Zelle (Pflanzenzelle)
- 1 ... Zellwand
- 2 ... Zellmembran (Plasmalemma)
- 5 ... Mitochondrion (membranumschlossen; Sitz der Atmung)
- 6 ... Chloroplast (membranumschlossen; Sitz der Photosynthese)
- 7 ... Endoplasmatisches Retikulum
- 8 ... verschiedene Zelleinschlüsse (Ribosomen, Peroxisomen,..)
- 9 ... Zellkern mit Chromosomen, membranumschlossen
- 1o ... Golgi-Apparat (Diktyosom)
- 11 ... Cytoplasma (Cytosol)

Im vorliegenden Kapitel werden zunächst die biologischen Systeme und die biochemischen Mechanismen der Wasserstoffbildung besprochen. Hierauf wird über die bisher gemachten Erfahrungen mit solchen Systemen und Aspekte berichtet. Die Möglichkeit einer biologisch-fermentativen Kompostierung von Planzenmaterialien und Verwertung organischer Abfälle wird ebenfalls diskutiert (s.Pkt. 4.4.3.2.3. und 4.4.3.3.)/9,19-26,113,114/. Auch die biologische Bildung anderer wasserstoffhältiger Brennstoffe wie Methan und Ammoniak wird Erwähnung finden. Auf die Rolle des Sauerstoffs bei der Entwicklung der biologischen Photosynthese wird hier nicht näher eingegangen /27-29/.

4.4.2. Biochemische Mechanismen der Wasserstoffbildung

4.4.2.1. Allgemeine Grundlagen, Hydrogenase-Reaktion

Der abschließende Elementarschritt bei der biologischen Wasserstoffbildung besteht nach Gleichung (1) formal in der Übertragung von Elektronen (e^-) auf Wasserstoffionen (H^+):

$$2\ H^+ + 2e^- = H_2; \qquad E_o' = -\ o{,}42\ V^{1)} \qquad (1)$$

Negative Redoxpotentiale bedeuten elektrochemisch immer einen relativ hohen Energieaufwand zur Durchführung der betreffenden Reaktion. Für die Reduktion von Wasserstoffionen zu elementarem Wasserstoff sind also starke Reduktionsmittel nötig. Die Bereitstellung dieser Reduktionsmittel in der lebenden Zelle beruht auf zwei grundsätzlich verschiedenen Mechanismen:

a) Bei anaeroben, gärenden Organismen liefern energiereiche organische Verbindungen des Intermediärstoffwechsels die Elektronen für die H^+-Reduktion (Pkt. 4.4.2.2.)

b) Bei photosynthetischen Organismen wird - direkt oder indirekt-die zur Anregung der Elektronen nötige Energie durch das Licht geliefert (Pkt. 4.4.2.3.)

Die Bereitstellung reaktiver Elektronen - in Form von wasserstoffhältigen Metaboliten wie Pyruvat oder Formiat (vergleiche Gleichung (5) und (14))bzw. als photoreduziertes

[1] E_o' ... elektrochemisches Potential bei pH 7

NAD(P)H oder Ferredoxin (vgl. Abb. 6) - bewirkt allerdings noch nicht die Bildung elementaren Wasserstoffs. Der eigentlich elektronenübertragende Schritt nach Gl. (1) wird durch das Enzym "Hydrogenase" katalysiert /3o, 34, 42, 81/. Dieses Enzym kommt nur in prokaryotischen Zellen sowie in manchen eukaryotischen Algen (nach vorausgehender, anaerober Dunkeladaptation, vgl. Pkt. 4.4.2.3.3.) vor. Sein Vorhandensein bestimmt letztlich die Fähigkeit eines Organismus zur Metabolisierung (d.h. Aufnahme bzw. Bildung) elementaren Wasserstoffs. Insbesondere wird Hydrogenase in den Zellen höherer Pflanzen (Kormophyten) nicht angetroffen, womit diese große und bedeutende Gruppe phototropher Organismen für eine direkte photosynthetische Wasserstoffgewinnung in vivo ausfällt. In den Chloroplasten höherer Pflanzen wird der nach Photolyse des Wassers (im Photosystem (PS) II) durch Photoreduktion (im Anschluß an Photosystem (PS) I) gebildete metabolische Wasserstoff (gebunden als reduziertes Ferredoxin (Fd) bzw. reduziertes Nicotinamid-adenindinucleotid-phosphat (NADPH), (vgl. Abb. 6) in vivo unmittelbar und praktisch zur Gänze für die Assimilation atmosphärischen Kohlendioxids zu körpereigener Substanz verwertet (vgl. hiezu auch Abb. 3).

Bei der erwähnten "Hydrogenase" handelt es sich in der Tat nicht um ein einziges, einheitliches Enzym, sondern um drei verschiedene Enzymtypen. Aus Gründen der Klarheit seien daher die drei biochemischen Reaktionstypen, die zur Freisetzung bzw. Aufnahme elementaren Wasserstoffs führen, kurz besprochen und die verantwortlichen Enzyme wie folgt eingeteilt:

a) "Irreversible" Hydrogenase. Sie katalysiert ausschließlich die <u>Aufnahme</u> gasförmigen Wasserstoffs. Der Wasserstoff wird zu $2H^+$ oxidiert, die Elektronen werden dabei auf relativ positivem Redox-Niveau in eine Elektronentransportkette eingeschleust. Sie dienen so letztlich biosynthetischen Zwecken (CO_2-Assimilation für das Zellwachstum). Diese Hydrogenase ist sauerstoffunempfindlich; sie findet sich, in membrangebundener Form, bei Knallgasbakterien (Hydrogenomonaden /31,32,119/) sowie bei photosynthetischen Bakterien (Rhodospirillum rubrum, Chlorobium), die mit H_2 und CO_2 photoautotroph gezüchtet werden können, und bei Blaualgen (Anabaena cylindrica /73/, s.Pkt. 4.4.2.3.2. und 4.4.3.1.).

b) "Reversible" Hydrogenase. Sie katalysiert sowohl Aufnahme als auch Freisetzung elementaren Wasserstoffs. Dieses Enzym ist hauptverantwortlich für die Wasserstoffbildung im Zuge fermentativer Prozesse und bildet wahrscheinlich einen Bestandteil des Multi-Enzymkomplexes Formiat-Hydrogen-Lyase /33, 34/. Es findet sich demnach überwiegend bei obligat und fakultativ anaeroben Bakterien (Clostridien; Escherichia coli), scheint jedoch auch in photosynthetischen Bakterien /87/ und Knallgasbakterien /31, 32/ zusätzlich zur "irreversiblen" Hydrogenase vorzukommen. Elementarer Wasserstoff kann bei dem unter anaeroben Bedingungen meist gegebenen intrazellulären Überangebot an metabolischem Wasserstoff (d.h. an Reduktionsäquivalenten: NAD(P)H oder reduziertes Fd) aus diesem in thermodynamisch neutraler Reaktion, also ohne weitere Energiezufuhr, durch Hydrogenase freigesetzt werden. Derselbe Hydrogenase-Typ ist in gewissen eukaryotischen Algen (z.B. Scenedesmus, Chlorella, Ankistrodesmus; (Pkt. 4.2.3.3.)) bei längerer anaerober Dunkeladaptation aktivierbar bzw. induzierbar /35/. Die durch "reversible" Hydrogenase katalysierte Wasserstoffentwicklung kommt in Anwesenheit freien Sauerstoffs rasch zum Stillstand.

c) Nitrogenase mit Hydrogenase-Aktivität. Die Nitrogenase ist für die Fixierung elementaren Stickstoffs zuständig /36, 37/. Sie katalysiert also formal folgende Reaktion:

$$N_2 + 8H^+ + 6e^- \xrightarrow[\text{ATP}^*]{\text{Nitrogenase}} 2NH_4^+ \qquad (2)$$

---

*ATP ... Adenosintriphosphat ; ADP ... Adenosindiphosphat

Das Ammonium-Ion (NH_4^+) wird für den Aufbau der Aminosäuren und damit der Proteine benötigt. Die Fixierung atmosphärischen Stickstoffs ist bei Prokaryonten weit verbreitet, findet sich interessanterweise jedoch nicht bei Eukaryonten /38/. Nitrogenase wird durch freien Sauerstoff und durch gebundenen Stickstoff im Medium (Ammonium, Nitrat) inhibiert bzw. reprimiert. Bei strikter Abwesenheit von elementarem Stickstoff (und selbstverständlich auch von O_2 sowie gebundenem Stickstoff) können sich Nitrogenase enthaltende Zellen ihres Überschusses an Reduktionskraft - sei diese nun photosynthetisch oder fermentativ erzeugt - auch dadurch entledigen, daß dieselbe Nitrogenase, die unter physiologischen Bedingungen N_2 fixiert, nun im Sinne einer Fehlreaktion nach Gleichung (3) elementaren Wasserstoff bildet:

$$2H^+ + 2e^- \xrightarrow[\text{ATP}]{\text{Nitrogenase}} H_2 \qquad (3)$$

Die Elektronen für diese Reaktion müssen bereits auf niedrigem Redox-Potential vorliegen (z.B. als reduziertes Fd). Trotzdem ist die durch Nitrogenase katalysierte Wasserstoffentwicklung noch immer ein endergonischer Prozeß, da das Enzym den universellen biologischen Energieträger ATP benötigt /39, 4o/. Das ATP kann dabei fermentativen Reaktionen (Substratphosphorylierung) oder dem respiratorischen bzw. photosynthetischen Elektronentransport (oxidative bzw. Photophosphorylierung, vgl. Abb.3 und Abb.6) entstammen. Bei der Stickstoff-Fixierung wird der ATP-Bedarf der Nitrogenase auf nicht weniger als 12-15 Mol ATP pro Mol N_2 geschätzt /37/, bei der Hydrogenase-Reaktion nach Gleichung (3) dürfte der Energiebedarf allerdings erheblich geringer sein.

In manchen Organismen kommen reversible Hydrogenase und Nitrogenase nebeneinander vor. In diesen Fällen ist prinzipiell auf beiden Wegen die Produktion elementaren Wasserstoffs möglich, in einer ATP-unabhängigen, durch Kohlenmonoxid hemmbaren Hydrogenase-Reaktion und in einer ATP-abhängigen, durch Kohlenmonoxid nicht hemmbaren "Nitrogenase" - Reaktion /88/.

Biochemisch gesehen ist Nitrogenase der am besten charakterisierte aller hier erwähnten Hydrogenase-Typen. Das Enzym dürfte aus zwei Untereinheiten bestehen, von denen die eine Molybdän und Eisen, die andere nur Eisen enthält; dabei zeigen die Untereinheiten für sich keine Enzymaktivitäten /12o,121/.

Es sei nochmals betont, daß es sich bei der durch Nitrogenase katalysierten Hydrogenasereaktion (3) um einen unphysiologischen Prozeß handelt, der sich nur mit ruhenden, d.h. nicht in Wachstum begriffenen Zellsuspensionen demonstrieren und dementsprechend auch nicht über längere Zeiträume hinweg aufrechterhalten läßt. Nitrogenase katalysiert in Gegenwart geeigneter Elektronendonoren (z.B. Dithionit, $S_2O_4^{--}$) in vitro die Reduktion einer ganzen Reihe "stickstoff-analoger", unphysiologischer Elektronenakzeptoren /41/, wie aus Abb. 2 ersichtlich ist.
Die bisherigen Systeme zur photobiologischen Wasserstoffproduktion mit Hilfe intakter Blaualgen (vgl. Pkt. 4.4.3.1.) gründen sich ausnahmslos auf den zuletzt besprochenen "Hydrogenase"-Typ.

$$N_2 \longrightarrow 2NH_3$$

$$N_2O \longrightarrow N_2 + H_2O$$

$$N_3^- \longrightarrow N_2 + NH_3$$

$$C_2H_2 \longrightarrow C_2H_4$$

$$HCN \longrightarrow CH_4 + NH_3$$

$$CH_4CN \longrightarrow CH_4 + CH_3NH_3$$

$$2H^+ \longrightarrow H_2$$

Abb. 2: Schematische Darstellung nitrogenase-katalysierter Reaktionen mit verschiedenen Elektronenakzeptoren /41/.

4.4.2.2. Fermentative Wasserstoffbildung

Die erste überhaupt beobachtete biologische Wasserstoffentwicklung war vom fermentativen Typ /43, 44/. Obwohl es sich dabei durchwegs um Dunkelreaktionen anaerob-heterotropher Mikroorganismen handelt, von denen folglich keine unmittelbare Nutzung der Sonnenenergie zu erwarten ist, seien sie doch im Zusammenhang kurz besprochen.

Die mit optimaler Lichtausbeute wachsenden Pflanzen wie Mais, Zuckerohr oder auch Algen /47/ lassen sich nach der Ernte - etwa als "konvertierte Sonnenenergie" - ihrerseits zur Energieproduktion heranziehen /113/, denkt man in erster Linie an eine vorausgehende, relativ billige und dabei doch ausbeutemäßig optimale bakteriell-fermentative Aufbereitung des Pflanzenmaterials (5o % davon a priori als Kohlenhydrat) zu elementarem Wasserstoff oder zu anderen gasförmigen bzw. flüssigen Brennstoffen wie Methan oder Äthanol /22/. Für solche Verfahren werden insgesamte Sonnenenergie-Umwandlungsgrade von o,5 % (Äthanol aus Zuckerrohr) bzw. 1,3 % (Methan aus Algen) angegeben /22, 48/.

Darüberhinaus eröffnen fermentative Verfahren zur Wasserstoff- bzw. Brennstoff-Gewinnung wenigstens grundsätzlich die hochaktuelle Möglichkeit einer Kombination biologischer Energieproduktion (vgl./113/) mit der gleichzeitigen Beseitigung organischer Abfälle /9,2o-26,114/. In solchen Systemen können mit Vorteil auch photosynthetische Organismen verwendet werden /22,23/, wodurch eine direkte Beziehung zwischen Abfallbeseitigung und Sonnenenergie-Umwandlung zur Wasserstoff- bzw. Brennstoffproduktion gegeben ist /2o/. Außerdem könnte bei geeigneter Lenkung der Verfahren die anfallende organismische Substanz (insbesondere Protein) sogar noch einer Verwendung als wertvoller Nahrungsbestandteil zugeführt werden /21/.

Eine Schlüsselstellung bei den Mechanismen fermentativer Wasserstoffentwicklung nimmt Pyruvat als intermediärer Metabolit des Kohlenhydratabbaus ein /49/. Das Pyruvat wird formal nach Reaktion (4) zu Acetat decarboxyliert:

$$CH_3COCOOH + H_2O = CH_3COOH + CO_2 + 2H^+ + 2e^- \quad (4)$$

E_o' ...(elektrochemisches Potential bei pH 7)
= -o,699 V

Dabei reicht die auftretende elektrochemische Potentialdifferenz zur Reduktion der Protonen nach Gl.(1) leicht aus, ja es kann sogar noch zusätzliche, für den Organismus verwertbare chemische Energie in Gestalt des ATP gewonnen werden. Tatsächlich spielt sich der genannte Prozeß in lebenden Zellen wesentlich komplizierter, und zwar in mehreren Schritten ab. Es gibt dabei zwei grundlegende Varianten biochemischer Reaktionsfolgen: die eine typisch für Clostridien, die andere für Escherichia coli /58/:

a) das clostridiale System:

$$\text{Pyruvat} + \text{TPP-E}_{ox}^{*)} = \text{Hydroxyäthyl-TPP-E}_{ox} + CO_2 \quad (5)$$

$$\text{Hydroxyäthyl-TPP-E}_{ox} + \text{HSCoA}^{*)} = \text{Acetyl-CoA} + \text{TPP-E}_{red} \quad (6)$$

$$\text{TPP-E}_{red} + Fd_{ox} = \text{TPP-E}_{ox} + Fd_{red} \quad (7)$$

$$\text{Acetyl-CoA} + P_i^{*)} = \text{Acetylphosphat} + \text{CoA} \quad (8)$$

$$\text{Acetylphosphat} + \text{ADP}^{*)} = \text{Acetat} + \text{ATP} \quad (9)$$

$$Fd_{red} + 2H^+ = Fd_{ox} + H_2 \quad (1o)$$

b) das System aus E.coli:

$$\text{Pyruvat} + \text{TPP} + \text{Biotin} = \text{Hydroxyäthyl-TPP} + \text{Biotin-}CO_2 \quad (11)$$

$$\text{Biotin-}CO_2 + 2\,Fd_{red} = \text{Formiat} + \text{Biotin} + 2\,Fd_{ox} \quad (12)$$

$$\text{Formiat} + Fd_{ox} = CO_2 + Fd_{red} \quad (13)$$

$$Fd_{red} + 2H^+ = Fd_{ox} + H_2 \quad (14)$$

---

*) TPP ... Thiaminpyrophosphat,
TPP-E . enzymgebundenes Thiaminpyrophosphat.

[a] HSCoA ... Coenzym A mit freier Thiolgruppe,
CoA ..... Coenzym A.
[3] P_i ...... anorganisches Phosphat.
[4] ADP ..... Adenosindiphosphat.

Reaktionen (5) - (7) werden durch das Enzym Pyruvat: Ferredoxin-Oxidoreductase, (8) wird durch Phosphotransacetylase, (9) durch Acetatkinase, (10) bzw. (14) durch Hydrogenase, (11) und (12) durch Pyruvat-Formiat-Lyase, sowie (13) und (14) durch Formiat-Hydrogen-Lyase katalysiert.

Die eigentliche wasserstoffliefernde Reaktion, die Hydrogenase-Reaktion (10) bzw. (14), ist also in beiden Fällen formal dieselbe, wenn auch in dem komplizierteren System aus E. coli die Hydrogenase wahrscheinlich ein konstituierender Bestandteil des Multi-Enzymkomplexes Formiat-Hydrogen-Lyase ist /33,34/. In Tabelle 1 sind Organismen, deren fermentative Wasserstoffproduktion genauer untersucht ist, zusammengestellt.

Der Mechanismus der fermentativen Wasserstoffbildung bei anaerob dunkel-adaptierten eukaryotischen Algen entspricht dem von E. coli (s.Gl. (11) - (14) /35, 57/).

Eine besonders interessante Gruppe potentieller Wasserstoffproduzenten sind die Methanbakterien /59/. Im Zuge normaler Wachstumsbedingungen reduzieren diese strikt anaeroben Mikroorganismen CO_2 mit Hilfe elementaren Wasserstoffs zu körpereigener Substanz. Der Wasserstoff kann dabei primär aus organischen Substraten wie Acetat stammen. In Abwesenheit des Akzeptors CO_2 wird dieser Wasserstoff in gasförmiger Form freigesetzt:

$$CH_3COOH + 2H_2O = 2CO_2 + 4H_2 \quad (15)$$

$$4H_2 + CO_2 = CH_4 + 2H_2O \quad (16)$$

Wasserstoffbildung tritt bei Methanbakterien also nur in Abwesenheit des Wachstumssubstrates CO_2 auf. Zur großangelegten Produktion von Methan werden die Methanbakterien im Zusammenhang mit der Kompostierung organischer Abfälle ernsthaft in Betracht gezogen /74/. Insbesondere wird auch die direkte Gewinnung von elektrischem Strom aus CH_4 in besonders konstruierten Methan-Brennstoff-Zellen erwogen /6o/.

Organismen	mMol H_2 aus 1oo mMol Glucose	Anmerkungen
Clostridium butyricum	235	siehe Gl. (5) - (1o) /89/
Desulfovibrio desulfuricans	x)	Sulfat-Atmer; vermag Sulfat mittels H_2 zu reduzieren /5o/
Micrococcus lactilyticus	xx)	vermag H_2 auch aus Hypoxanthin freizusetzen /51/
Butyribacterium rettgeri	74	andere Gärungsprodukte: Butyrat, Lactat, Acetat, CO_2 /52/
Photobacterium phosphoreum	54,8	zahlreiche andere Produkte, darunter 2,3-Butandiol /53/
Aerobacillus polymyxa	7o,9	zahlreiche andere Produkte, darunter 2,3-Butandiol /54/
Aeromonas hydrophila	57,5	zahlreiche andere Produkte, darunter 2,3-Butandiol /55/
Peptoccus glycinophilus	xxx)	fermentiert die Aminosäure Glycin /56/

x) zerlegt Pyruvat ($CH_3COCOOH$) zu CO_2 und H_2

xx) bildet aus 1oo mMol Lactat 14,2 mMol H_2

xxx) baut Glycin zu Acetat, NH_3, CO_2 und H_2 ab.

Tabelle 1: Wasserstoffgärung bei verschiedenen Bakterien.

4.4.2.3. Photosynthetische Wasserstoffbildung

Die biologische Photosynthese läßt sich definieren als Umwandlung von Lichtenergie in chemische Energie. Im Laufe der Evolution des Lebens auf unserem Planeten haben auch die photosynthetischen Mechanismen eine graduelle Modifikation erfahren /27/. Zunächst waren es die photosynthetischen Bakterien /61,62/, die in einer vermutlich noch sauerstofffreien, reduzierenden Erdatmosphäre als erste das Sonnenlicht zum Aufbau energiereicher Moleküle zu nutzen verstanden /63/.

Dabei war es anfänglich nur das als universelle "Energiewährung" aller lebenden Zellen fungierende ATP, in dem die Sonnenenergie konserviert und als solche bei den mannigfaltigen, endergonischen Biosyntheseprozessen der Zelle eingesetzt wurde /64/. Der Substanzbedarf der Organismen wurde auf dieser Entwicklungsstufe allerdings noch immer durch (Photo-)Assimilation organischer Stoffe aus dem umgebenden Milieu gedeckt (Photoorganotrophie). Erst später, im Gefolge einer allmählichen Verknappung abiogen entstandener organischer Stoffe in der Biosphäre, lernten die photosynthetischen Bakterien, thermodynamisch anspruchslose anorganische Elektronendonoren wie Schwefelwasserstoff (H_2S) oder elementaren Schwefel (S) als Reduktionsmittel für die Assimilation atmosphärischen Kohlendioxids zu körpereigener organischer Substanz zu nutzen (Photoautotrophie).

Den einschneidenden Wendepunkt sowohl in biologischer als auch in geologischer Hinsicht brachte aber erst das Auftreten der Blaualgen, der ersten Pflanzen im biophysikalischen Sinn, die mit Hilfe eines "neuartigen" Photosyntheseapparates (Vgl. Abb. 3 mit Abb. 6) nun Wasser als "Reduktionsmittel" für die autotrophe CO_2-Fixierung verwendeten /27, 28/. Durch den bei der Photolyse des Wassers freigesetzten elementaren Sauerstoff ging allmählich auch die bisher anoxygene in eine oxygene sauerstoffhältige Atmosphäre über. Ein Vergleich der von van Niel /65,66/ aufgestellten Grundgleichung der photosynthetischen CO_2-Fixierung mit Hilfe von H_2S einerseits und H_2O andererseits zeigt deutlich den großen Unterschied in den energetischen Anforderungen zwischen beiden Reaktionen:

$$2H_2S + CO_2 = (CH_2O) + H_2O + 2S \qquad (17)$$

$$\Delta G_o' = 12 \text{ kcal/Mol } CO_2 \quad ^{1)}$$

$$2H_2O + CO_2 = (CH_2O) + H_2O + O_2 \qquad (18)$$

$$\Delta G_o' = 112 \text{ kcal/Mol } CO_2$$

Nebenbei bemerkt ist es gerade die Photolyse des Wassers, die bei den Bemühungen um eine abiogene photochemische Nutzbarmachung der Sonnenenergie mit dem Ziel einer Wasserstoffproduktion in technischem Maßstab im Brennpunkt des Interesses steht /67 - 7o/. Dabei wird man sich zum Teil auch wesentlich auf die Erkenntnisse photosynthetischer Grundlagenforschung zu stützen haben /8, 9, 7o/.

Während nun die Pflanze die mittels Sonnenenergie bereitgestellte Reduktionskraft (d.h. den gebundenen, metabolischen Wasserstoff) in situ sogleich für die Fixierung des CO_2 zu Zellsubstanz verwendet, ist man im Hinblick auf eine Wasserstoff-Ökonomie an der unmittelbaren Freisetzung gasförmigen Wasserstoffs interessiert. Diese ist jedoch an das Enzym Hydrogenase gebunden, das allerdings in höheren Pflanzen fehlt (Pkt. 4.4.2.1.). Daher sind dem Vorhaben einer unmittelbaren pflanzlichen Wasserstoffproduktion großen Stils a priori ernste Einschränkungen auferlegt (Pkt. 4.4.3.).

4.4.2.3.1. Photosynthetische Bakterien

Das lichtabhängige Elektronentransportsystem photosynthetischer Bakterien ist in Abb. 3 schematisch dargestellt /61, 62, 64/.

---

[1] $\Delta G_o'$ ... freie Standard-Reaktionenthalpie bei pH 7

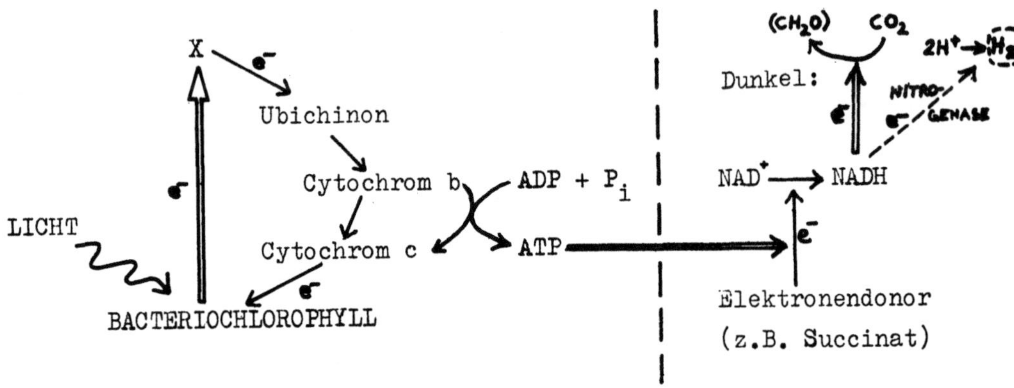

Abb. 3: Photosynthetischer Elektronentransport, zyklische Photophosphorylierung und Nicotinamid-adenin-dinucleotid (NAD^+)-Reduktion in Rhodospirillum rubrum /64/.

Wie man aus Abb. 3 sieht, wird bei photosynthetischen Bakterien die Umwandlung von Sonnenenergie in chemische Energie mit Hilfe eines einzigen Photosystems unter Produktion des biologischen Energieträgers ATP bewerkstelligt (zyklische Photophosphorylierung). Damit ist zunächst keine Netto-Aufnahme oder -Abgabe von Elektronen verknüpft. Die Energie für den endergonischen Transport der Elektronen vom akzessorischen Donor (z.B. Schwefelwasserstoff, H_2S) auf die Redox-Stufe des eigentlichen CO_2-reduzierenden Agens NADH (bei der pflanzlichen Photosynthese tritt NADPH an die Stelle des NADH (vgl. Abb. 6)) liefert dabei das photosynthetisch gebildete ATP.

$$H_2S(\text{gasförmig}) = S\ (\text{Rhombisch}) + 2H^+ + 2e^- \qquad (19)$$

$$E_o' = -\ 0{,}243\ V$$

$$NAD^+ + H^+ + 2e^- = NADH \qquad (2o)$$

$$E_o' = -\ 0{,}32o\ V$$

Wieweit dabei auch eine direkte Photoreduktion des NAD^+ zu NADH eine Rolle spielt, ist noch ungeklärt /64, 71/. Die zur NAD^+-Reduktion nötigen Elektronen können analog zu Gl. (19) in einer durch die Hydrogenase katalysierten Reaktion auch aus elementarem H_2 stammen.

Für die Bildung von gasförmigem Wasserstoff stehen photosynthetischen Bakterien zwei Möglichkeiten zur Verfügung.

a) Reduktionsäquivalente (d.h. NADH) aus dem sogenannten anaeroben Citrat-Zyklus /72/ (Abb.4) werden im Licht unter Mitwirkung von photosynthetisch gebildetem ATP durch das Enzym Nitrogenase in ihre oxidierte Form (NAD^+) und elementaren Wasserstoff gespalten (s.Pkt.4. 4.2.1.). Gewisse organische Substrate können auf diese Weise stöchiometrisch zu CO_2 und H_2 abgebaut werden:

Acetat: $C_2H_4O_2 + 2H_2O = 2CO_2 + 4H_2$ (21)

Succinat: $C_4H_6O_4 + 4H_2O = 4CO_2 + 7H_2$ (22)

L-Malat: $C_4H_6O_5 + 3H_2O = 4CO_2 + 6H_2$ (23)

Der Prozeß ist in Abb. 4 schematisch dargestellt:

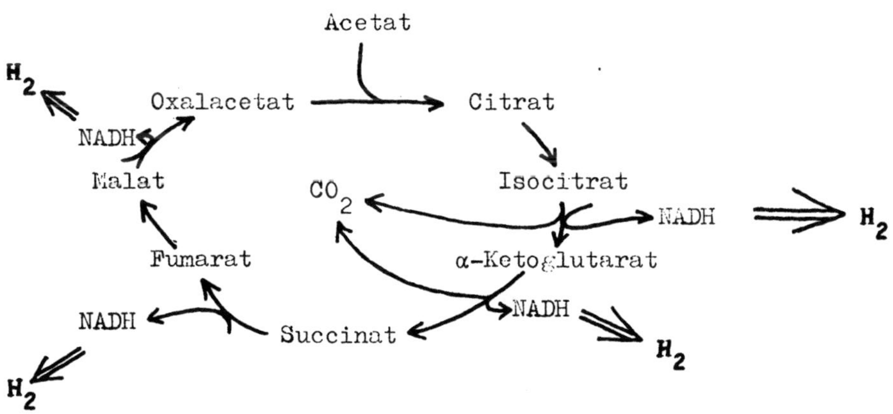

Abb. 4: Wasserstoffbildung auf dem Weg des anaeroben Citrat-Zyklus bei photosynthetischen Bakterien /72/.

b) Beim zweiten Weg stammt der Wasserstoff aus fermentativen Dunkelreaktionen, insbesondere der Fd-abhängigen Spaltung intermediären Formiats zu CO_2 und H_2 durch das Enzym Formiat-Hydrogen-Lyase /9o/, entsprechend folgendem Reaktionsschema (Abb. 5):

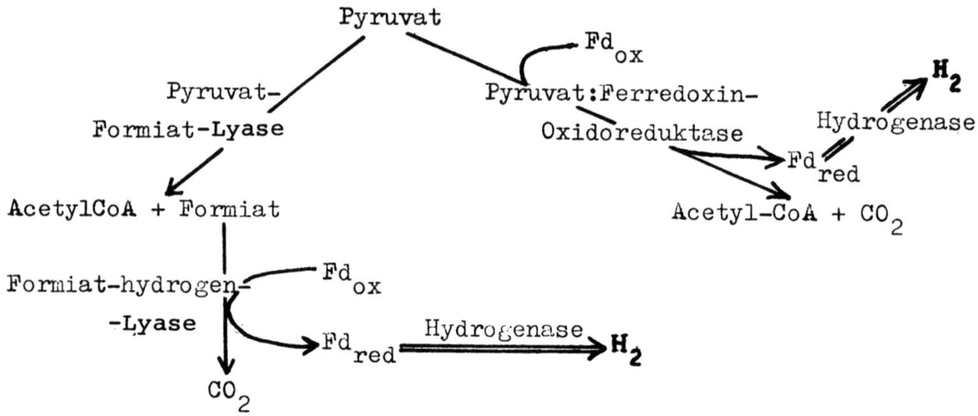

Abb. 5: Fermentative Wasserstoffbildung bei photosynthetischen Bakterien /9o/ (s.Pkt.4.4.2.2.).

Die Tatsache, daß photosynthetische Bakterien in anaeroben Ökosystemen organische Substrate sowohl im Dunkeln als auch im Licht unter Wasserstoffentwicklung abzubauen vermögen, läßt sie als Primär-Organismen für die wasserstoffliefernde Aufbereitung organischer Abfälle unter direkter Einbeziehung von Sonnenenergie besonders geeignet erscheinen. Bisher liegen nur wenige experimentelle Untersuchungen in dieser Hinsicht vor /91/.

4.4.2.3.2. Blaualgen und pflanzliche Photosynthese. "Energy Farming"

Das photosynthetische Elektronentransportsystem der Blaualgen, im großen und ganzen identisch mit dem in Chloroplasten höherer Pflanzen, ist schematisch in Abb.6 dargestellt (vgl. /28, 75, 76/).

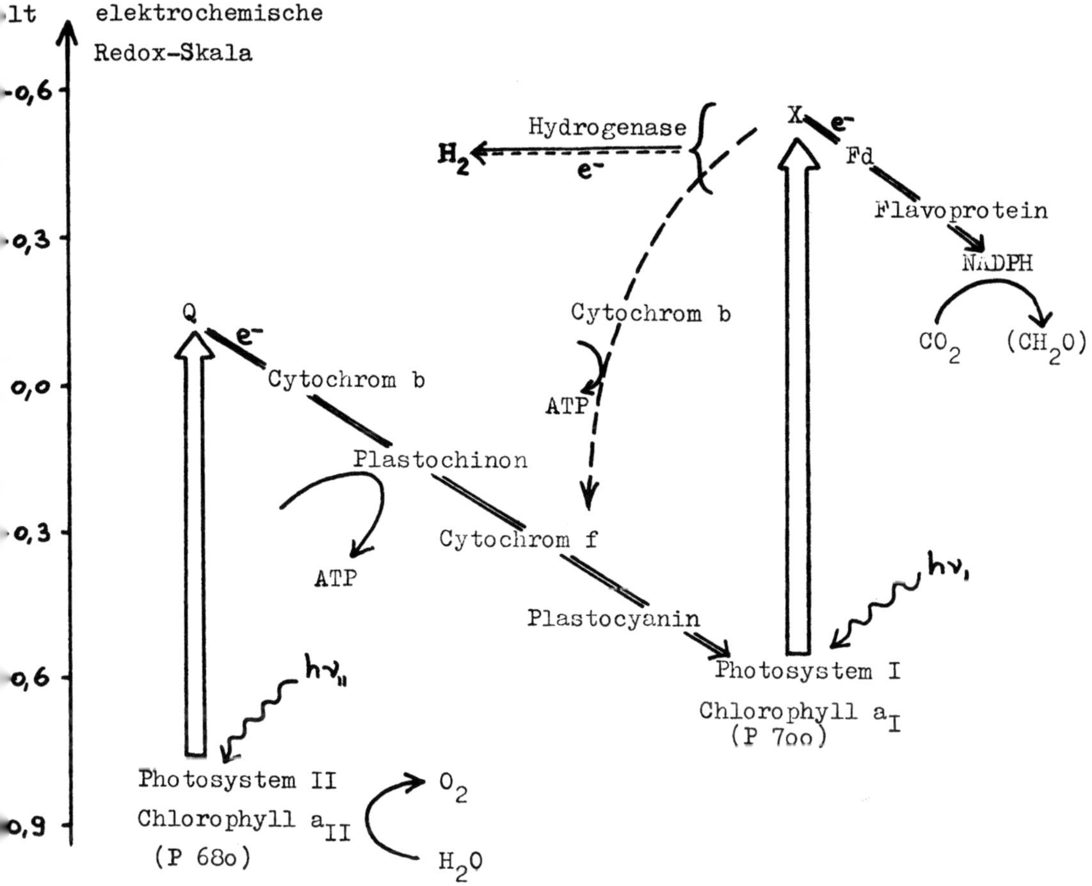

Abb. 6: Photosynthetischer Elektronentransport bei der pflanzlichen Photosynthese (Hill-Bendall-Schema (s. /75, 76/). Zwei Photosysteme (PS II und PS I) sind durch eine phosphorylierende (ATP !) Elektronentransportkette miteinander verbunden; in PS I besteht zusätzlich die Möglichkeit eines zyklischen Elektronentransportes.

Die energetisch aufwendige Wasserphotolyse unter gleichzeitiger Reduktion von Kohlendioxid mittels des intermediär photoreduktiv gebildeten NADPH wird bei der pflanzlichen Photosynthese in zwei Schritten bewältigt, nämlich durch die sukzessiven Beiträge zweier Photosysteme PS I und PS I. Für den Transport eines Elektrons von der Redoxstufe des Systems H_2O / 1/2 O_2 ($E_o' = + 0{,}816$ V) in PS II bis zur Stufe des in seiner chemischen Natur noch immer unbekannten Primärakzeptors X in PS I ($E_o' \approx - 0{,}6$ V) ist also die Absorption zweier Lichtquanten erforderlich, die dafür jedes für sich nur einen entsprechend geringeren Energieinhalt mitzubringen brauchen, also auch solche roten Lichtes sein können (Photonensummations-Prinzip /12, 13/).

Da für die Reduktion von NADP nach (24)

$$NADP^+ + 2e^- + H^+ = NADPH \qquad E_o' = - 0{,}32 \text{ V} \tag{24}$$

zwei Elektronen erforderlich sind, und da andererseits die Reduktion von CO_2 zu Kohlenhydrat (schematisch : (CH_2O)) formal nach

$$2NADPH + 2H^+ + CO_2 = (CH_2O) + H_2O + 2NADP^+ \tag{25}$$

zwei Mole NADPH benötigt, ist der theoretische Quantenbedarf der CO_2-Assimilation gleich 8 Quanten pro Molekül fixiertes CO_2; tatsächlich werden im Experiment Werte um 9 gemessen /76/.

Von besonders ausschlaggebender Bedeutung ist, daß die pflanzliche Photosynthese im sichtbaren Licht arbeitet, und gerade in diesem Spektralbereich ist der an der Erdoberfläche verfügbare Leistungsfluß des Sonnenlichtes am größten (s.Kap.4.1.2.). Es sei bemerkt, daß photosynthetische Bakterien für ihren Photosynthese-Typ sogar noch infrarotes Licht bis etwa 870 nm nutzen können.

Überlegungen zum insgesamten Sonnenenergie-Umwandlungsgrad bei der pflanzlichen Photosynthese (s. /9, 67, 76-79/) sind im Zusammenhang mit Fragen des "Energy Farming" von Interesse, bei dem die Sonnenenergie zunächst in

Form der chemischen Energie pflanzlicher Substanz festgelegt wird, um dann im Zuge geeigneter bakterieller Kompostierung unter anderem etwa in Gestalt molekularen Wasserstoffs verfügbar zu werden (s.Pkt. 4.4.2.2. und /9/).

Direkte photosynthetische Wasserstoffproduktion bei Blaualgen scheint aufs engste mit der Fähigkeit zur Fixierung elementaren Stickstoffs korreliert zu sein (vgl. Pkt. 4.4.2.1.). Ein entsprechendes "screening" stützt sich auf die Technik der Acetylen-Reduktion, wobei die gaschromatographisch leicht erfaßbare Reduktion von C_2H_2 zu C_2H_4 als Analogon zur In-vivo-Fixierung von Stickstoff dient (Abb. 2). Eine Systematik des Zusammenhangs von Wasserstoffproduktion und Stickstoffixierung bei Blaualgen ist noch ausständig, fest steht jedoch, daß sich letztere überwiegend bei filamentösen Spezies findet, bei denen die Nitrogenase in besonders differenzierten Zellen, den Heterocysten, lokalisiert ist /83/. Die photosynthetische Aktivität der Heterocysten beschränkt sich auf PS I (zyklischer Elektronentransport einschließlich zyklischer Photophosphorylierung, d.h. ATP-Bildung, vgl. Abb. 6). Die dadurch ausbleibende photosynthetische Sauerstoffentwicklung gewährleistet die für die Nitrogenase-Funktion erforderlichen lokal-anaeroben Bedingungen. Ob die Reduktionsäquivalente für die Nitrogenase-(Hydrogenase-) Reaktion ausschließlich direkt aus der Photoreduktion oder zum Teil auch aus dem Pyruvat-(Dunkel-)Metabolismus stammen, ist noch nicht endgültig geklärt /83/.

Die Bildung elementaren Wasserstoffs bei Blaualgen dürfte, soweit bekannt, durchwegs auf Nitrogenase zurückzuführen sein.

Aus Anabaena cylindrica wurde allerdings auch eine Hydrogenase in weitgehend homogener Form isoliert, die vom irreversiblen Typ zu sein scheint (vgl. Pkt. 4.4.2.1.). Sie katalysiert die Fd-abhängige Photoreduktion von $NADP^+$, Nitrit oder Nitrat mittels molekularen Wasserstoffs /73/.

Im natürlichen Verband der intakten Zelle stehen den auf dem Primärakzeptor X in PS I gelandeten Elektronen grundsätzlich mehrere Folgereaktionen offen (Abb. 8):

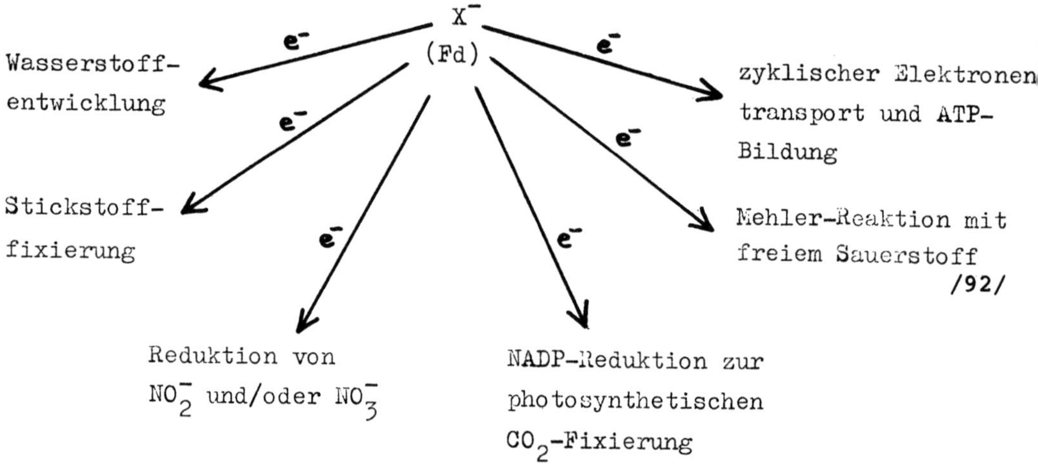

Abb.7: Mögliche Reaktionswege des photosynthetisch reduzierten Primärakzeptors in Photosystem I (vgl. Abb. 6).

Im integralen Stoffwechselgeschehen der Zelle entscheidet eine komplizierte Hierarchie von Regulationsmechanismen über den tatsächlich eingeschlagenen Weg. Naturgemäß steht dabei die photosynthetische CO_2-Assimilierung im Vordergrund, aber auch zyklischer Elektronentransport (zum Zwecke der zyklischen Photophosphorylierung, d.h. ATP-Bildung) und Nitrit- bzw. Nitrat-Reduktion zu NH_4^+ (für den Aufbau von Proteinen) sind von tragender physiologischer Bedeutung. Die direkte Reduktion von Wasserstoffionen unter Freisetzung elementaren Wasserstoffs durch die Hydrogenase-Reaktion ist ein unphysiologischer Weg. Sie läßt sich nur unter Bedingungen erzwingen, bei denen die Zelle auf Baustoffwechsel und damit Wachstum verzichtet, und ist dementsprechend nur auf begrenzte Zeit aufrechtzuerhalten (vgl. Pkt. 4.4.3.1.).

Größere Erfolge verspricht man sich daher von der Verwendung zellfreier Systeme, die nur noch den photosynthetischen Apparat selbst (d.h. photosynthetische Membranen aus Blaualgen oder Chloroplasten aus höheren Pflanzen) sowie gegebenenfalls gewisse von außen zugesetzte elektronenübertragende Hilfsstoffe (z.B. Fd, Methylviologen) enthalten (vgl. Pkt. 4.4.3.2.).

An dieser Stelle sei noch auf eine weitere Möglichkeit zur unmittelbaren photobiologischen Produktion eines wasserstoffhältigen Energieträgers hingewiesen, deren wissenschaftliche Grundlagen gegenwärtig erst erforscht werden. Die aus Blaualgen isolierten photosynthetischen Membranen vermögen in direkter lichtabhängiger Reaktion ohne weiteren Zusatz von Hilfsstoffen, Nitrat zu Ammoniak (bzw. NH_4^+) zu reduzieren /8o/, formal nach der Gleichung:

$$H_2O + HNO_3 \xrightarrow{\text{Licht}} NH_3 + 2O_2 \qquad (26)$$

Gasförmiges Ammoniak kann als energiereicher, als Brennstoff geeigneter Wasserstoffträger aufgefaßt werden /82/. Seine katalytische Verbrennung mittels Luftsauerstoff liefert das eingesetzte Nitrat wenigstens teilweise wieder zurück (Ostwald-Verfahren), sodaß auf diesem Weg ein Recycling des Substrats HNO_3 denkbar wäre.

4.4.2.3.3. Eukaryotische Algen

Schon im Jahre 1942 wurde die Entdeckung gemacht, daß gewisse Grünalgen nach längerer anaerober Dunkel-Inkubation elementaren Wasserstoff zu entwickeln vermögen, und daß diese Wasserstoffbildung sich bei Belichtung der Algen noch verstärkt /85/. Seither wurde die Wasserstoffentwicklung bei eukaryotischen Algen intensiv erforscht /35, 118/. Es wurde festgestellt, daß nahezu die Hälfte aller untersuchten Algen (etwa 25), aus verschiedenen Algengattungen, die Fähigkeit zur Wasserstoffbildung zeigen. Verantwortlich für die entscheidende Reaktion (1) ist dabei die bereits besprochene reversible Hydrogenase (Pkt.4.4.2.1.), wenn auch der Weg der Elektronen bei der fermentativen Wasserstoffentwicklung im Dunkeln ein anderer ist als bei der im Licht. Im Dunkeln tritt Formiat als Intermediärprodukt bei der Pyruvat-Formiat-Lyase-Reaktion auf (vgl. Gln. (11) und (14)), während im Licht photoreduziertes Ferredoxin die unmittelbare "Vorstufe" des elementaren Wasserstoffs ist. Sowohl Photoreduktionen mit Hilfe elementaren Wasserstoffs als Elektronendonor als auch die Photoproduktion desselben sind im wesentlichen nur von PS I abhängig. Dabei dienen im Falle der Freisetzung von Wasserstoff endogene organische Substanzen als Reduktionsmittel, deren Elektronen durch Licht (bei inaktivem PS II: keine Sauerstoffentwicklung!) über PS I auf das Redox-Niveau des Fd angehoben werden, ohne daß hiezu ATP nötig wäre.

Im Dunkeln können adaptierte Algen elementaren Wasserstoff unter gleichzeitiger Fixierung von Kohlendioxid mit freiem Sauerstoff zur Reaktion bringen /86/, obwohl bei Algen ein entsprechendes, den Knallgasbakterien /31, 32/ vergleichbares, chemoautotrophes Wachstum niemals beobachtet worden ist.

4.4.3. Bisherige Erfahrungen mit Systemen zur photobiologischen Wasserstoffproduktion

Wenn auch nach allen bisherigen mehr theoretischen Ausführungen größere Schwierigkeiten bei der technischen Realisierung photobiologischer Verfahren zur Wasserstoffproduktion durchaus zu erwarten sind, so ist doch sehr verwunderlich, daß gerade auf diesem Gebiet bis zum heutigen Tag erstaunlich wenig Pionierarbeit geleistet worden ist /93-1oo/, denn:

1. Die Natur selbst liefert uns kostenfrei die notwendigen "Reaktionssysteme" (Bakterien, Blaualgen, Chloroplasten) sowie die erforderlichen "Rohstoffe", d.h. Wasser bzw. organische Verbindungen, sei es natürliche Pflanzensubstanz oder Müll.

2. Auch verfahrenstechnisch käme die biologische Wasserstoffgewinnung zumindest grundsätzlich billiger als andere, energetisch und apparativ oft recht aufwendige Methoden.
3. Eine Kombination biologischer und / oder photobiologischer Produktion von Wasserstoff bzw. anderen hochwertigen Brennstoffen wie Methan, Äthanol oder Ammoniak mit der Verwertung organischer Abfälle scheint plausibel.
4. Eine dreifache Kombination von Energie- und Nahrungsproduktion sowie Abfallverwertung wäre auf der gleichen Grundlage ebenfalls denkbar. Untersuchungen mit Algen-Massenkulturen zur Eiweißproduktion (sogenanntes single-cell-protein) als einer der am dringendsten benötigten Ernährungsgrundlagen sind an verschiedenen Stellen bereits seit längerem im Gange /21, 47, 111, 112/.
5. Eine Alternative könnte langfristig schließlich darin bestehen, den von der Natur vorgezeichneten Weg der photobiologischen Wasserstoffproduktion letztlich in rein artifiziellen Systemen zu simulieren (vgl./8, 9, 69, 7o,117/).

Im folgenden sei ein kurzer Überblick über bisherige Ergebnisse zur photobiologischen Wasserstofferzeugung gegeben.

4.4.3.1. Systeme mit intakten Zellen

Der bislang einzige Organismus, der im Hinblick auf eine praktische Verwendbarkeit der Photoproduktion von Wasserstoff mit intakten Zellen näher untersucht wurde, ist die Blaualge Anabaena cylindrica /14, 93, 94, 96, 115/. Aller Wahrscheinlichkeit nach ist das wasserstoffbildende Enzym in Anabaena cylindrica die Nitrogenase (Pkt.4.4.2.1.), und es ist schwierig,einen desaktivierenden Effekt seitens des gleichzeitig photosynthetisch gebildeten Sauerstoffs hintanzuhalten. Weiters muß die Nährlösung frei von gebundenem Stickstoff sein, während andererseits auch kein atmosphärischer Stickstoff zugegen sein soll. Mehrere

Stunden Vorinkubation sind zur Adaptation der Zellen notwendig. Neuere Ergebnisse zeigen, daß die maximale Bildungsrate elementaren Wasserstoffs etwa 5o nMol pro Milligramm Zellprotein und Stunde beträgt, und daß die Wasserstoffentwicklung nach insgesamt höchstens 1oo Stunden gänzlich zum Erliegen kommt /97/. Dabei wurde schon ab der dreißigsten Stunde nur noch weniger als ein Zehntel der maximalen Wasserstoff-Produktionsrate beobachtet.

Nichtsdestoweniger wurde unter Zugrundelegung verschiedener Annahmen berechnet, daß sich bei einem Leistungsbedarf von 1o kW pro Person der Gesamt-Energiebedarf einer Stadt von 1 Million Einwohner mit 17,5 km^2 wasserstoffproduzierender Suspensionen von Anabaena cylindrica decken läßt /97/. Grundsätzlich außer acht gelassen wurde dabei allerdings die Tatsache, daß es bis heute nicht gelungen ist, bei ganzen Zellen eine gleichbleibend hohe Wasserstoff-Entwicklungsrate über unbefristete Zeiträume hinweg aufrechtzuerhalten.

Wenn auch diese Ergebnisse nicht sehr ermutigend scheinen, so ist doch gegenwärtig eine größere Arbeitsgruppe in den USA damit beschäftigt, neue stickstoffixierende (und damit auch zu Wasserstoffentwicklung befähigte) Blaualgenspezies aus Meerwasser zu isolieren, Zuchtbedingungen für ihre Massenkultur ausfindig zu machen, die Bedingungen für eine effiziente photosynthetische Wasserstoffentwicklung zu optimieren und insbesondere einen Weg zur Vermeidung der durch gleichzeitige Sauerstoffbildung bedingten Komplikationen auszuarbeiten /95, 96, 98/; erste Fortschritte haben sich durch die Verwendung eines neuartigen katalytischen Sauerstoff-Absorptionssystem bereits ergeben /96/.

Die Isolierung mariner Organismen für Zwecke der photobiologischen Wasserstoffproduktion ist auch insofern von besonderem Interesse, als das Meer ganz im allgemeinen ein viel größeres und aussichtsreicheres organismisches Potential aufweist als z.B. Süßwasser oder Festland /95,98/.

4.4.3.2. Zellfreie Systeme

Untersuchungen zur photobiologischen Wasserstoffentwicklung mit zellfreien Systemen wurden schon vor längerer Zeit in Angriff genommen, als man beobachtete, daß aus Spinatblättern isolierte Chloroplasten in Gegenwart von Ferredoxin und Hydrogenase (aus Clostridien isoliert) unter bestimmten Bedingungen in wäßrigen Suspensionen bei Belichtung Wasserstoff freisetzen /1o8/.
Seither wurden viele Versuche in dieser Richtung angestellt /99, 1o1 - 1o4, 1o6, 1o7.116/.

Grundsätzlich besteht dabei die Möglichkeit, das eigentliche photosynthetische Reaktionssystem in Gestalt isolierter Chloroplasten aus höheren Pflanzen oder als photosynthetische Membranen aus Blaualgen einzusetzen /99/. Je nach den Bedingungen der Isolierung bleibt dabei der essentielle Elektronenübertragungsfaktor Ferredoxin zumindest teilweise an die Membranen gebunden, oder er muß von außen zugesetzt werden. Statt Ferredoxin können auch synthetische Farbstoffe entsprechend niedrigen (negativen) Redox-Potentials verwendet werden. Die Hydrogenase stammt aus anderen Quellen: Hydrogenase aus heterotrophen Bakterien (Clostridien /95,1o1/, Escherichia coli /1o1/), aus photosynthetischen Bakterien (Chromatium /1o8/) oder aus anderen Algen /1o9/ wurde in bisherigen Experimenten geprüft; auch die aus dem aeroben Bakterium Azotobacter vinelandii isolierte Nitrogenase funktioniert in gleicher Weise /11o/.

Erst in jüngster Zeit bemühte man sich mehr darum, die Rolle des Wassers als des natürlichen photosynthetischen Elektronendonors auch bei zellfreien Systemen klarzustellen /95,1o1/. Allerdings stößt man dabei wieder auf die Schwierigkeit, daß der aus der Wasserphotolyse stammende Sauerstoff die Hydrogenase-Reaktion beeinträchtigt (5o %ige Inaktivierung der Hydrogenase nach 15 Minuten Reaktionsdauer /95/). Man konnte jedoch mit einer stabilisierten Chloroplastenpräparation eine lichtabhängige Wasserstoffentwicklung von 1o µMol H_2 pro Milligramm Chlorophyll und Stunde über 6,5 Stunden konstant aufrechterhalten /1o1/.

Zur Vermeidung der Komplikationen durch die Sauerstoffentwicklung sind zwei Wege beschritten worden:

a) Zugabe sauerstoffbindender Agentien. Diese können entweder enzymatischer Natur sein, z.B. Glucose + + Glucose-Oxidase, ein System, das formal nach der Bruttoreaktion (27) Sauerstoff verbraucht:

$$C_6H_{12}O_6 + 6O_2 \xrightarrow{\text{Glucose-Oxidase}} 6CO_2 + 6H_2O \quad (27)$$

Das Sauerstoff-Absorbens kann aber auch ein geeigneter anorganischer Stoff sein /98/. Darüber hinaus ist oft auch die Anwesenheit des Enzyms Katalase von Vorteil. Dieses zersetzt eventuelles Wasserstoffperoxid (H_2O_2), welches in einer sogenannten Mehler-Reaktion /92/ in PS I entstehen kann (vgl. Abb. 8) und schädigend auf die Struktur biologischer Membranen wirkt (Tab.2).

b) Grundsätzlich läßt sich der Ausschluß von Sauerstoff auch dadurch erzielen, daß man den Hemmstoff DCMU [1] zugibt, der den sauerstoffentwickelnden Apparat in PS II der pflanzlichen Photosynthese selektiv inhibiert. Die für die Hydrogenase-Reaktion erforderlichen Elektronen müssen dann von exogen zugesetzten Donoren geliefert werden, z.B. ascorbat-reduziertes 2,6-Dichlorphenolindophenol (DCPIP) oder Cystein; auch Dithionit oder Dithiothreitol können über das photosynthetische Elektronentransportsystem Elektronen an die Hydrogenase abgeben.

Die Ergebnisse eines typischen Experiments, in dem zur photosynthetischen Wasserstoffentwicklung Spinat-Chloroplasten, Clostridien-Hydrogenase und Ferredoxin verwendet wurden, zeigt Tabelle 2.

---

1) DCMU ... 3-(3', 4'-Dichlorphenyl-) 1,1-dimethylharnstoff

Reaktionssystem	Wasserstoffentwicklung (μMol/mgChl.h)
Chloroplasten + Hydrogenase + Fd	2,1
+ Katalase	2,7
+ Ascorbat + DCPIP + DCMU	15,4
+ Glucose + Glucose-Oxidase	12,1
+ Glucose + Glucose-Oxidase + Katalase	14,o
+ Glucose + Glucose-Oxidase + DCMU	o,o

Tab. 2: Photochemische Wasserstoffentwicklung in einem System aus isolierten Chloroplasten, Hydrogenase und Ferredoxin bei Zugabe verschiedener Substanzen /95/.

Gegenwärtige Bemühungen sind in erster Linie darauf gerichtet, photobiologische Systeme zur Wasserstoffproduktion - seien es ganze Zellen oder zellfreie Extrakte - gegenüber Sauerstoff weitestgehend zu stabilisieren und sämtliche experimentellen Parameter im Hinblick auf eine maximale Effizienz der Wasserstoffentwicklung zu optimieren /95, 98, 1o1/.

4.4.3.3. Indirekte Verfahren

Als indirekte Verfahren zur photobiologischen Wasserstofferzeugung seien hier solche bezeichnet, bei denen der Wasserstoff aus der fermentativen oder gemischt fermentativ-photochemischen organismischen Zersetzung zuvor photosynthetisch aufgebauter organischer Substanz (Pflanzenmaterial) stammt. Auf diese Möglichkeit wurde im vorliegenden Kapitel, insbesondere im Zusammenhang mit Fragen des "Energy Farming", mehrfach Bezug genommen (s.Pkt.4.4.2.2., 4.4.2.3.1. und 4.4.2.3.2., sowie /9, 19,2o,22-26,45,47,48,113/). Es wurde auch darauf hingewiesen, daß eine Kombination dieser indirekten Verfahren mit Nahrungsproduktion und Abfallaufbereitung im

Bereich des Möglichen liegt und insbesondere eine eminente gesellschaftspolitische Relevanz für sich beanspruchen dürfte. Gerade im Hinblick auf kombinierte Verfahren müßte auch die biologische Produktion anderer wasserstoffhältiger Energieträger wie Methan oder Äthanol verstärkte Berücksichtigung finden.

4.4.4. Zusammenfassung

Die Gewinnung von Wasserstoff auf biologischem Weg ist eine der gegenwärtig vieldiskutierten Möglichkeiten. Biologische, biochemische, energetische, ökologische, ökonomische und verfahrenstechnische Aspekte der biologischen Wasserstoffproduktion werden im vorliegenden Kapitel besprochen. Die Bedeutung des Sonnenlichts als indirekter oder direkter Energiequelle für die Bildung von gasförmigem Wasserstoff in organismischen Systemen wird besonders betont. Dementsprechend wird zwischen indirekten und direkten Verfahren photobiologischer Wasserstoffproduktion unterschieden.

Bei den indirekten Verfahren wird die Sonnenenergie primär in Gestalt photosynthetisch gebildeten Pflanzenmaterials gespeichert, welches nachträglich durch geeignete Mikroorganismen unter anderem zu elementarem Wasserstoff abgebaut (fermentiert) werden kann ("Energy Farming"). Dabei wird insbesondere die Möglichkeit unterstrichen, die biologische Wasserstoffgewinnung mit der Produktion von Biomasse für Ernährungszwecke und / oder der biologischen Aufarbeitung organischer Abfälle simultan zu kombinieren. Auch die biologische Gewinnung anderer wertvoller, wasserstoffhältiger Energieträger wie Methan, Äthanol oder Ammoniak wird kurz diskutiert.

Bei den direkten Verfahren zur photobiologischen Wasserstofferzeugung wird die Sonnenenergie auf biologisch photosynthetischem Weg unmittelbar zur Bildung gasförmigen Wasserstoffs genutzt. In bisherigen Experimenten wurden entweder intakte Zellen oder aus solchen extrahierte Membransysteme photosynthetischer Organismen verwendet. Die hochgradige Sauerstoffempfindlichkeit des wasserstoffentwickelnden Enzym-Apparates bewirkt schon nach wenigen Stunden dessen Inaktivierung. Gegenwärtige Forschungen zielen darauf ab, diese Schwierigkeiten zu überwinden. Die biologische und photobiologische Produktion von Wasserstoff und anderen wasserstoffhältigen Energieträgern befindet sich derzeit noch im Stadium von Laboratoriumsversuchen. Diese Versuche könnten jedoch grundsätzlich zu einem kostenmäßig wenig aufwendigen, energiebilanzmäßig ökonomischen und vor allem auch flexiblen Verfahren zur Energieerzeugung in größerem Maßstab führen.

4.4.5. Literaturverzeichnis

/1/ C.Keller, Naturwiss.Rundschau, 27, 37o (1974)
/2/ J.K.Dawson, Nature, 249, 724 (1974)
/3/ J.K.Dawson, Atom, 211, 93 (1974)
/4/ W.Seifritz, Neue Zürcher Zeitung v. 9.7.1974, S 13
/5/ R.W.Cahn, Nature, 248, 628 (1974)
/6/ J.O'M.Bockris, The Solar-Hydrogen Alternative, N.Y. (1975)
/7/ M.M.Eisenstadt, K.E.Cox., Sol.Energy, 17, 59 (1975)
/8/ G.A.Peschek, Photochemische Nutzbarmachung der Sonnenenergie, BuMiWuF, Wien (1975)
/9/ G.A.Peschek, Photochemische Nutzung der Sonnenenergie E und M (Elektrotechnik und Maschinenbau) 94, 49 (1977)
/1o/ P.S.May, et al., Biochemical H_2generators, in: Proc. 18th Annual Power Sources Conf., PSC Public Commitee (9164)
/11/ A.H.Brown, Chem.Technol., 5, 434 (1975)
/12/ D.T.Blankenship, G.D.Winget, Hydrogen Fuel: Production by Bioconversion, in: Proc.of the 8th Intersociety Energy Conversion Engineering Conf., Univ.Pennsylvania, Aug. (1973)
/13/ N.I.Bishop, Photohydrogen Metabolism in Algae, in: Proc.of Workshop on Bio-Solar Conversion, Cornvallis, Oregon (1973)
/14/ J.R.Benemann, Umsch.Wiss.Tech., 74, 455 (1974)
/15/ L.D.Bushell, J.Bacteriol., 7, 373 (1922)
/16/ A.C.Thaysen, Chem.Ind. (London) 45, 71 (1922)
/17/ A.C.Thaysen, Chem.Age (London), 14, 28 (1926)
/18/ R.Y.Stanier, C.B.van Niel, Arch.Mikrobiol., 42, 17 (1962)
/19/ M.Calvin, Science, 184, 375 (1974)
/2o/ T.H.Maugh, Science, 176, nr.v.1o.11.1972
/21/ G.Florenzano, Naturwiss.Rundschau, im Druck

/22/ W.O.Pipes, Adv.Appl.Microbiol., 8, 77 (1966)
/23/ E.C.C.McGriff, R.E.McKinney, Water and Sewage Works, 377, 35 (1971)
/24/ R.M.Sykes, Thesis, Purdue Univ., Lafayette, Indiana (197o)
/25/ R.M.Sykes, E.J.Kirsch, Devel.Ind.Microbiol., 11, 16 (197o)
/26/ I.Deutsch, Gas, 42, 66 (1966)
/27/ E.Broda, The Evolution of the Bioenergetic Processes, Oxford (1975)
/28/ G.A.Peschek, Die bioenergetischen Prozesse der Blaualge Ancystis nidulans, Dissertation, Wien (1975)
/29/ G.Wald, in: E.J.Bowen (Hrsg.), Recent Progress in Photobiology, Oxford (1965)
/3o/ L.E.Mortenson, J.Chen, in: J.B.Neilands (Hrsg.), Microbial Iron Metabolism, N.Y. (1974)
/31/ H.G.Schlegel, Adv.Comp.Physiol.Biochem., 2, 185 (1966)
/32/ H.G.Schlegel, Adv.Microb.Physiol , 7, 2o5 (1972)
/33/ T.Fukuyama, E.J.Ordal, J.Bacteriol., 9o, 673 (1965)
/34/ C.T.Gray, H.Gest, Science, 148, 186 (1965)
/35/ E.Kessler, in: W.D.P.Stewart (Hrsg.), Algal Physiology and Biochemistry, 456, Oxford (1974)
/36/ R.W.F.Hardy, R.C.Burns, Ann.Rev.Biochem. 37, 331 (1968)
/37/ J.R.Benemann, R.C.Valentine, Adv.Microb.Res. 8, 59 (1972)
/38/ J.W.Millbank, Arch.Mikrobiol. 68, 32 (1969)
/39/ R.C.Burns, W.A.Bulen, Biochim.Biophys.Acta 1o5, 437 (1965)
/4o/ A.Haystead, et al., Arch.Mikrobiol. 74, 235 (197o)
/41/ R.H.Burris, W.H.Orme-Johnson, in: J.B.Neilands (Hrsg.) Microbial Iron Metabolism, 187, N.Y. (1974)
/42/ B.A.C.Ackrell et al., J.Bacteriol., 92, 828 (1966)
/43/ L.Popoff, Arch.F.D.Ges.Physiol., 1o, 113 (1875)
/44/ F.Hoppe-Seyler, Pflügers Arch.Ges.Physiol., 12, 1 (1876)
/45/ G.Chedd, New Scientist, 65, 572 (1975)
/46/ J.W.Michel, Div.Fuel Chem., 18, 1o7 (1973)
/47/ W.J.Oswald, Sol.Energy, 15, 1o7 (1973)
/48/ E.Schumacher, persönlich übermitteltes Manuskript (1975)
/49/ W.A.Wood, Fermentation of Carbohydrates and Related Compounds, in "The Bacteria", ed. I.C.Gunsalus, R.Y. Stanier, Vol. II, 59, N.Y. (1961)
/5o/ J.LeGall, J.R.Postage, Adv.Microb.Physiol., 1o, 82 (1973)
/51/ R.C.Valentine et al., Biochem. Biophys.Res.Commun., 7, 453 (1962)
/52/ L.Pine et al., J.Bacteriol., 68, 227 (1954)
/53/ M.Doudoroff, J.Bacteriol., 44, 461 (1942)
/54/ G.A.Adams, R.Y.Stanier, Can.J.Research B23, 1 (1945)
/55/ R.Y.Stanier, G.A.Adams, Biochem.J., 38, 168 (1944)
/56/ B.P.Cardon, H.A.Barker, Arch.Biochem., 12, 165 (1947)
/57/ P.J.Syrett, H.-A.Wong, Biochem.J., 89, 3o8 (1963)
/58/ R.K.Thauer et al., J.Bacteriol., 118, 754 (1974)
/59/ R.S.Wolfe, Adv.Microb.Physiol., 6, 1o7 (1871)
/6o/ W.van Hees, J.Electrochem.Soc., 112, 258 (1965)
/61/ N.Pfennig, Ann.Rev.Microbiol., 21, 258 (1967)
/62/ L.P.Vernon, Bacteriol.Rev., 32, 25o (1968)
/63/ E.Broda, Origins of Life, 6, 247 (1975)

/64/ H.Gest, Adv.Microb.Physiol., 7, 243 (1972)
/65/ C.B.van Niel, Adv.Enzymol., 1, 263 (1941)
/66/ C.B.van Niel, Bacteriol.Rev., 13, 161 (1949)
/67/ E.Broda, Naturwiss.Rundschau, 28, 365 (1975)
/68/ E.Broda, Naturwiss.Rundschau, 28, 233 (1975)
/69/ S.N.Paleocrassas, Sol.Energy, 16, 45 (1974)
/7o/ E.Broda, "Photochemical Hydrogen Production through Solar Energy by Means of the Membrane Principle". Report to UNESCO/WMO, Solar Energy Symp., Geneva (1976)
/71/ D.I.Arnon et al., Nature, 2o7, 1367 (1965)
/72/ H.Gest, J.K.Ormerod, Arch.Biochem.Biophys., 97, 21 (1962)
/73/ Y.Fujita et al., Pl.Cell Physiol. (Tokio), 5, 3o5 (1964)
/74/ T.E.Gieruszczak, Eng.Dig. (Toronto), 21, 25 (1975)
/75/ G.E.Fogg, Photosynthesis, N.Y. (1968)
/76/ E.Rabinowitch, Govindjee, Photosynthesis, N.Y. (1969)
/77/ Photosynthesis in Sugarcane, Proc. of an Int.Symp., London, Juni (1968)
/78/ B.Bolin, Scient.Amer., 223, 124 (197o)
/79/ R.W.Fairbridge, (Hrsg.), The Encyclopedia of Geochemistry and Environmental Science, N.Y. (1972)
/8o/ P.Candau et al., Nature, 262, 715 (1976)
/81/ A.J.d'Eustachio, R.W.F.Hardy, Biochem.Biophys.Res.Commun., 15, 319 (1964)
/82/ K.Jones, The Chemistry of Nitrogen, Oxford (1975)
/83/ W.D.P.Stewart in "The Biology of Blue Green Algae", ed. N.G.Carr, B.A.Whitton, 26o, Oxford (1973)
/84/ J.Thomas, Nature, 228, 181 (197o)
/85/ H.Gaffron, J.Rubin, J.Gen.Physiol., 26, 219 (1942)
/86/ H.Gaffron, J.gen.Physiol., 26, 241 (1942)
/87/ H.Gest, Bact.Rev., 18, 43 (1954)
/88/ J.E.Carnahan et al., Biochim.Biophys.Acta 44, 52o (196o)
/89/ A.J.Kluyver, Chemical Activities of Microorganisms, London (1931)
/9o/ G.Schön, M.Bidermann, Biochim.Biophys.Acta, 3o4, 65 (1973)
/91/ M.Kobayashi et al., J.Ferm.Techn., 49, 817 (1971)
/92/ A.H.Mehler, A.H.Braun, Arch.Biochem.Biophys., 38, 365 (1952)
/93/ J.R.Benemann, N.M.Weare, Science, 184, 174 (1974)
/94/ J.R.Benemann in "Abstracts of the First Int.Symp. on Prokaryotic Photosynthetic Organisms", ed.G.Drews et al, 99, Feiburg i.Br. (1973)
/95/ J.R.Benemann et al, Proc.Nat.Acad.Sci., USA, 7o, 2317 (1973)
/96/ A.Mitsui, Int.Conf.on the Photochem.Conv. and Storage of Solar Energy, London, Ontario, Canada, Aug. (1976)
/97/ G.Neil et al., THEME-Proc. 4B-69, Miami Energy Conf., Miami (1974)
/98/ A.Mitsui, THEME-Proc. 4B-77, Miami Energy Conf., Miami (1974)
/99/ A.Mitsui, THEME-Proc. 5S-41, Miami Energy Conf., Miami (1974)
/1oo/ J.R.Benemann, Int.Solar Energy Congr. and Exp., CONF-75o712, 15o, Los Angeles (1975)
/1o1/ K.K.Rao et al., Biochem.Biophys.Res.Comm., 68, 21 (1976)
/1o2/ A.Mitsui, D.I.Arnon, Plant Physiol., 37, SIV (1962)
/1o3/ D.I.Arnon, Science, 194, 1 (1965)

/1o4/ D.I.Arnon, Science, 194, 46o (1965)
/1o5/ A.Mitsui in "Abstracts of the Ann.Meet.of the Am.Soc. for Microbiology"(1974)
/1o6/ D.O.Hall, Vortrag, Inaugural Meet.of U.K. Sect.of the Int. Solar Energy Soc., The Royal Inst., London (1974)
/1o7/ K.K.Rao et al., Int.Conf.on the Photochem.Conv. and Storage of Solar Energy, London, Ontario, Canada, Aug. (1976)
/1o8/ D.I.Arnon et al., Science, 134, 1425 (1961)
/1o9/ A.Ben-Amotz, M.Gibbs, Biochem.Biophys.Res.Comm., 64, 355 (1975)
/11o/ J.R.Benemann, Fed.Procs., 32, 632 (1973)
/111/ M.G.McGarry, et al. in "Advances in Water Pollution Research", 521, Oxford (1973)
/112/ G.Shelef et al, in "Advances in Water Pollution Research", 181, Oxford (1973)
/113/ M.Calvin, Am.Scient., 64, 27o (1976)
/114/ J.D.Keenan, Energy Conversion 16, 95 (1977)
/115/ G.Neil et al., Int.J.Hydrogen Energy 1, 45 (1976)
/116/ J.Fry et al., Z.Naturforsch. 32c, 11o (1977)
/117/ M.D.Archer, J.Appl.Elektrochem., 5, 17 (1975)
/118/ E.Kessler, "Hydrogen Metabolism of Eukaryotic Organisms", in Microbiol.Prod. and Utilization of Gases, 247, Akademie der Wissenschaften in Göttingen (1976)
/119/ K.Schneider, H.G.Schlege, Arch.Microbiol., 112, 229 (1977)
/12o/ W.J.Brill, Scient.Amer., 236, 68 (1977)
/121/ R.C.Burns, R.W.F.Hardy, Nitrogen Fixation in Bacteria and Higher Plants, Springer-Verlag, Berlin-Heidelberg-New York (1975)

5. Möglichkeiten der Wasserstoffgewinnung durch hochenergetische Strahlung

von S. Solar und N. Getoff

Nach einer allgemeinen Einleitung werden zunächst die Quellen für hochenergetische Strahlung und die wesentlichsten Grundlagen der Wasserradiolyse besprochen. Hierauf wird die Herstellung von Wasserstoff mittels verschiedener Kernreaktortypen in Zusammenhang mit der Radiolyse des Wassers bzw. von Kohlenwasserstoffen oder CO_2 (in Kombination mit konventionellen Verfahren) diskutiert. Schließlich werden wirtschaftliche und technologische Vergleiche aufgrund der bis jetzt verfügbaren Informationen angestellt und Zukunftsaspekte betrachtet.

5.1. Allgemeine Einleitung

Aufgrund der gegenwärtigen Entwicklung der Energieversorgung der Welt werden die Kernkraftreaktoren, die auf nuklearer Spaltung basieren, bis etwa 2o2o eine wesentliche Rolle spielen. Danach sollen Fusionsreaktoren als Hauptenergiequelle dienen. Bei den Kernprozessen tritt nicht nur Wärme, sondern auch enorme Strahlungsenergie auf. Die gegenwärtigen Kernkraftreaktoren verschiedener Bauart nützen nur die Wärme über ein Wasserdampf-Turbinensystem zur Herstellung von Strom, während die Strahlung noch Gegenstand verschiedener Vorschläge oder Untersuchungen im halbtechnischen Maßstab ist. Im Prinzip läßt sich, wie später ausgeführt wird, die Strahlungsenergie, in Verbindung mit geeigneten strahlenchemischen Prozessen, zur Erzeugung wertvoller Grundstoffe, wie z.B. H_2 und Methanol, verwenden.

Wie bereits besprochen (s.Kap.1 und /1/), wurde die Kernspaltungswärme als eine der Primärenergiequellen zur Herstellung von Wasserstoff diskutiert.

Im vorliegenden Kapitel wird nun in erster Linie die Zersetzung des Wassers unter dem Einfluß hochenergetischer Strahlung (Wasserradiolyse) zwecks Gewinnung von Wasserstoff, behandelt. Prinzipiell läßt sich Wasserstoff auch durch Radiolyse von Kohlenwasserstoffen (z.B. Methan, Äthan) herstellen. Diese Möglichkeit, zusammen mit den radiolytischen Prozessen von CO_2, CO und anderer Systeme, die als Grundmaterialien für die chemische Industrie dienen, werden ebenfalls kurz besprochen. In Zusammenhang mit dem chemonuklearen Reaktor erscheint eine Gewinnung von Wasserstoff in Kombination mit der CO_2-Radiolyse möglich.

5.2. Quellen für hochenergetische Strahlung

Als Quellen für hochenergetische Strahlung zur Auslösung radiolytischer Prozesse, darunter auch zur Wasserradiolyse, kommen prinzipiell in Betracht:

1. Kernkraftreaktoren verschiedener Bauart,
2. Gebrauchte Kernbrennstoffelemente und Radionuklide
3. Maschinen (Elektronenbeschleuniger, Röntgenanlagen, etc.)
4. Kernfusion.

5.2.1. Kernkraftreaktoren

Auf dem Gebiet der verschiedenen Bauarten und über den Betrieb von Kernkraftreaktoren gibt es umfangreiche Literatur /u.a.2-5/. Im Rahmen des vorliegenden Berichtes werden daher nur einige wichtige Daten jener Typen von Reaktoren besprochen, die für die Herstellung von Wasserstoff interessant erscheinen. In Tabelle 5.1. sind allgemeine Daten einiger Reaktortypen zusammengestellt.

Für eine Wasserstoffproduktion durch Wasserradiolyse können im Prinzip die ersten vier Typen (s.Tabelle 1) Verwendung finden.

Art des Reaktors	Betriebs-temperatur (°C)	Druck (p.s.i.)	Anreicherung Atom-% U-235	Bemerkungen
Homogen-reaktor	2oo-45o	6oo-45oo	5o - 9o	Kontinuierliche Entfernung der Spaltprodukte und Ersatz des verbrauchten spaltbaren Materials. Auch "Suspensionsreaktoren" mit "nasser" Suspension sind aussichtsreich.
Druck-wasser-reaktor	245-6oo	5oo-2ooo	2o	Dampfüberhitzung im Wärmeaustauscher möglich; Korrosionsgefahr durch erhöhten Druck
Siede-wasser-reaktor	25o-51o	5oo-15oo	2o	Sattdampferzeugung: Dampf radioaktiv ($\tau/2 \simeq$ 8 Sekunden)
Graphit-reaktor mit H_2O Kühlung	245-66o	-	o,9-1,5	Maximale Dampftemperatur 2oo-3oo°C; bis zu 14o atm Dampfüberhitzung im Wärmeaustauscher möglich.
Graphit-reaktor mit CO_2 Kühlung	245-66o	-	keine bzw. sehr gering	Billige Ausgangsstoffe, hohe Pumpleistung und große Wärmeübertragungsflächen notwendig
Graphit-reaktor mit Na-K-Metall-kühlung	335-66o	-	2	Hohe Dampftemperaturen und Drucke im Arbeitskreislauf möglich. Explosionsgefahr der Na-K-Metalle bei Berührung mit Wasser.

Tabelle 1: Einige Daten von verschiedenen Reaktortypen

5.2.1.1. Homogenreaktoren

Bei den eigengekühlten (homogenen) Reaktoren ist keine Wärmeübertragung an ein zweites System erforderlich. Die Betriebstemperatur ist gleich der Temperatur der spaltbaren Substanz; sie ist jedoch durch die Korrosionsverhältnisse und gegebenenfalls durch einen Phasenwechsel des spaltbaren Stoffes, begrenzt. Die Konstruktion der Homogenreaktoren ist einfach, da sie keine Füll- und Kontrollelemente, sowie keine Wärmeübertragungsflächen besitzen. Das Kühlmittel (H_2O oder D_2O) ist zugleich auch Moderator. Dabei ist eine kontinuierliche Aufbereitung der spaltbaren Füllung möglich, sodaß eine große Anreicherung der Spaltprodukte verhindert werden kann. Die Betriebszeit einer solchen Anlage ist praktisch nur durch die Korrosionsraten begrenzt. Als prinzipieller Nachteil dieser Reaktortype kann das Umpumpen von Spaltprodukten im Kreislauf angesehen werden. Außerdem wird ein Teil der verzögerten Neutronen außerhalb des Reaktorkerns (reactor core) frei. Aufgrund der spaltbaren Substanz in der flüssigen Phase lassen sich vier Arten von Homogenreaktoren unterscheiden:

1. Uransalze gelöst in H_2O bzw. D_2O.
2. Suspensionen von festen uranhaltigen Teilchen (z.B.Uranoxyden in H_2O oder D_2O).
3. Suspensionen von festen Teilchen aus Uran- oder Plutoniumverbindungen in geschmolzenem Blei, Wismut (bzw. Blei-Wismut), Natrium, Kalium (bzw. Na-K-Gemischen).
4. Feste körnige Suspensionen uranhaltiger Teilchen (z.B.Uranoxyde) in einem quasiflüssigen Zustand ("Schwebebett-Verfahren")..

Die ersten zwei Ausführungsformen sind für die Erzeugung von Wasserstoff von Interesse. In diesem Fall setzen der zulässige Druck (bis ca. 225 atm) für das Reaktorgefäß und die maximal erreichbare Temperatur (ca. 375°C) eine gewisse technische Grenze. Wegen der Druckbeanspruchung der Gefäßwände kommt nur ein kugelförmiger Reaktorkern (2 - 7,5 m Durchmesser) in Frage. Jeder homogene Reaktor mit Wassermoderator ist selbststabilisierend. Die bei der Spaltung freiwerdende Energie (Wärme und Strahlung) wird praktisch sofort an das Wasser übertragen, daher ist ein hoher $G(H_2)$-Wert (G-Wert = Anzahl der umgewandelte Moleküle pro 1oo eV absorbierter Energie) bei der Wasserradiolyse erreichbar. Wegen der stabilisierenden

Wirkung aller Homogenreaktoren mit Wasser als Lösungsmittel und Moderator gilt dieser Reaktortyp als der sicherste. Die Wärme wird der Füllung (Uranlösung) außerhalb des Reaktorkerns, mittels eines Wärmeaustauschers, entzogen.

Bei Verwendung von normalem Wasser als Kühl- und Moderatormittel ist mindestens eine 15%ige ^{235}U-Anreicherung (bei D_2O nur 3,1% ^{235}U) erforderlich. Die Urankonzentration richtet sich nach dem ^{235}U-Anreicherungsgrad. Man hat errechnet, daß ein ^{235}U-Einzonen-Reaktor mit einer spezifischen Leistung von 6 kW pro Liter Lösung arbeiten kann. Bei den Homogenreaktoren, die mit UO_2-, UO_3- oder U_3O_8-Suspensionen in wäßrigen Lösungen betrieben werden, liegen die Leistungsverhältnisse ähnlich. Es sei auch bemerkt, daß man erwogen hat, durch Borzusatz (selbst abbauende Vergiftung in der Uranlösung) Betriebszeiten bis zu zweieinhalb Jahren, ohne Veränderung der spaltbaren Füllung, zu erreichen.

5.2.1.2. Heterogene Kernkraftreaktoren

Ein heterogener Reaktor ist im Gegensatz zum Homogenreaktor durch getrennte Systeme charakterisiert: Brennstoffelemente (z.B. aus Uran-, Thorium-, Plutoniumcarbiden oder -oxyden), Moderator (Graphit, D_2O, H_2O), Kühlmittel (Wasser, Gase, flüssige Metalle) und Kontrollstäbe (meist Bor). Das Kühlmittel umspült die Brennstoffelemente und überträgt die Wärme durch Wärmeaustauscher an Wasserdampf, der zum Turbinenantrieb und somit zur Stromerzeugung Verwendung findet. Von den zahlreichen heterogenen Kernreaktoren (s.Tabelle 1) werden bloß jene besprochen, die Wasser als Kühlmittel (bzw. Moderator) verwenden, da nur in diesem Fall Wasserstoff durch Radiolyse des Wassers entstehen kann:

a. Der Druckwasserreaktor (pressurized water reactor) ist eine heterogene thermische Anlage, bei der meist auch der Wassermoderator zugleich Kühlmittel ist. Der aus Brennstoffelementen zusammengesetzte und in einem Behälter eingebaute Reaktorkern steht unter hohem Druck, um möglichst hohe Temperaturen zu erreichen, die für die Umwandlung in elektrische Energie von Bedeutung sind. Druck und Temperatur sind durch die Abmessungen des Reaktorgefäßes bestimmt. Seine besonderen Vorteile sind die geringe Größe des Reaktorkerns, der geringe Eigenbedarf und die hohe Energiedichte. Als Nachteil sei vor allem die Temperaturbeschränkung erwähnt. Über weitere Spezifikationen und Arten sei auf die Literatur verwiesen /z.B. 3, 4/.

b. Der Siedewasserreaktor (boiling water reactor) verwendet ein Reaktorgefäß mit mit Füllelementen, das oberhalb des Wasserspiegels eine Ausweitung hat, die die Phasentrennung Dampf/flüssiges Wasser begünstigt. Eine Überhitzung des Dampfes innerhalb des Reaktors ist nur in einem besonderen Röhrensystem möglich. Der in den meisten Fällen erhaltene Sattdampf dient zum Antrieb von Turbinen oder zur Erzeugung von Sekundärdampf in einem Umformer. Der heterogene Siedewasserreaktor hat gegenüber dem Druckwasserreaktor einige Vorteile, vor allem wird wegen der höheren Wärmeübergänge an siedendes Wasser eine größere Energiedichte ermöglicht. Auch in dieser Kategorie gibt es verschiedene Ausführungsformen /3, 4/.

5.2.1.3. Chemonukleare Reaktoren

Beim chemonuklearen Reaktor wird die Kernspaltungsenergie direkt in chemische Energie umgewandelt /6/. Man unterscheidet verschiedene Typen von chemonuklearen Reaktoren, etwa nach der Art der bei der Uranspaltung freiwerdenden Strahlung:

a) Kinetische Energie der Spaltungsbruchstücke
b) Energie der Neutronen und γ-Strahlen
c) Energie der γ-Strahlen und

nach dem Bereich des Reaktors, wo die Bestrahlung erfolgt:

a) im Reaktorcore
b) im Reaktormantel
c) außerhalb des Reaktormantels.

Die Effizienz eines solchen Reaktors hängt von einer günstigen Kombination der oben angegebenen Möglichkeiten ab. Dabei ist besonders die prozentuell mögliche Ausnutzung der Strahlungsenergie zu berücksichtigen. Ferner muß auf die Reaktorstabilität geachtet werden, da während des Ablaufes strahlenchemischer Reaktionen Schwierigkeiten im Hinblick auf den konstanten Reaktorbetrieb auftreten können /7.8/. Es empfiehlt sich, ein solches Reaktionssystem zu wählen, das einen einfachen und übersichtlichen Mechanismus der strahlenchemischen Reaktion besitzt, und vernachlässigbare Mengen an Nebenprodukten liefert. Der Reaktor, der die kinetische Energie der Spaltungsbruchstücke für chemische Prozesse verwendet, verspricht die besten Zukunftsaussichten zu haben, da die Energieausnutzung 84 % beträgt. Eine wichtige Anwendung des chemonuklearen Reaktors ist u.a. die Radiolyse von CO_2, sowie die damit verbundene Erzeugung von Wasserstoff (Pkt. 5.3.1.und 5.4.4.).

5.2.2. Gebrauchte Kernbrennstoffelemente

Bei dem Betrieb von Kernkraftreaktoren wird schon in der nächsten Zukunft eine relativ hohe Menge an gebrauchten Kernbrennstoffelementen anfallen. Da diese in der Regel 12o-15o Tage vor der chemischen Aufarbeitung aufbewahrt werden müssen, damit die Hauptaktivität abklingen kann, bietet sich die Möglichkeit, diese als Strahlungsquellen zu nutzen. Ein großer Nachteil dabei ist die allmählich absinkende Dosisleistung. Bis jetzt existieren keine Anlagen, die diese Strahlung nutzbar machen, doch stellen die gebrauchten Kernbrennstoffelemente eine potentielle Strahlungsquelle dar.

5.2.3. Maschinen

Prinzipiell kann man als Strahlungsquellen verschiedene Arten von strahlenerzeugenden Maschinen (Van de Graaff, Linearbeschleuniger, etc.) zur Radiolyse von Wasser, Kohlenwasserstoffen u. a., zwecks Herstellung von Wasserstoff, verwenden. Jedoch ist diese Möglichkeit bis jetzt sehr unwirtschaftlich, da einerseits für den Betrieb der Maschinen relativ viel Strom aufgewendet werden muß und andererseits die G-Werte der in Betracht kommenden radiolytischen Prozesse klein sind.

5.2.4. Kernfusion

5.2.4.1. Allgemeine Grundlagen

In einem Bericht von Cap et al./9/ werden die Grundlagen der verschiedenen Plasmareaktoren, ihre Wirkungsweise und die damit zusammenhängende Problematik eingehend beschrieben. Im Rahmen der vorliegenden Abhandlung werden daher nur einige wesentliche Merkmale des Fusionsprozesses, insbesondere im Hinblick auf die Produktion von Wasserstoff, kurz behandelt. In Kernfusionsreaktoren wird zur Überwindung der elektrostatischen Abstoßungskräfte zweier positiv geladener Atomkerne, die verschmolzen werden sollen (z.B. D^+, T^+), Plasma zur Erzeugung hoher Energie verwendet. Als Plasma bezeichnet man ein ionisiertes Gas, dessen dynamische Eigenschaften sich von denen eines Gases im üblichen Sinn stark unterscheiden. Das Plasma wird daher auch oft als "vierter Aggregatzustand der Materie" bezeichnet.

Da das Plasma aus freien Ladungsträgern besteht, kann es mit elektrischen und magnetischen Feldern in Wechselwirkung treten. Daraus ergeben sich eine Reihe von Möglichkeiten, die es zulassen, das Plasmaverhalten zu steuern. Um das Plasmasystem nutzbar zu machen, sind zwei Faktoren besonders maßgebend: eine hohe Energiezufuhr zum Starten des Prozesses und entsprechende Energie für die Aufrechterhaltung der Fusion. Die Dauer des Verschmelzungszustandes (Einschlußzeit, "confinement time", $\bar{\tau}$) hängt unter anderem von der Teilchendichte (n, Teilchenzahl / cm^3) des Brennstoffes ab. Diese Abhängigkeit wird durch das Lawson-Kriterium /9/ ausgedrückt (s.Gleichung (1) und (2)):

DT-Reaktion: $n.\bar{\tau} > 1o^{14}$ sec.cm^{-1} (1)

DD-Reaktion: $n.\bar{\tau} > 1o^{16}$ sec.cm^{-1} (2)

Das Produkt ($n.\bar{\tau}$) muß je nach der Zusammensetzung des Plasmas einen Grenzwert überschreiten, um einen Nettoenergiegewinn zu erzielen /1o/.

Das Plasma darf mit keiner Materie in Berühung kommen und muß genügend lange zusammengehalten werden, so daß ein Nettoenergiegewinn erzielt werden kann. Prinzipiell gibt es mehrere Möglichkeiten, ein heißes Plasma einzuschließen, doch zur Zeit scheinen nur zwei davon realisierbar zu sein: der Einschluß durch Magnetfelder (magnetic confinement) und der Trägheitseinschluß (inertial confinement).

a) Beim magnetischen Einschluß des Plasmas folgen die geladenen Teilchen (z.B. D^+, T^+) in einem Magnetfeld weitgehend den Magnetfeldlinien und daher können sie bei geeigneter Konfiguration des Magnetfeldes ein bestimmtes Raumgebiet nicht verlassen. Wenn das Magnetfeld eine torusartige Struktur aufweist, bezeichnet man dieses als "geschlossenes System". Steigt aber die Magnetfeldstärke entlang der Feldlinien in beiden Richtungen so stark an, daß die Ionen reflektiert werden (Spiegeleffekt), wird das System als "offen" bezeichnet (Spiegelmaschinen und Cusp-Anlagen). Bei den bis jetzt durchgeführten Experimenten konnte zwar entweder die notwendige Dichte (n) oder die gewünschte Temperatur bzw. die mindeste Einschlußzeit ($\bar{\tau}$) erreicht werden, doch noch nicht alle drei Faktoren gleichzeitig. In den USA wurde mit einer "Tokamak-Maschine" ein $n.\tau \gtrsim 1o^{13}$sec.cm^{-3} bei einer Temperatur von ca. 1 keV erzielt /17/. Das Tokamak-System ist eine in der Sowjetunion entwickelte Magnetfeldanordnung und beruht auf dem DT-Zyklus. Das Plasma ist in einem ringförmigen Magnetfeld eingeschlossen und wird durch einen inneren elektrischen Strom aufgeheizt.

Mit Tokamak-Anlagen wurden in den letzten Jahren vielversprechende Ergebnisse erhalten, so daß man hoffen kann, schon in absehbarer Zeit die Voraussetzungen zum Betrieb eines Fusionsreaktors zu schaffen.

b) Bei der zweiten Art von Plasmareaktoren, die auf dem Prinzip des Trägheitseinschlusses beruhen, wird ein DT-Gemisch (bzw. auch andere Kerne) in extrem kurzer Zeit (ca. 10^{-9} sec) auf thermonukleare Temperaturen aufgeheizt und so komprimiert, daß während der Einschlußzeit genügend Fusionsprozesse erfolgen. Dabei sind sehr dichte Plasmen (ca. 10^{22}, Ionen/cm^3) erforderlich. Das kurzzeitige Aufheizen kann mittels Laserstrahlung bzw. gepulsten Elektronen oder durch kollabierende Metallhüllen (durch Explosion) erzielt werden /9, 18/.

Nähere Details über den genauen Aufbau, die Wirkungsweise, etc. der verschiedenen Plasma-Reaktoren sind der Fachliteratur zu entnehmen /9, 1o, 19, 2o/.

5.2.4.2. Kernreaktionen

Bei der Entstehung eines Atomkerns (Fusions-Prozeß) aus Nukleonen (Neutronen und Protonen) wird eine sehr hohe Energie frei, weil die Ruhemasse des neue entstandenen Atoms kleiner als die der Ausgangsnukleonen (Massendefekt) ist. Diese Massendifferenz entspricht, nach der Einstein-Beziehung ($E = mc^2$, Energie ist Masse mal dem Quadrat der Lichtgeschwindigkeit), der frei gewordenen Bindungsenergie. Man kann daher auch durch Verschmelzung leichter Kerne (Fusion) Energie gewinnen.

Der wichtigste Fusionsbrennstoff ist Deuterium (D), das sowohl mit sich selbst, als auch mit anderen leichten Atomen, z.B. Tritium (T, schweres Isotop von Wasserstoff) verschmelzen kann. Folgende Kernreaktionen sind aufgrund ihres günstigen Wirkungsquerschnittes (= Wahrscheinlichkeit der Kernreaktion) für die Energiegewinnung von Bedeutung /1o/:

$$D + D \longrightarrow p + T + 3{,}25 \text{ MeV } (2{,}2.1o^4 \text{kWh/g}) \quad (3)$$

$$D + D \longrightarrow n + {}^3He + 4{,}o \text{ MeV } (2{,}7.1o^4 \text{kWh/g}) \quad (4)$$

$$D + T \longrightarrow n + {}^4He + 17{,}6 \text{ MeV } (9{,}4.1o^4 \text{kWh/g}) \quad (5)$$

$$D + {}^3He \longrightarrow p + {}^4He + 18{,}3 \text{ MeV } (9{,}8.1o^4 \text{kWh/g}) \quad (6)$$

Daraus ist ersichtlich, daß bei den angeführten Kernreaktionen eine enorme Fusionsenergie in Form von kinetischer Energie der Produkte frei wird. Zum Vergleich dazu sei eine chemische Reaktion gegenübergestellt:

$$2H_2 + O_2 \longrightarrow 2H_2O + 6.1o^{-6} \text{MeV } (4{,}4.1o^{-3} \text{ kWh/g}) \quad (7)$$

Auf der DT-Reaktion (5) basieren derzeit die meisten konzipierten Fusionsreaktoren, da sie unter anderem auch die niedrigste Zündtemperatur ($\sim$ 5o.1o^6 kinetischer Grade) aufweist. Da das Tritium in der Natur kaum vorkommt, läßt es sich nach folgenden Kernreaktionen aus Lithium (Li) herstellen:

$${}^6Li + n \longrightarrow {}^4He + T + 4{,}78 \text{ MeV } (3{,}2.1o^4 \text{ kWh/g}) \quad (8)$$

$${}^7Li + n \longrightarrow n + {}^4He + T - 2{,}47 \text{ MeV } (1{,}8.1o^4 \text{ kWh/g}) \quad (9)$$

Für diesen Zweck wurde vorgeschlagen /11-14/, die Reaktionskammer des Fusionsreaktors mit einem Lithium enthaltenden Mantel zu umgeben. Unter geeigneten Bedingungen führen die Kernreaktionen (8) und (9) zu einer Tritiumerzeugung mit einem Brutverhältnis von 1,1 - 2. Dieses Verhältnis gibt die Zahl der produzierten, durch die Zahl der verbrauchten Tritiumkerne an. Die Erzeugung von T kann sowohl mit metallischem Li, als auch mit den Salzen und Legierungen des Li erfolgen. Die Lithiumreserven sind etwa jenen an spaltbaren Kernbrennstoffen gleich, doch im Meerwasser liegen sie um Größenordungen darüber /15, 16/.

5.3. Physikalisch-chemische Prozesse

5.3.1. Absorption hochenergetischer Strahlung im Wasser, Primärprozesse der Wasserradiolyse

Im folgenden werden die für die Wasserstofferzeugung wichtigen physikalisch-chemischen Zusammenhänge und Prozesse kurz besprochen. Durch die Wechselwirkung einer ionisierenden Strahlung mit der Materie (Energieübertragung auf die Hüllenelektronen der Atome, Absorptionsvorgang) nimmt die Energie der strahlenden Partikel ab. Während die Absorption energiereicher Partikel, wie Elektronen, α-Teilchen, Neutronen, etc., direkt erfolgt, geschieht dies bei der γ-Strahlung durch drei Effekte: Photo-, Compton- und Paarbildungseffekt. In allen drei Fällen entstehen Elektronen, die in der Folge absorbiert werden können. Durch die Absorption ionisierender Strahlung im Wasser werden dessen Moleküle elektrisch angeregt (H_2O^*) oder ionisiert, wobei freie Radikale (H,OH) Radikalionen (H_2O^+) und Sekundärelektronen (e_S^-) entstehen /21 - 24/:

$$H_2O \rightsquigarrow \begin{cases} \rightarrow H_2O^* \longrightarrow H + OH & (1o) \\ \rightarrow H_2O^+ + e_S^- & (11) \end{cases}$$

Die e_S^- besitzen genügend Energie, um weitere Wassermoleküle anzuregen bzw. zu ionisieren, bis sie selbst thermalisieren. Die thermischen Elektronen (e_{th}^-) können in sehr kurzer Zeit (ca. $3.1o^{-12}$ sec) solvatisieren. (Bildung "solvatisierter Elektronen", e_{aq}^-):

$$e_{th}^- + nH_2O \longrightarrow e_{aq}^- \qquad (12)$$

Gleichzeitig reagieren H_2O^+ mit Wasser, wobei OH-Radikale entstehen (ca. $1o^{12} - 1o^{-11}$ sec):

$$H_2O^+ + H_2O \longrightarrow OH + H_{aq}^+ \qquad (13)$$

Die so gebildeten freien Radikale, Ionen und e_{aq}^- sind nicht gleichmäßig entlang der Bahn des ionisierenden Partikels verteilt, sondern in Gruppen ("SPURS") angehäuft. Innerhalb der Spurs können die einzelnen Spezies miteinander unter Entstehung von H_2 und H_2O_2 bzw. Rückbildung von Wasser reagieren:

$$H + H \longrightarrow H_2 \quad (14)$$

$$OH + OH \longrightarrow H_2O_2 \quad (15)$$

$$H + OH \longrightarrow H_2O \quad (16)$$

$$e^-_{aq} + e^-_{aq} \longrightarrow H_2 + 2OH^-_{aq} \quad (17)$$

Die Bruttoformel der Wasserradiolyse lautet demnach:

$$H_2O \rightsquigarrow H,\ OH,\ e^-_{aq},\ H_2,\ H_2O_2,\ OH^-_{aq},\ H^+_{aq} \quad (18)$$

(Primärprodukte der Wasserradiolyse)

In Tabelle 2 sind sämtliche Reaktionen der Primärprodukte der Wasserradiolyse mit den dazugehörigen Geschwindigkeitskonstanten (k-Werte) zusammengefaßt.

Die relativ große Zahl von Reaktionen weist auf den recht komplizierten Reaktionsmechanismus der Wasserradiolyse hin. Die Prozesse sind diffusionskontrolliert und die meisten davon verlaufen sehr schnell. Wenn die Konkurrenzreaktion zur H_2-Bildung unterdrückt werden kann, wäre die H_2-Ausbeute viel größer. Dabei ist interessant zu erwähnen, daß in saurer Lösung die e^-_{aq} in H-Atome umgewandelt werden und im basischen Medium umgekehrt, die H-Atome in e^-_{aq} (Tab. 2). Es herrscht folgendes Gleichgewicht:

$$e^-_{aq} \underset{OH^-_{aq}}{\overset{+H^+_{aq}}{\rightleftharpoons}} H \quad (19)$$

pK = 9,7 /26/

Ferner sei angeführt:

$$OH \rightleftharpoons O^-_{aq} + H^+_{aq} \quad (2o)$$

pK = 11,9 /27/

$$H_2O_2 \rightleftharpoons HO^-_{2aq} + H^+_{aq} \qquad (21)$$

$$HO_2 \rightleftharpoons O_2^- + H^+_{aq} \qquad (21a)$$

pK = 4,88 /28, 29/

Reaktionen	pH	k-Wert (m^{-1} sec^{-1})
$e^-_{aq} + H^+_{aq} \longrightarrow H + H_2O$	2 - 5	$2,3 \times 1o^{1o}$
$e^-_{aq} + e^-_{aq} \longrightarrow H_2 + 2OH^-_{aq}$	13,3	$1,1 \times 1o^{1o}$
$e^-_{aq} + H \longrightarrow H_2 + OH^-_{aq}$	1o-11	$2,5 \times 1o^{1o}$
$e^-_{aq} + OH \longrightarrow OH^-_{aq}$	1o-11	$3,o \times 1o^{1o}$
$e^-_{aq} + H_2 \longrightarrow H + OH^-_{aq}$	7	$1o^7$
$e^-_{aq} + H_2O \longrightarrow H + OH^-_{aq}$	7	15
$e^-_{aq} + H_2O_2 \longrightarrow OH + OH^-_{aq}$	7	$1,2 \times 1o^{1o}$
$e^-_{aq} + O_2 \longrightarrow O^-_{2aq}$	-	$1,9 \times 1o^{1o}$
$e^-_{aq} + O^-_{aq} \longrightarrow 2OH^-_{aq}$	> 12	$2,2 \times 1o^{1o}$
$H + H \longrightarrow H_2$	o,4-3	$1,3 \times 1o^{1o}$
$H + OH \longrightarrow H_2O$	o,4-3	$3,2 \times 1o^{1o}$
$H + H_2O_2 \longrightarrow H_2 + HO_2$	o,4-3	$1,6 \times 1o^8$
$H + OH^-_{aq} \longrightarrow e^-_{aq}$	7-12,5	$1,2 \times 1o^7$
$H + H^+_{aq} \longrightarrow H^+_{2aq}$	sauer	$5 \times 1o^2$
$H + O_2 \longrightarrow HO_2$	sauer	$1,2 \times 1o^{1o}$
$OH + OH \longrightarrow H_2O_2$	o,4-3	$6 \times 1o^9$
$OH + H_2 \longrightarrow H + H_2O$	7	$4,5 \times 1o^7$
$OH + H_2O_2 \longrightarrow HO_2 + H_2O$	2,5-7	$4,5 \times 1o^7$
$OH + OH^-_{aq} \longrightarrow O^-_{aq} + H_2O$	12-14	$6,2 \times 1o^8$
$OH + O^-_{aq} \longrightarrow HO_2^-$	basisch	$2 \times 1o^{1o}$
$OH^-_{aq} + H^+_{aq} \longrightarrow 2H_2O$	-	$1,4 \times 1o^{11}$

Tabelle 2: Reaktionen der Primärprodukte der Wasserradiolyse mit den dazugehörigen k-Werten /25/.

5.3.2. LET-Effekt

Die strahlenchemische Ausbeute (G-Wert) der Primärprodukte der Wasserradiolyse ist von der Art und der Energie der Strahlung abhängig. Elektronen mit einer Energie von z.B. 1 MeV können etwa 5.10^3 Moleküle entlang ihrer Bahn ionisieren, während α-Teilchen gleicher Energie jedes Molekül ihrer Umgebung ionisieren. Dabei sind in einer "Spur" mittleren Volumens etwa drei Ionenpaare (H_2O^+, e^-) und fünf angeregte Moleküle (H_2O^*) enthalten. Die Konzentration der Ionen und H_2O^*, die durch schwere Partikel (Protonen, Deuteronen, etc.) gebildet werden, ist naturgemäß viel größer. In einem solchen Fall ist auch die strahlenchemische Ausbeute (G-Wert) der Molekularprodukte der Wasserradiolyse (H_2 und H_2O_2) entsprechend höher. Dies beruht auf dem größeren Energieverlust (-dE in eV) des Teilchens entlang der Strecke (dx in Å) im Wasser. Dieser Prozeß wird als LET-Effekt (linear energy transfer, Energieverlust pro Å) bezeichnet. Beispielsweise gilt für nicht relativistische Elektronen ($E \leq 50$ keV) in Wasser /21/:

$$LET = \frac{dE}{dx} = \frac{1,019}{E} \log \frac{E}{56,6} \quad (eV/A) \qquad (22)$$

Bei höheren Energien bzw. bei größeren Teilchen, die ein größeres Ionisierungsvermögen besitzen, wird die Gleichung (22) entsprechend modifiziert. Zur Illustration sind in Tabelle 3 LET-Werte für verschiedene Strahlungsarten angeführt.

Aus den Daten in Tabelle 3 ist ersichtlich, daß die γ-Strahlung den geringsten und die Uran-Spaltprodukte den höchsten LET-Wert besitzen. Dementsprechend verlaufen im letzten Fall die Kombinationsreaktionen (Bildung von H_2 und H_2O_2) am günstigsten. Die Abhängigkeit der G-Werte der Radiolyse-Produkte des Wassers von dem LET-Wert der Strahlung wird in Abb. 1 (saure Lösung) und Abb. 2 (neutrale Lösung) gezeigt.

Strahlung	Energie (MeV)	-dE/dx (eV/Å)
γ -Strahlung	1	o,o3
Elektronen	o,1	o,o4
Elektronen	o,o4	o,o8
Deuteronen	18	o,5
Deuteronen	2	2,8
He-Ionen (α-Teilchen)	5,5	9,o
He-Ionen (α-Teilchen)	2	15,o
Uran-Spaltprodukte	versch.Energien	4oo

Tabelle 3: LET-Werte in Wasser für einige Strahlungsarten.

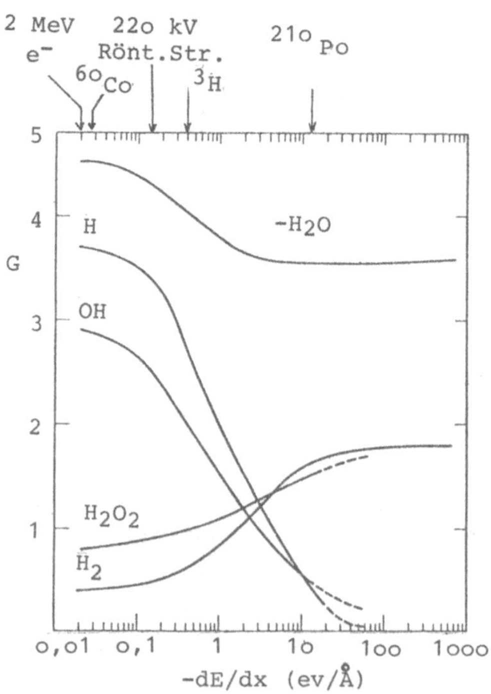

Abb. 1: G-Werte der Primärprodukte der Wasserradiolyse in saurem Medium (o,8 nH_2SO_4) als Funktion des Anfangs-LET (eV/A) /21/.

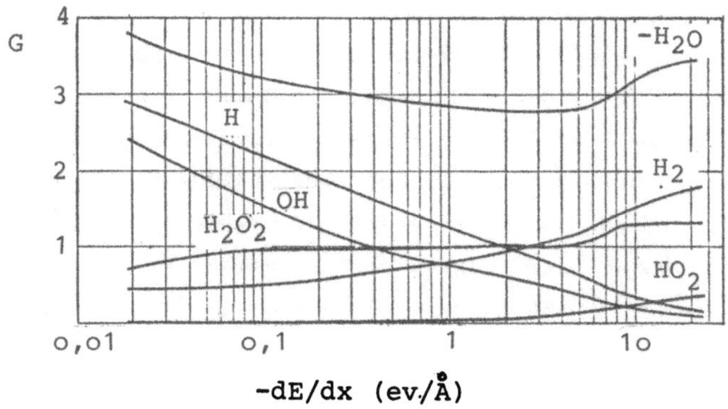

Abb. 2: Einfluß des Anfangs-LET (eV/Å) auf die G-Werte der Wasserradiolyse-Produkte in neutraler Lösung /21/.

Daraus kann entnommen werden, daß für die H_2-Erzeugung durch Radiolyse des Wassers Strahlung mit hohem LET-Wert am günstigsten ist. Beispielsweise liefern ^{60}Co-γ-Strahlen einen $G(H_2)$-Wert von o,4o, während α-Teilchen von ^{21o}Po einen $G(H_2)$-Wert von 1,8 erreichen (Abb. 1).

5.3.3. Einfluß der Dosisleistung

Bei stark verdünnten wäßrigen Lösungen ist die indirekte Strahlenwirkung von Bedeutung, d.h. die Primärprodukte der Wasserradiolyse greifen die gelösten Substanzen (S) an. Bei höheren Konzentrationen von S (>o,1 Mol/l) werden diese zum Teil selbst angeregt und ionisiert, und es beginnt die direkte Strahlenwirkung eine Rolle zu spielen. Je höher die S-Konzentration ist, umso größer ist dieser Effekt /21, 23/. Für die direkte Strahlenwirkung ist der Einfluß der Dosisleistung (z.B. in Mrad/h; 1 rad = 1oo erg absorbierte Strahlungsenergie pro g Stoff; 1 Mrad = $1o^3$krad = $1o^6$ rad; 1 rad = $6,24.1o^{13}$ eV/g), d.h. der Abbau der gelösten Substanz, G(-S), vernachlässigbar.
Hingegen kann die indirekte Strahlenwirkung durch eine Erhöhung der Dosisleistung in den meisten Fällen beein-

flußt werden. Durch die erhöhte Konzentration von e_{aq}^-, H und OH können z.B: Kettenreaktionen ausgelöst werden (H_2O_2-Abbau). Außerdem führt die Erhöhung der Dosisleistung zu in verstärktem Ausmaß ablaufenden "inter spur"-Reaktionen, d.h. zwischen den Primärprodukten (s.Tab. 2), wodurch $G(H_2O)$, G(H), G(OH) und $G(e_{aq}^-)$ absinken, während $G(H_2)$ und $G(H_2O_2)$ entsprechend ansteigen. Der Einfluß der Dosisleistung ist somit dem bereits erwähnten LET-Effekt ähnlich. In beiden Fällen wird beobachtet, daß sich mit steigender Ionisationsdichte (LET) bzw. Dosisleistung die G-Werte der Radikale vermindern und die Ausbeute der Molekularprodukte ansteigt.

5.3.4. Einfluß des pH-Wertes

Wie bereits angeführt (Pkt. 5.3.1.), wird in saurer Lösung e_{aq}^- in H umgewandelt, die Gleichgewichte (19)-(21) werden entsprechend verschoben und der Ablauf vieler chemischer Prozesse beeinflußt. Obwohl die Anregung und die Ionisation als physikalischer Prozeß vom pH-Wert einer wäßrigen Lösung unabhängig ist, wird der Ablauf der Reaktionen zwischen den Primärprodukten (s.Tab. 2) stark beeinträchtigt. Die chemischen Vorgänge in der "Spur" führen daher in sauren bzw. alkalischen Medien zu einer wesentlichen Änderung der G-Werte der Radiolyseprodukte. In Tabelle 4 sind die Anfangs-G-Werte (G_A = G-Wert eines Produktes vor seinem Abbau durch Sekundärreaktionen; er ist der absorbierten Dosis proportional) der Wasserradiolyse durch γ-Strahlung bzw. Elektronen bei verschiedenen pH-Werten zusammengestellt.

Die Ausbeute der H-Atome ist in stark sauren Lösungen am höchsten (G_A = 3,65) und fällt mit steigendem pH-Wert ab und erreicht bei pH = 7 - 14 einen ungefähren Grenzwert von G = o,6 - o,5.

Der pH-Einfluß ist für die Erzeugung von Wasserstoff

durch hochenergetische Strahlung von besonderem Interesse.

Primärprodukte	G_A-Wert bei:					
	pH=o,5	pH=1	pH=2	pH=7	pH= 12	pH=14
e^-_{aq}	-	-	-	2,7	2,75	2,9
OH^-_{aq}	-	-	-	o,5	o,5	o,5
H^+_{aq}	3,2	3,2	3,2	3,2	3,25	3,4
H	3,65	3,6	3,3	o,6	o,55	o,5
H_2	o,4o	o,4o	o,4o	o,45	o,42	o,35
$OH(O^-_{aq})$	2,95	2,9	2,8	2,8	2,9	3,3
H_2O_2	o,75	o,75	o,74	o,72	o,65	o,45

Tabelle'4: G_A-Werte der Primärprodukte der Wasserradiolyse bei verschiedenen pH-Werten /21,23,3o-35/

5.3.5. Einfluß des Bewegungszustandes

Hier muß man grundsätzlich zwischen drei Fällen unterscheiden:

a) ruhende Lösung,
b) bewegte Lösung,
c) sprudelnde Lösung.

Der Einfluß verschiedener Durchflußraten (Verweilzeiten) auf die radiolytische Wasserstoffproduktion wurde von Fletcher /36/ eingehend untersucht. Die Erzeugungsraten für Wasserstoff nehmen mit zunehmender Verweilzeit ab. Die Versuchsergebnisse zeigen, daß die Wasserstofferzeugungsrate davon abhängt, wieviel Wasserstoff in Lösung ist , d.h. bei langer Bestrahlungszeit wird die Wasserstoffnettoproduktion aufgrund von Rückreaktionen (s.Tab. 3) nahezu null. Außerdem ist $G(H_2)$ in ruhender Lösung viel kleiner als in bewegter /36, 37/.

5.3.6. Gas-Flüssigkeits-Volumenverhältnis

Dieses Volumenverhältnis ist natürlich nur dann von Bedeutung, wenn es sich um nahezu ruhende Flüssigkeiten handelt. Die Ampullenversuche von Fletcher /37/ zeigten, daß bei niedrigen Volumsverhältnissen ein großer Teil des Wasserstoffs in der Lösung zurückbleibt, wo er die Rückreaktion zu Wasser erhöht. Deshalb ist die Gesamterzeugungsrate gering. Bei großen Volumenverhältnissen bleibt nur wenig Wasserstoff in Lösung, deshalb erreicht die Erzeugungsrate einen Maximalwert von $G(H_2)$ = o,3. Selbst bei einem hohen Volumenverhältnis von z.B. 2o bleibt ein Teil des Wasserstoffs in Lösung, so daß der $G(H_2)$ von o,44 nicht erreicht wird.

5.3.7. Druckeinfluß

Bezüglich des Druckeinflusses auf die Wasserstoffbildung in wäßriger Lösung liegen zur Zeit etwas widersprechende Ergebnisse vor. Breden /38/ fand bei geringeren Druckerhöhungen in einem Siedewasserreaktor, daß infolge der Rekombinationsreaktionen (Tab. 2) die Nettoradiolyse abnimmt. Andererseits stellten Hentz et al. /39/ bei der Gammaradiolyse des Wassers bei extrem hohen Drucken einen Anstieg des $G(H_2)$-Wertes fest. Es sind daher noch weitere Versuche in dieser Richtung erforderlich.

5.3.8. Temperatureinfluß

Während der Großteil der Autoren /4o-43/ der Meinung ist, daß die radiolytische Zersetzung des Wassers nicht wesentlich von der Temperatur abhängt, solange der Aggregatzustand nicht verändert wird, vertritt Breden /38/ die Meinung, daß eine Erhöhung der Temperatur eine niedrigere Nettozersetzung des Wassers zur Folge hat. Wahrscheinlich spielt aber die chemische Zusammensetzung der Lösung bei der jeweiligen Temperatur die wesentliche Rolle /37/. Ghormeley und Hochanadel /4o/ fanden bei ihren Versuchen mit o,4 m schwefeliger Säure zwischen

2 - 65 ^{o}C , daß mit zunehmender Temperatur die Ausbeute an Radikalen zunahm, wogegen die molekularen Produkte um o,1 % pro Grad abnahmen. Hingegen herrscht bei siedenden Lösungen die übereinstimmende Auffassung, daß bei einer Temperaturerhöhung, die zum Sieden führt, ein Maximalwert von $G(H_2)$ erreicht wird.

5.3.9. Einfluß des Aggregatzustandes

Der Aggregatzustand hat entscheidenden Einfluß auf die Radiolyse. Siedendes Wasser zum Beispiel weist einen weit größeren Zersetzungsgrad bei der Radiolyse auf, da die erzeugten Gase dadurch, daß sie in die Gasphase entweichen können, zum größten Teil nicht mehr rekombinieren.

Über die Rekombination in der Dampfphase liegen verschiedene Untersuchungen vor. Es wurde festgestellt, daß bei niedrigeren Temperaturen (bis 16o ^{o}C) und auch bei Temperaturen über 26o ^{o}C die Rekombination vernachlässigbar gering ist /41, 42/, während zwischen 164 und 26o ^{o}C bei Anwesenheit geeigneter Stoffe (wahrscheinlich Korrosionsprodukte des rostfreien Stahls) aufgrund katalytischer Rekombinationen die Entstehungsrate von Wasserstoff wieder unter den Maximalwert von o,44 sinkt /38, 43, 44/. Eine genaue Abschätzung für die Wahrscheinlichkeit der "primären Rekombination" (Franck-Rabinowitch-Effekt) in Abhängigkeit vom Dichtezustand des Wassers haben Vereschinskii und Pikajew /45/ gegeben. Sie erhielten einen maximalen Wert für den Zerfall von Wasser in der Gasphase unter Einwirkung von ionisierender Strahlung von:

$$G(-H_2O)_{max} \approx 12 \qquad (23)$$

Einen ähnlichen Wert erhielt Firestone /46/ für deuterium- und tritiumhältigen Wasserdampf.

In der festen Phase (z.B. Eis) sind die radiolytischen Umwandlungsraten wieder sehr viel geringer als in der Flüssigkeit. Das Einfrieren hat zwar keinen Einfluß auf die primäre Zersetzungsrate /47/, jedoch einen großen auf die weiteren Reaktionen der Zersetzungsprodukte. Die Wahrscheinlichkeit der "primären Rekombination" wächst, während die Beweglichkeit der freien Radikale erheblich abnimmt. Weiss /46/ hat die Abhängigkeit des $G(H_2)$ von der Temperatur untersucht. Er erhielt für o,1 m wäßriges Äthanol:

$$G(H_2) = 3{,}1 \quad (-1o\ ^{o}C) \qquad (24)$$

$$G(H_2) = o{,}88 \quad (-78\ ^{o}C) \qquad (25)$$

$$G(H_2) = o{,}4o \quad (-2oo^{o}C) \qquad (26)$$

Bei sehr tiefen Temperaturen wird eine große Stabilität der H-Atome beobachtet /48 - 54/. Nach Weiss /55/ beruht dies wahrscheinlich auf dem Einfangen solvatisierter Elektronen (e^-_{aq}) durch H^+-Ionen (s.Tab. 2).

5.3.1o. Einfluß der elektrischen Leitfähigkeit

Um den Einfluß der Leitfähigkeit zu untersuchen, wurden dem Kühlmittel (Wasser) Salze, wie KNO_3 oder Na_2SO_4 zugesetzt. Es konnte aber praktisch keine Wirkung auf die Gasentstehungsrate beobachtet werden /38/.

5.3.11. Stoffeinflüsse

Versuche von Koike /56/ zeigten, daß in reinem Wasser bei Bestrahlung bis zu $3.1o^6$ rad keine Wasserstoffproduktion gemessen werden kann, während bei Borsäurelösungen sofort die Wasserstoffproduktion einsetzt und bei ca. $1o^5$ rad ein Gleichgewicht erreicht wird. Erst bei Dosen von $3.1o^6$ rad wurde in reinem Wasser und auch wieder in Borsäurelösung Wasserstoff produziert. Die bei einer Dosis von $5.1o^5$ - $1.1o^6$ rad gefundenen Plateauwerte sind von der chemischen Zusammensetzung der Lösung abhängig.

Durch Zusatz von "Radikalfängern" (Substanzen, die sehr schnell und selektiv mit H, OH oder e^-_{aq} reagieren), kann erreicht werden, daß die Ausbeute der molekularen

Produkte erhöht wird, da diese mit den freien Radikalen keine Rückreaktionen mehr eingehen können. Solche Radikalfänger z.B. für OH-Radikale sind: Br^-, Cl^-, J^-, Fe^{2+}, Cu^+, Ce^{4+}. Ein Zusatz dieser Substanzen kann also die Wasserstoffproduktion beträchtlich erhöhen, da der Angriff von OH auf H_2 unterbunden wird /36, 57/.

5.3.12. Einfluß des Luftsauerstoffes

Der im Wasser gelöste Sauerstoff reagiert mit H und e^-_{aq} nach folgenden Reaktionen (s. Tab. 2):

$$H + O_2 \rightleftharpoons HO_2 \qquad (27)$$

$$e^-_{aq} + O_2 \rightleftharpoons O^-_{2aq} \qquad (28)$$

$$HO_2 \rightleftharpoons O^-_{2aq} + H^-_{aq} \qquad (29)$$

pK = 4,9 /28/ bzw. 4,95 /29/

dadurch werden die Reaktionen

$$H + H \longrightarrow H_2 \qquad (3o)$$

$$e^-_{aq} + H \longrightarrow H_2 + OH^-_{aq} \qquad (31)$$

$$e^-_{aq} + e^-_{aq} \longrightarrow H_2 + 2OH^-_{aq} \qquad (32)$$

unterbunden und die Gesamtausbeute an Wasserstoff herabgesetzt.

5.3.13. Radiolysc von Kohlenwasserstoffen

Bei der Radiolyse der aliphatischen Kohlenwasserstoffe entstehen freie Radikale, Radikalionen und Elektronen; die letzteren können ihrerseits Anregungs- und Ionisationsprozesse hervorrufen. Der Reaktionsmechanismus wird anhand der Radiolyse von Methan besprochen:

$$CH_4 \leadsto CH_4^* \longrightarrow CH_3 + H \qquad (33)$$

$$\longrightarrow CH_3^+ + H + e^- \qquad (34)$$

$$\longrightarrow CH_2^+ + H_2 + e^- \qquad (35)$$

Durch Reaktionen dieser Primärprodukte entstehen:

Äthan, Äthylen, Propan, Butan und Wasserstoff. Dabei ist $G(H_2)$ = 6,4 /58/. Die Radiolyse von höheren aliphatischen Kohlenwasserstoffen liefert eine größere Anzahl von Produkten /58, 59, 6o/.

5.3.14. Radiolyse von CO_2

Bei der Radiolyse von CO_2 wird CO und O_2 gebildet /61/:

$$CO_2 \rightsquigarrow CO + 1/2\ O_2 \qquad (36)$$

Aufgrund von schnellen Rückreaktionen ist der G-Wert der Produkte sehr gering. Es wurde jedoch festgestellt, daß durch Zugabe von NO_2, das die Rückreaktion weitgehend unterdrückt, ein G(CO) = 5 erhalten werden kann. Da jedoch infolge des Kernprozesses $^{14}N\ (n,p)\ ^{14}C$ radioaktives $^{14}CO_2$ entsteht, ist dieser Weg nicht empfehlenswert. Japanischen Forschern gelang es, durch geringe Zusätze (1 Mol %) von Xenon bzw. Propan oder Propylen, einen G(CO) von 5,3 - 7,8 zu erhalten /62,63/. Unter diesen Bedingungen ist es möglich, auf der Basis eines chemonuklearen Reaktors Wasserstoff zu erzeugen (s.Pkt. 5.4.4.).

5.4. Wasserstoffherstellung

Von allen Möglichkeiten zur Herstellung von Wasserstoff werden jene Prozesse, deren technische Verwirklichung realistisch erscheint bzw. sich bereits in halbtechnischer Erprobung befinden, etwas ausführlicher behandelt.

5.4.1. Im Homogenreaktor

Im homogenen Kernspaltungsreaktoren wird das Wasser direkt im Reaktorcore zu Wasserstoff und anderen Primärprodukten radiolysiert. Wie bereits oben besprochen (Pkt. 5.3.2.), ist die Ausbeute an Wasserstoff infolge des großen LET-Effektes der Spaltprodukte relativ hoch. Unter diesen Bedingungen beträgt $G(H_2) \gtrsim 1{,}6$ während G(H) und G(OH) $\propto$ o,1 sind. Basierend auf der Reaktorleistung (in MW), läßt sich die Wasserstoffausbeute nach folgender allgemeiner Formel ausrechnen /64/:

$$H_2(\text{Pfd/Tag}) = 39{,}6.\text{MW}.f.G(H_2) \qquad (37)$$

f ... Bruchteil der thermischen Energie des Reaktors, die zur Wasserstofferzeugung verbraucht wird.

In jüngster Zeit wurden von Kerr und Majumdar /65/ drei Typen von Homogenreaktoren mit wäßrigen Uranyllösungen diskutiert, die neben Wärme auch den bei der Radiolyse des Wassers entstandenen Wasserstoff nutzbar machen wollen.

Die erste Reaktortype beruht auf der Wasserstofferzeugung nur im "Core", wobei die Radiolyse des Moderators (D_2O) nicht in Betracht gezogen wird. Der Brennstoff besteht aus 94 %ig angereichertem Uranylsulfat, gelöst in leichtem Wasser. Gemäß Formel (37) ist die Wasserstoffbildung von der Leistung des Reaktors und von $G(H_2)$ abhängig. Die Autoren haben für diese Reaktortype die Wasserstoffausbeute als Funktion der Reaktorleistung (MWt) für drei G Werte als Parameter berechnet. Die Ergebnisse sind in Abb. 3 wiedergegeben.

Da die Spaltungsenergie in einem homogenen Reaktor fast zur Gänze an die wäßrige Lösung abgeben wird, ist $f \cong 1$. Durch Einsetzen von $G(H_2) = 1{,}6$ in Formel (37) läßt sich eine Ausbeute von 63,4 Pfd. H_2 Tag $^{-1}$MW^{-1} berechnen. Die gebildeten Gase (H_2 und O_2) müssen dabei in geeigneter Weise kontinuierlich aus dem Core entfernt und gesammelt werden.

Bei der zweiten Reaktortype wird die Wasserstoffbildung im Wassermantel, der den Core umgibt, in Betracht gezogen. Dieser Mantel soll ein Material mit hohem, thermischem Neutronenwirkungsquerschnitt enthalten, damit andere geladene Teilchen, die zusätzlich zu einer Erhöhung der Wasserstoffbildung beitragen sollen, gebildet werden. Bei dieser Art ist der Bereich der Wasserstofferzeugung von dem der Energieerzeugung im Core getrennt. Diese Reaktortype ist noch in Entwicklung.

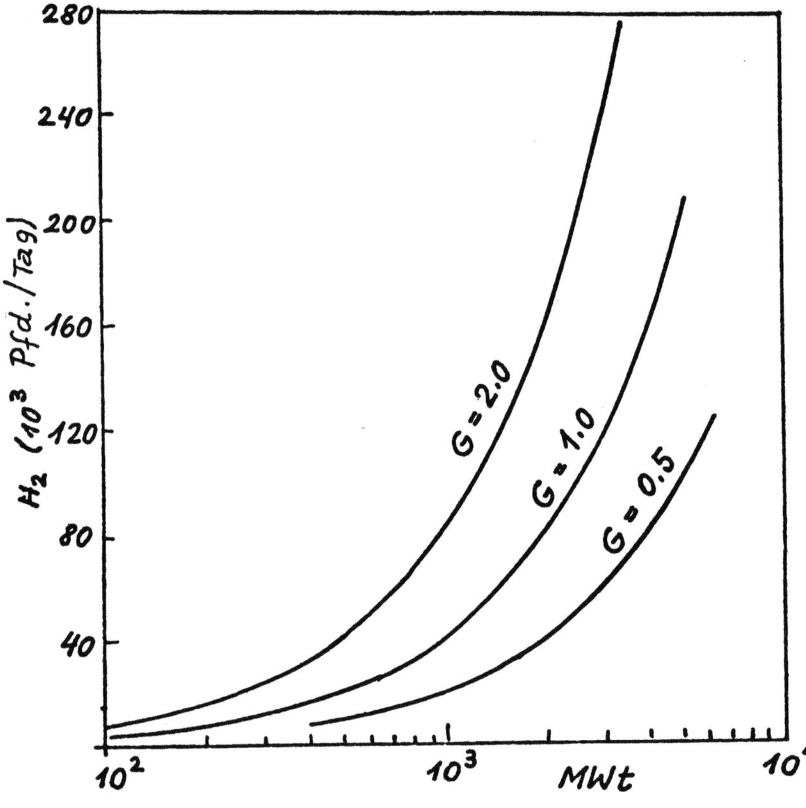

Abb. 3. Gesamtwasserstoffausbeute (Pfd./Tag) im Core als Funktion der Leistung (MWt) eines homogenen Reaktors für die $G(H_2)$-Werte als Parameter /65/.

Außerdem wurde von den gleichen Autoren /66/ eine dritte Type eines Homogenreaktors diskutiert, bei der die Wasserstoffbildung sowohl im Core als auch im Mantel des Core genützt wird.

Wenn man die gesamte thermische Energie des Reaktors zunächst in Strom und diesen dann zur Wasserstoffherstellung durch Elektrolyse verwendet, ergibt sich ein Energienutzeffekt von 25 %. Bei der direkten Wasserradiolyse wird jedoch nur ein Bruchteil der Spaltungsenergie zur Bildung von Wasserstoff ausgenützt, während der Rest in Hitze umgewandelt wird. Die Autoren /65/ haben für die Energieausbeute, η_{H_2} (in %, bezogen auf H_2-Verbrennungswärme) zur Wasserstoffproduktion folgende Formel angegeben:

$$\eta_{H_2} = 2{,}96 \, . \, G(H_2) \text{ in } \% \qquad (38)$$

Selbst bei einem $G(H_2)$-Wert von 2 wird mehr als 85 % der Spaltungsenergie in Hitze umgewandelt. Daraus folgt, daß eine wirtschaftliche Wasserstoffgewinnung mittels des Homogenreaktors erst mit höheren $G(H_2)$-Werten möglich ist. Es ist jedoch sinnvoll, den Wasserstoff als Nebenprodukt der Wärmeenergie zu gewinnen. Kerr und Majumdar /65/ schlagen daher vor, das Core wie üblich hauptsächlich zur Wärmegewinnung zu nutzen und im Coremantel die Wasserstoffausbeute durch Zugabe von ^{10}B oder ^{6}Li zu erhöhen. Diese zwei Isotope liefern als Folge der auftretenden Kernreaktionen α-Teilchen : ($^{10}B(n,\alpha)^{7}Li$ und $^{6}Li(n,\alpha)^{3}He$) und dadurch auch einen hohen LET-Effekt (Tab.3).

Die in dieser Hinsicht von Majumdar et al. /66/ durchgeführten Versuche (im Core: Uranylsulfatlösung, 93 % ^{235}U; im Mantel: 2000 ppm ^{10}B gelöst in leichtem Wasser) zeigten eine Abhängigkeit der Wasserstoffbildung vom Radius des Reaktorcores. In Abb. 4 ist die H_2-Bildungsrate als Funktion des Radius vom Reaktorcore für drei verschiedene $G(H_2)$-Werte dargestellt.

Dabei betrug der Gesamtradius (Core und Mantel) 80 cm, womit ein Abfangen sämtlicher Neutronen gewährleistet wurde. Als günstige Temperatur wurden im Core 230° und im Mantel 175°C eingehalten. Daraus kann entnommen werden, daß bei einem kleineren Coreradius (C_R) die Wasserstoffproduktion günstiger ist. Bei $G(H_2) = 1{,}5$ ergibt sich für $C_R = 30$ cm eine Wasserstoffbildung in der Umhüllung von 8.10^3 Pfd/Tag, während man für $C_R = 15$ cm $15{,}2.10^3$ Pfd/Tag erhält. Außerdem konnten die gleichen Autoren /66/ für die Wasserstoffbildung im Coremantel einen Zusammenhang zwischen Coreradius und Leistungsdichte des Reaktors (power density) feststellen. In Abb. 5 ist dies für drei verschiedene Leistungsdichten (5o, 1oo und 15o kW/l) und für $G(H_2)$ = 1,5 bei ^{10}B = 2ooo ppm in der Umhüllungslösung gezeigt.

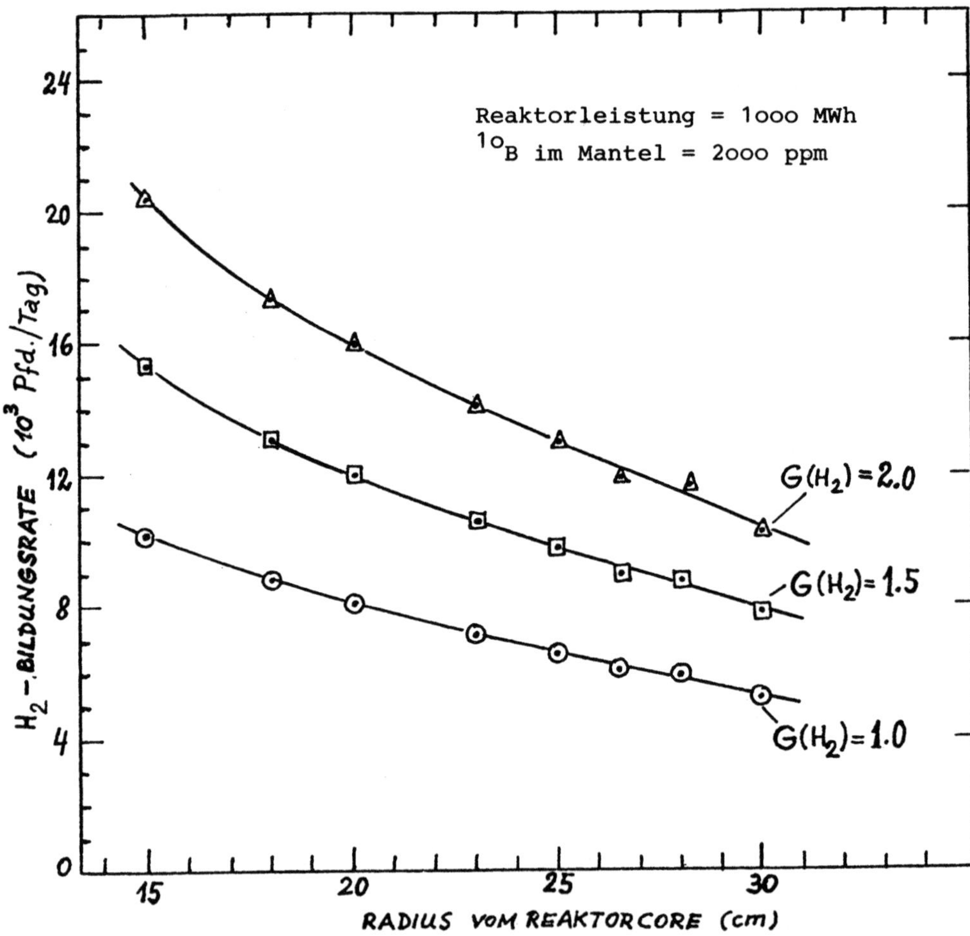

Abb. 4: H_2-Bildungsrate (Pfd/Tag) im Reaktormantel für eine 1ooo MWt Anlage in Abhängigkeit von dem Coreradius (cm) für drei $G(H_2)$-Werte /66/

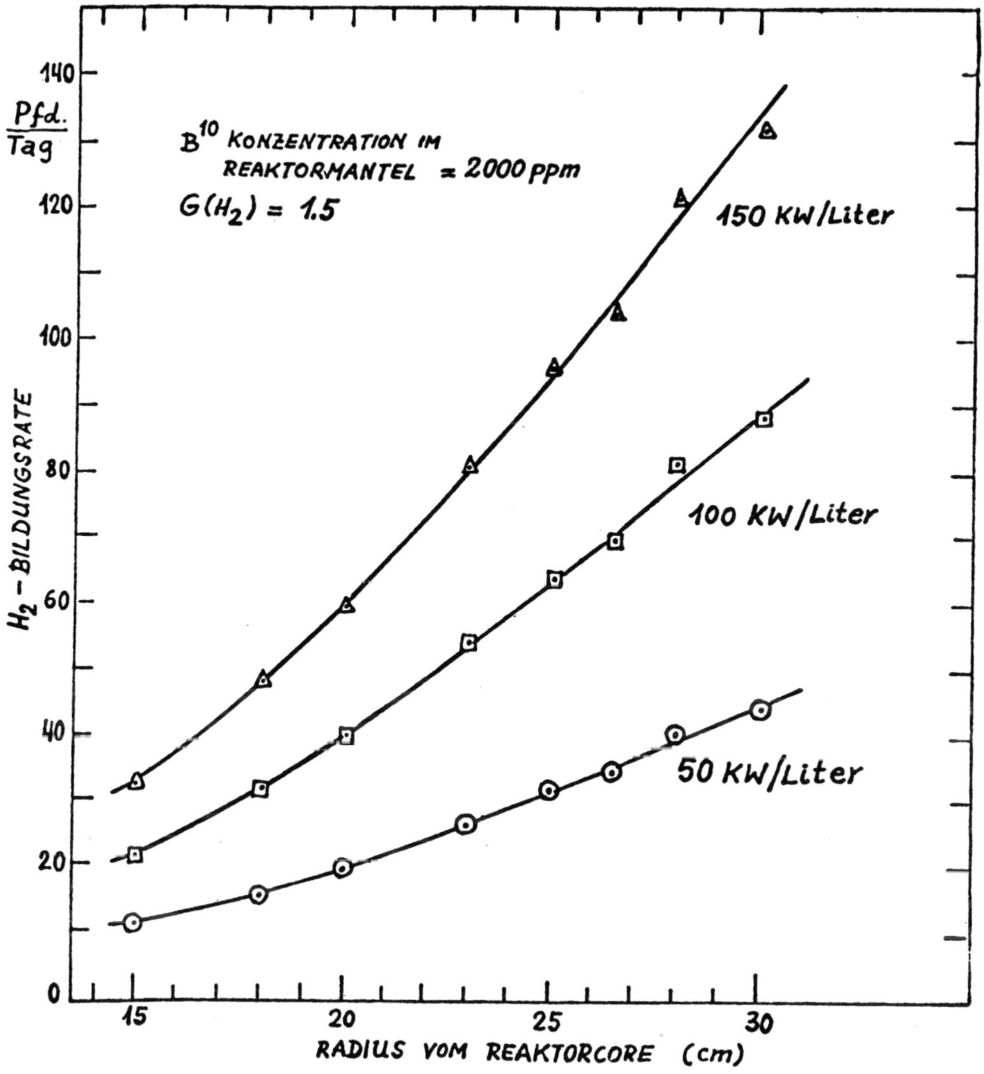

Abb. 5: H_2-Bildungsrate (Pfd./Tag) im Reaktormantel als Funktion des Radius (cm) vom Reaktorcore für verschiedene Core-Kraftdichten (kW/Liter) bei $G(H_2)$ = 1,5 /66/.

Die Wasserstofferzeugung im Core läßt sich unter Zuhilfenahme der Abb. 3 berechnen. Unter Berücksichtigung der bereits diskutierten Betriebsbedingungen eines Homogenreaktors wurde bei einer Leistung von 1.000 MW eine

Wasserstoffbildung von 5o.ooo Pfd H_2/Tag festgestellt, davon 75 % im Core und 25 % im Coremantel.

5.4.2. Im Heterogenreaktor

Wenn die bereits oben (Pkt. 5.2.1.2.) kurz besprochenen heterogenen Kernkraftreaktoren leichtes Wasser als Moderator verwenden, wird aufgrund des Radiolyseprozesses (Pkt. 5.3.1. bis 5.3.12.) Wasserstoff gebildet. Die Menge des so entstandenen Wasserstoffs hängt von der Leistung und den speziellen Konstruktionsmerkmalen des betreffenden Reaktors ab. Zur Zeit wird dieser Wasserstoff aus Sicherheitsgründen (Explosionsgefahr) kontinuierlich, meistens auf katalytischem Weg, wieder in Wasser umgewandelt.

Prinzipiell besteht die Möglichkeit, durch einen geeigneten Coremantel, ähnlich wie beim Homogenreaktor, (Pkt. 5.4.1.) unter Anwendung von ^{1o}Bor und ^{6}Li die Wasserstoffbildung zu erhöhen. Man könnte auf diese Weise als Nebenprodukt auch in entsprechendem Ausmaß Wasserstoff gewinnen. Es sind jedoch zur Zeit keine Projekte oder Untersuchungen in dieser Hinsicht bekannt.

5.4.3. Aus Kohlenwasserstoffen

Wie bereits in Pkt. 5.3.13 erwähnt wurde, kann man Wasserstoff durch Radiolyse von Kohlenwasserstoffen gewinnen. Interessanterweise ist in dieser Hinsicht relativ wenig Forschungsarbeit geleistet worden. Es sei bemerkt, daß die gesättigten aliphatischen Kohlenwasserstoffe in der Gasphase einen $G(H_2) \geq 8$ liefern, während die ungesättigten eine sehr geringe Wasserstoffausbeute aufweisen (s.Tab. 5).

Kohlenwasserstoff	$G(H_2)$	Kohlenwasserstoff	$G(H_2)$
Methan	6,4	n-Pentan	7,3
Äthan	6,6	Äthylen	1,28
Propan	8,2	Propylen	1,1
n-Butan	8,o	Acetylen	s.ger.

Tab. 5: $G(H_2)$-Werte einiger Kohlenwasserstoffe in der Gasphase /58, 59/.

Dieser Effekt beruht auf der Eigenschaft der Olefine, die als Fänger für die Wasserstoff-Atome wirken.

Als Rohmaterial für die Herstellung von Wasserstoff nach diesem Prozeß kann Erdgas dienen, doch diese Möglichkeiten sind begrenzt. Prinzipiell läßt sich für diese Zwecke der chemonukleare Reaktor als Strahlungsquelle verwenden. Allerdings sind auf diesem Gebiet noch entsprechende Untersuchungen erforderlich.

5.4.4. Die CO_2-Radiolyse im chemonuklearen Reaktor

Wie bereits in Pkt. 5.2.1.3. ausgeführt wurde, bietet der chemonukleare Reaktor die Möglichkeit, die anfallende Kernenergie zum Ablauf verschiedener chemischer Prozesse zu nutzen. Dabei werden die Eigenheiten des chemischen Systems bei dem Betrieb des Reaktors entsprechend berücksichtigt. Ein in dieser Hinsicht vielversprechender Prozeß zur Herstellung von Wasserstoff ist über die Radiolyse von CO_2 gegeben /62, 63/. Die Methode beinhaltet zwei Stufen:

1. Radiolyse von CO_2 und
2. Katalytische Umwandlung des entstandenen CO mit Wasserdampf gemäß:

$$CO_2 \rightsquigarrow CO + 1/2\ O_2 \qquad (39)$$

$$CO + H_2O \longrightarrow H_2 + CO_2 \qquad (4o)$$

Der Reaktor kann im Prinzip ein Calderhall-Typ sein, der mit natürlichem Uran als Brennstoff, Graphit als Moderator und CO_2 als Kühlmittel betrieben wird. Das Reaktionsgas, bestehend aus CO_2 und 1 Mol % Propan (s.Pkt. 5.3.14.), wird durch eine wabenartige Anordnung der Brennstoffelemente im Core durchgeleitet. Das Gas wird durch die Gesamtstrahlung (Spaltbruchstücke, Neutronen, γ-Strahlung) radiolysiert und gleichzeitig erhitzt. Das so entstandene Reaktionsgemisch (CO_2, CO, Spuren H_2O) wird nun zunächst durch einen Wärmeaustauscher zur Erzeugung von Wasserdampf geleitet. Dieser betreibt eine

Turbine und kann so zur Stromerzeugung verwendet werden. Hierauf wird das nunmehr gekühlte Gasgemisch auf 15 atm komprimiert und von nicht umgesetztem CO_2 und den Spaltprodukten gereinigt. Das nun reine CO wird in einen Konverter geleitet, wo es sich mit Wasserdampf (im Überschuß, Molverhältnis ~ 1 : 4) und mit Hilfe eines Katalysators (Eisen- oder Chromoxid, 35o - 6oo°C) zu Wasserstoff und CO_2 umsetzt. Das dabei erhaltene CO_2 wird wieder in den Reaktionszyklus zurückgeführt. Die Umwandlungsrate für CO beträgt ungefähr 85-9o % bei Atmosphärendruck.

Das beschriebene System ist sehr günstig, da die CO_2-Radiolyse die Stabilität des Reaktors nicht beeinflußt. Außerdem besitzt CO_2 einen kleinen Wirkungsquerschnitt für Neutronen, so daß keine unerwünschten radioaktiven Nuklide anfallen. Schließlich zeigten die bisherigen Erfahrungen an Calderhall-Reaktoren, daß sich CO_2 als zuverlässiges Kühlmittel erweist.

5.4.5. Durch Kernfusion

Der in Pkt. 5.2.4. besprochene Kernfusionsprozeß eröffnet für die Zukunft eine wichtige Möglichkeit zur Herstellung von Wasserstoff. Aufgrund des gegenwärtigen Standes der Kenntnisse erwartet man, daß die Kernfusion in etwa 3o-5o Jahren eine wichtige Energiequelle darstellen wird. Ein Teil der auf diese Weise gewonnenen Energie kann im Bedarfsfall zur Wasserstoffherstellung aus Wasser eingesetzt werden. Zu diesem Zweck stehen im Prinzip drei Wege zur Verfügung:

a. Direkte Umwandlung der bei dem Plasmaprozeß anfallenden enormen Wärmemenge in elektrischen Strom und in der Folge Wasserstofferzeugung durch Elektrolyse.

b. Zersetzung des Wassers durch hohe Temperaturen.

c. Wasserphotolyse.

Im ersten Fall wird die Wärme mittels eines Direktwandlers in Strom umgewandelt. Dafür werden verschiedene Systeme vorgeschlagen /9, 67 - 73/. Hier sei nur der thermische Konverter kurz erwähnt. Sein Prinzip beruht auf der Beweglichkeit der Elektronen im Metallgitter. Beim entsprechenden Erwärmen lassen sich die Elektronen von der Metalloberfläche entfernen, z.B. wie bei einer Kathode. Die Energie für den Elektronenaustritt ist für jedes Metall charakteristisch. So beträgt sie z. B. für Wolfram 4,5 eV. In thermischen Konvertern emittiert die heiße Elektrode (Emitter) bei ca. 17oo ^{o}C mit hoher Elektronenaustrittsarbeit Elektronen, die von einem Kollektor (bei ca. 7oo ^{o}C) mit niedriger Austrittsarbeit aufgenommen werden. Durch diese Energiedifferenz kann man direkt elektrischen Strom erhalten. Im Anschluß daran läßt sich durch ein bis dahin verbessertes Elektrolyse-Verfahren (Wirkungsgrad ca.8o %) Wasserstoff gewinnen (Kap.2).

Bekanntlich kann man das Wasser bei hohen Temperaturen (über 15oo ^{o}C) spalten. Da bei der Kernfusion extrem hohe Temperaturen auftreten, könnte man in geeigneter Weise einen Teil der Wärme für diesen Prozeß ausnützen. Diese Möglichkeit wird erst nach der Realisierung der Kernfusionsreaktoren aktuell.

Der dritte Weg zur Wasserstoffgewinnung ist durch die Eigenschaft des Plasmas, kurzwelliges UV-Licht zu emittieren, gegeben. Darauf beruht ein Vorschlag von Eastlund und Gough /74/, größere Mengen von Wasser zu photolysieren. Wenn man bestimmte Elemente z.B. Al in das Wasserstoffplasma einführt, so entsteht Vakuum-UV-Licht (18o - 2oo nm), das zur Spaltung von Wasser geeignet ist (s. Kap. 2) /75 - 81/. Basierend auf den Daten von Ung et al. /82/ wurden von Bockris /83/ Abschätzungen in dieser Hinsicht durchgeführt. Daraus ergibt sich, daß für die Herstellung von einer Tonne Wasserstoff 222.5oo kWh Plasmaenergie benötigt wird. Dabei könnte die im Wassergefäß absorbierte thermische Energie ihrerseits mit einem Nutzeffekt von 3o % in Strom umgewandelt werden. Man erhält also nun neben einer Tonne Wasserstoff auch 53.ooo kWh Strom. Unter diesen Voraussetzungen ist für die Herstellung von einer Tonne Wasserstoff nur 123.ooo kWh Plasmaenergie erforderlich. Die gegenwärtigen Betrachtungen beruhen auf Annahmen. Aufgrund der bisherigen Kenntnisse auf dem Gebiet der Kernfusion scheint es, daß die Wasserstoffgewinnung durch Photolyse des Wassers als eine vielversprechende Möglichkeit für die Zukunft angesehen werden kann. Es wird daher auf internationaler Basis empfohlen, die Untersuchungen in dieser Richtung besonders zu unterstützen.

5.5. Aspekte und ökonomische Betrachtungen der Wasserstoffgewinnung

Aus den gegenwärtig vorliegenden experimentellen Daten geht hervor, daß in naher Zukunft für die Herstellung von Wasserstoff aus Wasser im homogenen und chemonuklearen Reaktor reale Aussichten bestehen. Zu einem etwas späteren Zeitpunkt wird auch die Kernfusion, die schließlich neben der Sonnenenergie (Kap. 2) als Gesamtenergielieferant dienen soll, eine wichtige Rolle spielen. Einige Aspekte und wirtschafltiche Überlegungen werden nun kurz erörtert.

5.5.1. Homogenreaktor

Diese Reaktortype eignet sich besonders gut, um neben Wärme auch Wasserstoff bei der Kernspaltung zu gewinnen. Es erscheint dabei die bereits vorgeschlagene Ausführungsform /65, 66/, die auf der Anwendung besonderer Zusätze zur Erhöhung der Wasserstoffausbeute beruht, als geeignet und leicht zu realisieren.

Um den Wasserstoff aus der Lösung möglichst früh und quantitativ abzutrennen, sind besondere Maßnahmen und technische Vorrichtungen erforderlich. Zu diesem Zweck wird ein fließendes Core-System vorgeschlagen, bei dem

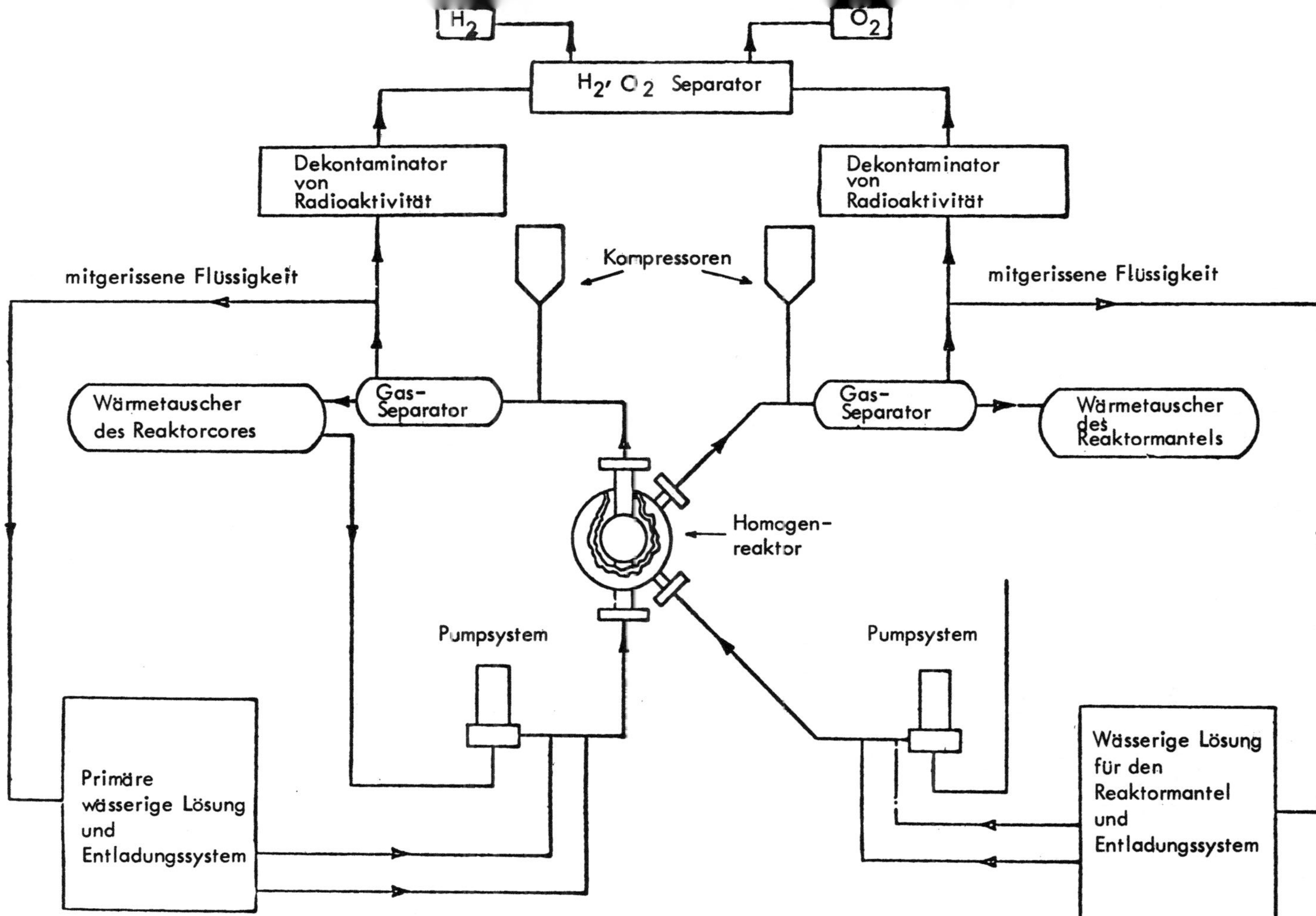

Abb. 6. Schematisches Flußdiagramm für einen wässerigen Homogenreaktor

die gasenthaltende Flüssigkeit den Gas-Seperator durchströmt und dann, wieder gasfrei, in den Reaktor zurückgeleitet wird. Als Gas-Seperator /84/ wird ein mechanisches System verwendet, das auf dem Zentrifugieren der Flüssigkeit beruht, wodurch das Gas gezwungen wird, an die Oberfläche zu steigen, von wo es dann abgetrennt werden kann.

Die schematische Darstellung eines homogenen Reaktors mit allen Hilfseinrichtungen zur Wasserstoffgewinnung ist in Abb. 6 gezeigt.

Eine Anlage dieses Typs (1ooo MW (th)) liefert, wie bereits erwähnt /66/, etwa $5o.1o^3$ Pfd H_2/Tag. Die bisherigen Ergebnisse sind vielversprechend und daher werden die Forschungs- und Entwicklungsarbeiten auf diesem Gebiet intensiv weitergeführt.

5.5.2. Chemonuklearer Reaktor (CO_2-H_2O-System)

Das oben beschriebene Verfahren (Pkt. 5.4.4.) hat große Aussichten für eine praktische Anwendung zur Herstellung von Wasserstoff. Es ist daher von Interesse, diese Methode der Elektrolyse gegenüberzustellen. Wenn man zur Abschätzung der Kosten der Wasserstofferzeugung über die CO_2-Radiolyse einen G(CO) = 1o (1 Mol % Propanzusatz) annimmt, läßt sich für eine Reaktorleistung (P) z.B. von $1o^8$ W/s die CO-Ausbeute abschätzen:

$$\text{CO-Ausbeute} = \frac{G(CO).P}{1oo.N} = \frac{1o.1o^8.6,24.1o^{18}}{1oo.6,o2.1o^{23}} =$$

$$= 3,6\ .1o^5 \text{Mol/sec CO} \qquad (41)$$

das entspricht bei Normalbedingungen (0°C, 1 atm)

$$CO = 8,1.1o^3\ m^3/h \qquad (42)$$

Da bei der CO_2-Radiolyse nur etwa 3o-6o % der Strahlungsenergie ausgenützt wird, während die Ausbeute des Wassergasprozesses ca. 9o % beträgt, erhält man eine maximale H_2-Ausbeute von:

$H_2 = 4.1o^3\ m^3/h$ (43)

Ein Vergleich der H_2-Ausbeute, erhalten durch Elektrolyse (Elektrolyt 2o %ige NaOH, Stahlelektroden) bzw. mittels chemonuklearen Reaktor (CO_2-H_2O-System) zeigt für 1o MW Ausgangsenergie folgende Werte:

Elektrolyse: $H_2 = 17.1o^3 m^3/h$ (44)

Radiolyse: $H_2 = 4.1o^3 m^3/h$ (45)

Unter Berücksichtigung der Ausbeute der elektrischen Energie, die ein Reaktor liefert (ca. 1/3 der thermischen Energie), ergibt sich, daß die Wasserstoffherstellung durch beide Methoden in vergleichbarer Höhe liegt.

5.5.3. Kernfusion

In einer Studie von Powell et al /85/ werden die Aspekte der synthetischen Gewinnung z.B. von Wasserstoff, Methanol, etc. durch Fusion unter besonderem Augenmerk auf die Wirtschaftlichkeit und die Umwelteinflüsse kritisch betrachtet. Sehr interessant sind dabei die Vorschläge im Hinblick auf die stufenweise Einführung des Plasmaprozesses als Energiequelle, unter gleichzeitigen Verzicht auf Energien, die auf konventionelle Art gewonnen werden (fossile Brennstoffe und Kernspaltungsanlagen). Die fossilen Brennstoffe sollen als einzige Ausgangsstoffe der zukünftigen chemischen Industrie, soweit als möglich, erhalten bleiben. Gleichzeitig sollen die Kernkraftreaktoren, wegen ihrer hohen Belastung durch radioaktiven Abfall stufenweise reduziert und schließlich nicht mehr betrieben werden. Deshalb sind sie als Energiequellen nur von vorübergehender Bedeutung.

Als Basis wurden vier Möglichkeiten (Systeme) durchdacht /85/.

Nach System (A), das für die USA im Jahre 2o2o wirksam werden soll, wird angenommen, daß der Energieverbrauch verglichen mit 1969 um das Fünffache ansteigt. Als mögliche Quellen für die Energieerzeugung sind verschiedene Reaktortypen (mit leichtem Wasser moderiert), Wasserkraft, Kohle, Erdöl und Erdgas, aber noch keine Fusion vorgesehen. Die Energiegewinnung durch Kernspaltung wird stark ansteigen und ca. 2o % des gesamten Energiebedarfs der USA ausmachen. Von diesem Bezugssystem A werden drei weitere Syteme (B, C, D) abgeleitet, bei denen stufenweise die konventionellen Energiequellen durch Kernfusion ersetzt werden sollen.

Für System (B) gelten folgende Annahmen: die Energiegewinnung aus fossilen Brennstoffen soll in gleichem Ausmaß beibehalten werden, während die Hälfte der Energie, die bis dahin aus Kernkraftreaktoren erhalten wurde, bereits von den Fusionsreaktoren übernommen werden soll. Ein Teil der dabei gewonnenen elektrischen Energie wird zur Erzeugung synthetischer Brennstoffe (Wasserstoff und Methanol) dienen.

Nach System (C) sollen die Öl- und Gasimporte völlig wegfallen und keine Spaltreaktoren mehr betrieben werden. Die gesamte elektrische Energie wird nun, unter Beibehaltung der Wasserkraftwerke, durch Kernfusionsverfahren erzeugt. Dabei sollen ca. 35 % der gesamten elektrischen Energie für allgemeine Zwecke und der Rest für die Herstellung synthetischer Brenntstoffe verwendet werden. Dadurch wird es möglich sein, etwa 75 % der Autos mit Methanol zu betreiben.

Auch das folgende System (D) sieht die Erzeugung der gesamten elektrischen Energie durch Kernfusion vor und in der Folge zur Herstellung synthetischer Brennstoffe.

In Tabelle 6 ist die Energieverteilung in den USA für das Jahr 2o2o gemäß der bereits besprochenen vier Systeme in einer übersichtlichen Form zusammengestellt.

Im Rahmen der vorgeschlagenen vier Energiesysteme wurden von den gleichen Autoren auch eingehende wirtschafltiche Betrachtungen angestellt. Diese sind in Tabelle 7 kurz wiedergegeben.

Energieart (in $1o^{15}$ Btu/Jahr)*)	Systeme A	B	C	D
Strom aus KKR a)	42,4	21,2	-	-
Strom aus FR b)	-	21,2	179,3	2o5,1
Kohle	74,6	74,6	5,5	5,5
Öl	81,7	81,7	2o,o	15,5
Gas	29,2	29,2	14,1	2,3
Synthetische Brennstoffe:				
H_2 (Gas)	-	-	52,2	57,6
H_2 (flüssig)	-	-	24,o	28,5
Strom	61,4	61,4	61,4	61,4

*) $1o^{15}$ Btu/Jahr = 34 MW (Elektr.)
Bei der Umwandlung von thermischer in elektrische Energie wird ein Wirkungsgrad von 4o % angenommen.

a) KKR = Kernkrafreaktoren
b) FR = Fusionsreaktoren

Tabelle 6: Primärenergie-Quellen in den USA im Jahre 2o2o /85/.

Die angeführten Kosten beruhen auf einer Reihe von Annahmen, auf die hier nicht näher eingegangen wird. Es sei jedoch erwähnt, daß die Kapitalkosten der Fusionsreaktoren einerseits und die der Rohölpreise (es wird eine Erhöhung um das ~ 4-fache angenommen) andererseits, schwer abschätzbar sind. Der Vergleich der einzelnen Systeme zeigt, daß bei der Umstellung auf System D die Kostenerhöhung etwa 15 % ($1oo.1o^9$ US$) der Gesamtenergiekosten in den USA im Jahre 2o2o betragen wird. Trotzdem bietet dieses System wesentliche Vorteile: Erhaltung der Rohstoffquellen, Unabhängigkeit von Importen und schließlich stark reduzierte Umweltverschmutzung. Es wäre daher sehr wünschenswert, den Plasmaprozeß so bald wie möglich als Primärenergiequelle zu entwickeln und einzusetzen, bevor die fossilen Brennstoffe erschöpft sind, da diese für andere lebenswichtige Zwecke (z.B. Kunststoffe, Pharmazeutika, etc.) verwendet werden könnten.

Energieart	Kosten für die Systeme in $1o^9$ US$			
	A	B	C	D
Kernspaltung	119,6	59,8	-	-
Kohle	58,o	58,o	2	2
Öl	251,7	251,7	7o,2	54,4
Gas	54,1	54,1	17,8	3,19
H_2 (aus FR)	-	-	344,1	4o1,6
FR (Elektr.)	-	38,6	111,8	111,8
Wasserkraft	2,18	2,18	2,18	2,18
Veränderung zu Basissystem	Basis	- 21,2	+ 62,5	+ 89,6
Gesamtkosten	633	612	696	723

Tabelle 7: Jährliche Kosten gemäß den vier Energiesystemen in den USA im Jahre 2o2o /85/.

5.6. Zusammenfassung

Wie bereits erwähnt, werden die Kernreaktoren zumindest für eine beschränkte Zeitdauer in verstärktem Ausmaß zur Energiegewinnung eingesetzt werden müssen. Diese Entwicklung hat bereits begonnen. Die bis jetzt betriebenen Kernreaktoren nützen ausschließlich die Wärme zur Erzeugung von Strom aus. Erst in jüngster Zeit werden Projekte ausgearbeitet, die sich auch mit der Ausnützung der dabei anfallenden Strahlung z.B. im Hinblick auf die Herstellung von Wasserstoff beschäftigen.

In diesem Zusammenhang seien besonders die drei folgenden Möglichkeiten zur Wasserstoffgewinnung hervorgehoben:

1. Der Homogenreaktor erscheint als prädestiniertes Verfahren, das neben der Wärme- auch zur Wasserstoffproduktion eingesetzt werden kann. Es sind allerdings noch technologische Probleme (z.B. betreffend der Stabilität des Reaktorbetriebes) zu lösen, insbesondere jene, die sich mit der Anwendung von ^{10}B bzw. ^{6}Li zwecks Erhöhung der Wasserstoffausbeute beschäftigen.

2. Der chemonukleare Reaktor bietet in Kombination z.B. mit dem CO_2-H_2O-System oder in beschränktem Ausmaß durch die Radiolyse der Kohlenwasserstoffe eine Möglichkeit zur Wasserstoffgewinnung, die sich in der Praxis in relativ kurzer Zeit realisieren läßt.

3. Ein für die Zukunft bedeutendes Verfahren zur Herstellung von Wasserstoff wird mit der Entwicklung der Kernfusion zusammenhängen. Gemäß den Voraussagen kann das erst in den nächsten 3o - 5o Jahren der Fall sein. Bei diesem System wird neben der Wärmeerzeugung auch das anfallende Vakuum-UV-Licht zur Photolyse des Wassers verwendet werden können.

Kernkraftreaktoren und Fusionsreaktoren können auch in

Kombination mit anderen Verfahren zur wirtschaftlichen Herstellung von Wasserstoff verwendet werden (s.Kap.1 und3).

Gegenwärtig gibt es allerdings noch kein technisches Verfahren, bei dem in großem Stil Wasserstoffherstellung mit Hilfe hochenergetischer Strahlung betrieben wird. Jedoch werden in verschiedenen Ländern große Anstrengungen in dieser Hinsicht unternommen. Die Abschätzung der heutigen technologischen Entwicklung läßt erkennen, daß Fusionsreaktoren und Sonnenenergie die hauptsächlichen Energiequellen der Zukunft sein werden.

5.7. Literaturverzeichnis

/1/ R.& D. Energy, ed. OECD, Paris (1975)

/2/ J.K.Dawson, R.G.Sowden, "Chemical Aspects of Nuclear Reactors", Vol. 1-3, Butterworths, London (1963)

/3/ K.A.Schmidt et al., "Nutzenergie aus Atomkernen", Bd. 1,2, W.de Gruyter & Co.., Berlin (196o)

/4/ IAEA Directory of Nuclear Reactors, Bd. X, "Power and Research Reactors", Wien (1976)

/5/ IAEA, "Gas Cooled Reactors with Emphasis on Advanced Systems", Wien (1976)

/6/ P.Harteck, S.Dondes, J.Chem.Phys., 26, 1727 (1957)

/7/ Rep.of the Study Group on Chemonucl.Reactor, Takasaki Rad.Chem.Res.Establ., JAERI (1963)

/8/ A.Danno, Chem.Econ.& Eng.Rev., 6, 7 (1974)

/9/ F.Cap et al.,"Bestandsaufnahme über den Stand der nat. u.internat.Forschungen auf dem Gebiet der Plasmaphysik und thermonukl.Fusion z.Energiegewinnung",BMWF, (1976)

/1o/ R.F.Post, F.L.Ribe, Science, 186, 397 (1974)

/11/ W.B.Myers et al., "Tritium Regeneration in a DT-Thermonuclear Reactor Blanket", Lawrence Livemore Lab.Rep., UCID-448o (1962)

/12/ A.J.Impink Jr, "Neutron Econ.in Fusion Reactor Blanket Ass.", MIT, Techn.Rep. 434 (1965)

/13/ G.I.Bell, "Neutron Blanket Calc. for Thermonucl.Reactors", Los Alamos Scient.Lab.Rep. LA-3385-MS (1965)

/14/ J.D.Lee, "Tritium Breeding and Energy Gener. in Liquid Lithium Blankets", Lawr.Liv.Lab.Rep., UCRL-71757 (1969)

/15/ D.Palumbo, "Energy Resources" in "Course on Stat. and Quasistat.Toroidal Reactors", Commission of the EC, Rep. EUR-4999 e, Luxemburg (1974)

/16/ Physics Today, 27, 11 (1974)

/17/ Physics Today, 29, 18 (1976)

/18/ J.Linhart, "Plasma Physics" Rep. EUR-4248 c, Euratom, Brüssel (1969)

/19/ S.Glasstone, R.M.Lovberg, "Controlled Thermonuclear Reactions", van Nostrand, Princeton (196o)

/2o/ R.A.Gross, "Physics of a Wall-Confined Fusion System", Nucl.Fusion, 15, 729 (1975)

/21/ A.O.Allen, "The Radiation Chem. of Water and Aqu.Solutions", van Nostrand, Princeton (1961)
/22/ N.Getoff, Österr.Chem.Ztg., 63, 41 (1962)
/23/ N.Getoff in "Strahlenchemie", 271, Hüthig, Heidelberg (1967)
/24/ A.Henglein, W.Schnabel, J.Wendenburg, "Einführung in die Strahlenchemie", Verlag Chemie (1969)
/25/ M.Anbar, P.Neta, Int.J.Appl.Rad.Isotopes, 18, 493 (1967)
/26/ M.S.Matheson, J.Rabani, J.Phys.Chem., 69, 1324 (1965)
/27/ J.Rabani, M.S.Matheson, J.Phys.Chem., 7o, 761 (1966)
/28/ D.Behar,G.Czapski, J.Rabani, L.M.Dorfman, H.A.Schwarz, J.Phys.Chem., 74, 32o9 (197o)
/29/ N.Getoff, unveröffentlicht (1974)
/3o/ J.T.Allan, N.Getoff, H.P.Lehmann, K.E.Nixon, G.Scholes, M.Simic, J.Anorg.Chem., 19, 2o4 (1961)
/31/ E.Hayon, J.Phys.Chem., 68, 1242 (1964)
/32/ E.Hayon, Trans.Farad.Soc., 61, 5o8, 723 (1965)
/33/ M.Haissinsky, J.chim.phys., 62, 1141, 1149 (1965)
/34/ F.Gütlbauer, N.Getoff, Z.Phys.Chem. N.F., 51, 255 (1966)
/35/ A.E.Mantaka, N.T.Rakintzis, G.Stein, Int.J.Radiat.Phys. Chem., 2, 97 (197o)
/36/ W.D.Fletcher, M.J.Bell, R.T.Marches, J.L.Gallagher, US. Pat. 15.23o, Westinghouse Electric Corp., Pittsburgh
/37/ H.Jahn, A.Meltzer, O.Huber, L.Seifferth, H.J.Weisse, Ber.SB ", "Wasserstoffbildung bei Leichtwasserreaktoren", Garching, Lab.f.Reaktor- und Anlagensicherung (1974)
/38/ C.R.Breden, "Water Chem. and Corr.", Rep. ANL-6562, II.
/39/ R.R.Hentz et al., J.Chem.Phys., 46, (8), 15 (1967)
/4o/ J.A.Ghormley, C.J.Hochanadel, "Comparative Effects of Rad.", ed.M.Burton et al., N.Y./London (196o)
/41/ A.O.Allen, "Decomposition of Water and Aqu.Solutions under Pile Radiation", Rep. ORNL-13o (1949)
/42/ C.J.Hochanadel, "The Radiation Induced Reaction of Hydrogen and Oxygen in Water at 25°C to 25o°C", Proc.Int.Conf. Peaceful Uses of Atomic Energy, 7, 583, Genf (1955) bzw. United Nations, N.Y. (1956)
/43/ J.R.Humphreys, "Effects of Reactor Rad. upon High Temp. Static Water Systems", Proc.Int.Conf.Peaceful Uses of Atomic Energy, 7, 583, Genf (1955) bzw. U.N., N.Y. (1956)
/44/ R.F.S.Robertson, N.G.Anderson, "Out-Reactor Tests of the HTP-Loop", Rep. CRDC-596 (AECL 195), (1955)
/45/ J.V.Vereschinskii, A.K.Pikaev, "Introdcution to Radiation Chemistry", Oldbourne Press, London (1964)
/46/ J.T.Allan, E.Hayon, J.Weiss, J.Chem.Soc., 3913 (1959)
/47/ C.J.Hochanadel in "Comparative Effects of Radiation", ed. M.Burton et al., N.Y./London (196o)
/48/ J.A.Ghormley, A.C.Stuart, J.Am.Chem.Soc., 78, 2934 (1956)
/49/ R.L.Livingston, A.J.Weinberger, J.Chem.Phys., 33 499 (196o)
/5o/ L.H.Piette, R.C.Rempel, T.E.Weaver, J.Chem.Phys., 3o, 1623 (1959)
/51/ R.Livingston, H.Zeldes, E.H.Taylor, Disc.Farad.Soc., 19, 166 (1955)
/52/ M.S.Matheson, B.Smaller, J.Chem.Phys, 23, 521 (1955)
/53/ S.Siegel, L.H.Baum, S.Skolnik, J.M.Flaurnoy, J.Chem.Phys. 32, 1249 (196o)

/54/ J.McMillan, M.S.Matheson, B.Smaller, J.Chem.Phys., 33, 6o9 (1961)
/55/ J.Weiss, Nature, 186, 751 (196o)
/56/ M.Koike, E.Tachikawa, T.Matusui, J.Nucl.Sci.Techn., 6, 163 (1969)
/57/ S.Gordon, E.J.Hart, Proc.of the Second U.N.Int.Conf.on Peaceful Uses of Atomic Energy, 29, 13, Genf (1958)
/58/ J.W.T.Spinks, R.J.Woods, "An Introduction to Radiation Chemistry", Wiley and Sons (1964)
/59/ A.J.Swallow, "Radiation Chemistry of Organic Compounds", Pergamon Press, N.Y. (196o)
/6o/ J.F.Kircher, R.E.Bowman, "Effects of Radiation on Materials and Comp.", Reinhold Publ.Corp., N.Y. (1964)
/61/ S.C.Lind, "Rad.Chem.of Gases", Reinhold Publ.Corp., N.Y. (1961)
/62/ A.Danno, Chem.Econ.& Eng.Rev., 5, (1), 26 (1973)
/63/ Y.Ikezoe, S.Sato, S.Shimizu, N.Moriyama, T.Kobayashi, Rep. JAERI-M 5498 (1975)
/64/ J.W.Boyle et al., Nucl.Eng. and Science Congr., N.Y. (1955)
/65/ W.Kerr, D.P.Majumdar in "Hydrogen Energy", ed. T.N.Veziroglu, Part A, 167, Plenum Press, N.Y. (1975)
/66/ D.P.Majumdar, H.Reyes, W.Kerr, Proc. 1st World Hydrogen Energy Conf., Part I, 1A-81, Miami (1976)
/67/ G.Gammel, M.F.Koskinen, A.de Troyer, Raumfahrtforschung XIII, (1), 1-4)
/68/ G.W.Sutton, "Direct Energy Conv." McGraw Hill, N.Y. (1966)
/69/ N.V.Volkov, Yu.K.Gus'kov, Yu.I.Kostikov, V.P.Pashchenko, Zh.Tekh.Fiz (USSR), 44 (8), 18o2 (1974)
/7o/ A.I.Loshkarev, A.V.Romankevich, Teplofiz.Vys.Temp. (USSR), 12 (2), 363 (1974)
/71/ M.Ratafia, J.C.Keck, J.Appl.Phys., 45 (11), 48o6 (1974)
/72/ B.P.Varaksin, A.S.Titkov, Zh.Tekh.Fiz. (USSR), 45 (9), 1892 (1975)
/73/ K.G.Tschersich, Ber.KFA Jülich, 1242 (1975)
/74/ B.J.Eastlund, W.C.Gough, 163th Nat.Meeting of the Am. Chem.Soc., Boston (1972)
/75/ H.J.Karr, E.A.Knapp, J.E.Osher, Physics of Fluids, 4, 424 (1961)
/76/ R.W.P.Mc-Whirter in "Plasma Diagnostics", ed. R.H.Huddlestone, S.L.Leonard, Acad.Press, N.Y. (1965)
/77/ R.Huse, E.Tanner, Proc. 7th Intersoc.Energy Conv. and Eng.Conf., 1323 (1972)
/78/ F.S.Dainton, P.Fowles, Proc.Roy.Soc. A-287, 295 (1965)
/79/ N.Getoff, Monatsh.Chem., 99, 136 (1968)
/8o/ U.Sokolov, G.Stein, J.Chem.Phys., 44, 2189 (1966)
/81/ N.Getoff, G.O.Schenck, Photochem.Photobiol., 8, 167 (1968)
/82/ M.A.Y.Ung, R.A.Back, Can.J.of Chem., 42, 753 (1964)
/83/ J.O'M. Bockris in "Hydrogen Energy", ed.T.N.Veziroglu, Part A, 371, Plenum Press, N.Y. (1975)
/84/ J.A.Hafford, "Development of the Pipeline Gas Separator", Rep. ORNL, 16o2
/85/ J.Powell, F.J.Salzano, W.A.Savian in "Hydrogen Energy", ed.T.N.Veziroglu, Part A, 255, Plenum Press, N.Y. (1975)

6. Lagerung von Wasserstoff

von N. Getoff

6.1. Einleitung

Es gibt zweifellos eine Reihe von technologischen und sozialen Faktoren, die die zukünftige Rolle des Wasserstoffs beeinflussen. Neben den bereits in Kap. 2 bis 5 diskutierten Herstellungsmethoden sind folgende Faktoren besonders wichtig:
Lagerung, Transport und Verteilung, Probleme bei der Wahl von Konstruktionsmaterialien, Sicherheitsfragen sowie Umwelt- und Sozialprobleme bei ausgedehntem Gebrauch von Wasserstoff. Dieser Fragenkomplex ist sehr umfangreich, und eine ausführliche Behandlung würde den Rahmen des vorliegenden Buches sprengen. Aus Gründen der Thematik werden im folgenden nur die Lagerung sowie der Transport und die Verteilung von Wasserstoff kurz besprochen.

Die verschiedenen Konzepte zur Energielagerung in Form von Wasserstoff sind vorwiegend in Zusammenhang mit der Wasserstoffanwendung in der Industrie betrachtet worden. Da der Wasserstoff sehr geringe Verluste bei Transport und Lagerung aufweist, bietet er sich geradezu als fast ideale Energieform in dieser Hinsicht an. Er ist aus diesem Grund auch besonders zur Ausnutzung des Grundlaststromes gut geeignet /1,2,3/. Im Prinzip läßt sich der überflüssige Strom zur Herstellung von Wasserstoff anwenden (s.Kap. 2.), der entsprechend gelagert werden kann. Zum gewünschten Zeitpunkt wird er dann z.B. zum Betrieb einer Gasturbine, zur Stromerzeugung bzw. zu Antriebszwecken (Lokomotive, Bus, Flugzeug, etc.) oder in der Industrie verwendet.

Im Prinzip läßt sich Wasserstoff auf folgende Weise lagern:

1. Als Gas im Hochdruckbehälter bzw. in unterirdischen Reservoirs, die meist leere Räume von früheren Erdgas- oder Erdölvorkommen sind.
2. In verflüssigter Form.
3. Als Metallhydrid.
4. In Form einer chemischen Verbindung, z.B. als Ammoniak, Hydrazin, Methanol etc. und
5. Als atomarer Wasserstoff.

6.2. Lagerung von Wasserstoffgas

Das Wasserstoffgas kann in verschiedenen Behältertypen, unter verschiedenen Drucken gelagert werden. Zur Zeit sind z.B. unterirdische Hochdruck-Behälter (botte-type holders) mit einem Gesamtfassungsvermögen von 42 bis 3398 x $1o^3 m^3$ und Drucken von über 1379 $k\bar{N}/m^2$ für Erdgas in Betrieb /4,5/. Unter gewissen Umständen kann die Pipeline als Lagergefäß benutzt werden: durch eine Steigerung des Drucks in der Pipeline bis 689 $k\bar{N}/m^2$ läßt sich ungefähr das Siebenfache des Pipeline-Volumens zur Speicherung von Wasserstoffgas ausnützen /4,5/.
Große Mengen Wasserstoff können als Gas relativ billig auch in leeren Erdgas- bzw. Erdöllagern gespeichert werden. Im Jahre 197o waren 325 solcher Reservoirs in Betrieb, die allerdings zur Speicherung von Erdgas dienten. Bei einem Tagesverbrauch von $1{,}81x1o^9 m^3$ Gas vermögen diese Lagerräume einen 8o-tägigen Bedarf aufzunehemen /5/. Besonders gut zur Gaslagerung eignen sich auch Aquiferen /6,7/, wie dies z.B. bei Beynes nahe Paris der Fall ist (s.Abb. 1).

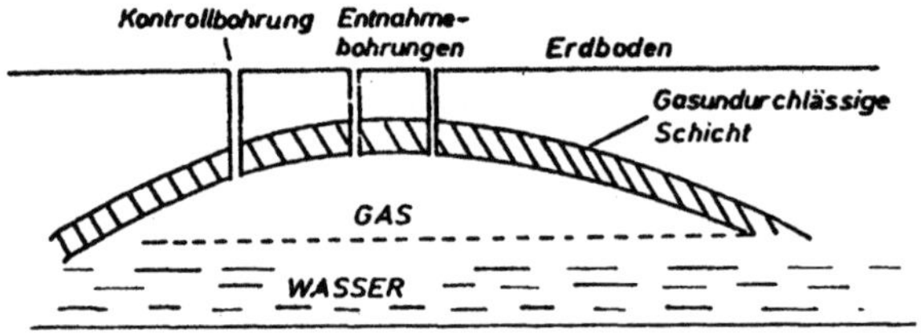

Kostenart	$1o^3$ DM	%	Kostenart	$1o^3$ DM	%
Kapitalkosten	6113	73	Verdichtung	815	9,5
Personalkosten	254	3	Aufbereitung	94o	11,o
Instandhaltung	3o1	3,5			

Betriebskosten bei einem Jahresumschlag von $15o.1o^6 Nm^3$

Abb. 1: Schematische Darstellung des Stadtgasspeichers Beynes und Angaben über die Betriebskosten /5,6/.

---

1 $k\bar{N}/m^2$ = 1 Kilo Newton/m^2; 1 Atm = 1.o132 x $1o^5 \bar{N}/m^2$

Das System faßt 3,44 x $10^8 Nm^3$ Stadtgas (ca. 5o % H_2). Bei einem Jahresumschlag von 1,5 x 10^8 Nm^3 Gas betragen die Betriebskosten ~ 14,-- US¢/Nm^2 /6/. Zur Zeit dient die Anlage dem Jahresausgleich von Produktion und Verbrauch von Stadtgas für Paris. Ein ähnliches Reservoir mit 8,4 x 10^8 Nm^3 Fassungsvermögen zur Lagerung von Helium befindet sich bei Cliffson Field, Texas /8/. Die unterirdische Lagerung gasförmigen Wasserstoffs ist eine besonders attraktive Möglichkeit für größere Gasmengen. Es sind dabei keine Probleme zu erwarten, wenn man die entsprechenden Maßnahmen bei der Wahl der Kaverne bzw. Aquifere getroffen hat, und der Druck mit 1ooo - 3ooo psi (psi x o,o68o46 = Atm) limitiert ist. Dabei kann man im gleichen Volumen 1/4 mehr H_2 lagern als Erdgas. Außerdem soll die H_2-Entnahme aus dem Reservoir in relativ hohen Raten (m^3/h) möglich sein. Dies erfordert, daß eine bestimmte H_2-Menge in der Aquifere zurückbleiben muß, um den nötigen Restdruck zu gewährleisten. Das Viskositätsverhältnis zwischen Erdgas und H_2, von dem die Entnahme aus einem porösen Medium abhängt, variiert von 1,2 bei 75 psia bis 2,3 bei 3ooo psia bei 25°C /9/.
Man darf auch annehmen, daß der Wasserstoff doppelt so schnell als Erdgas bei gleichem Partialdruck aus dem Reservoir fließen wird. Außerdem muß bei H_2 ungefähr der doppelte Restdruck zur Verfügung stehen als bei Erdgas, um die gleiche Energie entnehmen zu können /9/. Dieser Nachteil läßt sich durch die Verdoppelung der Entnahmestellen beheben. Unter Berücksichtigung dieser Faktoren ergibt sich, daß bei einer Wasserstofflagerung in Aquiferen etwa achtmal mehr Restdruck im Reservoir erforderlich ist als beim Erdgas. Abgesehen davon bietet diese Art der Energiespeicherung mehr Sicherheit vor Expolosionsgefahren. Schließlich sei noch erwähnt, daß die Gesamtkosten bei der unterirdischen Lagerung von Wasserstoff etwa drei- bis viermal höher liegen als die des Erdgases /9/.

6.3. Lagerung von flüssigem Wasserstoff

6.3.1. Allgemeines

Der Wasserstoff wurde erstmalig im Jahre 1898 verflüssigt, und seitdem ist das Verfahren immer wieder verbessert worden. Besonders große Fortschritte in dieser Hinsicht konnten aber

erst bei der Herstellung großer Mengen von flüssigem Wasserstoff im Rahmen des NASA-Programms erzielt werden /1o,11/. Der flüssige H_2 eignet sich gut zur Lagerung und zum Transport. Außerdem hat er als Treibstoff z.B. für moderne Flugzeuge einige Vorteile (u.a. keine Verschmutzung der Atmosphäre) gegenüber den konventionellen Kraftstoffen /11/.
Der Verflüssigungsprozeß braucht relativ viel Energie, doch sind eine Reihe von Verbesserungen der Methode möglich. Baker und Shaner /12/ haben bei der Verflüssigung von 25o t H_2/ Tag Betrachtungen zur Optimierung des konventionellen Verfahrens gemacht. Sie stützen sich auch auf die NASA-Erfahrungen /13/.

Die kryogene Lagerung von Flüssigkeiten setzt besondere Erfordernisse und Erfahrungen voraus /7,14/. Im Rahmen der verschiedenen NASA-Programme in den USA wurden spezielle Behälter für flüssigen H_2 mit einem Inhalt bis zu 3217 m^3 entwickelt und gebaut /5/. Um die Verdampfungsverluste bei der Lagerung möglichst gering zu halten, sind die Behälter oft doppelwandig und mit evakuiertem Perlit isoliert (s.Pkt. 6.3.3.). Sie werden in Kombination mit doppelwandigen, vakuumisolierten Pipelines von o,25 m Durchmesser betrieben. Eine detaillierte Behandlung der Anlagekosten als Funktion verschiedener Parameter ist von Strobridge /15/ gegeben. Die Gesamtkosten (K in US$) eines kryogenen Systems für flüssigen Wasserstoff hängt von der angewandten Kompressorleistung (PS in Pferdestärke) ab und läßt sich wie folgt abschätzen:

$$K = 6.1o^3 . PS^{o,7} \tag{1}$$

Dabei benötigt der H_2-Verflüssigungsprozeß etwa 36% des Carnot'schen Nutzeffekts, d.s. 38,8 x $1o^6$ J/kg flüssigen Wasserstoff /5,15/.

6.3.2. Ortho-Para-Wasserstoff-Umwandlung

Ein besonders wichtiger Effekt bei der H_2-Verflüssigung ist die Ortho-Para-Umwandlung des Wasserstoffs, da sie mit Energieverbrauch zusammenhängt (beim o-H_2 besitzen die zwei H-Atome im Molekül symmetrische Spins, während sie beim p-H_2 asymmetrisch sind). Der p-H_2 hat eine niedrigere Enthalpie als der flüssige o-H_2. Die Umwandlungsenergie von der o- zur p-H_2-Form, die beim Siedepunkt (-252,8°C) 7o3 J/g H_2 beträgt, ist bei der kryogenen Lagerung sehr wesentlich. In Abb. 2 ist das %-Verhältnis von o- und p-H_2 als Funktion der Temperatur gezeigt.

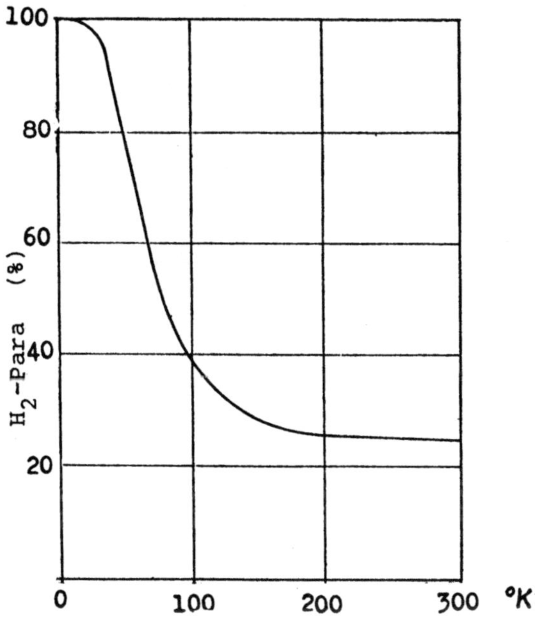

Abb. 2: Ortho-Para-Verhältnis (in %) des Wasserstoffs als Funktion der Temperatur (°K) /12/.

Unter Normalbedingungen besteht der Wasserstoff aus 25 % p- und 75 % o-Form, doch beim Siedepunkt von H_2 sind es bereits 99,79 % p-H_2. Während des Kühlungsprozesses geht die o-Form spontan und allmählich in die p-Form über. Bei der darauffolgenden Lagerung schreitet diese Umwandlung weiter voran, wobei Wärme frei wird und Verluste durch Verdampfung des Wasserstoffs (1 %/h bzw. 5o %/Woche) auftreten. Um dies zu vermeiden, wird die o-p-Umwandlung katalytisch beschleunigt, sodaß ein hoher Gehalt (> 95 %) an p-H_2 erreicht wird /12/.

Ein anderer Faktor, der bei der H_2-Verflüssigung berücksichtigt werden soll, ist die Reinigung des Gases. Mit Ausnahme von Helium müssen alle anderen Verunreinigungen (H_2O, O_2, N_2,

CO, CO_2, CH_4 etc.) entfernt werden, da diese viel früher verflüssigen als H_2 bzw. fest werden und Verstopfungen in den Wärmeaustauschern hervorrufen können. Der Gehalt an O_2 darf 1 ppm nicht überschreiten, da er sich sonst im flüssigen Wasserstoff in fester From anreichert und später zur Explosion führen könnte.

6.3.3. Kryogene Lagerung von Wasserstoff

Für die Lagerung von H_2 stehen prinzipiell verschiedene Arten von Behältern zur Verfügung. Dabei unterscheidet man ober- und unterirdische Tanks. Zu der ersten Gruppe gehören:

1. Einwand-Behälter (außen bzw. innen wärmeisoliert).
2. Doppelwand-Behälter (Zwischenraum ausgefüllt mit Perlit, das entweder mit trockenem N_2, H_2 etc. gespült oder aber evakuiert ist).
3. Doppelwand-Behälter mit einer flexiblen Wand.

Die unterirdische Lagerung benutzt Kavernen oder aus Spezialbeton angefertigte unterirdische Räume.

6.3.3.1. Einwand-Behälter

Bei den außen wärmeisolierten Behältern (single wall externally insulated tanks) handelt es sich um eine Bauart, die bereits in gewissem Umfang zur Lagerung von flüssigem Ammoniak dient. Ein solcher Behältertyp ist in Abb. 3 gezeigt /5,16/.

Als Wärmeisolation kann Schaumkunststoff (meistens Polyurethan) angewendet werden. Besondere Aufmerksamkeit ist der Dichtheit des Metalltanks zu schenken.
Die Bildung einer Eis-Flüssigluft-Grenzschicht könnte innerhalb der Isolierung auftreten, was wegen der größeren Wärmeleitung und gegebenen Undichtheit zu einer Explosion des Wasserstoffs führen könnte.

Bei den innenisolierten Einwand-Behältern (single-wall internally insulated tanks) ist die Isolierschicht, die mit dem flüssigen Wasserstoff in Kontakt tritt, besonders kritisch. Bei einem Tank dieser Art (Volumen: $7{,}2 \times 10^4 m^3$, Staten Island, New York) traten in Betrieb Schwierigkeiten auf, die einen Großbrand verursachten.

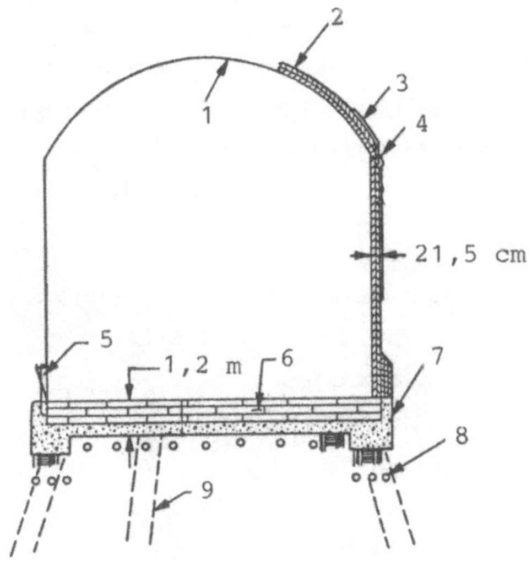

1. Behälterwand aus Aluminium bzw. Stahl
2. Mehrschichtige Isolation aus Urethan
3. Dampf/Vakuum-Sperre
4. Kontraktionsgelenk
5. Verankerungsbolzen
6. Schaumglas-Isolierung
7. Fundament aus Beton
8. Heizrohr
9. Pfahl

Abb. 3: Außenisolierter Einwand-Behälter für flüssigen Wasserstoff /5,16/.

Diese zwei Ausführungen der Einwand-Behälter zur Lagerung von kryogenen Flüssigkeiten sind noch in Entwicklung.

Die relativen Investitionskosten dieser zwei Bauarten sind in Tabelle 1 gegenübergestellt.

Geplante Menge von flüssigem H_2 (m^3)	Geschätzte Baukosten (US$/$m^3$)	
	Außen-Wärme-Isolation	Innen-Wärme-Isolation
3,86 x 10^3	190	201
11,6 x 10^3	111	122
23,2 x 10^3	90	100
46,2 x 10^3	79	90

Tab. 1: Relative Baukosten (Stand 1975) von außen und innen isolierten Behältern für flüssigen Wasserstoff /5,16/.

6.3.3.2. Doppelwand-Behälter

Doppelwand-Behälter (double-wall tanks) zur Lagerung von flüssigem Wasserstoff gibt es in verschiedenen Bauarten. Er stellt praktisch ein Dewar-Gefäß dar. Man plant, mit der gegenwärtigen Technik auch Reservoirs dieses Typs mit einer Kapazität bis zu 2o x $1o^3 m^3$ zu bauen /5,7,14/. In Abb. 4 ist ein solcher Behälter dargestellt, wobei der Zwischenraum mit Helium-bzw. Wasserstoff-begastem Perlit ausgefüllt ist.

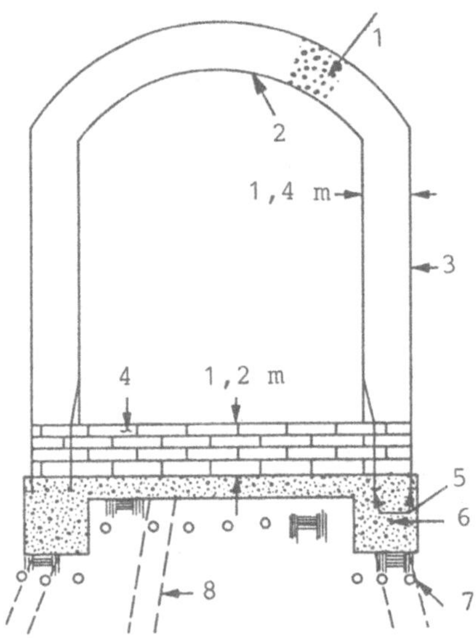

1. Wärmeisolierung aus Perlit, gespült mit Helium oder Wasserstoff
2. Innentank
3. Außentank
4. Wärmeisolierung
5. Verankerung
6. Beton-Fundament
7. Heizrohre
8. Pfahl

Abb. 4. Doppelwand-Behälter für flüssigen Wasserstoff /5,16/.

Beide Wände sind aus Metall, und die Schichtdicke der Wärmeisolierung beträgt höchstens 1,5 m. In der Praxis sind solche Behälter bereits mit einem Nutzvolumen von 2461 m^3 gebaut worden /5/. Bekannterweise ist bei den kugelförmigen Behältern das Volumen/Flächen-Verhältnis das günstigste. Zur Lagerung von flüssigem Wasserstoff ergäbe sich daher unter optimalen statischen Bedingungen ein kugelförmiges Gefäß mit einem Volumen von 9 x $1o^3 m^3$/5/. Bei manchen dieser Tanks wird der Zwischenraum mit Perlit ausgefüllt, das entweder mit Helium bzw. Wasserstoff gespült oder aber evakuiert wird. Um die Verdampfungsverluste gering zu halten, wird auf hervorragende Wärmeisolierung besonderer Wert gelegt. Die Art der Isolierung wirkt sich daher auch auf den Preis des Behälters aus. In Tabelle 2 sind die geschätzten Baukosten für Doppelwand-Tanks, deren Zwischenräume mit Perlit ausgefüllt und mit Gas gespült bzw. evakuiert sind, einander gegenübergestellt.

Menge des flüssigen H_2 (m³)	Geschätzte Baukosten (US$/m³, Stand 1975)	
	Perlit, gespült mit Gas	Perlit, evakuiert
3,86 x 1o³	238	262
11,6 x 1o³	14o	232
23,2 x 1o³	116	219
46,2 x 1o³	1o3	211

Tab. 2: Relative Baukosten von Doppelwand-Behältern für flüssigen Wasserstoff /5,16/.

Kugelförmige (bzw. zylindrische) Doppelwand-Stahlgefäße, deren Zwischenräume mit evakuiertem Perlit ausgefüllt sind (double-wall evacuated perlite tanks), haben sich bis jetzt als die besten Behälter zur Lagerung von flüssigem Wasserstoff in der Praxis bewährt (s.Abb.5).

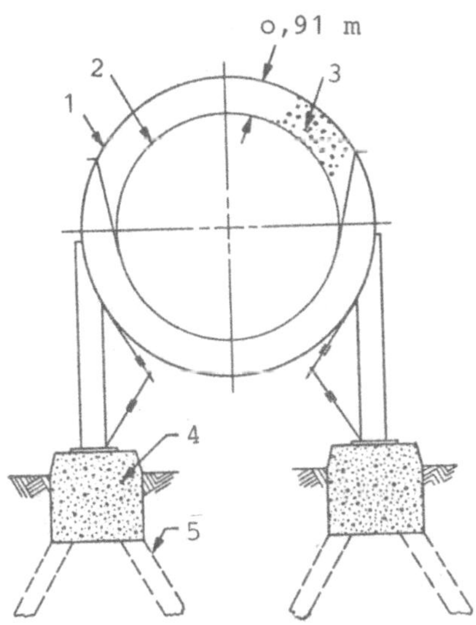

1. Aussenwand aus Stahl
2. Innenwand aus Aluminium
3. Evakuiertes Perlit (Druck < 1o µ)
4. Beton-Fundament
5. Pfahl

Abb. 5: Doppelwand-Behälter mit evakuiertem Perlit /5,16/.

Sie sind jedoch eines der teuersten Systeme (s.Tab.2). Einheiten dieser Bauart sind bis 3786 m³ (z.B. in den USA /5/) bereits in Betrieb. Auch bei diesem Typ ist das wichtigste die Dichtheit des Doppelmantels. Dabei wird die Innenwand (in Kontakt mit dem Wasserstoff) aus Aluminium oder rostfreiem Spezialstahl angefertigt, die Außenwand aus kohlenstoffhältigem Stahl. Das Vakuum zwischen beiden Wänden beträgt ca. 1o - 5o μ. Daher ist die äußere Sphäre des Gefäßes einer größeren Druckdifferenz ausgesetzt. Diese Tatsache bestimmt im allgemeinen auch die maximale Größe des kryogenen Tanks. Die Effizienz dieses Lagerungssystems ist von der Vakuumintegrität beider Wände abhängig. Im Falle eines kleinen Lecks in der äußeren Wand ist die Lagerung des flüssigen H_2 noch immer sicher genug, da die Isolation durch den Perlit immer noch aufrechtbleibt. Der Behälter kann bequem entleert und repariert werden. Es sei erwähnt, daß dieser Gefäßtyp hauptsächlich bei den verschiedenen Raumforschungsprojekten der NASA in Verwendung steht.

Der doppelwandige, vielschichtig isolierte Behälter (evacuated multilayer insulation tank) ist dem vorhergehenden Typ sehr ähnlich. Zwischen beiden kugelförmigen Wänden ist jedoch eine mehrschichtige Spezialisolierung angebracht, die durch das Vakuum ($< 1o^{-4} \mu$) eine sehr gute Isolierung gewährleistet. Die Gefäße dieser Art (Maximalvolumen bis 132 m^3) eignen sich besonders gut als Transportbehälter für flüssiges H_2 /5/.

Es sei erwähnt, daß zu dieser Gruppe von Lagerungsgefäßen auch der Doppelwand-Behälter aus Druckbeton (double wall prestressed concrete tank) gehört. Der Raum zwischen beiden Betonwänden ist daher mit begastem Perlit als Wärmeisolierung ausgefüllt. Diese Bauart verspricht billiger zu sein, technisch ist sie jedoch noch nicht ausgereift.

Abgesehen von den bisher besprochenen doppelwandigen Behältern werden zur Zeit auch Konstruktionsstudien und der Bau von Prototypen durchgeführt, um einen Lagerungstank zu entwickeln, der sich in Hinblick auf Sicherheit und geringe Verluste etc. auszeichnen soll. Die Bemühungen konzentrieren sich auf den Doppelwand-Behälter mit einer flexiblen Wand (double-wall tanks with one flexible wall). Die äußere Wand soll aus Druckbeton hergestellt werden, während die Innenwand eine gas- bzw. flüssigkeitsdichte Membran darstellt. Die obere Seite der Membran ist mit Kunststoffschaum isoliert. Der Zwischenraum enthält evakuierte Glaskügelchen (bedampft mit Aluminium) in einer CO_2-

Atmosphäre. Bei der Füllung des Gefäßes mit flüssigem Wasserstoff kühlt sich die innere Wand, wodurch die Kohlensäure flüssig bzw. fest wird und der Druck sinkt. Der Gesamtdruck des flüssigen Wasserstoffs überträgt sich nun auf die Kügelchen, die sich ihrerseits an die Betonwand anpressen. Diese Lagerungstechnik könnte auch preislich interessant werden.

6.3.3.3. Unterirdische Tanks

Die unterirdische Lagerung von flüssigem Wasserstoff wurde in den USA ebenfalls praktisch geprüft, jedoch ohne Erfolg. In einem Fall (Transcontinental Gas Pipeline Corp., Carlstadt, New Jersey) wurde ein solcher Behälter für 35,8 x $10^3 m^3$ flüssigen Wasserstoff konstruiert, doch waren die Verdampfungs-Verluste zu groß, und das Projekt wurde fallen gelassen /5/. Diese Art von Behältern wird voraussichtlich in der nächsten Zeit nicht zur Realisierung kommen.

6.4. Wasserstoff-Lagerung als Metallhydrid

6.4.1. Allgemeines

Die Eigenschaft mancher Metalle bzw. Legierungen, Wasserstoff durch Bildung entsprechender Hydride bei relativ geringem Druck und niedriger Temperatur aufzunehmen und unter geeigneten Bedingungen wieder quantitativ abzugeben, stellt eine Möglichkeit der chemischen Speicherung dar. Die Hydrid-Bildung ist eine exotherme Reaktion, und die anfallende Wärme muß abgeführt werden. Der reversible Prozeß (H_2-Abgabe) erfolgt dann bei etwas höherer Temperatur und bei vermindertem Druck. Bei einer gegebenen Temperatur ist das Hydrid im Gleichgewicht mit einem bestimmten H_2-Druck ("Abbaudruck"). Durch die H_2-Abnahme fällt der Gasdruck kontinuierlich ab, wodurch entsprechend mehr Hydrid abgebaut wird bis zur kompletten Rückbildung der Ausgangslegierung. Bei konstanter Temperatur hängt der Abbaudruck auch von der H_2-Menge in der festen Phase ab.

Die zur Energiespeicherung wichtigen Charakteristika für ein Hydrid sind: a) eine niedrige Zersetzungstemperatur (hier sei auch auf die Möglichkeit zur Nutzung von Kühlwasserwärme hingewiesen); b) ein akzeptabler Abbaudruck (mindestens 1 Atm) bei der Temperatur der Abwärme bzw. bei relativ geringer Erwärmung; c) große Menge an desorbiertem Wasserstoff pro Gewichtseinheit bzw. Volumseinheit des Hydrids und d) geringe Kosten für die Herstellung der Legierung und den Betrieb der Anlage.

6.4.2. Metallhydride

Unter den verschiedenen Metallhydriden, die vielfach zur Energielagerung vorgeschlagen werden, nimmt das Titan-Eisenhydrid (TiFeH) einen besonderen Platz ein /17,18/. Es ist bereits in halbtechnischem Maßstab angewendet worden und scheint auch ein besonders vielversprechendes Material für diesen Zweck zu sein /18,19/. Die Eigenschaften gewisser Metallhydride können wesentlich geändert werden. Dies kann entweder durch Zugabe relativ geringer Mengen anderer Verbindungen oder, wie im Falle der tertiären Systeme, durch eine leichte Variation des Verhältnisses der Ausgangsmaterial - Komponenten erreicht werden /19,2o/. Die intermetallische TiFe-Verbindung reagiert direkt und reversibel mit Wasserstoff, um TiFe-Hydrid zu bilden, gemäß Gleichung (2) und (3)

$$2{,}13\ TiFeH_{o,1} + H_2 \rightleftharpoons 2{,}13\ TiFeH_{1,o4} \qquad \Delta H = -6{,}7\ kcal \tag{2}$$

$$2{,}2o\ TiFeH_{1,o4} + H_2 \rightleftharpoons 2{,}2o\ TiFeH_{1,95} \qquad \Delta H = -7{,}5\ kcal \tag{3}$$

Die freiwerdende Wärme muß entsprechend abgeführt werden. Die Produkte der Reaktion (2) und (3) sind metallähnliche feste Stoffe und äußerlich nicht wesentlich von der Ausgangslegierung zu unterscheiden. Die Variation des Dissoziationsdrucks ist in Abb. 6 als Funktion des Verhältnisses von H-Atomen zur Gesamtzahl der Metallatome (H/(Fe + Ti)) bei verschiedenen Temperaturen dargestellt /21/.

Der Verlauf der Isotherme kann wie folgt erklärt werden. Zunächst steigt der Dissoziationsdruck sehr stark bei geringer Erhöhung des H_2-Gehalts in der TiFe-Legierung (Bereich der festen Lösung von Wasserstoff im Metallgitter der Legierung: α-Phase des Systems). Bei weiterer Steigerung des Wasser-

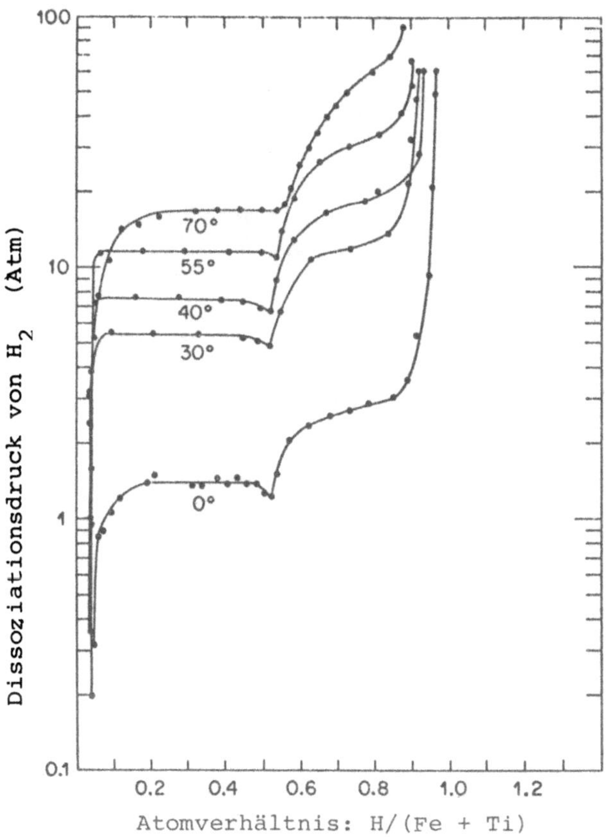

Abb. 6: Isothermen für H_2-Dissoziationsdruck als Funktion der TiFe-H-Zusammensetzung /21/.

stoffanteils der Legierung bleibt der Gleichgewichtsdruck zunächst konstant (ß- bzw.Monohydrid-Phase). Beide α - und ß-Phasen sind koexistent, und zwar so lange, als die Zusammensetzung der Formel: $TiFeH_{1,o4}$ entspricht. Dort,wo die Isotherme eine merkliche Abnahme aufweist, ist die α -Phase bereits verschwunden; bei einer weiteren Zunahme des Wasserstoffs in der ß-Phase setzt die γ -Phase ein, die sich durch einen neuerlichen Druckanstieg auszeichnet.

In manchen Fällen kann auch ein Hysterese-Effekt auftreten, der zu praktischen Nachteilen führen könnte.
Ein Beispiel ist für das $TiFe_{o,7}Mn_{o,2}H$ im Vergleich zu TiFeH in Abb. 7 gegeben /21/.

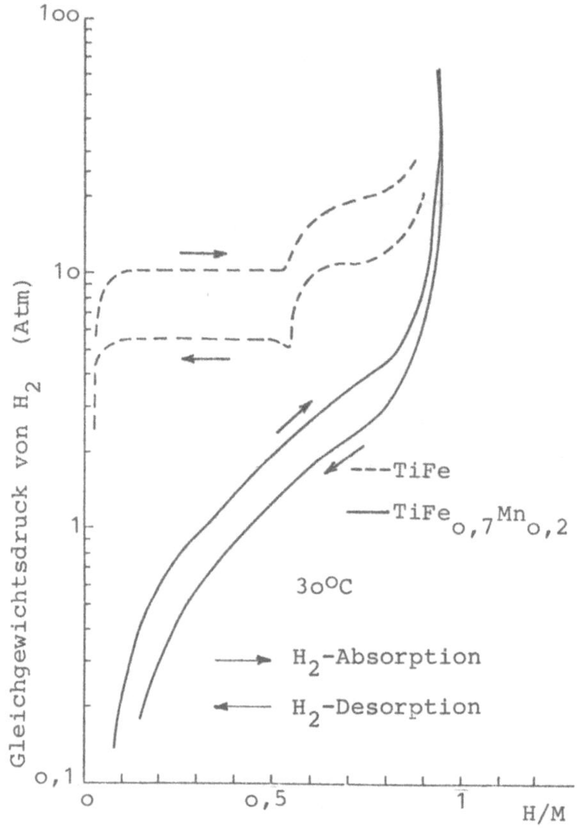

Abb. 7: Hysteresis-Vergleich in den Systemen: TiFe-H und $TiFe_{0,7}Mn_{0,2}H$ /21/.

Die optimale Speicherung von Wasserstoff in der TiFe-Legierung hängt naturgemäß von dem Ti-Fe-Verhältnis ab. Die TiFe-Phase ist im Berecih von 45,9 - 48,2 Gew.% Ti homogen /21/. Bei einem Ti-Überschuß ändern sich die Isotherme des Hydrids; dabei ist ein wesentlicher Anteil des Titans in der intermetastabilen Phase der Legierung gelöst. Der Effekt des Ti-Überschusses ist in Abb. 8, Kurve C gezeigt. Bei einer Erhöhung des Fe-Gehalts der Legierung sinkt die Menge des absorbierbaren Wasserstoffs, da auch $TiFe_2$ entsteht, das kein H_2 absorbiert (vgl. die Kurven A, B und C, Abb. 8).

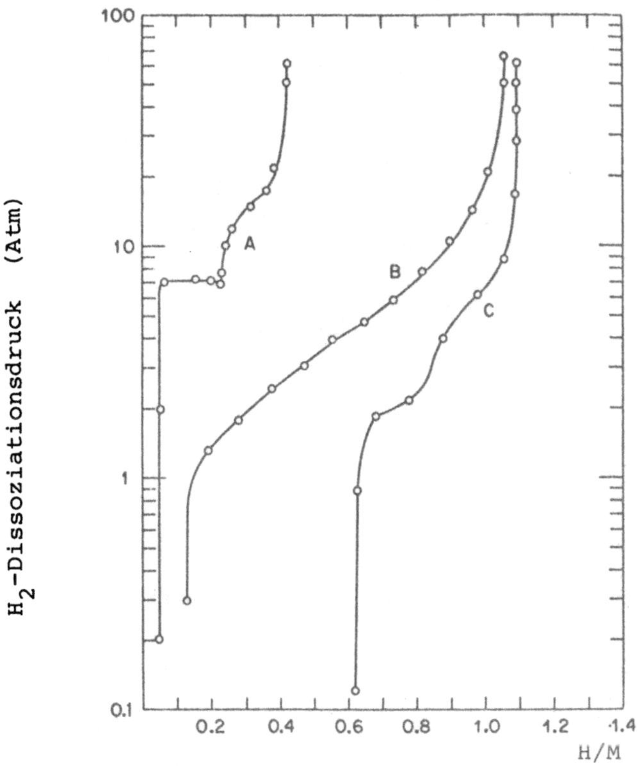

Abb. 8: H_2-Druck-Zusammensetzungsisothermen für Legierungen verschiedener Ti/Fe-Verhältnisse (in Gew.%) /21/.
(A) 39,5 Ti, 6o,5 Fe; (B) 49,2 Ti, 5o,5 Fe;
(C) 63,2 Ti, 37,7 Fe.

Verunreinigungen im Hydrid, z.B. > 37oo ppm O_2, können die Absorptionseigenschaften des Systems wesentlich verschlechtern. Veränderungen des Isothermenverlaufs von TiFeH treten auch durch Zugabe von Übergangsmetallen auf. Ein Mn-Zusatz und Erhöhung des Titans (> 5o Atom-%) führt zur Erhöhung der Aufnahmefähigkeit des Systems (s.Pkt. 6.3.3.). In der folgenden Tabelle (Tab. 3) ist der H_2-Gehalt in einigen Hydriden zusammengestellt.

Es sei noch erwähnt, daß die intermetallische Verbindung Mg_2Ni direkt mit Wasserstoff unter Bildung von ternärem Hydrid, Mg_2NiH_4 reagiert /23,24/:

$$Mg_2Ni + 2H_2 \rightleftharpoons Mg_2NiH_4 \quad (4)$$

Medium	$N_H \times 10^{-22}$	Medium	$N_H \times 10^{-22}$
H_2 (flüssig)	4,2	TiH_2	9,1
H_2 (Gas, 100 Atm)	0,5	$TiFeH_{1,74} \rightarrow TiFeH_{0,14}$	5,5
NH_3 (flüssig)	6,5	VH_2	11,37
LiH	5,3	$VH_2 \rightarrow VH_{0,9}$	6,25
$LiBH_4$	7,4	$LaNi_5H_{6,7}$	7,58
$LiAlH_4$	5,8	CeH_3	7,0
NaH	5,1	ZrH_2	7,3
CaH_2	5,1	NH_4	8,3
MgH_2	6,7		
$Mg_2NiH_{4.2}$	5,9		

Tab. 3: Wasserstoffgehalt (N_H = H-Atome/ml Volumen des Mediums) verschiedene Systeme im Vergleich zu flüssigem bzw. gasförmigem Wasserstoff /23/.

Der Dissoziationsdruck dieses Systems ist nur etwas höher als der von MgH_2. Nickel wirkt als Katalysator für die Bildung des Magnesiumhydrids /24/. Auf dem Gebiet der Herstellung von Hydriden, der Prüfung ihrer Zusammensetzung, Eigenschaften etc. wird intensiv gearbeitet /25-29/. Dabei hat sich gezeigt, daß die chemischen und dynamisch-thermischen Eigenschaften der Oberfläche bei der Anwendung der Metallhydride als Lagerungsmedium von Wasserstoff von besonderer Bedeutung sind /29/.

6.4.3. Anwendung der Hydride

Die verschiedenen Hydrid-Systeme stellen eine gute Möglichkeit zur Lagerung und in manchen Fällen auch zum Transport von Wasserstoff dar. Die für den Desorptionsprozeß nötige Wärme kann, zumindestens teilweise, von der am Wärmeaustauscher anfallenden Abwärme gedeckt werden. Eine solche Kombination ist bereits für ein TiFeH-System (400 kg) in New Jersey (PSE & G) für Absorption-Desorption-Zyklen verwirklicht worden (Absorption: 35 Atm., 17°C und Desorption bei ~ 45°C) /18,21/. In Hinblick auf die Stabilisierung des TiFe-Hydrids wurde eine Mn-hältige Legierung ($TiFe_xMn_y$) vorgeschlagen /21/. Die bisher besten Ergebnisse wurden mit dem Hydrid, $TiFe_{0,7}Mn_{0,2}H_{1,9}$ erhalten. Das System weist nahezu ideale Eigenschaften zur H_2-Lagerung auf. Die Druckzusammensetzung der Desorptionsisothermen ist für verschiedene Temperaturen in Abb. 9 gezeigt.

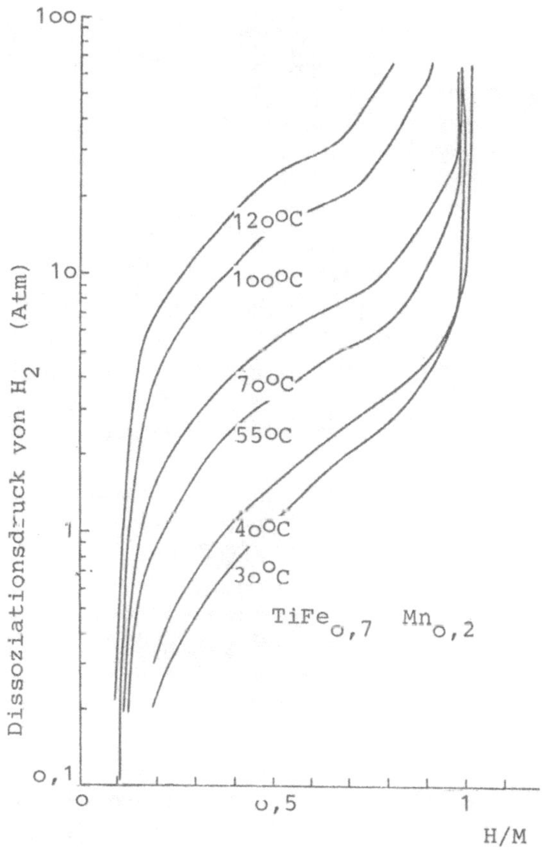

Abb. 9: H_2-Dissoziationsdruck in Abhängigkeit von dem H/M-Verhältnis des $TiFe_{0,7}Mn_{0,2}H$-Systems bei verschiedenen Temperaturen.

Die Reaktion für den Absorptions- und Desorptionsvorgang des Systems lautet:

$$TiFe_{0,7}Mn_{0,2}H_{0,2} \rightleftharpoons TiFe_{0,7}Mn_{0,2}H_{1,9} \qquad (5)$$

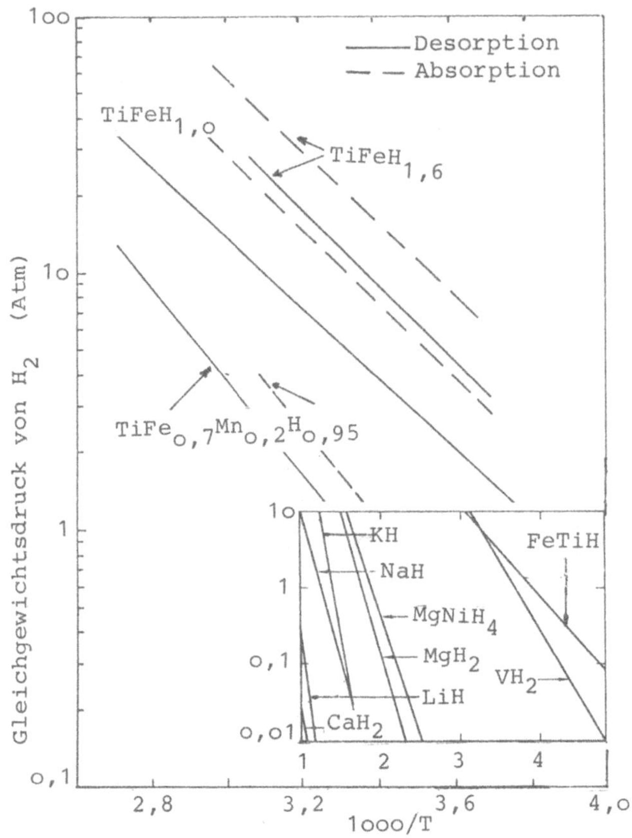

<u>Einschub</u>

Gleicher Zusammenhang für einige Alkali- und Erdkalihydriden, sowie für TiFeH und VH_2 /22/.

Abb. 1o: Gleichgewicht der Absorptions- und Desorptionsdrucke als Funktion der reziproken Temperatur für $TiFeH_x$ und $TiFe_{o,7}Mn_{o,2}H_x$ /21/.

Die Änderung des Gleichgewichtsdrucks mit dem reziproken Wert der Temperatur (1/T) ist in Abb. 1o für das Mn-hältige System im Vergleich zu anderen Legierungen gegeben. Der Zusammenhang ist linear und gehorcht der Van't Hoff-schen Gleichung:

$$\ln p = (A/T) + B \qquad (6)$$

wo A und B Konstanten sind, p den H_2-Druck und T die absolute Temperatur darstellen. Die Lagerungskapazität des $TiFe_{o,7}Mn_{o,2}H_{1,9}$-Hydrids beträgt ~ 1,6 Gew.-% im Vergleich zu ~ 1,15 Gew.-% bei der TiFe-Legierung /21/. Im Einschub von Abb. 1o ist die gleiche Abhängigkeit für einige weitere Hydrid-Systeme gezeigt. Die Hydride von Na, K, Mg und Ca sind billig und enthalten 3 - 8 % Wasserstoff. Dabei zeichnet sich MgH_2 durch folgende Daten aus: Abbaudruck: 1 Atm bei 287°C, Abbauwärme: 17,8 kcal/g mol H_2 (ca. 31 % der Verbrennungswärme von H_2). Es sei noch erwähnt, daß 318 kg MgH_2 ein Volumen von o,31 m^3 haben und 21 kg H_2 enthalten /5,21/.

Durch Ni-Zusatz steigt der Gleichgewichtsdruck an. Gegenwärtig scheint eine Legierung von Mg + 5 % Ni das beste System zur H_2-Lagerung bei höheren Temperaturen zu sein /17,3o/.

Aus der vorliegenden Übersicht geht hervor, daß eine Anzahl von Hydriden bereits entwickelt ist bzw. sich noch im Untersuchungsstadium befindet. Die Tendenz dieser Forschungsrichtung geht dahin, geeignete Hydrid-Systeme einerseits als Brennstoffquelle für Autos, Busse, etc. /17,23,31,32/ zu schaffen und andererseits solche zur stationären Lagerung von größeren Wasserstoffmengen zu entwickeln /33-35/. Aus diesem Grund ist es auch schwer, Angaben über Herstellungs- und Betriebskosten zu machen.

6.5. Wasserstoff-Lagerung als chemische Verbindung

Vollständigkeitshalber sei darauf hingewiesen, daß eine Energiespeicherung auch in Form geeigneter Verbindungen des Wasserstoffs erfolgen kann, etwa als Ammoniak, Hydrazin, Methanol etc. Als besonderen Vorteil kann man die sehr gut bekannten und technologisch bereits optimierten Herstellungsverfahren und die Beherrschung der Handhabung dieser Produkte hervorheben. Im Rahmen der Nutzung der thermischen Energie der Ozeane ist auch geplant, den in schwimmenden Produktionseinheiten primär gewonnenen elektrischen Strom zunächst durch Elektrolyse des Wassers in Wasserstoff und hierauf in Ammoniak umzuwandeln /36/. Letzteres wird dann mittels Tanker ans Festland befördert.

6.6. Möglichkeiten zur Lagerung von atomarem Wasserstoff

Die Lagerung von atomarem Wasserstoff ist v.a. deswegen von Interesse /37-39/, weil beim Ablauf der Reaktion (7) die freiwerdende Energie 17-mal größer ist als beim Verbrennungsprozeß, (Reaktion (8)):

$$2H \longrightarrow H_2 + Q_7 \qquad (Q_7 = 2{,}2 \times 1o^{12} \text{ erg/g}) \qquad (7)$$

$$2H_2 + O_2 \longrightarrow 2H_2O + Q_8 \qquad (Q_8 = 1{,}3 \times 1o^{11} \text{ erg/g}) \qquad (8)$$

Aufgrund seiner leichten Masse und der stark exothermen Rekombination (Reaktion (7)) ist atomarer Wasserstoff für einen Raketenantrieb besonders gut geeignet (der ideale spezifische Impuls beträgt $\vec{p}$ = 212o sec, gegenüber 526 sec aus Reaktion (8)). Erst im Jahre 1971 gelang es Hess /4o/, erstmalig mit Hilfe eines starken Magnetfeldes (5o kG) H-Atome zu stabilisieren. Das elektromagnetische Moment der einzelnen H-Atome wird durch das Magnetfeld gleichgerichtet, und die starke Singlet-Wechselwirkung, die zwischen den Paaren mit anti-paralellem Spin auftritt (verantwortlich für die kovalente Bindung zwischen zwei H-Atomen), wird unterbunden.
So können die H-Atome unter dem Einfluß des starken externen Magnetfeldes nicht zu Molekülen rekombinieren. Iones /41/ konnte berechnen, daß bei einer Temperatur von o,5°K und einer Feldstärke von 142,5 kG eine Sättigung der Spin-Gleichrichtung erreicht wird. Unter diesen Bedingungen ist die Lebensdauer der H-Atome lange genug, um eine praktische Anwendung zur Energiegewinnung zu ermöglichen. Dazu sind v.a. von der NASA theoretische und praktische Untersuchungen durchgeführt worden, und weitere Forschungsarbeit ist im Gange /42,43/.

6.7. Literaturverzeichnis

/1/ L.M.Burger, "An Energy Utility Company's View of Hydrogen Energy", in Proc.Hydrogen Energy Fundam., S. 4-39, ed.T.N.Veziroglu,Miami,Fl.,März (1975)

/2/ R.A.Fernandes, "Hydrogen Cycle Peak-Shaving for Electric Utilities", 9th IECEC,Paper 749o32, San Francisco, Calif., Aug. (1974)

/3/ W.R.Parrish, "An Economic Study of Electrical Peaking Alternatives", THEME Conf., Miami Beach, Fl., März (1974)

/4/ NASA-ASEE Summer study report, "A Hydrogen Energy Carrier", Johnson Space Center (1973)

/5/ J.H.Kelley et al., "Report of the NASA Hydrogen Energy Systems Technology Study", JPL 5o4o-1, Calif.Inst.Technology, Dez. (1975)

/6/ B.M.f.Forschung und Technologie, Herausgb., "Einsatzmöglichkeiten von Energiesystemen III. Wasserstoff", Bonn (1975)

/7/ C.P.Gupta, "Use of Hydrogen in Automotive Engines", Proc. 1st World Hydrogen Energy Conf.,Vol.III,7C-57, ed. T.N.Veziroglu,Miami,Fl.,März (1976)

/8/ D.P.Gregory,J.Wurm, "Production and Distribution of Hydrogen as a Universal Fuel", Proc. 7th Intersoc. Energy Conversion Eng.Conf., 1329, San Diego (1972)

/9/ A.B.Walters, "Technical and Environmental Aspects of Underground Hydrogen Storage", Proc. 1st World Hydrogen Energy Conf.,Vol.II, 2B-65, ed. T.N.Veziroglu,Miami, Fl., März (1976)

/1o/ G.D.Brewer: "Advanced Supersonic Technology Concept Study - Hydrogen Fuel Configuration" , NASA CR-114718, Contract NAS-2-7732, January (1974)

/11/ G.D.Brewer, R.E.Morris, R.H.Lange und J.W.Moore, "Study of the Application of Hydrogen Fuel to Long-Range Subsonic Transport Aircraft", NASA CR-132558, Contract NAS-1-12972, January (1975)

/12/ C.R.Baker,R.C.Shaner, "A Study of Efficiency of Hydrogen Liquefaction", Proc. 1st World Hydrogen Energy Conf. Vol.II, 2B-17, ed.T.N.Veziroglu,Miami, Fl., März (1976)

/13/ C.R.Baker und L.C.Matsch, "Production and Distribution of Liquid Hydrogen", Adv. Petr. Chem. Refining, Bd. X, N.Y., Interscience (1965)

/14/ J.R.Bartlit, F.J.Edeskuty and K.D.Williamsson, Jr., "Experience in Handling, Transport and Storage of Liquid Hydrogen - the Recyclable Fuel", Proceed. 7. Intersoc. Energy Conv. Eng. Conf. San Diego, S. 1312 (1972)

/15/ R.R.Strobridge, "Cryogenetic Refrigerators, An Updated Survey", NBS Technical Note 655, Jun. (1974)

/16/ N.C.Hallet, "Study, Cost and System Analysis of LH_2 Production", Final Report NASA CR 73226, LeRc Library no. N-68-28227, June (1968)

/17/ J.J.Reilly et al., "Iron-Titanium Hydrides as a Source of Hydrogen Fuel for Stationary and Automotive Applications", Proceed. 26.Annual Power Sources Conf., Atlantic City, New Jersey, May (1974)

/18/ J.J.Reilly und R.H.Wiswall, Jr., Inorgan.Chem., 13, 218 (1974)

/19/ H.H.van Mal et al., J.Less-Common Metals, 32, 289 (1973)

/2o/ J.J.Reilly,J.R.Johnson, "Titanium Alloy Hydrides;Their Properties and Applications", Proc. 1st World Hydrogen Energy Conf., Vol.II., 8B-3, ed.T.N.Veziroglu,Miami,Fl., März (1976)

/21/ D.Cummings und G.Powers, "The Storage of Hydrogen as Metal Hydrides", Ind.Eng.chem., Process.Des.Develop., 13, 182-192 (1974)

/22/ K.C.Hoffman, J.J.Reilly, F.J.Salzano, C.H.Waide, R.H. Wiswall und W.E.Winsche, Intern.J.Hydrogen Energy, 1, 133-151 (1976)

/23/ J.J.Reilly, R.H.Wiswall, "The Reaction of Hydrogen with Alloys of Magnesium and Nickel and the Formation of Mg_2NiH_x", Inorg.Chem., 7, 2254 (1968)

/24/ M.A.Pick und H.Wenzl, "Physical Metallurgy of TiFe-Hydride and its Behaviour in a Hydrogen Storage Container", Int. J.Hydrogen Energy, 1, 413-42o (1976)

/25/ R.C.Bowman, Jr., A.Attalla und W.E.Tadlock, "NMR-Studies of Structure and Diffusion in Metal Hydrides", Int.J. Hydrogen Energy, 1, 421-426 (1976)

/26/ K.Ymanaka, H.Saito und M.Someno, Nippon Kagaku Kaishi (Tokyo) 8, 1267 (1975)

/27/ H.H.van Mal, "The Activation of a Lanthanium-Nickel-Five Hydrogen Absorbend" in "Hydrogen Energy",Part A,6o5, ed. T.N.Veziroglu, Plenum Press, N.Y. (1975)

/28/ L.C.Beavis, R.S.Blewer etal., "The Formation and Properties of Rare-Earth and Transition Metal Hydrides", in "Hydrogen Energy",Part A,659, ed. T.N.Veziroglu, Plenum Press, N.Y. (1975)

/29/ R.H.Wiswall Jr. und J.J.Reilly, "Metal Hydrides for Energy Storage", Proceed. 7. Inter.Soc. Energy Conv. Eng. Conf., p. 1342, San Diego (1972)

/3o/ P.Jonville, H.Stöhr, R.Funk, H.Kornmann, "Metal Hydrides: Experimental Methods and Applications to Vehicular Propulsion", in "Hydrogen Energy", Part B,765, ed. T.N.Veziroglu, Plenum Press, N.Y. (1975)

/31/ C.H.Waide, J.J.Reilly, R.H.Wiswall, "The Application of Metal Hydrides to Ground Transport" in "Hydrogen Energy", Part B,779, ed. T.N.Veziroglu, Plenum Press, N.Y. (1975)

/32/ R.E.Billings, "Hydrogen Storage in Automobiles Using Cryogenetics and Metal Hydrides", in "Hydrogen Energy", Part B, 791, ed. T.N.Veziroglu, Plenum Press, N.Y. (1975)

/33/ G.Strickland, J.J.Reilly und R.H.Wiswall Jr., "An Engineering-Scale Energy Storage Reservoir of Iron-Titanum Hydride" in "Hydrogen Energy", Part A, 611, ed. T.N. Veziroglu, Plenum Press, N.Y. (1975)

/34/ W.S.Yu, E.Sunberg und C.Waide, "Modeling Studies of Fixing-Bed Metal-Hydride Storage Systems", in "Hydrogen Energy", Bd. A, S. 621, ed. T.N.Veziroglu, Plenum Press, N.Y. (1975)

/35/ A.H.Beaufrere, F.J.Salzano, R.J.Isler und W.S.Yu, Int.J. Hydrogen Energy 1, 3o7-319 (1976)

/36/ A.Konopka, A.Talib, N.Biederman, B.Yudow, Proc. 1st World Hydrogen Energy Conf., Vol.II, 1B-19, ed. T.N.Veziroglu, Miami, Fl., März (1976)

/37/ S.N.Foner, E.L.Cochran, V.Andrews und C.K.Jen, J.Chem. Phys., 32, 963 (196o)

/38/ F.J.Adrian, J.Chem.Phys., 32, 972 (196o)

/39/ R.T.Brackman und W.L.Fite, J.Chem.Phys., 34, 1572 (1961)

/4o/ R.Hess, TTF-14, 123, NASA (1973)

/41/ J.T.Jones Jr., Publication U-216, Aeronautic Systems, Inc., Newport Beach, Calif. (1958)

/42/ R.Webeler, NASA, TMX-71732 (1975)

/43/ R.D.Etters, J.V.Dugan jr., R.Palmer, "Energy Storage Possibilities of Atomic Hydrogen", Proc. 1st World Hydrogen Energy Conf., Vol.III, 9C-3, ed. T.N.Veziroglu, Miami, Fl., März (1976)

7. Transport und Distribution von Wasserstoff

von N.Getoff

7.1. Einleitung

Der Energieträger Wasserstoff kann prinzipiell als Gas, kryogene Flüssigkeit, Metallhydrid und als eine H_2-reiche Verbindung (Ammoniak, Hydrazin, Methanol etc.) transportiert werden. Der Transport von gasförmigem Wasserstoff über größere Strecken bei geringerem Druck ist bereits realisiert worden: (z.B. Ruhr-System in der BRD, s. Pkt. 7.2.). Bei der Beförderung von flüssigem H_2 in größeren Mengen sind noch einige technologische Schwierigkeiten, v.a. spezifische Materialprobleme vorhanden, doch sind sie mit dem gegenwärtigen Stand der Fachkenntnisse durchaus zu bewältigen. Der Einsatz von Metallhydriden in großem Maßstab (s.Pkt. 6.3.) hängt noch von ihrer weiteren technologischen Entwicklung ab. Dabei ist es v.a. wichtig, ihre Ausgangsmaterials- und Herstellungskosten zu senken. Die Hydride werden voraussichtlich als Brennstoffreservoir für Antriebsmotoren (Autos, Busse, Lokomotiven, etc.) eine wichtige Rolle in der Zukunft spielen /2/. Erfahrungen beim Transport größerer Mengen von Ammoniak, Hydrazin, Methanol u.a. wasserstoffreichen Verbindungen sind vorhanden. Man hat daher, sowohl im Rahmen des NASA-Programms in den USA /3/ als auch bei der Planung zur Erschließung neuer Energiequellen (thermische Gradienten der Ozeane, Windenergie etc.) /4/, Betrachtungen zum H_2-Transport in dieser Form angestellt. Bezüglich der Distribution und des Verbrauchs von Wasserstoff muß sich erst eine Infrastruktur entwickeln, die gegenwärtig nur abgeschätzt werden kann. Im folgenden wird eine kurze Übersicht der Möglichkeiten und Probleme auf diesen Gebieten gegeben.

7.2. Transport und Distribution von gasförmigem Wasserstoff

Die jahrelangen Erfahrungen bei der Beförderung und Verteilung von Stadt- und Erdgas stellen die Basis für den Transport von H_2 dar. Er läßt sich über kürzere Entfernungen vorzugsweise als Gas bei geringem Druck und über lange Strecken

mittels Zwischenverdichtung transportieren. Dabei können vorhandene Erdgas- und Stadtgas-Leitungsnetze ohne besonderen Aufwand umfunktioniert werden. Pipelines mit größerem Durchmesser vermögen entsprechend größere Gasmengen mit Drucken bis zu 66,7 Atm (69oo $k\bar{N}/m^2$) und über Entfernungen von mehr als 32oo km zu befördern /3,5/.
Um eine ausreichende Versorgung sicherzustellen, empfiehlt es sich,geeignete Gasbehälter zur Gaslagerung nahe dem Verbrauchergebiet einzurichten.

Ein Verteilernetz für Wasserstoff im Ruhrgebiet, BRD (Chemische Werke Hüls, CWH) wurde schon nach den ersten Bauetappen im Jahre 1938 in Betrieb genommen. Nach dem Ausbau (1954) sind an das System vier Zulieferer und neun Abnehmer angeschlossen (s. Abb. 1).

Der Durchsatz des H_2-Systems beträgt seit 1969 zwischen 25o und 33o x $1o^6$ Nm^3 mit Maximalwerten von ca. 5 x $1o^4 Nm^3/h$, wobei die Verluste kleiner als 1 % waren /1,3/. Das Verteilungsnetz ist für einen Betriebsdruck von 25 Atm entworfen, wobei die Stahlrohre einen Durchmesser von 15 bzw. 3o cm besitzen und 1m tief in der Erde verlegt sind. Für den Gastransport sind weder Kompressoren noch Lagerungsbehälter erforderlich. Die Verbraucher sind direkt angeschlossen und die, durch die H_2-Entnahme entstandene Druckdifferenz dient zur Beförderung des Gases.

Wegen der geplanten Adaption einer Erdgas-Pipeline für den Transport von H_2 ist es zunächst wichtig, die Kapazität hinsichtlich der beförderten Energiemenge für beide Gase gegenüberzustellen. Aufgrund des geringeren Heizwertes des Wasserstoffs (12,1 mJ/m^3) im Vergleich zu Erdgas (37,3 mJ/m^3) würde man eine geringere Kapazität der Pipeline beim H_2-Transport als beim Erdgas erwarten. Daraus würde folgen, daß für die Lieferung einer bestimmten Energiemenge ein dreifach größeres H_2-Volumen befördert werden muß. Bei näherer Betrachtung wird jedoch ersichtlich, daß die Kapazität einer Pipeline praktisch nur der Quadratwurzel der Dichte das Gases proportional ist. Da H_2 etwa nur 1/9 so dicht ist als Erdgas, ergibt sich ein Kompensationsfaktor von 1/3. Daraus resultiert, daß für eine gegebene Pipeline der Energietransport in Form von Wasserstoff praktisch gleich dem von Erdgas ist. Diese günstige Kompensation gilt jedoch nur für einen Druck von 1 Atm. Bei höheren Gasdrucken, z.B. von etwa 5o Atm (5171 $k\bar{N}/m^2$), differiert der Kompressibilitätsfaktor für Wasserstoff von Erdgas. Die Energie-Transportkapazität der Pipeline wird für Wasserstoff ungünstiger.

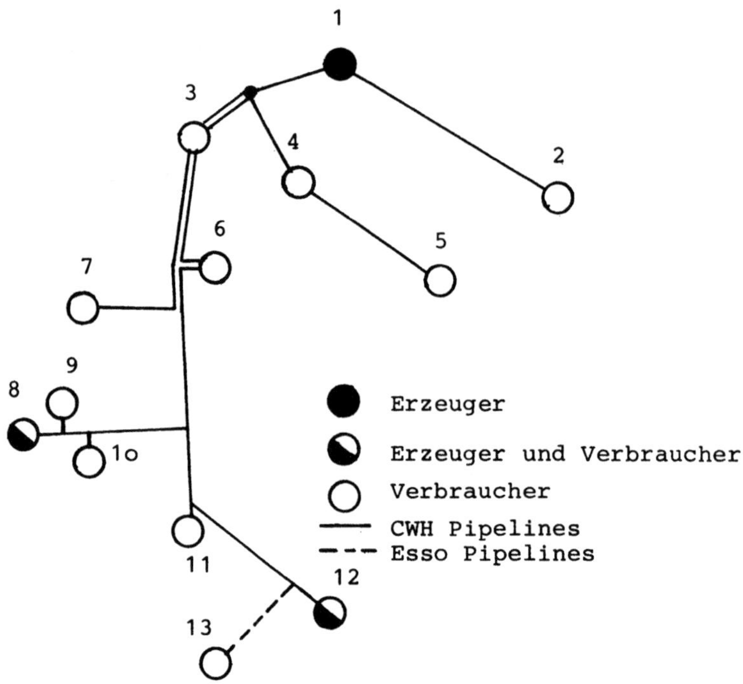

1 = Chemische Werke Hüls; 2 = Gewerkschaft Victor Ickern; 3 = Phenolchemie Zweckel; 4 = VEBA-Chemie Scholven; 5 = VEBA-Chemie Wanne-Eickel; 6 = VEBA-Chemie Bottrop; 7 = Ruhrchemie Holten; 8 = Bayer Uerdingen; 9 = Howinol; 1o = Maizena; 11 = Henkel Düsseldorf; 12 = Bayer Leverkusen; 13 = Esso Köln.

Abb. 1: Blockschema des Wasserstoffsystem im Ruhr-Gebiet /1,3/.

Eine Gegenüberstellung der Transportkosten von Wasserstoff und Erdgas als Funktion der Leistungsrate (Gcal/h) in einem Pipeline-System ohne Zwischenverdichtung ist in Abb. 2 gezeigt.

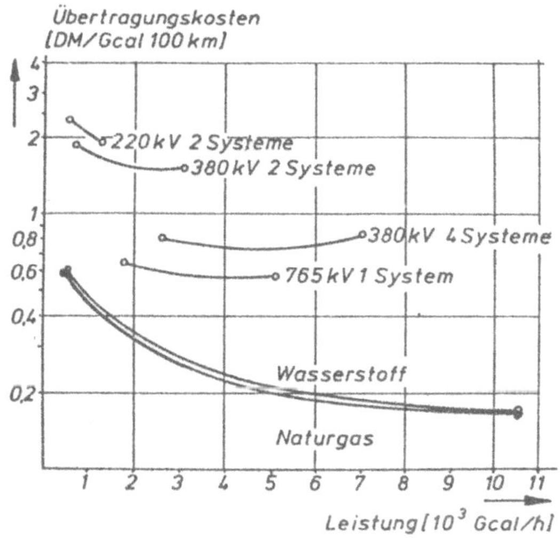

Abb. 2: Gegenüberstellung der Übertragungskosten (DM/Gcal für 1oo km) von H_2, Erdgas und elektrischem Strom als Funktion der Leistungsrate /1/.

Beim konstantem Druckunterschied in der Pipeline ist für H_2 und Erdgas das Verhältnis der Durchflußgeschwindigkeiten dem Verhältnis der Heizwerte pro Volumeinheit verkehrt proportional. Auf diese Tatsache ist die nur minimale Differenz im Verlauf beider Kurven zurückzuführen. Vergleichsweise sind in Abb. 2 auch die Übertragungskosten für verschiedene elektrische Systeme (ohne Umspannwerke) gegeben.

Bei der Berechnung der Kosten einer Pipeline für Wasserstoff ist die Berücksichtigung der Betriebskosten der Kompressoren besonders wichtig. Die Verdichtungsenergie beim Wasserstoff ist, wie bereits oben angedeutet, viel größer als beim Erdgas. Nach Schätzungen von Gregori et al. /6,7/ würden somit die

Kosten des H_2-Transports bei einem typischen Pipeline-Druck von 5o Atm (5171 kN/m^2) etwa 2,5-mal höher sein. Eine weitere Steigerung der Transport-Kapazität von Wasserstoff läßt sich durch eine Zwischenverdichtung des Gases bzw. durch Vergrößerung der Nennweite der Pipeline erreichen. Die Abhängigkeit der Transportkosten von diesen Parametern ist in Abb. 3 gezeigt.

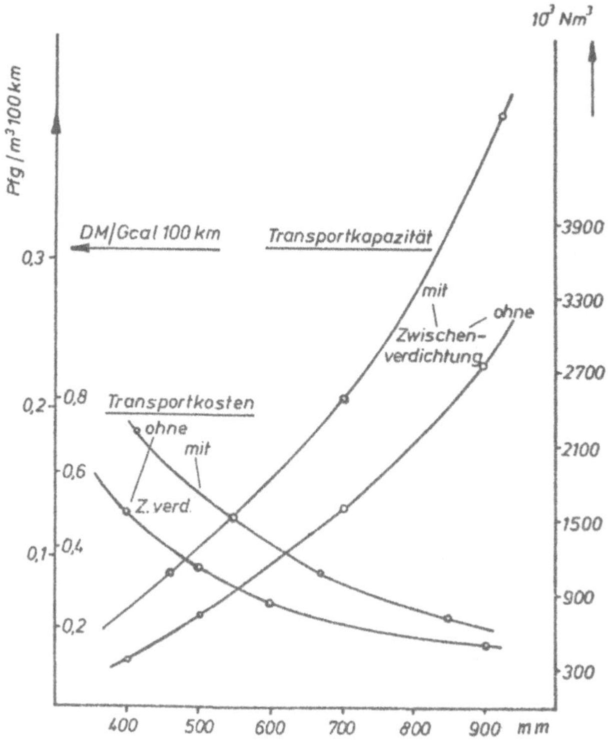

Abb. 3: Abhängigkeit der Transportkapazität (rechte Ordinate) und der Transportkosten (linke Ordinate) für H_2 (mit und ohne Zwischenverdichtung) von der Nennweite (mm) der Pipeline /1/.

Aus dem Kurvenverlauf geht hervor, daß sich die Transportkosten (in Pfg./m^3.1oo km bzw. in DM/Gcal.1oo km) des Wasserstoffs in einer Pipeline ohne Zwischenverdichtung mit größerer Nennweite (mm) des Rohres an die Kosten mit Zwischenverdichtung annähern. Unter gleichen Verhältnissen zeigt die

Transportkapazität ($1o^3 Nm^3$) ein gegenläufiges Verhalten.

Die Problematik des H_2-Transportes in Pipelines ist relativ gut erforscht und wurde unter verschiedensten Aspekten behandelt /9-11/. Leethe /12/ hat die Transportkosten unter Einbeziehung der wesentlichsten Parameter sogar bis 1985 vorausberechnet. Der Trend entspricht dem des Jahres 1975.

7.3. Transport von flüssigem Wasserstoff

Die billigste Methode zum Transport von flüssigem Wasserstoff ist gegenwärtig der Transport durch kryogene doppelwandige Tankwagen.Spezialtankwagen mit einer Kapazität von 2 x $1o^4$ Gallonen (7,57 x $1o^4$ Liter) bzw. Eisenbahntankwagen mit 3,4 x $1o^4$ Gallonen (12,87 x $1o^4$ Liter) und Tankschiffe mit 24 x $1o^4$ Gallonen (9o,85 x $1o^4$ Liter), sind bereits in Betrieb /8/.Die Verdampfungsverluste bei allen diesen Tankwagenwagentransporten sind weniger als o,25% pro Tag.

Es wird auch die Möglichkeit zur Beförderung von kryogenem Wasserstoff in Spezial-Pipelines (doppelwandig, Innendurchmesser = 5 cm) in Betracht gezogen. Solche Pipelines könnten einen Durchsatz von 1,6 x $1o^9$ kcal/Tag (6o Tonnen H_2/Tag) bewältigen. Einige Vergleichsdaten hinsichtlich Transport von gasförmigem und kryogenem Wasserstoff sind in Tabelle 1 zusammengestellt.

	Transportarten			
	H_2-Gas Bahn/ Wagen	H_2-flüssig Bahn	H_2-flüssig Wagen	H_2-flüssig Tank-Schiff
Kapazität (kg)	436/227 /3,13/	7711-9o72 /3/	2469-3176 /14,15/	726oo /3/
Baukosten (US\$/kg)	22o /3,13/	29 /15/	44 /15/	nicht bekannt
Betriebskosten (US\$/1ooo kg·km)	1,57 /15/	o,1o-o,o9 /15/	o,15-o,o9 /15/	nicht bekannt

Tab. 1: Vergleich einiger Parameter beim Transport von gasförmigem und flüssigem Wasserstoff.

Daraus ist ersichtlich, daß der Transport von flüssigem Wasserstoff bedeutend billiger ist. Die geplanten speziellen Tank-Schiffe für flüssigen Wasserstoff (s.Tab.1) weisen die geringsten Transportkosten auf. Dabei soll das Schiff selbst ebenfalls mit Wasserstoff betrieben werden /17/.

Zur Nutzung des thermischen Gradienten der Ozeane sind schwimmende OTEC-Werke (ocean thermal energy conversion) geplant, die 16o km und mehr von der Küste entfernt sein werden /18,19/. Die gewonnene elektrische Energie wird zur Herstellung von Wasserstoff durch Elektrolyse bzw. zur Ammoniak-Synthese verwendet. Die Transportkosten von den schwimmenden Produktionseinheiten zum Festland sind von Konopka et al. /2o/ diskutiert worden. In Tabelle 2 sind einige für den Übersee-Transport von Wasserstoff und Ammoniak berechnete Daten sowohl für Unterwasser-Pipelines, als auch für Tank-Schiffe bei verschiedenen Entfernungen angegeben.

Entfernung (km)	Transportkosten in US$/1o^{6}Btu für			
	H_2-Gas Pipeline	H_2-flüssig Tankschiff	NH_3-flüssig Pipeline	NH_3-flüssig Tankschiff
bis 5oo	1	1	o,75	o,25
75o	2	1,3	1,25	o,3o
1ooo	3	1,7	2	o,4o
16oo	5,8	2	3,5	o,5o

Tabelle 2: Übersee-Transportkosten von gasförmigem und flüssigem Wasserstoff im Vergleich zu Ammoniak /2o/.

Die angegebenen Kosten beruhen auf Berechnungen, die für bereits gelegte Erdgasleitungen in einer Seetiefe von ca. 46o m und mit einer Kapazität von 48-242 Tonnen CH_4/Tag angestellt wurden, wobei die unterschiedlichen physikalischen Eigenschaften des transportierten Gases berücksichtigt sind. Zu den Kosten für die Pipeline (Kolonne 2 und 4 in Tab. 2) werden noch ca. 1o % für den Anschluß an die Hauptleitung auf dem Seeboden dazu gerechnet. Für die Rentabilität der geplanten schwimmenden H_2-bzw. NH_3-Werke sind auch die Transportkosten der Energieträger bis zur Lagerung bzw. zum Verbraucher am Festland ausschlaggebend. Aus der Studie /2o/ geht unter anderem hervor, daß die Transportkosten für beide Energieträger (H_2 und NH_3) erst bei größeren Entfernungen ($>$ 75o km) günstiger liegen. Es sei bemerkt, daß der Übersee-Transport von flüssigem NH_3 mittels kleinen Spezialtankern bereits gebräuchlich ist, praktische Erfahrungen mit kryogenem Wasserstoff dagegen fehlen. In den letzten Jahren wurde flüssiger Wasserstoff v.a. zum Raketenantrieb verwendet.

In Zusammenhang mit dem Transport von flüssigem Wasserstoff ist auch die Möglichkeit, durch Supraleitung auch Strom innerhalb doppelwandiger Pipelines zu übertragen, eingehend behandelt worden /22/. Die Entdeckung supraleitender Legierungen mit einem Widerstand von $1o^{-12}$ Ohm.cm bei $2o^{o}K$, deren Herstellungskosten akzeptabel erscheinen, ermöglichen die Realisierung dieser Pläne. Es sind dabei zwei Systeme vorgeschlagen worden: Kombination mit flüssigem Wasserstoff oder mit flüssigem Helium, wobei die Innenwand aus einer supraleitenden Legierung besteht (thermisch und elektrisch isoliert). Auf diese Weise bewirkt der flüssige Wasserstoff die Supraleitung durch Kühlung, und der elektrische Strom kann fast verlustlos transportiert werden.

7.4. Sicherheitsaspekte

Vollständigkeitshalber sollen einige Sicherheitsaspekte bezüglich Lagerung und Transport von Wasserstoff kurz erwähnt werden. Ein Vergleich zwischen Erdgas (hauptsächlich Methan) und Wasserstoff (s.Tab.3) zeigt, daß beide Gase etwa ähnliche Entflammbarkeit besitzen.

Infolge der niedrigen Zündenergie und des kürzeren Löschabstandes ist Wasserstoff in der Handhabung etwas gefährlicher. Seine Flamme ist farblos, doch die Zündtemperatur ist etwas höher. Schließlich darf erwähnt werden, daß H_2 als Bestandteil (15 - 85 %) von Stadt- und Wassergas bereits seit Jahrzehnten in Verwendung ist und somit ausgedehnte Erfahrungen vorliegen.

Eigenschaft	H_2	CH_4
Giftigkeit	keine	keine
Diffusion (cm^2/sec)	o,634	o,2o
Löschabstand (cm)	o,o6	o,25
Zündenergie (Milli-Joule)	o,o2	o,3o
Zündtemperatur (^{o}C)	585	538
Entflammungsgrenzen (% Gas in der Luft)	4-75	5-15
Giftigkeit der Verbrennungsprodukte	keine	CO-Bildung

Tab.3: Einige Eigenschaften von Wasserstoff und Methan /2/.

Parallel zu der Entwicklung von Hydriden zur H_2-Lagerung sind auch die Sicherheitsgrenzen in der Handhabung dieser Substanzen untersucht worden /21/. Dabei sind Beschädigung der Transport-Behälter, Explosionsgefahr, Schockempfindlichkeit, Empfindlichkeit gegenüber elektrischer Funken-Zündung, Entflammbarkeit, Explosionsgefahr etc. Fragen besonderer Bedeutung /3/.

7.5. Literaturverzeichnis

/1/ Rep. "Einsatzmöglichkeiten von Energiesystemen III, Wasserstoff", Bundesministerium für Forschung und Technologie, Bonn (1975)

/2/ C.P.Gupta, "Use of Hydrogen in Automotive Engines", in Proceed. 1st World Hydrogen Energy Conf., Bd.III, 7C-47, ed. T.N.Veziroglu, Miami, Fl., März (1976)

/3/ J.H.Kelley, E.A.Laumann, "Hydrogen Tomorrow", NASA-Rep. Jet Propulsion Lab., Calif.Inst.Technol.Pasadena, Calif., Dez. (1975)

/4/ A.Konopka, A.Talib, N.Biederman, B.Yudow, "Ocean Thermal Energy Delivery Systems Based on Chemical Energy Carriers", Proceed. 1st World Hydrogen Energy Conf., Bd. II, 1B-19, ed.T.N.Veziroglu, Miami, Fl., (1976)

/5/ Rep. "NASA-ASEE Summer Study, "Hydrogenergy Carrier", Johnson Space Center (1973)

/6/ D.P.Gregory, J.Wurm, "Production and Distribution of Hydrogen as a Universal Fuel", Proceed. 7th Intersoc. Energy Conv.Eng.Conf., 1329, San Diego (1972)

/7/ D.P.Gregory, "Hydrogen Pipelines", Proceed. 3rd Intern. Pipeline Technol.Convention, Houston,Texas, Jan. (1975)

/8/ J.R.Bartlit, F.J.Edeskuty, K.D.Williamsson Jr., "Experience in Handling, Transport and Storage of Liquid Hydrogen - the Recyclable Fuel", Proceed.7th Intersoc.Energy Conv. Eng.Conf., 1312, San Diego (1972)

/9/ A.Konopka, J.Wurm, "Transmission of Gaseous Hydrogen", I.G.T., Bericht Nr. 749o5, 9.IECEC, San Francisco, Aug. (1974)

/1o/ R.A.Reynolds, W.L.Slager, "Pipeline Transportation of Hydrogen", in "Hydrogen Energy", Part A, 533, ed. T.N. Veziroglu, Plenum Press, N.Y. (1975)

/11/ G.Beghi, J.Dejace, C.Massaro, B.Ciborra, "Economics of Pipeline Transport for Hydrogen and Oxygen", in "Hydrogen Energy", Part A, 545, ed.T.N.Veziroglu, Plenum Press, N.Y. (1975)

/12/ G.G.Leeth, "Nuclear Heat Transmission Considerations", Proceed. Nucl.Process Heat Symposium, Los Alamos Scient. Lab., Okt. (1974)

/13/ W.Pierl, Western Sales and Testing, Amarillo, Texas, USA in Lit. /3/ als private Mitteilung.

/14/ A.Bain, W.Boggs, "NASA Space Programm Experience in Hydrogen Transportation and Handling", Proceed. Hydrogen Energy, Fundam.Course-Symp. Miami, Fl., März (1975)

/15/ N.C.Hallett, "Study, Cost and System Analysis of Liquid Hydrogen Production - Final Report", NASA CR 73226, Jan. (1968)

/16/ R.H.Whitelaw, "Electric Power and Fuel Transmission by Liquid Hydrogen Superconductive Pipeline" in "Hydrogen Energy", Part A, 575, ed. T.N.Veziroglu, Plenum Press, N.Y. (1975)

/17/ A.Uhl, J.Giese, "LNG Export-Import System Economics", Pipeline and Gas Journal, Juni (1973)

/18/ G.L.Dugger et al, "Tropical Ocean Thermal Power Plants Producing Ammonia or other Products", 3rd Workshop on Ocean Thermal Energy Conversion, Houston, Mai (1975)

/19/ D.P.Gregory, N.P.Biederman,"An Optimization Study of Ocean Thermal Energy Delivery Systems based on Chemical Energy Carrier", 3rd Workshop on Ocean Thermal Energy Conversion, Houston, Mai (1975)

/2o/ C.E.Lundin, R.W.Sullivan, "The Safety Characteristics of $LiNi_5$-Hydrides" in "Hydrogen Energy", Part A, 645, ed. T.N.Veziroglu, Plenum Press, N.Y. (1975)

/21/ R.L.Whitelaw, "Electric Power and Fuel Transmission by Liquid Hydrogen Superconductive Pipeline" in "Hydrogen Energy", Part A, 575, ed. T.N.Veziroglu, Plenum Press, N.Y. (1975)

8. Zusammenfassung

Aufgrund eingehender Studien in vielen Ländern der Welt erweist sich Wasserstoff als einer der idealen Energieträger der Zukunft. Im Rahmen des vorliegenden Buches wurde versucht, eine Übersicht des Forschungsstandes und der technologischen Entwicklung von Herstellungsverfahren, Lagerung und Transport zu geben. Wie bereits im Vorwort angedeutet, sind eine Reihe wichtiger Faktoren eines H_2-Energiesystems, wie Materialanforderungen, Sicherheitsfragen, Anwendungsmöglichkeiten, sowie politische, soziologische und ökologische Aspekte nicht behandelt worden. Unter kritischer Betrachtung der behandelten Herstellungsverfahren hinsichtlich ihrer Kombination mit Primärenergiequellen und ihrer technologischen Durchführbarkeit lassen sie sich in drei Gruppen einteilen:

A) Kurzfristig einsetzbare Verfahren (innerhalb der nächsten 1o Jahre) beruhen auf gegenwärtiger Technologie mit gewissen Optimierungen, wobei Primärenergiequellen verwendet werden, die bereits heute zur Verfügung stehen.

B) Mittelfristig einsetzbare Verfahren (etwa bis zum Jahre 2o1o) beinhalten jene Methoden, die derzeit technisch noch im Entwicklungsstadium sind. In dieser Periode soll eine Umstellung auf neue Prozeßtechnologien erfolgen. Für diesen Zeitraum ist auf der Nutzungsseite auch der Einsatz ausgereifter Brennstoffzellen vorgesehen.

C) Langfristig einsetzbare Verfahren (ab 2o1o) machen die Ausnutzung neuer Primärenergiequellen (v.a. Sonnenenergie, Fusionsprozesse) erforderlich. Um diese Ära fortgeschrittener Energietechnologie zu ermöglichen, ist es jedoch notwendig, schon heute massive und gezielte Grundlagenforschung in die Wege zu leiten.

Die elektrolytische Erzeugung von Wasserstoff ist bereit ausgereift und wird praktisch in relativ großem Umfang eingesetzt (Pkt. 2.). Die Vorteile liegen in der Verwendung des unerschöpflichen Rohstoffes Wasser, der Umweltfreundlichkeit der Methode, der räumlichen Trennung der Produkte H_2 und O_2, sowie der großen Flexibilität, die es ermöglicht, je nach der

Bedarfssituation elektrische Energie beliebig in Wasserstoff umzuwandeln und aus diesem wiederzugewinnen. Der Wasserstoff fällt dabei in hochreiner Form an. Darüber hinaus kann elektrische Energie aus Wind-, Wasser- und Gezeitenkraftwerken ebenso wie der Grundlaststrom effektiver genutzt werden. Die Wirtschaftlichkeit ist allerdings direkt vom jeweiligen Strompreis abhängig. Die momentanen Elektrolyseanlagen (Konventionelle Zellen, Pkt. 2.7.1.; Hochdruckanlagen mit porösen Elektroden, Pkt. 2.7.2.1.) sind jederzeit einsetzbar, für eine H_2-Ökonomie in großem Maßstab kurzfristig jedoch noch nicht wirtschaftlich. Mittelfristig können neue Technologien wie Polymermembran-Methoden (Pkt. 2.7.2.4.) oder Wasserdampf/Feststoff-Elektrolyseanlagen (Pkt. 2.7.2.5.) eingesetzt werden, wenn v.a. höhere Prozeßeffizienzen, größere Lebensdauer und Stabilität der Anlagen erreicht werden können. Besonders günstige Aspekte bezüglich langfristiger Realisierung stellen Stromerzeugung aus Sonnenenergie sowie kombinierte elektrolytisch-thermochemische Zyklen dar, z.B. der Kupferchlorid-Zyklus (Pkt. 3.2.8.). Trotz des prinzipiellen Nachteils aller Elektrolyse-Verfahren - des "Umweges" über elektrischen Strom - wird Elektrolyse als ergänzendes Verfahren auch in fernerer Zukunft eine akzeptable Alternative sein, weil ansonsten ungenützte Primärenergiequellen (Wasserkraft, Gezeiten, Wind) effektiver umgesetzt werden können.

Die zur Zeit einerseits billigste und andererseits am meisten ausgereifte Methode ist die H_2-Erzeugung aus fossilen Brennstoffen mittels offener thermochemischer Systeme, wobei die notwendige thermische Energie durch Verbrennen eines Teiles der fossilen Brennstoffe selbst aufgebracht wird (Pkt. 3.1.). Diese Methoden gehören somit unter Verwendung von Erdöl und Erdgas (v.a. in Reformierverfahren unter Hochdruck, Pkt. 3.1.4.3.2. bzw. 3.1.4.4.3.) zu den kurzfristig einsetzbaren Verfahren zur H_2-Herstellung. Die Vorräte an diesen leicht zugänglichen Stoffen sind jedoch sehr begrenzt, und der zu erwartende Preisanstieg dürfte diese Herstellungsart bald unwirtschaftlich werden lassen. In mittelfristigem Einsatz thermochemisch offener Methoden sind die partielle Oxidation von schwefelreichen Fraktionen, Schweröl und Ölschiefer, sowie Kohlevergasung geplant (Pkt. 3.1.4.2.2.), wobei jene Verfahren, die mit Hochdruck arbeiten, wegen des anschließenden H_2-Transportes ökonomisch besonders vorteilhaft sind. Weitere Vorzüge v.a. der Kohlevergasung sind die großen Kohlevorräte und deren relativ niedriger Preis sowie der Anfall von wertvollen Nebenprodukten. Als nachteilig erweist sich besonders die Umweltverschmutzung. Abgesehen davon sollten fossile Brennstoffe zweckmäßigerweise als Rohstoffreserve (chemischer und pharmazeutischer Industrie) künftigen Generationen vorbehalten werden. Aus diesen Gründen können sie keine langfristige Lösung des Energieproblems sein, auch wenn sie noch die allernächste Zukunft bestimmen dürften. Als Übergangslösung zur H_2-Gewinnung bietet sich die Kombination mit nuklearen Primärenergiequellen an, die zwar einen Teil der Probleme bei der Verwendung fossiler Brennstoffe lösen kann, aber zusätzliche Sicherheitsrisken mit sich bringt.

Im Anschluß an die offenen thermochemischen Verfahren wird in den letzten Jahren die Forschung zur Produktion von Wasserstoff mittels thermochemisch geschlossener Zyklen vorangetrieben (Pkt. 3.2.). Vorteilhaft ist die Verwendung des Rohstoffes Wasser. Alle anderen notwendigen Chemikalien werden immer wieder gewonnen. Innerhalb der Zyklen gibt es keine großen Ineffizienzen. Wegen des direkten Einsatzes der Primärenergiequellen sind die wirtschaftlichen Prognosen relativ günstig. Da diese Verfahren hohe thermische Energie benötigen und erst ab einer Temperatur von 65o - 7oo^{o}C ihre Rentabilität gesichert ist, ist ihr Einsatz eng mit der Entwicklung von Hochtemperatur-Primärenergie verbunden. Schwierigkeiten treten bei der Druchführung v.a. wegen zu langsamen Reaktionsablaufes, notwendiger Trennungsschritte, ineffizienter Wärmeaustauschsysteme und großer Materialbeanspruchung auf. Beim gegenwärtigen Stand der Kenntnisse scheinen die Mark-Zyklen (v.a. Mark 1, Pkt. 3.2.3.1.), der VCl_3-Zyklus (Pkt. 3.2.4.1.), verschiedene Zyklen, die auf der umgekehrten Deaconreaktion beruhen (Pkt. 3.2.4.), und nicht zuletzt die Kombination mit Elektrolyse (z.B.Kupferchloridzyklus, Pkt. 3.2.8.) am ehesten realisierbar zu sein. Unter diesen Voraussetzungen sind diese Verfahren allerdings erst dann mittelfristig einsetzbar, wenn eine geeignete HTGR-Technologie zur Verfügung steht. Dabei geht jedoch ein prinzipieller Vorteil, die minimale Umweltbelastung, verloren. Eine nahezu ideale Lösung würde sich langfristig aus der Kombination solcher Methoden mit der Primärenergiequelle Sonne ergeben (Aufbringen der benötigten thermischen Energie mit Hilfe von Kollektoren etc. oder thermochemisch geschlossene Zyklen mit photochemischen Reaktionsschritten wie die Yokohama-Zyklen, Pkt. 4.2.3.). Dadurch würden die Umweltprobleme auf ein Minimum reduziert und die Energieressourcen auf praktisch unbegrenzte Zeit sichergestellt.

Methoden zur Wasserstoffgewinnung mit Hilfe von Sonnenenergie stellen langfristig vom Standpunkt des Ausgangsstoffes Wasser und der Primärenergiequelle Sonne eine ideale Lösung dar (Pkt. 4.). Rohstoffkosten und Umweltbelastung sind für diesen Kreislauf vernachlässigbar. Gemessen an der Tatsache, daß diesem Gebiet erst in den letzten Jahren größere Aufmerksamkeit gewidmet wurde, sind bereits vielversprechende Ergebnisse erzielt worden. Bei entsprechender Forcierung des Forschungsaufwandes ist zu erwarten, daß mittelfristig die Verfahren soweit gediehen sind, daß sie langfristig großtechnisch eingesetzt werden können.

Von den homogenen Photoredoxmethoden (Pkt. 4.2.), deren Hauptschwierigkeiten in der bis jetzt zu geringen Ausnutzung des Sonnenspektrums und in der Trennung der Produkte liegen, erscheinen, abgesehen von der Entdeckung neuer reversibler Komplexverbindungen, die bereits erwähnten Yokohama-Zyklen aussichtsreich zu sein (Pkt. 4.2.3.). Die Schwierigkeiten in homogenen Systemen sind prinzipiell durch Verwendung heterogener Photoredoxmethoden (PEC-Methoden) lösbar (Pkt.4.3.). Die im Buch beschriebenen Methoden sind derzeit noch Gegenstand einer eingehenden Grundlagenforschung. Zur Verbesserung des Wirkungsgrades muß die Ausnutzung des Sonnenspektrums (möglichst kleine Halbleiterbandbreite) bei gleichzeitiger Erhöhung der Stabilität der Halbleiter (Auflösungs- und

Korrosionsprobleme) vergrößert werden. Diese Probleme dürften durch die Suche nach neuen Halbleitermaterialien (neben TiO_2 auch Titanate und Perovskite, Pkt. 4.3.2.3.2.), Verbesserung der Halbleitereigenschaften durch geringe Zusätze und Oxidfilme (Pkt. 4.3.2.4.), sowie Koppelung mit einer zweiten Halbleiter-Elektrode (Pkt. 4.3.2.2.5.) beseitigt werden. Eine eventuell nötige Hilfsspannung ließe sich durch Sonnenzellen erzeugen. Ein günstigerer Spektralbereich scheint durch die Sensibilisierung mittels geeigneter Farbstoffe erreichbar zu sein, die sowohl in Schichten direkt an der Halbleiter-Elektrode (Pkt. 4.3.3.) oder mittels im Elektrolyt-Raum gelöster Farbstoffe (Pkt. 4.3.5.) erfolgen kann. Darüber hinaus eröffnet auch die Sensibilisierung an Membranen und Micellen neue Möglichkeiten (Pkt. 4.3.4.). Bei großzügiger Unterstützung photochemischer Forschungsarbeit ist durchaus berechtigte Hoffnung auf die langfristige Realisierung einer oder mehrerer Methoden gegeben.

Die Tatsache, daß in der Natur Sonnenenergie durch Organismen vielfältig verwertet wird, bietet sich den Menschen zur Nachahmung an (Pkt. 4.4.). Bei den indirekten biologischen Verfahren wird Sonnenenergie primär in Form photosynthetisch gebildeten Pflanzenmateriales gespeichert, das hierauf mittels geeigneter Mikroorganismen zu Wasserstoff bzw. anderen H_2-hältigen Energieträgern abgebaut werden kann: "Energy farming". Bei direkten biologischen Methoden wird Sonnenenergie entweder durch intakte Zellen oder aus solchen extrahierten Membransystemen photosynthetischer Organismen in H_2 etc. umgewandelt. Die Forschungen sind derzeit noch im Anfangsstadium, doch dürften besonders jene Verfahren langfristig interessant sein, die auf der Kombination mit der Produktion von Biomasse für Ernährungszwecke bzw. mit Abfallaufbereitung durch Bakterien beruhen.

Eine langfristige Möglichkeit zur Produktion von Wasserstoff stellt die Radiolyse des Wassers oder anderer geeigneter Systeme mittels hochenergetischer Strahlung dar (Pkt. 5.). Diesbezüglich können zwei Reaktortypen, der Homogene Reaktor zur direkten Radiolyse von H_2O (Pkt. 5.4.1.) und der chemonukleare Reaktor (Pkt. 5.4.4.) besonders geeignet sein. Ersterer zeichnet sich durch Stabilität und hohe H_2-Ausbeute als Folge des idealen Kontaktes zwischen Wasser und Kernbrennstoff aus, wogegen v.a. Korrosionsprobleme auftreten. Der chemonukleare Reaktor stellt eine geeignete Kombination der CO_2-Radiolyse mit dem Wassergas-Gleichgewicht dar, ist jedoch hinsichtlich seiner Stabilität noch nicht ausgereift. Da die Untersuchungen bezüglich der H_2-Produktion mit Hilfe von Kernfusion als Primärenergie über theoretische Überlegungen noch nicht hinausgekommen sind, ist ein Vergleich mit den anderen Verfahren zur Zeit nicht realistisch (Pkt. 5.4.5). Die Verwirklichung von Fusionsmethoden würde jedoch langfristig eine sehr wichtige Möglichkeit zur H_2-Herstellung eröffnen.

Prinzipiell läßt sich Wasserstoff als Gas, Flüssigkeit, Metallhydrid oder wasserstoffreiche chemische Verbindung lagern (Pkt.6.) und transportieren (Pkt. 7). Was gasförmigen bzw. flüssigen H_2 betrifft, liegt bereits ausreichend großtechnische Erfahrung vor. In solcher Form kann Wasserstoff in großem Maßstab zur Verfügung gestellt werden. Für kleinere Einheiten dürfte die Speicherung in Form von Hydriden prädestiniert sein. Die Entwicklung geeigneter Hydride wird zur Zeit sehr intensiv vorangetrieben, sodaß diese mittelfristig einsetzbar sein dürften. Lagerung und Transportmethoden müssen jedenfalls in ökonomisch optimaler Weise mit den jeweils angewendeten Herstellungsverfahren kombiniert werden.

Aufgrund des steigenden Energieverbrauches einerseits und der Begrenztheit fossiler Ressourcen andererseits ist die Suche nach neuen Primärenergiequellen und neuen Energieträgern vordringlich. Eine zukünftige Lösung wird eine Kombination verschiedener Energiesysteme erfordern, von denen eines auf Wasserstoff beruhen sollte.

SACHVERZEICHNIS

GPSR Compliance

The European Union's (EU) General Product Safety Regulation (GPSR) is a set of rules that requires consumer products to be safe and our obligations to ensure this.

If you have any concerns about our products, you can contact us on ProductSafety@springernature.com

In case Publisher is established outside the EU, the EU authorized representative is:

Springer Nature Customer Service Center GmbH
Europaplatz 3
69115 Heidelberg, Germany

Batch number: 10607330

Printed by Printforce, the Netherlands